U0924633

中国科技人力资源发展研究报告

（2018）

科技人力资源的总量、结构与科研人员流动

中国科协调研宣传部
中国科协创新战略研究院
著

清華大學出版社
北京

内容简介

科技人力资源反映的是一国或一个地区科技人力储备水平和供给能力。科技人力资源已经成为世界各国竞相争夺的战略资源和核心资源。

本书以“科技人力资源的总量、结构与科研人员流动”为主题，系统论述了我国科技人力资源总量与结构（未包括香港、澳门特别行政区和台湾地区）及科研人员流动的基本状况和特点，国外科技人力资源流动状况和政策走向等。全书分为上、中、下三篇，共二十一章。上篇包括第一至第七章，主要对我国科技人力资源的总量（截至2018年底）、学科（专业）、学历、年龄、性别结构及培养区域分布情况（截至2017年底）进行测算分析；中篇包括第八至第十二章，主要依托我国科研人员微观数据，选取学术层级、机构类型、所属领域等维度分析我国科研人员空间流动的基本特征与动态趋势；下篇包括第十三至第二十一章，主要分析了全球科技人力资源流动的整体态势特点，并系统梳理了美国、欧盟、俄罗斯、英国、加拿大、日本、澳大利亚等国家和经济体的科技人力资源流动状况与相关政策。

本书可供从事科学研究工作的专家学者、政府决策人员、科技管理人员及广大科技工作者阅读，也适合对科技人力资源及其相关领域感兴趣的大众读者参阅。

图书在版编目（CIP）数据

中国科技人力资源发展研究报告. 2018：科技人力资源的总量、结构与科研人员流动/中国科协调研宣传部，中国科协创新战略研究院著. —北京：清华大学出版社，2020. 6
ISBN 978-7-302-54900-0

Ⅰ. ①中…　Ⅱ. ①中…　②中…　Ⅲ. ①科学工作者－人力资源管理－研究报告－中国－2018　Ⅳ. ①G316

中国版本图书馆CIP数据核字（2020）第024292号

责任编辑：盛东亮　钟志芳
封面设计：李召霞
责任校对：时翠兰
责任印制：沈　露

出版发行：清华大学出版社
网　　址：http://www.tup.com.cn，http://www.wqbook.com
地　　址：北京清华大学学研大厦A座　　**邮　　编**：100084
社 总 机：010-62770175　　**邮　　购**：010-62786544
投稿与读者服务：010-62776969，c-service@tup.tsinghua.edu.cn
质量反馈：010-62772015，zhiliang@tup.tsinghua.edu.cn
课件下载：http://www.tup.com.cn，010-83470236
印 刷 者：三河市铭诚印务有限公司
装 订 者：三河市启晨纸制品加工有限公司
经　　销：全国新华书店
开　　本：185mm×260mm　　**印　张**：17.5　　**字　　数**：408千字
版　　次：2020年7月第1版　　**印　　次**：2020年7月第1次印刷
印　　数：1～1500
定　　价：159.00元

产品编号：084415-01

中国科技人力资源发展研究报告（2018）
——科技人力资源的总量、结构与科研人员流动
课题组成员

总体组

任福君　郭　哲　罗　晖

研究组组长

周大亚　黄园淅

研究组副组长

孙　诚　杜云英　智　强　洪　帆

研究组成员（以姓氏笔画为序）

马　茹　王进娣　王珊珊　王寅秋　王燕妮　文玲艺　石　磊
付震宇　吕　华　朱晓暄　刘　颖　李金雨　李秋梦　李燕茜
杨　光　杨　芳　张永峰　赵吝加　徐世黔　黄军英　董建岭
韩　倩　谢松延　熊嘉慧　霍东云

FOREWORD

序

“功以才成，业由才广”。人才是创新的第一资源。习近平总书记在党的十九大报告中指出：“破除妨碍劳动力、人才社会性流动的体制机制弊端，使人人都有通过辛勤劳动实现自身发展的机会。”随着知识经济时代的到来，经济全球化的进程不断加快，人才资源已经成为推动人类文明和支持经济社会发展的要素，相对于物质、资本等要素而言，人才要素更为积极和活跃，在全球范围内的流动、循环、配置必将更加广泛。

当前，综合国力竞争日趋激烈，人才资源作为经济社会发展第一资源的特征和作用更加明显，科技人力资源已经成为世界各国竞相争夺的战略资源和核心资源。经过多年的努力，我国科技人力资源总量继续保持世界第一，整体素质不断提升，科技人力资源红利的释放期正在到来。进入新时代，中国正以更加开放的姿态参与到全球人才流动配置的大循环中。党的十九大报告做出了“我国社会主要矛盾已经转化为人民日益增长的美好生活需要和不平衡不充分的发展之间的矛盾”的重要判断。区域发展不平衡、不充分这一现象背后深层次的原因之一就是人才的匮乏，国家迫切需要研究适应新时代要求的人才流动策略，加快汇聚一支规模宏大、结构合理、素质优良的创新型人才队伍。

中国科协是科技工作者的群众组织，是党领导下的人民团体，也是推动我国科技人力资源合理开发、高效使用的重要社会力量。呈现在读者面前的这部《中国科技人力资源发展研究报告(2018)——科技人力资源的总量、结构与科研人员流动》，是由中国科协调研宣传部和中国科协创新战略研究院联合推出的第六部研究报告，也是中国科学技术协会(简称中国科协)高水平科技创新智库建设的重要品牌成果之一。本报告对我国科技人力资源的总量、结构等进行了测算和定量化描述，描述了我国科研人员流动的基本状况和特点，并对国外科技人力资源流动状况及相关政策进行了梳理。

衷心希望本报告能够对加快建设世界科技强国，促进科技人力资源流动，加速人才集聚，激发人才创新活力和潜力有所启示。

中国科学技术协会

2019 年 12 月

PREFACE

前言

《中国科技人力资源发展研究报告（2018）》（以下简称《研究报告（2018）》）以“科技人力资源的总量、结构与科研人员流动”为主题，系统论述了我国[①]科技人力资源总量与结构、我国科研人员流动的基本状况和特点，国外科技人力资源流动状况和政策走向等，对健全和完善我国科技人力资源政策，促进我国科技人力资源合理流动，建设世界科技强国具有重要意义。《研究报告（2018）》由中国科协调研宣传部和中国科协创新战略研究院组织策划，邀请中国教育科学研究院、北京赛时科技有限公司、中国科学技术交流中心、中国科学技术信息研究所、中国人民公安大学等单位的学者专家，与中国科协创新战略研究院的研究人员共同完成。《研究报告（2018）》分上、中、下三篇。

上篇包括第一至第七章，主要由中国教育科学研究院课题组完成。孙诚主持了研究工作，负责设计各章节的逻辑框架，并进行学术把关；吕华负责基础数据的计算工作；杜云英负责研究工作的整体推进、协调，并进行统稿、校对与完善。其中，第一章、第三章由杜云英执笔，第二章由吕华执笔，第四章由董建岭执笔，第五章由韩倩执笔，第六章由杨芳执笔，第七章由刘颖执笔。

中篇包括第八至第十二章，主要由北京赛时科技有限公司课题组完成。智强主持了研究工作，并进行学术把关。徐世黔负责协调报告研究进度与技术路径设计实施。其中，第八章由徐世黔执笔，第九章、第十章由谢松延执笔，第十一章由王进娣执笔，第十二章由徐世黔、王进娣执笔。谢松延负责数据分析与制图，霍东云、张永峰负责数据获取与可视化技术支持，李燕茜、王进娣负责本篇修订，李秋梦参与了本篇修订和框架讨论。

下篇包括第十三至第二十一章，主要由中国科协创新战略研究院课题组完成。其中，第十三章、第二十一章由王寅秋执笔，第十四章由石磊执笔，第十五章由付震宇执笔，第十六章由熊嘉慧、杨光执笔，第十七章由马茹执笔，第十八章由王珊珊、黄园淅执笔，第十九章由赵吝加执笔，第二十章由王燕妮执笔。黄军英对第十三章至十六章、第二十一章进行了修改完善，朱晓暄对第十七章、第十八章修改完善，文玲艺对第十九章、第二十章修改完善。

中国人民公安大学洪帆执笔完成了绪论，并对全书统稿工作提出意见。李金雨整理了全书的格式和目录，并参与部分研究讨论。

中国科协创新战略研究院副院长周大亚负责《研究报告（2018）》研究框架的总体设计和各章研究思路、研究方法的把关。黄园淅修订了部分章节，并对全书进行统稿。石磊、熊

---

① 由于数据获取原因，本书中我国相关数据均不包括香港、澳门特别行政区和台湾地区。

嘉慧、马茹对全书研究出版工作做了大量管理协调和沟通联络工作。

作为中国科学技术协会高水平科技创新智库品牌成果之一,《研究报告(2018)》是多年来中国科协开展科技人力资源研究工作的继承和发扬,是集体智慧的结晶。中国科协调研宣传部部长郭哲和创新战略研究院院长任福君将《研究报告(2018)》作为重点工作给予悉心指导和有力支持,创新战略研究院原院长罗晖在《研究报告(2018)》研究初期对研究设计和布局做出具体指导。研究过程中,各合作单位的领导大力支持,专家同仁积极配合,有力保证了《研究报告(2018)》的质量。在此,对所有参与这项工作并辛勤付出的各位领导、专家表示衷心的感谢!

由于水平有限,疏漏和不当之处在所难免。诚挚希望关心科技人力资源发展的社会各界人士提出批评和建议,让我们为中国科技人力资源的健康发展共同努力。

中国科协调研宣传部

中国科协创新战略研究院

2019年12月

CONTENTS

目录

中篇 我国科研人员的流动状况

绪论

INTRODUCTION

当前，新一轮科技革命和产业变革蓬勃兴起，全球科技创新进入密集活跃期，颠覆性技术创新层出不穷，新产业、新业态相继涌现，引发了生产力和生产关系的重大调整。科技创新已经成为增强综合国力和国家核心竞争力的决定性因素。改革开放四十年来，我国经济的快速发展主要源于发挥了劳动力和资源环境的低成本优势。进入21世纪以来，我国步入经济社会发展的新阶段，在国际上的低成本优势逐渐消失。与低成本优势相比，技术创新具有不易模仿、附加值高等突出特点，由此建立的创新优势持续时间长、竞争力强。世界主要国家纷纷出台加强科技创新的战略部署，积极抢占未来科技创新的制高点。习近平总书记强调，创新始终是推动一个国家、一个民族向前发展的重要力量，也是推动整个人类社会向前发展的重要力量。国际上普遍认可的创新型国家，其科技创新对经济发展的贡献率一般在70%以上，研发投入占GDP的比重超过2%，技术对外依存度低于20%。科技创新是增强国家核心竞争力的不二选择，只有把科技的优势有效转换为经济和产业竞争的"胜势"，才能形成国家之间竞争的战略势差，掌握国际竞争的主动权。

人是科技创新最关键的因素。科技人力资源是创新活动中最为活跃、最为积极的因素，是推动国家科技事业发展最重要的战略资源，也是提升国家竞争力的关键因素。推进自主创新，人才是关键。没有强大的人才队伍作后盾，自主创新就是无源之水、无本之木。习近平总书记在中国科学院第十九次院士大会、中国工程院第十四次院士大会上进一步强调"创新之道，唯在得人""硬实力、软实力，归根到底要靠人才实力"。人类社会发展的全部历史告诉我们，哪个国家拥有了一流创新人才、拥有了一流科学家，它就能在科技创新中占据优势。要把科技创新搞上去，就必须建设一支规模宏大、结构合理、素质优良的创新人才队伍。我国拥有世界上存量规模最大的科技人力资源，这无疑是建设创新型国家的最宝贵财富。党的十八大以来，以习近平同志为核心的党中央坚持创新驱动实质是人才驱动，不断改善人才发展环境、激发人才创造活力，大力培养造就一大批具有全球视野和国际水平的战略科技人才、科技领军人才、青年科技人才和高水平创新团队。从"天眼"探空到"蛟龙"探海，从页岩气勘探到量子计算机研发，众多重大科技成果的问世，莫不源于科技工作者的忘我投入、奋力攻关。2018年，中国主要科技创新指标稳步提升，研究与试验发展经费支出超过欧盟15国平均水平，研发人员总量居世界第一，发明专利申请量和授权量居世界首位，科技作为创新驱动发展"第一动力"的作用更加凸显。不断涌现的重大科技成果为实现高质量发展提供了强有力的科技支撑，推动引领高质量发展取得新成效。

党的十九大报告强调:“人才是实现民族振兴、赢得国际竞争主动的战略资源。”科技人力资源的储备是国家科学技术发展的最基本条件。随着经济社会和高等教育的高速发展,我国在科技人力资源总量、R&D(research and development,研究与试验发展)人员总量和每年新增科技人力资源数量方面都居于全球首位,科技人力资源的结构也在不断优化,学历层次不断提升,为我国经济转型升级和创新驱动发展战略的实施提供了坚实的人才支撑,形成我国在科技创新领域参与国际竞争的潜在优势。但从科技人力资源质量、R&D人员密度等指标来看,我国与其他主要创新型国家相比仍有较大差距。2017年,我国R&D研究人员(R&D人员中的研究人员)达到174万人年,居世界首位,但每万从业人口中R&D研究人员仅为22.4人年,仅为日本、法国等发达国家的1/5。

如何更多更好地培养和引进科技人力资源,有效发挥现有科技人力资源的作用,越来越引起各级政府和政策研究机构的关注,而有关科技人力资源的统计和研究也成为相关政策制定的重要参考和依据。科技人力资源总量和结构数据的统计是一项长期而艰巨的基础工作。从世界各国科技人力资源统计实践来看,由于科技人力资源的分布涉及国民经济的各个行业,统计的难度很大,因此各国一般都是从现有的统计资源中提取相关指标和数据进行测算,以满足相关部门的具体需求。十多年来,中国科协始终专注科技人力资源研究,不断加深对科技人力资源内涵的理解,克服统计数据不完整、统计指标不一致等困难,持续完善科技人力资源量化研究方法,及时跟踪国内外科技人力资源发展态势,紧密联系社会和学界关注的热点议题,形成了一系列研究成果,也取得了良好的学术声誉和社会影响力。目前,《中国科技人力资源发展研究报告》已陆续出版五部,从数据分析、理论建构到实证探讨,涉及经济、社会、产业和政策等多领域,为更有针对性地做好科技人才工作,服务国家科学决策提供了有力支撑。

《研究报告(2018)》以“科技人力资源的总量、结构与科研人员流动”为主题,在结构上延续了以往系列报告的体例,分为上、中、下三篇。上篇主要描述我国科技人力资源的总量(截至2018年底)及其学科、学历、年龄和性别结构(截至2017年底),分析了我国科技人力资源培养的区域分布特征,并对来自工学学科的科技人力资源作了深入细致的探讨。研究结果显示,2016—2017年,我国新增符合“资格”的科技人力资源约1089.1万人。其中,专科层次培养的约为416.1万人,占38.2%;本科层次培养的约为558.8万人,占51.3%;研究生层次培养的约为114.2万人(硕士为102.9万人、博士为11.3万人),占10.5%。与以前相比,在新增的科技人力资源中,本科及以上层次的科技人力资源在比例上已经超过专科。截至2018年底,我国科技人力资源总量已达到10154.5万人,继续保持着世界上最大规模的科技人力资源优势。其中,符合“资格”条件的科技人力资源占比93.4%;不具备“资格”但符合“职业”条件的科技人力资源占比6.6%。

从我国科技人力资源的学科分布来看,理工农医核心学科培养的占77.6%,外延学科培养的占21.6%,其他学科占0.8%。其中,工学培养的科技人力资源比例最高,占54.1%;其次是医学,占12.6%;再次是理学和经济学,均为7.4%;管理学占比为7.2%。我国科技人力资源的学历层次分布呈明显的金字塔结构,专科层次仍然超过半数,但与以前相比,整体的学历层次在逐步提高,本科层次已接近40%;硕士和博士层次接近7%。在年龄分布上,我国科技人力资源年轻化趋势仍然十分显著,39岁及以下的人群占总量的76.3%,50岁以上的人群仅占9.3%。女性科技人力资源占总量的比例上升很快,研究生层次的女性科技人力资源比例增长尤为明显，占比达到 51.6%，已接近发达国家的水平。从科技人力资源培养的区域来看，普通高等教育作为科技人力资源培养主渠道的地位不断增强，东部地区培养的科技人力资源数量明显高于其他地区，北京、上海等地科技人力资源培养层次明显优于其他省份。在科技人力资源总量与结构部分还增加了一部分国际比较的内容。虽然由于不同国家在教育制度、学科分类等方面存在差异，但仍然可以进行部分指标的比较，从而便于读者从不同侧面了解我国科技人力资源与其他国家的比较优势和差距。

《研究报告(2018)》中篇主要研究我国科研人员的流动情况。课题组依托科研人员微观数据，选取学术层级、机构类型、所属领域等维度分析我国科研人员空间流动的基本特征与动态趋势，并识别其主要动因，力图为有效促进我国科技人力资源配置效率提升与经济结构优化提供有益参考。研究样本来源于“科学家在线”1200 万中国科研人员数据库。该数据库覆盖了几乎所有我国科研人员的科研产出成果，是国内最大的科研人员数据库，具有较高的代表性。《研究报告(2018)》选取我国科研人员在 2010—2017 年的空间流动信息，采用随机抽样的方法，选取完整简历样本 10 万份，以样本人员流动情况为基础，识别其所属机构变动情况，按照不同的判定标准生成各维度的流动数据，并以此为基础开展我国科研人员流动情况的相关研究。需要说明的是，由于受科研人员原始数据的样本量及数据选取时间段等问题的限制，《研究报告(2018)》所研究的科研人员流动特征具有一定的局限性，并不能完全代表整个我国科技人力资源或科研人员总体的流动特征。

研究结果显示，我国科研人员的流动范围覆盖 117 个国家，但大规模流动主要集中在美国和欧盟、大洋洲、东亚和金砖国家等少数国家，单向流动数量较大的国家主要集中在中国、美国、英国、德国、法国、加拿大、澳大利亚、日本和韩国 9 个国家，其中中美两国是科研人员流动网络的两个核心，且随着时间的推移，二者的核心地位得到了一定程度的强化。从流动方向来看，我国科研人员流动主要表现为净流出，但近年来，科研人员回流态势不断增强，回流科研人员主要来自美国、澳大利亚等发达国家。科研人员国内流动范围覆盖 31 个省份，大规模人才流动主要集中在环渤海、长三角、广东、陕西和湖北等地区，东部省份在人才流动网络中处于重要地位；黑龙江、四川和湖北等中西部省份向东部省份大规模输送人才。科研人员跨城市的流动范围覆盖 113 个地级城市。北京是科研人员城际流动网络的绝对核心，上海、武汉和广州紧随其后。科研人员流动主要以直辖市与省会城市间相互流动为主。

随着科研人员学术层级的提升，国际、省际和城际间科研人员的流动不均衡性渐次提升。整体来看，科研人员的学术层级越高，其流动的不均衡程度也会相应提升。北京是各层级科研人员流动的中心，流入和流出人次都在全国领先。在四个不同学术层级中，北京均是科研人员流动的重要地区，科研人员的流入量和流出量居全国首位。不同学术层级的科研人员群体流动状况差异较大，科研人员层级越低，流动覆盖范围越广，杰出科研人员的活跃区域以北京和上海为主。关键技术领域科研人员的流动，与区域的经济和科技创新实力、薪酬待遇和生活舒适性等条件密切相关，同时与区域的产业发展基础也有一定联系。

下篇主要讨论发达国家和部分新兴经济体科技人力资源流动的基本状况，通过深入挖掘科技人力资源全球流动相关数据，采用定性定量相结合的方法，分析全球科技人力资源流动的历史变迁、流动特点概况、导致流动的原因、流动带来的影响等问题，力求尽可能全面地反映全球科技人力资源流动的概貌,并探讨影响科技人力资源流动的主要因素。研究结果显示,现代科学技术的高速发展,强化了科技人才的价值和作用,引发了世界性科技人力资源的大流动。科技人力资源往往从经济欠发达的国家和地区流向经济水平较高的国家和地区,具有明显的"马太效应",其流动规模和方向受政治环境,特别是科技创新政策环境的影响很大。科技人力资源的大规模流动通常伴随着全球科技中心的转移。美国等发达国家在整个全球科技人力资源流动体系中占据着主导地位。中国、印度及巴西等新兴经济体作为发展中国家在全球科技人力资源网络中所起的作用越来越重要。随着经济全球化和世界多极化的发展,许多科技人力资源国际流动新形式已经出现。不仅是技术移民,参与留学、短期入境及合作研究人数也大量增加。经济因素和生活环境仍然是影响科技人力资源流动的重要因素。发达国家凭借经济高速发展、高等教育优势、科研实力和科研环境,以及有针对性的技术移民政策,对科技人力资源流动的规模和方向影响较为显著。对于发展中国家而言,在海外学习和工作的本国籍科技人力资源有强烈的回流意愿,大大促进了科技人力资源的回流。

进入21世纪以后,随着信息技术和交通设施的迅猛发展,国家的经济实力、生活水平、科研环境和支持科研的力度,各国政府引才用才的政策措施,新兴经济体国家重视海外科技人才,以及科技人才自身的原因等多种因素,加快了全球科技人力资源流动的速率,流动的形式多种多样,呈现出较为复杂的态势,美国等发达国家和新兴经济体占据主导位置,发达国家之间的科技人力资源流动非常频繁,并且越来越多的科技人才把诸如中国、印度和巴西作为流动的目的地,科技人力资源环流的态势已经初步形成。从长远来看,随着经济全球化程度的不断加深和全球高技术劳动力总量的不断增长,科技人力资源的跨国流动,特别是主要大国(经济体)间的流动仍是大势所趋。

美国作为世界头号超级大国,其军事、科技、经济地位的取得与其高质量的科技人力资源储备关系密切,移民国家的历史传承与美国保持世界领先位置的战略考量使得美国的移民政策、签证政策、科技政策、教育政策等都向海外高技术劳动力不断抛出"橄榄枝",这些高技术人才也相应地通过留学、国际项目合作、签证政策和移民政策等途径流入美国,为美国补充了大量科技人力资源,为美国的持续繁荣做出了不可磨灭的贡献。欧盟科技人力资源的工作流动性在逐年加强,科技相对发达的国家如英国、德国科技人力资源流动性也最强。男性与女性科技人力资源的流动性并无明显差异,年轻的科技人力资源工作转换率更高,制造业和服务业以及知识密集型服务业和其他服务业的工作转换率没有明显差异。俄罗斯作为科技人力资源大国,通过一系列国家科技创新战略及其配套政策、法令和计划等的实施,使其科技人力资源数量下降的趋势得到遏制,改变了科技人力资源大量流失、科研机构数量下降和科研经费不足的状况并保持稳定增长态势。俄罗斯研发人员以企业和国家机构分布为主,主要集中在科学技术领域。同时,俄罗斯近年出境科技人力资源数量在逐年上涨,而入境的国外科技人力资源多来自于中国、越南等国家。英国作为全球主要创新型国家和科技创新力量,是当前世界科技人力资源流动大潮中的重要参与者。一方面,英国凭借雄厚的科技创新基础、卓越的高等教育、宽领域的人才资助计划等吸引和聚集了大量国外杰出科研人员前往英国从事科学研究,以及优秀国际学生赴英接受高等教育,有力支持了本国科技人力资源队伍建设。但另一方面,由于近年来英国不断收紧移民政策,加之脱欧即将导致其失去欧盟巨额科研资助、欧盟成员国优惠待遇以及参与欧盟科研项目的机会等，降低了非英籍研发人员以及海外留学生前往或继续留在英国的意愿，甚至部分英籍科技人力资源也流失他国。考虑到当前复杂多变的国内外形势，英国欲在科技人力资源流动大背景下继续保持本国科技人力资源领先优势以及全球科技强国地位，将面临一定的挑战。加拿大科技人力资源数量增长快、储备丰厚，尤其是研究人员密集，研发人员以企业分布为主导。同时，加拿大拥有超六成受过高等教育的成年人，本国科技人力资源较为丰富。加拿大本国人才市场活跃，是世界上科技人力资源流动率较高的国家。日本很早就提出了“科技立国”的口号，并一直将人才战略置于整体科技战略的重要地位，借助外力推动自身发展成为日本制定科技人力资源流动政策的主要原则。日本吸收和借鉴其他发达国家在人才政策方面的成功经验，大量引进并留住海外科技人才，鼓励优秀留学生在日定居、就业，成功聚集了大量的国际优秀人才。澳大利亚作为高收入的发达国家，科技人力资源总量持续稳定增长，科技人力资源流动更具有国际性，留学生是澳大利亚科技人力资源流动的重要组成部分，这也是澳大利亚科技人力资源流动的一大特征。澳大利亚作为创新型国家，通过制定《国家创新和科学议程》和《全球创新战略》等系列创新政策保障国家创新的持续和发展，积极整合国际创新要素促进本国创新的可持续发展。这些政策注重科技人力资源的国内和国际流动，有助于促进创新要素的流动和创新产出。澳大利亚的国际教育一直处于国际领先地位，并制定未来国际教育战略巩固和发展其卓越教育，推动了学生、教师和科研人员的国际流动。澳大利亚的移民政策以技术移民为主导，但移民政策逐渐收紧，并且越来越倾向于高端技术移民和顶尖人才的引进。

科技人力资源的流动是多重因素共同作用的结果。优厚的科研和生活条件、完善的出入境管理机制、政策和相关部门统筹协调、多样化的人才引进和使用方式、高新技术和企业的市场配置等，都是影响科技人力资源流动的重要因素。基于目前激烈的国际科技人才竞争的严峻形势，各国政府都在有针对性地进行顶层设计，纷纷制定有利于本国人才开发和吸引国外优秀人才的战略规划，同时突出人才政策的精准性和协调性，充分强调企业引进人才的自主性和灵活性。纵观发达国家和新兴经济体在吸引使用杰出科技人才的经验做法，我国在这一方面仍然有很大的改进空间。

实现创新驱动发展，决胜全面建成小康社会，不断培育和释放人才红利，必须把科技人力资源开发放在科技创新最优先位置。未来我国科技人力资源发展将是在把握住规模优势的前提下，进一步优化结构，满足我国转变发展方式、优化经济结构、转换增长动力的新时代国家转型发展的战略需求。同时，科技人力资源中各类科技人才队伍也需要匹配市场需要，使其更符合未来我国新经济、新产业发展的人才需求。在我国深入实施创新驱动发展战略的大背景下，我们必须主动适应人才竞争全球化的趋势，聚焦高精尖缺，以全球视野谋划科技人力资源的培养和开发利用，准确把握科技人力资源的结构变化趋势，从培养、引进、使用等环节深化体制机制改革，不断优化人才成长环境，培育好让更多的科技才俊脱颖而出的肥沃土壤，努力形成塔基厚实、塔身雄伟、塔尖高耸的金字塔式人才格局，使科技人力资源的创新潜能和价值得到充分释放，不断提升我国科技人力资源的竞争优势。

中国科协将继续坚持科技人力资源相关研究，努力把握我国科技人力资源发展大势，积极探索破解制约科技人力资源发展结构性矛盾的有效路径，为构建完备的科技人才队伍梯次结构，培养造就一大批具有全球视野和国际水平的战略科技人才、科技领军人才、青年科技人才和高水平创新团队贡献力量。

上篇

我国科技人力资源的总量与结构

PART

拥有规模足够、结构合理的科技人力资源，是提升创新能力、建设创新型国家的重要基础，是实现科技强国、民族复兴的重要根基。不考虑专升本、死亡及出国因素，截至2018年底，我国科技人力资源总量达10154.5万人，规模继续保持世界第一。本篇对截至2018年底我国科技人力资源的总量及截至2017年底科技人力资源的学科（专业）、学历、年龄、性别结构及培养区域分布情况进行测算分析，并根据社会经济发展需求，对占总量近半数的工科科技人力资源的发展状况及二级类变化进行了总结分析，全面刻画了当前我国科技人力资源的总量与结构状态。

第一章

CHAPTER 1

我国科技人力资源的测算方法

当前，新一轮科技革命和产业变革蓄势待发，我国正处于全球竞争日益加剧、经济结构深刻调整和产业升级步伐加快的关键期。十九大报告强调，创新是引领发展的第一动力，是建设现代化经济体系的战略支撑。按照党中央的决策部署，要把加快建设创新型国家作为现代化建设全局的战略举措，坚定实施创新驱动发展战略，强化创新第一动力的地位和作用，突出以科技创新为核心的全面创新，具有重大而深远的意义。科技人力资源是创新型国家建设最丰富、最宝贵的战略资源，科技人力资源的数量与质量是一个国家创新能力的基石，从根本上决定了这个国家的创新水平，积极开发和高效使用丰富的科技人力资源，是创新型国家实现的重要基础。

开发和利用科技人力资源，首先需要把握我国科技人力资源的数量与结构。2008 年，中国科协推出了第一本《中国科技人力资源发展研究报告》(以下简称《研究报告》)，开创了从国家层面研究我国科技人力资源总量和结构的先河，截至 2016 年共出版了五本报告。十年来，伴随着对科技人力资源内涵理解的加深，我国科技人力资源的量化研究和数据采集、整理、分析工作渐趋成熟，每一本研究报告的统计测算方法在基本测算方法不变的前提下，根据实际情况的变化和有关专家的意见进行一些细节上的调整。本章简要介绍《研究报告(2018)》科技人力资源的测算方法，并重点介绍与《研究报告(2016)》相比，《研究报告(2018)》中做出的相关调整。

第一节　科技人力资源总量的测算方法

《研究报告(2018)》科技人力资源总量的测算方法主要沿用了《研究报告(2016)》的测算方法，同时根据具体情况的变化进行了一些调整。

一、科技人力资源总量的测算与调整

各国对科技人力资源的定义不尽相同。多年来，由于不同国家的统计口径和指标存在差异，有关科技人力资源的统计并没有形成统一的界定和测算方法。此前的报告根据经济合作与发展组织(Organization for Economic Co-operation and Development)《科技人力资

源手册》的相关标准和口径,并结合我国教育、科技和行业统计的实际情况,对科技人力资源的内涵和外延做了基本限定,并以此为基础构建了适应我国科技人力资源现状的理论分析框架和测度指标。

《研究报告(2018)》沿用《研究报告(2016)》科技人力资源的定义与内涵,即"科技人力资源是指那些实际从事或有潜力从事系统性科学技术知识的产生、发展、传播和应用活动的人员,其外延超过了通常意义上的科技活动人员或研发人员,涉及自然科学、工程和技术、医学、农业科学、社会科学和人文学科等"。因此,科技人力资源总量的测算仍然从"资格"和"职业"两个维度进行测算,即科技人力资源总量=人口中符合"资格"的人员+不符合"资格"但符合"职业"条件的就业人员。符合"资格"的人员主要是指完成科技领域大专及以上学历(学位)教育的人员;不符合"资格"但符合"职业"条件的就业人员主要包括技师和高级技师、乡村医生和卫生员两大类。

1. 符合"资格"的科技人力资源测算

符合"资格"的人员是科技人力资源最主要的组成部分。《研究报告(2018)》符合"资格"的科技人力资源沿用《研究报告(2016)》的测算方法,即根据历年《中国教育统计年鉴》中普通高校①、成人高校、高等自学考试(简称"高自考")及网络高等教育等四个培养渠道中科技相关学科的毕业生数据测算得到。具体计算方法如下:

符合"资格"的科技人力资源=专科层次科技人力资源+
本科层次科技人力资源+
文史哲研究生层次科技人力资源②

其中,专科与本科层次科技人力资源由不同培养渠道、不同学科(专业大类)毕业生进行折算后汇总得到。除2016—2017年专科层次科技人力资源的折算系数发生变化(在学科与专业结构部分有具体说明)外,其余年份的本科与专科科技人力资源、文史哲研究生科技人力资源测算方法均沿袭《研究报告(2016)》。值得注意的是,由于《研究报告(2016)》科技人力资源总量测算时缺乏2016年高等教育分学科与专业大类的实际数据,是根据预计毕业生数测算的,因此《研究报告(2018)》用实际毕业生数对该数据进行了修正。

截至目前,由于国家尚未正式发布2018年高等教育毕业生数据,《研究报告(2018)》只能对2018年新增符合"资格"的科技人力资源数量进行估算。经过多次讨论和咨询,课题组最终确定,2018年新增符合"资格"的科技人力资源测算具体方法如下:

第一,普通高校与成人高校培养的科技人力资源,先根据《中国教育统计年鉴(2017)》中各学科(专业大类)预计毕业生数乘以近3年普通高校和成人高校的平均毕业率得到2018年各学科毕业生数,然后根据不同学科(专业大类)毕业生的折算系数,计算出符合"资格"定义的科技人力资源数量。

第二,由于《中国教育统计年鉴》没有统计网络高等教育的预计毕业生数,并且2016年

---

① 《研究报告(2018)》中的研究生数据也包括科研机构培养的研究生。为了描述简便,文中描述仅用了普通高校的说法。

② 按照我国学制,硕士研究生绝大多数来源于本科或专科毕业生,博士研究生绝大多数来源于硕士研究生,在计算科技人力资源总量时,为避免重复计算,只将文史哲三个学科(本专科阶段未纳入科技人力资源)的硕士毕业生纳入计算范畴。

及以后专科毕业生的专业分类发生了变化，2018 年来自网络高等教育渠道的新增科技人力资源数以 2016—2017 年两年的加权平均数来代替。

第三，由于高自考统计没有细化到学科、专业大类的数据，课题组采用最近 5 年数据进行加权平均估算出 2018 年专科、本科毕业生数，再折算成科技人力资源数据。

第四，研究生由于多数拥有本专科学历，为避免重复计算，因此仅将文学、历史学和哲学的硕士纳入新增科技人力资源。

2. 不具备“资格”但符合“职业”条件的科技人力资源测算

不具备“资格”但符合“职业”条件的两类科技人力资源数据主要根据《人力资源和社会保障事业发展统计公报》和《卫生和计划生育事业发展统计公报》整理而来。其中，技师与高级技师沿用《研究报告(2016)》将 45 岁作为参评平均年龄的计算方法，以此年龄进行推算，截至 2017 年底，2002 年以前(含 2002 年)评定的技师及高级技师绝大多数已达到法定的退休年龄，因此，《研究报告(2018)》仅对 2003 年及以后评定的技师和高级技师进行统计。

二、影响科技人力资源总量估算的若干因素

《研究报告(2018)》基于“资格”角度和“职业”角度对我国科技人力资源总量进行测算，这仅是根据相关数据累计推算得出的理论数据，但还有一些政策因素和事实因素会影响科技人力资源总量，如专升本政策导致的重复计算、死亡和出国留学导致的人数减少等，需要对这些因素进行推算与分析，从而更加准确地把握科技人力资源的总量。

1. “专升本”导致的重复计算人数

“专升本”学生数量涉及科技人力资源的重复计算问题，近年这一数量增长较快，会对科技人力资源总量的测算产生较大的影响。因此，从“资格”角度统计科技人力资源总量时，需要进行剔除。对于如何剔除“专升本”数据，《研究报告(2014)》提出了从出口剔除的方法，即根据高等教育基层统计报表对本科毕业生来源的分类“高中起点本科、专科起点本科和第二学士学位”，从本科毕业生中减去专科起点本科和第二学士学位数据，并确定了专科起点和第二学士人数之和占总数的比例约为 7.45%，扣除 1987—2014 年我国科技类核心学科本科毕业生约 170 万人①。由于近年《中国教育统计年鉴》不再公布本科毕业生来源“高中起点本科、专科起点本科和第二学士学位”数据，《研究报告(2018)》经过讨论，选择了替代性方法。2018 年，中国教育科学院“中国应用型本科高校发展报告”项目对 29 个省市的 230 所本科高校进行了调研，数据显示这些学校 2016 年和 2017 年高职与本科 3+2 模式招生数占招生总数的比例分别为 11.9%和 9.9%。考虑到除这种形式外还有学生自行参加专升本考试，以及“双一流”等高校没有开展这类形式的招生等因素，课题组经过讨论，将 2015—2018 年专升本比例定为 10%。由于缺乏具体学科数据，课题组将“专升本”科技人力资源的扣减比例定为 10%。

---

① 中国科协调研宣传部、中国科协创新战略研究院. 中国科技人力资源发展研究报告(2014)[M]. 北京：中国科学技术出版社，2016.

2. 死亡人数

意外、生病死亡等因素会对科技人力资源总量产生一定的影响。《研究报告(2014)》曾对这类因素进行过研究。课题组经过文献研究发现,没有显著理由表明科技人员的死亡率比一般人的死亡率高。[①]基于这一前提,《研究报告(2014)》提出采用全国平均死亡率来推算科技人力资源死亡人数。经过研讨,课题组认为全国平均死亡率未能考虑年龄因素,而不同年龄段的死亡率差异极大,科技人力资源明显呈现出年轻化趋势,用全国平均死亡率来推算科技人力资源死亡人数,将大大高估科技人力资源死亡人数。因此,《研究报告(2018)》决定采用分年龄段计算科技人力资源的死亡率。第六次人口普查数据涉及2010年不同年龄段人口的死亡情况(见表1-1),课题组对此进行了梳理。

表1-1　不同年龄段人口的死亡情况(2010年)

年龄段/岁	死亡人口/人	总人口/人	死亡率/‰	年龄段/岁	死亡人口/人	总人口/人	死亡率/‰
20～24	62552	127412518	0.5	50～54	337397	78753171	4.3
25～29	60661	101013852	0.6	55～59	494339	81312474	6.1
30～34	79960	97138203	0.8	60～64	586160	58667282	10
35～39	140531	118025959	1.2	65～69	695662	41113282	16.9
40～44	216353	124753964	1.7	70～74	999653	32972397	30.3
45～49	262531	105594553	2.5				

尽管第六次人口普查数据是2010年的数据,但1967—2018年,除了1967—1969年人口死亡率为8‰～8.5‰,1970年以后基本保持在6‰～7‰浮动,变化不大。因此,《研究报告(2018)》以这次人口普查中不同年龄段人员的死亡率,对科技人力资源的死亡人数进行推算,即

$$\text{科技人力资源当年死亡人数} = \sum \text{年龄段科技人力资源数量} \times \text{对应年龄段死亡率}$$

3. 出国留学未归人员及其他移民人员

近年来,出国留学人员数量不断增长,并有一部分留在国外,这一趋势对科技人力资源总量有一定的影响。《研究报告(2014)》中曾采用"流出科技人力资源数量=(出国留学人员－归国留学人员)×出国留学人员中的科技类专业毕业生比例(60%)"的方法对科技人力资源的流出数量进行测算。考虑到低龄化留学趋势加剧,出国读中学的人数增长率超过本科,并且部分人员仍在上学,尚未完成学业,不能直接算成科技人力资源的流出,《研究报告(2018)》对上述方法进行了修正,采用完成学业的出国留学人员为基数进行测算。据《中国留学回国就业蓝皮书》统计,2015年、2016年我国留学回国就业人员中拥有硕士及以上学历的人员比例分别为90.2%和92.5%,即使是本科与专科层次,理学、工学也占了较大比例,基于国外激烈的就业竞争环境,《研究报告(2018)》以此数据类推留在国外就业的留学人员,将出国留学未归人员折算成科技人力资源的比例定为90%。

① 狄昂照,李正平,甘辛,等.关于科技人员死亡率是否高于一般水平的定量分析[J].系统工程理论与实践,1989,3:31-34.

此外,《世界移民报告2018》数据显示,印度和中国是亚洲迁出移民数量最多的两个国家,2015年来自中国的移民成为印度、墨西哥和俄罗斯之后的世界第四大移民团体,有接近1000万中国出生的移民生活在中国以外的国家或地区,其中生活在美国的有超过200万人。由于其中有大量的劳工移民,因没有学历等相关数据,无法计算其中的科技人力资源数量,但可以肯定该数据会对我国科技人力资源总量计算有一定的影响。

需要说明的是,专升本、死亡、出国留学未归及移民等几个因素由于缺乏分学科、学历、性别、年龄等数据,因此仅在测算总量的时候考虑,而在具体讨论学科、学历、年龄、性别结构时暂不涉及。

第二节 学科与专业结构的测算方法

《研究报告(2018)》首先根据不同渠道、不同学科(专业大类)毕业生的折合系数测算出专科、本科与研究生层次的科技人力资源数量,然后得到新增科技人力资源以及科技人力资源总量的学科结构。《研究报告(2018)》的本科及研究生层次毕业生的折合系数沿用《研究报告(2016)》,专科层次毕业生的折合系数做了一些调整。

一、本科层次不同学科毕业生的折合系数

本科层次毕业生的折合系数沿用《研究报告(2016)》的方法,即按照学科分类和培养渠道进行双重分析。学科根据教育部2012年修订的《普通高等学校本科专业目录》,分为12个门类,按比例进行测算;培养渠道根据我国高等教育的四种形式,对普通高校、成人高校、高等自学考试和网络高等教育按比例进行测算,具体如下:

第一,核心学科保持不变,仍然是理学、工学、农学、医学,这四个学科门类及下设专业的本科毕业生100%纳入科技人力资源的统计范围。

第二,外延学科保持不变,仍然是经济学、法学、管理学和教育学,纳入科技人力资源的毕业生比例不变。

第三,文学、历史学、哲学和艺术学的本科毕业生不纳入科技人力资源的统计范畴。

二、专科层次不同学科(专业大类)毕业生的折合系数

为体现高职高专教育兼具职业性与学科性的特点,2004年教育部发布关于《普通高等学校高职高专教育指导性专业目录(试行)》的通知,要求按照以职业岗位群或行业为主兼顾学科分类的原则划分专业。该专业目录将专科学历教育层次的学科门类分设为农林牧渔、交通运输、生化与药品、资源开发与测绘、材料与能源、土建、水利、制造、电子信息、环保气象与安全、轻纺食品、财经、医药卫生、旅游、公共事业、文化教育、艺术设计传媒、公安、法律19个大类,自2012年开始,专科层次毕业生数量的统计开始按19个专业大类进行。为应对这一形势的变化,《研究报告(2014)》对照专业大类对专科层次科技人力资源进行独立测算,并运用德尔菲法确定了核心专业大类和外延专业大类的折算系数,最终测算出专科层次科技人力资源数量。《研究报告(2016)》延续了2014年的测算方法。

为推动专业设置与产业需求对接,课程内容与职业标准对接,教学过程与生产过程对

接，毕业证书与职业资格证书对接，职业教育与终身学习对接，促进高等职业教育更好地服务经济社会发展和人的全面发展，教育部在2004年目录的基础上，参考《国民经济行业分类(2011)》《三次产业划分规定(2012)》《中华人民共和国职业分类大典(2015版)》和《中等职业学校专业目录(2010年修订)》《普通高等学校本科专业目录(2012年)》等，以产业、行业分类为主要依据，兼顾学科分类进行专业划分和调整，原则上专业大类对应产业，专业类对应行业，专业对应职业岗位群或技术领域，修订形成《普通高等学校高等职业教育专科(专业)目录(2015年)》。

与原目录相比，修订后的目录专业大类维持原来的19个不变，排序和划分有所调整；专业类由原来的78个调整增加到99个；专业由原来的1170个调减到748个。目录的调整对科技人力资源的测算产生了影响。课题组对两个目录进行了对比，发现两者在专业大类的数量上保持一致，但在专业分类上略有调整，不少学科合并整合或拆分独立，主要表现在：生化与药品大类、轻纺食品大类调整为生物与化工大类、轻工纺织大类、食品药品与粮食大类；资源开发与测绘大类、环保气象与安全大类调整为资源环境与安全大类；艺术设计传媒大类拆分独立为文化艺术大类和新闻传播大类；公安大类、法律大类合并为公安与司法大类。表1-2为2004年和2015年普通高校高职(专科)学科专业目录对比。

表1-2　2004年和2015年普通高校高职(专科)学科专业目录对比

2004年版学科专业目录 (19个学科大类、78个一级学科专业)	2015年版学科专业目录 (19个学科大类、99个一级学科专业)
51 农林牧渔大类	51 农林牧渔大类
52 交通运输大类	52 资源环境与安全大类
53 生化与药品大类	53 能源动力与材料大类
54 资源开发与测绘大类	54 土木建筑大类
55 材料与能源大类	55 水利大类
56 土建大类	56 装备制造大类
57 水利大类	57 生物与化工大类
58 制造大类	58 轻工纺织大类
59 电子信息大类	59 食品药品与粮食大类
60 环保、气象与安全大类	60 交通运输大类
61 轻纺食品大类	61 电子信息大类
62 财经大类	62 医药卫生大类
63 医药卫生大类	63 财经商贸大类
64 旅游大类	64 旅游大类
65 公共事业大类	65 文化艺术大类
66 文化教育大类	66 新闻传播大类
67 艺术设计传媒大类	67 教育与体育大类
68 公安大类	68 公安与司法大类
69 法律大类	69 公共管理与服务大类

为保持科技人力资源测算的稳定性，对于名称没有变化或名称有调整但二级专业归类基本不变的专业大类，课题组主要延续《研究报告(2016)》的测算方法，对名称和二级专业类归类都发生了变化的专业大类系数进行重新调整。具体如下：

(1) 将交通运输、能源动力与材料、水利三大类定为核心专业大类，其普通高校毕业生100%纳入科技人力资源，成人高校、网络高等教育的同类毕业生折半纳入。《研究报告(2016)》核心专业大类中的资源开发与测绘大类，2015 年与环保、气象与安全大类合并成为资源环境与安全大类，而环保、气象与安全大类在《研究报告(2016)》中并没有计入科技人力资源，因此《研究报告(2018)》将资源环境与安全调整为外延专业大类。

(2) 将农林牧渔、资源环境与安全、生物与化工、食品药品与粮食安全、土木建筑、装备制造、电子信息、医药卫生等八大类定为外延专业。其中，资源环境与安全、生物与化工、食品药品与粮食这三类科技人力资源的系数采用德尔菲法重新确定，其他大类仍沿用《研究报告(2016)》中的系数。

(3) 轻工纺织、财经商贸、旅游、文化艺术、新闻传播、教育与体育、公安与司法、公共管理与服务等八大类不纳入科技人力资源统计范围。

三、研究生层次不同学科毕业生的折合系数

研究生毕业生包括普通高校及科研机构培养的毕业生。哲学、经济学、法学、教育学、文学、历史学、理学、工学、农学、医学、管理学、艺术学 12 个学科的所有研究生毕业生均100%纳入科技人力资源①。

四、科技人力资源的学科结构测算

《研究报告(2014)》按照学科门类和专业大类对科技人力资源分别进行统计，是出于对学科和专业基本内涵的研究。学科与专业两个概念内涵和外延不同，但又密切相关，相辅相成，处于不断的动态平衡和调整适应状态。学科专业结构设置及调整的主要目的是要适应社会发展的需求，满足社会经济发展对人才所具备能力的需要，从而实现科技人力资源引领和促进社会发展的作用。因此，学科专业结构调整蕴含着一定的规律性，是社会发展变化的缩影。《研究报告(2018)》根据专科层次毕业生分类的两次实际变化，按专业大类对专科层次科技人力资源进行测算、分析，与本科及以上层次科技人力资源按学科测算、分析不再相同，从而对科技人力资源总量的学科结构呈现产生了影响。为了让读者能对新增科技人力资源及科技人力资源总量的学科结构有更直观的认识，经过研讨，课题组决定将2012—2017 年专业大类培养的科技人力资源大致还原为按学科分类，即将农林牧渔纳入农学，将交通运输、资源开发与测绘、材料与能源、水利、生化与药品、土建、制造、电子信息、能源动力与材料、资源环境与安全、生物与化工、食品药品与粮食等相关专业大类均纳入工学，将医药卫生纳入医学进行处理。

第三节　年龄与性别结构的测算方法

科技人力资源是不同特征的人群集合，如年龄、性别、民族、国籍等人口统计学指标是科技人力资源的基本特征。不同年龄、性别的人在融入科技活动过程中的表现会存在差

① 军事学毕业生人数过少，本报告忽略不计，后同。

异。科技人力资源总体的年龄、性别等结构对科技人力资源作用的实际发挥,以及未来发展潜力都会产生一定的影响。

一、科技人力资源年龄结构的测算方法

科技人力资源由不同年龄段的人群共同组成。通常来讲,年轻化的结构比年龄老化的结构更具有活力和创造力,同时,一国科技人力资源的年龄结构对总量变化趋势有很大影响。然而,有关我国科技人力资源年龄结构的统计数据不能从相关统计资料中直接获得,因此《研究报告(2008)》提出,根据定义对具有大专及以上学历的人群的年龄结构进行估算,然后在此基础上,推算出具备"资格"的科技人力资源总量的年龄结构。具体推算方法是,将普通高校专科和本科应届毕业生年龄分别设定为 21 和 22 周岁,成人高校、网络高等教育和高自考专科与本科应届毕业生年龄分别设定为 24 和 25 周岁,并将科技人力资源的年龄上限设定为 72 周岁。相对而言,研究生层次科技人力资源的年龄结构相对比较复杂,存在不连续接受学历教育、硕博连读、2 年制硕士、延期毕业等多种情况,并且随着政策灵活性的增加,未来年龄分布离散程度会进一步加大。考虑到目前硕士招生仍以本科应届毕业生为主,而且关系到科技人力资源总量时仅计入文史哲学科的硕士,文史哲学科硕士数量相对较少,将其毕业年龄定为 25 周岁虽然会有一定偏差,但对科技人力资源总量的年龄结构影响很小。这样,可以通过逐年推算,大致获得我国科技人力资源的年龄分布情况。

二、女性科技人力资源的测算方法

研究表明,女性参与科技活动将会给科技事业注入多样性,更有利于科技的发展。由于整体统计数据不足,我国女性科技人力资源的测算难度比较大。虽然从"资格"角度对女性科技人力资源数量进行测算是可行的,但《中国教育统计年鉴》中仅公布了各学历层次的女性毕业生总数,没有细化到 12 个学科门类和 19 个专业大类,因此难以按照定义从"资格"角度准确计算科技相关专业专科以上女性科技人力资源的数量。《研究报告(2012)》选取了以理工农医为代表的六所高校,按核心学科、外延学科、非科技人力资源学科的分类对其招生数量做了样本分析,得到了各学科女性比例,从而测算了科技人力资源的性别结构,《研究报告(2014)》中沿用了这一比例。

每年选取部分高校进行分学科、分专业大类调研,是确定各学科、专业大类女性比例,从而测算出女性科技人力资源比例的较为科学的方法。但高校的种类较为多样,有综合大学、师范院校、理工院校、语言院校、体育院校、财经院校、政法院校等,不同类型学校学生性别结构可能存在较大的差异,如果选择的高校样本量不足,科技人力资源的性别结构测算可能会有较大的误差。经过反复研讨,课题组决定采用中国教育科学研究院于 2016 年 5—6 月采集的全国 31 个省份毕业生教育满意度调查的背景信息数据。该调查在各省市层面按照 12%的比例抽取样本高校,对本科或高职院校数量较少的省份,每类学校抽样最少为 4 所(如果少于 4 所,则全部入样);在学校层面抽取样本学生,采用等距抽样方法在每所抽样院校中抽取毕业年级学生 140 名;对于抽样院校数量少于 4 所的省份,每所高校抽取毕业年级学生 180 名,本次调查共有全国 350 所高校 4.89 万名学生参加,采集有效问卷 44164 份,其中本科为 22319 份,高职为 21845 份。该调查问卷的背景信息涉及了性别与学科、专

业大类信息。课题组认为，该调查涉及省市、学校范围广泛，抽样的学科、专业大类齐全，能较好地代表全国高校的情况，可以对这些学生的性别与学科、专业大类进行关联分析，从而测算不同学科、专业大类的女性毕业生比例，然后根据不同学科、专业大类科技人力资源数量，得到不同学科、专业大类女性科技人力资源数量，加以汇总可得到当年新增女性科技人力资源总量，从而计算出当年新增女性科技人力资源占比。

由于调查样本缺少网络高等教育、成人高校毕业生，《研究报告(2018)》也将调查所得的各学科与专业大类女性毕业生比例运用于网络高等教育、成人高校培养的女性科技人力资源测算。高自考培养的女性科技人力资源则采用普通、网络、成人三个渠道汇总后计算所得的比例。2017 年女性科技人力资源数据的测算沿用 2016 年调查所得的各学科与专业大类女性毕业生比例。

第四节　区域科技人力资源估算方法

《研究报告(2018)》主要从“资格”的角度对全国科技人力资源进行了测算，尽管《中国教育统计年鉴》公布了各省市普通高校、成人高校和网络高等教育培养的毕业生数据，可以折算成科技人力资源，但由于这些人员会不断流动，因此从这个角度难以测算区域科技人力资源的存量。鉴于科技人力资源培养区域与就业区域的高相关性，本部分主要分析各省市培养科技人力资源的数量(能力)，从而在一定程度上反映科技人力资源的区域分布情况。

各省市培养科技人力资源的数量沿用《研究报告(2016)》的做法，即以《中国教育统计年鉴》发布的普通高校毕业生数量作为估算各省市科技人力资源培养能力的基础，具体方法如下：

(1) 确立各省市普通高校本专科层次科技人力资源的估算方法。由于《中国教育统计年鉴》(2005—2015 年)“高等教育普通本、专科学生数”表中，按地区统计的毕业生数量没有进行分学科统计，因此在计算各地区科技人力资源数量时，难以沿用测算总量时学科毕业生数乘以比例的方法。为此，课题组分别用普通本专科科技人力资源数量除以普通本专科毕业生数，得出普通本专科毕业生纳入科技人力资源的比例，然后将全国整体的比例，作为各个地区普通本专科毕业生纳入科技人力资源的比例，再乘以各个地区普通本专科毕业生数，近似得出各个地区普通本专科科技人力资源数量。各省市成人高校和网络高等教育的本专科层次科技人力资源的估算方法与普通本专科科技人力资源的估算方法一致。

(2) 确立各省市研究生层次科技人力资源的估算方法。按照科技人力资源的定义，研究生层次毕业生全部纳入科技人力资源，因此在对各省研究生层次科技人力资源进行估算时将所有硕士和博士毕业生纳入其中。

历经十年不断探索和完善，现已正式出版了五本《研究报告》。伴随着对科技人力资源内涵理解的加深，定量研究也在向前推进。但从统计学研究角度而言，目前我国科技人力资源定量研究还有许多需要不断修订、改进和完善的地方。科技人力资源测算方法、数据获取渠道以及互联网时代背景下的科技人力资源数据库建设等有待于进一步突破和创新。

本章小结

《研究报告(2018)》中科技人力资源总量与结构的测算基本沿用了《研究报告2016》的方法，同时根据具体情况的变化进行了一些调整与改进。

《研究报告(2018)》中关于科技人力资源的定义与基本测算方法保持不变，即科技人力资源总量＝符合“资格”的人员＋不符合“资格”但符合“职业”条件的就业人员，其中符合“资格”的人员主要是指完成科技领域大专及以上学历(学位)教育的人员，不符合“资格”但符合“职业”条件的就业人员主要包括技师和高级技师、乡村医生和卫生员两大类。本报告关于科技人力资源的学科、学历、性别、年龄和区域结构的分析方法也基本保持不变。

本报告做出的调整与改进主要有：一是根据普通高等学校高职高专教育指导性专业目录的变化，重新确定2016—2017年专科层次不同专业大类毕业生折合成科技人力资源的系数；二是将专升本、死亡、出国留学和移民等影响科技人力资源总量的要素纳入统计，并进行相关测算与分析；三是将2012—2017年专科层次按专业大类培养的科技人力资源大致还原为按学科分类，让读者对科技人力资源增量及存量的学科结构有更加直观的认识；四是采用中国教育科学研究院于2016年5—6月采集的全国31个省份毕业生教育满意度调查的背景信息数据，对新增科技人力资源的性别结构进行测算。

第二章

CHAPTER 2

我国科技人力资源的总量

党的十九大报告强调："人才是实现民族振兴、赢得国际竞争主动的战略资源。"作为国家科技发展最宝贵的战略资源，科学测度和了解我国科技人力资源的规模和结构，分析当前和未来一段时间我国科技人力资源发展的基本特征和规律，研究探讨科技人力资源建设中可能存在的问题与不足，是积极开发和高效使用科技人力资源的基础，也是科学制定国家科技、产业、经济发展战略的前提和基础。本章对我国科技人力资源的总量以及新增科技人力资源的数量进行测算。

第一节　新增科技人力资源数量

课题组根据第一章确立的方法对新增具备"资格"的科技人力资源进行测算，统计符合"职业"条件的新增科技人力资源，加总得到新增科技人力资源的数量。

一、2017—2018 年新增具备"资格"的科技人力资源数量

2017—2018 年新增具备"资格"的科技人力资源为 1021.6 万人[①]。从培养渠道来看，普通高校培养科技人力资源 739.4 万人，占新增科技人力资源的 72.4%；成人高校培养 168.9 万人，占 16.5%；网络高等教育培养 87.6 万人，占 8.6%；高自考培养科技人力资源 25.7 万人，占 2.5%(图 2-1)。可以看出，普通高校仍然是培养科技人力资源的主要渠道。

① 提醒读者注意，为了避免重复计算，本章的"新增科技人力资源"数据为专科科技人力资源＋本科科技人力资源＋文史哲硕士科技人力资源，第三至第七章科技人力资源结构分析中的"新增科技人力资源"数据为专科科技人力资源＋本科科技人力资源＋研究生科技人力资源。这一区别具体解释见第一章。

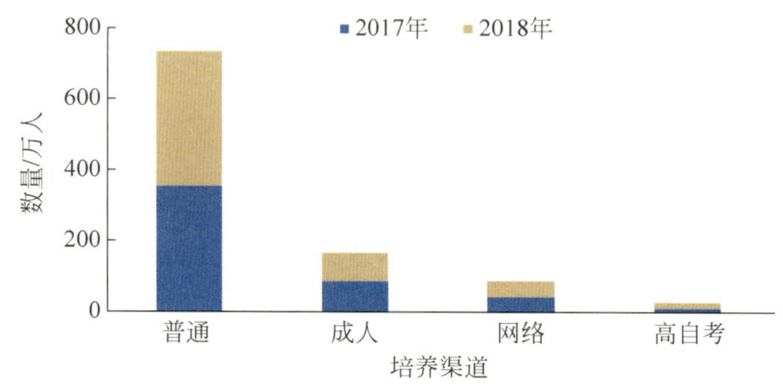

图 2-1　2017—2018 年新增科技人力资源数量

二、2016—2017 年新增符合"职业"条件的科技人力资源数量①

根据本系列研究报告所确定的原则标准,课题组将技师和高级技师、乡村医生和卫生员两类人员作为不具备资格但实际从事科技相关职业的实际就业人员纳入科技人力资源统计范畴。据 2016 年和 2017 年《人力资源和社会保障事业发展统计公报》公布,2016 年全国取得技师、高级技师职业资格的有 47 万人,2017 年有 43 万人,共计 90 万人。据 2015 年和 2017 年《卫生和计划生育事业发展统计公报》公布,2015 年我国拥有乡村医生和卫生员 103.2 万人,2017 年乡村医生和卫生员为 96.9 万人,表明乡村医生和卫生员数量不升反降,减少了 6.3 万人。综合计算,2016—2017 年新增符合"职业"条件的科技人力资源 83.7 万人。

三、新增科技人力资源总量

由于数据可获得性,此处新增科技人力资源总量为 2017—2018 年符合"资格"条件的科技人力资源和 2016—2017 年符合"职业"条件的科技人力资源之和。综合符合"资格"条件和"职业"条件两类科技人力资源的数据,得到新增科技人力资源为 1105.3 万人。

第二节　截至 2018 年的科技人力资源总量

不考虑专升本、死亡及出国留学未归等情况,截至 2018 年我国拥有科技人力资源 10154.5 万人,规模稳居世界第一,为实现习近平总书记提出的到新中国成立 100 年时将我国建设成为世界科技强国的发展目标奠定了坚实的人才基础。

一、符合"资格"的科技人力资源总量

根据第一章确立的方法,计算得出截至 2018 年我国累计培养符合"资格"条件的科技人力资源 9482.7 万人。从培养渠道来看,普通高校培养科技人力资源 6024.0 万人,占科技人力资源总量的 63.5%;成人高校培养 2426.1 万人,占 25.6%;网络高等教育培养 519.5 万人,

① 《研究报告(2016)》符合"职业"条件的科技人力资源截至 2015 年。由于 2018 年取得技师、高级技师资格证,乡村医生和卫生员的数据尚未公布,因此数据只能截至 2017 年。

占 5.5%；高自考培养 513.1 万人，占 5.4%(图 2-2)。可以看出，普通高校仍然是培养科技人力资源的主要渠道，成人高校、网络高等教育、高自考在普通高校不能满足人们高涨的高等教育需求时，提供了教育补偿，为我国科技人力资源队伍的壮大发挥了力量。

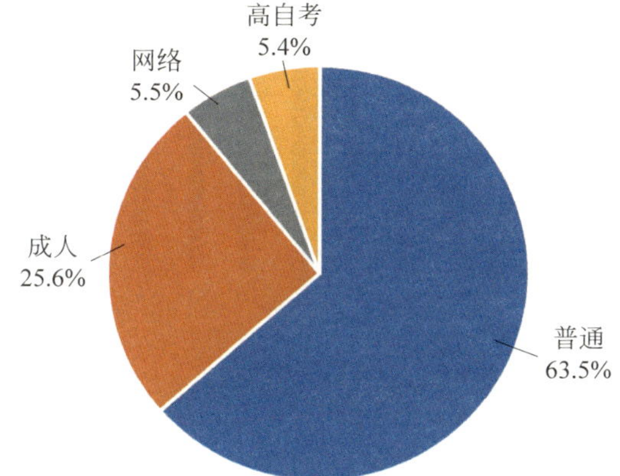

图 2-2 截至 2018 年各渠道培养的科技人力资源占比情况

从历史数据来看，近年普通高校每年培养的科技人力资源数量总体呈现增长态势，成人高校和网络高等教育培养的科技人力资源数量基本保持平稳发展，高自考呈现出下滑趋势，如图 2-3 所示。

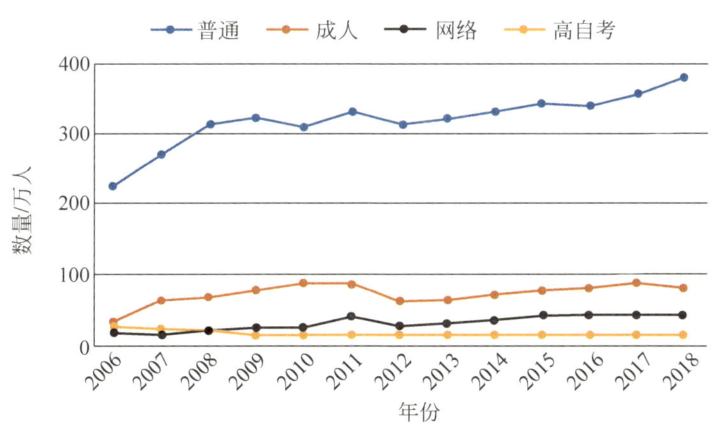

图 2-3 2006—2018 年各渠道培养科技人力资源数量

二、不具备“资格”但符合“职业”条件的科技人力资源总量

根据第一章确立的方法，截至 2017 年底，2002 年及之前评定的技师和高级技师均已达到退休年龄并离开工作岗位，课题组将 2003 年以后评定的技师和高级技师进行统计，得到目前在岗的技师和高级技师的总体数量。

2002 年，全国仅有 5.2 万人取得技师和高级技师职业资格，2014 年达到 62.3 万人，达到历史峰值，此后有所下降，2017 年为 43 万人(图 2-4)。

经过累加计算得到，截至 2017 年底我国技师和高级技师达到 574.9 万人(图 2-5)。可以发现，全国取得技师和高级技师职业资格的人数稳定增长。

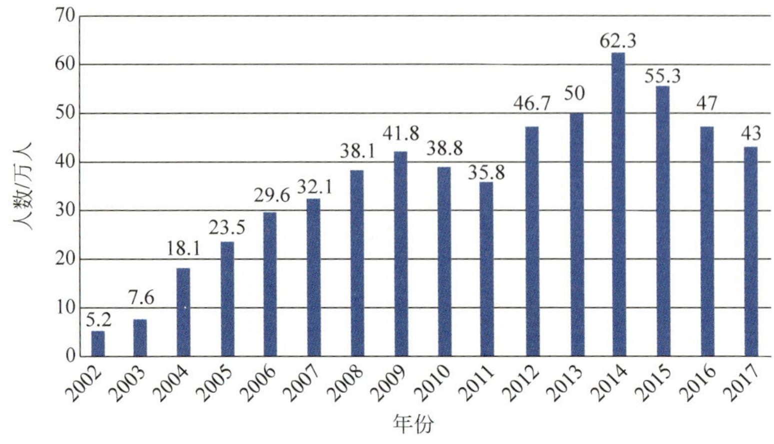

图 2-4　2002—2017 年全国取得技师和高级技师职业资格人数①

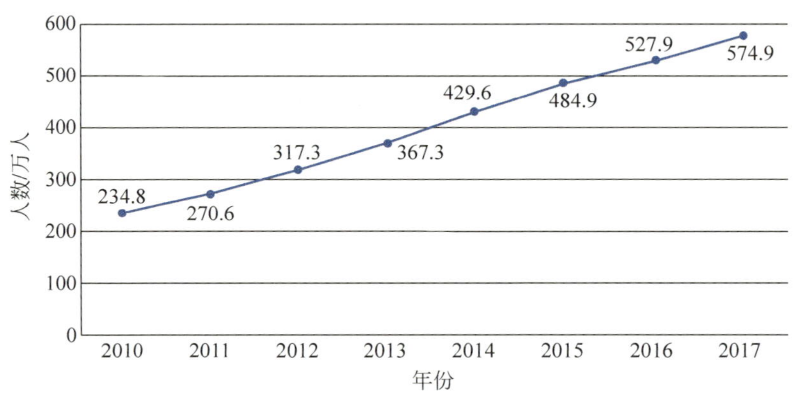

图 2-5　2010—2017 年全国累计拥有技师和高级技师人数

根据《我国卫生健康事业发展统计公报》统计，2007—2011 年我国乡村医生和卫生员数量呈现增长趋势，2011 年达到峰值近 113 万人，近几年随着对乡村医生的规范核定，乡村医生人数开始逐渐回落。根据国家卫生和计划生育委员会 2018 年发布的《2017 年卫生和计划生育事业发展统计公报》，2017 年我国乡村医生和卫生员规模为 96.9 万人，较上一年减少 3.1 万人(图 2-6)。

综上所述，截至 2017 年符合“职业”条件的科技人力资源共有 671.8 万人。

三、影响科技人力资源总量的若干因素

根据前面的测算，截至 2018 年我国科技人力资源总量累计约 10154.5 万人，但这仅是根据历史高等教育毕业生数以及“技师和高级技师”和“乡村医生和卫生员”相关数据推算得到的理论数据，并未考虑一些政策因素和事实因素对总量数值产生的影响，如专升本、死亡人数与出国人数等。因此，这里对这些因素进行分析。

① 数据来源：历年《人力资源和社会保障事业发展统计公报》。

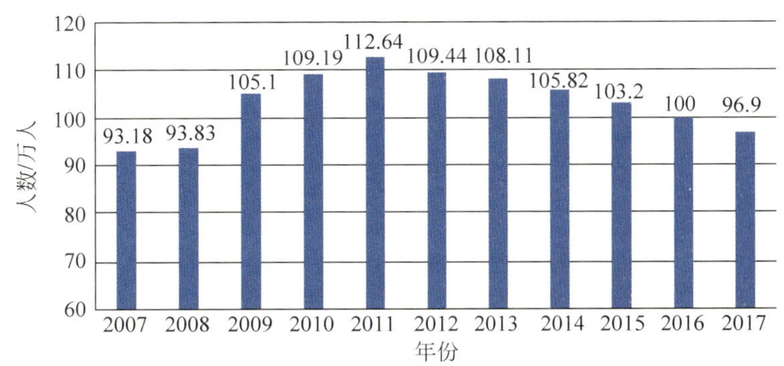

图 2-6　2007—2017 年全国乡村医生和卫生员数①

1. "专升本"导致的重复计算

传统的专升本分为两类：第一类是普通高等教育专升本(亦称统招专升本)，考试对象仅限于各省、直辖市全日制普通高校(统招入学)的专科应届毕业生；第二类是成人高等教育专升本，其拥有四种途径，包括自考专升本、成人高考专升本(分业余和函授两种学习方式)、网络教育专升本(远程教育)、开放大学专升本。

1999 年《中共中央、国务院关于深化教育改革全面推进素质教育的决定》指出"职业技术学院(或职业学院)毕业生经过一定选拔程序可以进入本科高校继续学习"，此后逐步兴起专升本热，比例逐步提升，如某省 2000 年专升本的比例为 5%，2003 年达到了 30%②。2006 年教育部和国家发展改革委出台了《关于编报 2006 年普通高等教育分学校分专业招生计划的通知》，规定普通专升本教育的招生规模要严格控制在 5%以内，遏制了专升本愈演愈烈的势头，此后专升本比例下降。

近年来，随着高等教育的快速发展以及人民接受更高教育的需求不断增长，国家开始建设上下衔接、普职融通的教育"立交桥"。2010 年《国家中长期教育改革和发展规划纲要(2010—2020 年)》、2014 年《国务院关于加快发展现代职业教育的决定》颁布以后，"立交桥"的建设逐渐加速。2010 年以后，多省开展了专科—本科衔接培养(专科起点 3+2)、五年制专科—本科衔接培养(5 年制专科起点 5+2)、专科—专业学位衔接培养(专科起点 3+4)等多种形式的探索。总体而言，专科学生升入本科学习的机会正在不断增多。例如，浙江等省市专升本比例已经达到 10%，一些省市还在加大这一比例，例如，贵州省提出到 2020 年，高职学生升入本科院校的比例要达到 20%。

"专升本"比例的逐步提升会对科技人力资源总量计算造成较大的影响。《研究报告(2014)》推算出 1987—2014 年我国科技类核心学科的本科毕业生数量约需剔除 170 万人，根据第一章确立的原则，2015—2017 年我国新增科技人力资源按 10%的专升本比例进行扣除，得到数据约为 62 万。因此，"专升本"累计数据为 232 万。

---

① 数据来源：历年《我国卫生健康事业发展统计公报》。

② 李红卫. 我国高职专升本政策回顾与展望——兼论我国发展高职本科的路径[J]. 职教论坛，2010(7)：29-32.

2. 死亡人数

课题组从2017年开始考虑死亡人数。根据第一章确立的方法,课题组计算出2017、2018年共计死亡科技人力资源27万人。由于科技人力资源总体还呈现年轻化的特征,因此近年科技人力资源的死亡人数增长较慢,预计2050年以后随着高校扩招后培养的第一批科技人力资源到达70岁,死亡人数将有所增加。

3. 出国留学未归人员

据教育部统计,2018年我国出国留学人数达66.21万,持续保持世界最大留学生生源国地位;同年留学人员回国人数达到51.94万,出现了学生出国学习、回国服务规模双增长,与国家战略、行业需求契合度不断提升,发展态势持续向好的态势。综合统计1978—2018年底我国出国留学相关数据,共计365.1万人在完成学业后选择回国发展,占已完成学业留学生人数的84.5%①。据此计算可知,改革开放以来,有67.2万人完成学业后留在国外,根据第一章确立的方法,测算出流失的科技人力资源约为60万人。

综合来看,“专升本”、死亡和出国留学三大因素会对科技人力资源总量造成影响,虽然我们无法准确计算实际数据,但根据大致估算,这三个因素造成科技人力资源总量减少约319万人。未来随着教育“立交桥”的建立及终身教育体系的建设,“专升本”比例可能会进一步提高,2050年前后科技人力资源死亡人数将加快增长,我国经济社会大发展吸引越来越多的人才回国以及吸引国外留学生和工作人员留下,将继续对科技人力资源总量产生影响。

四、我国科技人力资源总量

综合符合“资格”与“职业”条件的科技人力资源,可以计算出截至2018年底,理论上我国拥有科技人力资源10154.5万人②,其中,具备“资格”的科技人力资源占93.4%,符合“职业”条件的科技人力资源占6.6%。通过大致估算,“专升本”、死亡和出国留学等政策与事实因素会使科技人力资源总量减少约319万人。

五、科技人力资源总量的发展趋势

通过数据以及人才政策分析,可以发现未来我国科技人力资源总量的发展具有以下趋势。

1. 科技人力资源总量将继续稳定增长,密度增加

高等教育毕业生是我国科技人力资源最主要的来源。近年来高等教育规模稳定发展,每年培养的具备“资格”的科技人力资源也稳定增长,2016年高等教育培养了534万科技人力资源,2017年培养了555万科技人力资源,扣除将新培养的数量计入总量时本科与硕士、

---

① 2018年度我国出国留学人员情况统计. http://www.moe.gov.cn/jyb_xwfb/gzdt_gzdt/s5987/201903/t20190327_375704.html.

② 不包括2018年增加的技工和高级技工以及减少的乡村医生和卫生员数据。

硕士与博士科技人力资源的重复计算人员以及退休人员，每年净增具备“资格”的科技人力资源450万以上，未来每年将继续以这样的速度增长。此外，互联网技术的发展使得科技学习和应用的门槛不断降低，学习渠道不断扩展，给了不具备大专以上学历，但有意愿学习、运用现代科学知识来解决工作中问题的人们提供了无限可能，也有助于培育更多的科技创新潜力。因此，可以预见我国科技人力资源总量将持续稳定增长。

科技人力资源密度是指科技人力资源在全国总人口当中的比例，一般情况下，科技人力资源密度高反映了总体人口当中具备科学素养的人口比例较大，意味着这个国家的科技创新潜力就会比较大。我国每万人口拥有科技人力资源2015年为629人，2016年为660人，2017年为694人，表明我国科技人力资源密度一直在增加，年均增速为5%左右。

科技人力资源总量与密度的持续增长，将为我国科技创新与经济发展提供必要的人才保障。

2. 提升质量将成为未来科技人力资源战略的重点

科技人力资源的概念不同于科技人才，科技人才是在科技岗位上工作的人，而科技人力资源是具备了从事科技相关职业的潜力，但不一定在科技岗位上工作的人，需要加以开发。

每万从业人口中R&D研究人员数量是衡量一个国家创新能力的重要指标，也是衡量科技人力资源层次与质量的重要指标。2017年，我国R&D研究人员达到174.0万人年，居世界首位，占全球总量(44个国家地区合计数)的比重为22.5%，比2009年提升了4个百分点。我国R&D研究人员总量很高，但从每万从业人口中R&D研究人员数量来看，我国仅为22.4人年，与韩国(144.3人年)、法国(103.4人年)、日本(100.1人年)等发达国家相比差距依然较大，表明我国研发人力投入强度指标在国际上仍处于落后水平。表2-1所示为部分国家拥有R&D研究人员情况。

表2-1 部分国家拥有R&D研究人员情况

国　家	年份	R&D研究人员数/万人年	万名就业人员R&D研究人员数/人年
韩国	2017	38.3	144.3
法国	2017	28.9	103.4
日本	2017	67.6	100.1
德国	2017	41.4	93.4
英国	2017	29.0	90.4
美国	2016	137.1	89.3
加拿大	2016	15.5	84.1
俄罗斯	2017	41.1	56.9
中国	2017	174.0	22.4

高端人才缺乏仍是制约我国创新发展的重要因素。未来我国科技人力资源发展战略应从数量转向质量，积极汲取发达国家或经济体科技人力资源建设的有益经验，重视我国科技人力资源质量的总体提升，在党和国家从全球人才流动的大格局中全面审视我国科技人才工作，探索服务人才发展的科学方法和手段，营造有利于充分激发人才创新热情和创

造活力的体制机制和文化环境。

3. 留学人员加速回流及外国留学生留华为科技人力资源提供新的增长点

吸引留学人员加速回流以及优秀外国留学生留华就业,可以为我国科技人力资源数量和质量的发展提供新的增长点。

进入新时代以来,中国正以更加开放的姿态参与到全球科技人才流动配置的大循环中,但是发达国家纷纷出台引才聚才的战略举措,吸引了大量国际学生,全球科技人才竞争形势激烈,当前我国总体上还没有改变科技人力资源净流出的被动局面。根据世界知识产权组织等联合发布的《2018 全球创新指数》,2018 年中国创新指数排名上升到第 17 位,但其中的高等教育指标排名为第 94 名,主要因素是高等教育国际流动指数排名仅为第 97 名。

近年来随着我国力度不断加大的人才政策以及不断优化的创新创业环境,越来越多的留学生选择回国,且高层次人才回流趋势明显。据教育部统计,2018 年度我国各类留学回国人员总数达 51.9 万人,创历史新高,据《中国留学回国就业蓝皮书》统计,2015 年以来,留学回国就业人员中拥有硕士及以上学历的人员比例已超过 90%。同时,当前仍有一些因素阻碍着回国人员的发展,据《中国留学发展报告(2017)》显示,虽然近半数"海归"认为自身的竞争力高于国内同类学生,但海归群体的劣势仍然明显,65.9%的"海归"认为不了解国内就业形势和企业需求是阻碍其工作发展的主要问题;45.3%的"海归"认为不适应国内人情社会,难以获得发展机会;41%的"海归"认为不熟悉国内市场环境是影响其求职的主要原因。未来需要进一步采取相应的措施,让回国人员更加适应国内的环境,从而吸引更多人才回国。

当前,随着"一带一路"相关国家项目的持续推进,来华留学生也快速增长,韩国、泰国、印度、巴基斯坦、印度尼西亚和老挝等国家留学生增幅的平均值超过 20%。我国国际学生在华实习就业政策取得了新的突破,2017 年 1 月,人力资源和社会保障部联合外交部、教育部共同发布《关于允许外籍优秀高校毕业生在华就业有关事项的通知》,规定外籍优秀高校毕业生,包括在中国境内高校及境外知名高校"取得硕士及以上学位且毕业一年以内的"外国留学生和外籍毕业生,发放外国人就业许可证书,就业有效期限最长达五年,将为引进外籍青年人才、弥补我国科技人力资源流失起到促进作用。

本章小结

一、我国科技人力资源总量继续保持世界第一,密度提升

根据科技人力资源的定义与测算方法得到,截至 2018 年我国科技人力资源总规模为 10154.5 万,继续保持着世界上最大规模的科技人力资源优势。其中,具备"资格"的科技人力资源占 93.4%,符合"职业"条件的科技人力资源占 6.6%,科技人力资源的规模优势将为创新国家的建设提供人才基础。随着网络资源的丰富与完善,人们的学习渠道不断拓宽,给不具备学历的人从事科技相关工作提供了更多可能性,有助于培育更多具有创新潜力的科技人力资源。

2017—2018 年新增具备"资格"的科技人力资源 1021.6 万人,2016—2017 年新增符合

“职业”条件的科技人力资源 83.7 万人；2015 年我国每万人口拥有科技人力资源 629 人，2017 年增至 694 人，年均增长 5%。通过大致估算，截至 2018 年，“专升本”、死亡和出国留学未归等因素会造成科技人力资源总量减少约 319 万人，未来这些因素还会持续产生影响。综合各种因素，可以预见未来我国高等教育将继续稳定发展，科技人力资源总量和密度都将继续稳定增长。

二、加大开发和提升质量应成为科技人力资源战略的重点

科技人力资源是提升国家创新能力的潜在力量，只有将潜在力量充分发挥出来，才能转换为国家科技实力和国家竞争力，未来我国科技人力资源发展战略应从数量增长转向质量提升。

(1) 加强高层次科技人力资源培养。我国科技人力资源总量位居世界第一，但高端人才缺乏仍是制约我国创新发展的重要因素。例如，2017 年，我国 R&D 研究人员达到 174 万人年，居世界首位，但每万从业人口中 R&D 研究人员仅为 22.4 人年，约为日本、法国等发达国家的 1/5，差距较大。

(2) 提升高等教育人才培养质量。当前我国高等教育仍存在同质化办学问题，培养的人才不符合社会的需求，大学生就业难问题造成人力资源的大量浪费。未来要推动高等教育分类发展，及时调整专业目录，对接社会需求，改革人才培养模式，开展产教融合、校企合作、国际合作，提升科技人力资源培养质量，使其更加适应经济社会发展需求。

(3) 积极吸取发达国家或经济体科技人力资源建设的有益经验，同时制定科学合理的引人、用人、留人政策，改革评价管理体制，创造良好的创新创业环境，吸引更多优秀的出国留学人员回国及优秀国际留学生在我国就业，为科技人力资源数量增长及质量提升提供新的增长点。

第三章

CHAPTER 3

科技人力资源的学科结构

高等教育是培养科技人力资源的最主要渠道，而高等教育的学科专业是科技人力资源培养的基础和载体，它反映了一定时期国家在经济建设、科技进步、文化发展、社会分工等方面对高级专门人才种类、层次、规格的要求，以及对人才培养的知识、能力和素质的需求。据麦可思研究院《2018 年中国大学生就业报告》数据，本科和高职高专院校 2017 届毕业生的工作与专业相关度分别为 71%和 62%[①]，表明高等教育的学科与专业结构与国家科技人力资源的行业分布存在着密切联系。因此，基于高等教育毕业生的学科与专业结构，对科技人力资源的学科与专业结构进行大致测算，有助于了解科技人力资源的行业分布，从而为经济发展和产业升级提供科技人力资源的数据支撑，同时通过市场的反馈，也有助于高等教育进行学科与专业结构调整，使自身发展更加符合社会经济发展的需求。本章从“资格”角度，通过对我国高等教育不同学科与专业大类毕业生数量与比例的分析，推算我国科技人力资源的学科结构。

第一节　2016—2017 年我国新增科技人力资源的学科结构

高等教育学科体系的调整与变化影响科技人力资源的学科与专业结构。根据第一章确立的方法，本部分先呈现 2016—2017 年新增科技人力资源的学科结构，让读者有一个总体了解，随后分别呈现本科、专科、研究生层次新增科技人力资源的学科结构，以便于比较分析。

一、2016—2017 年新增科技人力资源的学科结构

根据测算，2016—2017 年新增科技人力资源 1063.1 万人（不包括高自考）[②]，其中工学培养科技人力资源最多，为 725.4 万人，占 68.2%；其次是医学 169.1 万人，占

① 麦可思研究院. 就业蓝皮书：2018 年中国大学生就业报告. https://chassc.ssap.com.cn/c/2018-06-28/550719.shtml.

② 由于高自考没有分学科数据，本章分析科技人力资源学科结构的数据不包括高自考数据，因此与绪论及第四章学历结构中提及的数据有一定差别。

15.9%；再次是理学 67.2 万人，占 6.3%，如图 3-1 所示。理工农医培养的科技人力资源约占 93.9%。

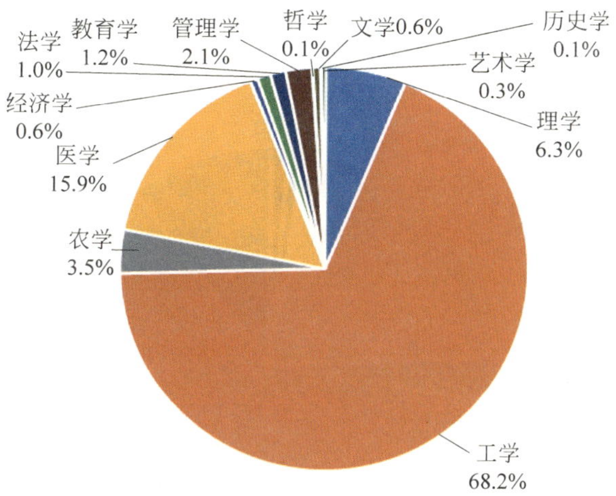

图 3-1 2016—2017 年新增科技人力资源的学科结构①

二、2016—2017 年不同层次新增科技人力资源的学科结构

对不同层次新增科技人力资源的学科结构进行分析，有助于比较哪个层次对科技人力资源总体学科结构影响更大。

1. 2016—2017 年本科层次新增科技人力资源的学科结构

根据教育部 2012 年修订的《普通高等学校本科专业目录》，本科专业目录分为 12 个门类。根据测算，2016—2017 年本科层次新增科技人力资源 538.7 万人，其中普通高校、成人高校、网络高等教育分别培养了 372.7 万人、113.4 万人和 52.6 万人，见表 3-1。从学科来看，核心学科培养 521.6 万人，占 96.8%；外延学科培养 17.1 万人，占 3.2%。

表 3-1 2016—2017 年本科层次新增科技人力资源的学科分布

学科门类		普通高校/万人	成人高校/万人	网络高等教育/万人	合计	占比/%
核心	理学	51.5	4.0	1.2	56.7	96.8
	工学	247.4	51.4	34.4	333.2	
	农学	13.1	3.5	1.3	17.9	
	医学	49.6	51.3	12.9	113.8	
外延	经济学	0.6	0.1	0.1	0.8	3.2
	法学	1.9	0.5	0.6	3.0	
	教育学	4.6	1.1	0.5	6.2	
	管理学	4.0	1.5	1.6	7.1	
合计		372.7	113.4	52.6	538.7	100

① 图 3-1 中各学科数据由于只保留一位小数位，进行了四舍五入，由此带来的误差导致所有学科数据之和为 99.9%。类似情况在其他各章图表数据中也存在，后文不再赘述。

各学科门类新增本科层次科技人力资源中，工学培养的比例最高，占 61.9%，其次是医学 21.1%，再次是理学 10.5%，如图 3-2 所示。理工农医培养的科技人力资源共占 96.8%。

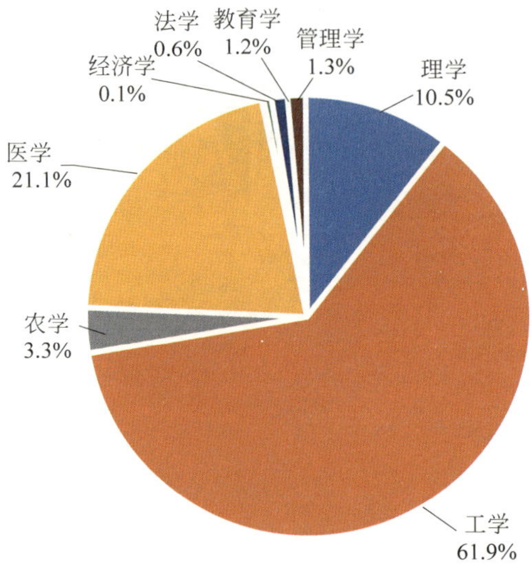

图 3-2　2016—2017 年本科层次新增科技人力资源的学科结构

2. 2016—2017 年专科层次新增科技人力资源的学科结构

高等教育学科体系的调整与变化影响科技人力资源的学科与专业结构。2017 年，全国各类高等教育在学总规模已经达到 3779 万人，高等教育毛入学率达到 45.7%。在高等教育快速发展过程中占据半壁江山的高职高专院校，承担起培养学生就业能力的职能。因此，高职高专院校不再继续以知识分类培养人才，而转向根据社会分工培养人才。为了适应这一趋势，2004 年，教育部关于印发《普通高等学校高职高专教育指导性专业目录(试行)》的通知，将专科层次高等教育的专业设置独立出来，形成了 19 大类专业人才培养目录。由于经济转型和产业升级，社会需求在不断变化，高职高专院校的专业设置也在不断调整、优化，为提升人才培养质量，教育部修订形成《普通高等学校高等职业教育专科(专业)目录(2015 年)》，将 19 大类的排序和划分又一次进行了调整。

根据第一章确立的方法，对 2016—2017 年专科层次不同专业大类新增科技人力资源进行测算，核心专业大类新增科技人力资源 53.4 万人，占 13.0%；外延专业大类新增科技人力资源约 356.8 万人，占 87.0%，见表 3-2。其中，装备制造和土木建筑两个专业大类新增科技人力资源数量最多，分别为 101.3 万人和 97.4 万人。

表 3-2　2016—2017 年专科层次新增科技人力资源的专业分布　　万人

专业大类		普通高校	成人高校	网络高等教育	合计
核心	交通运输	32.5	4.8	2.1	39.4
	能源动力与材料	8.1	1.2	0.8	10.1
	水利	2.8	0.5	0.6	3.9

续表

专业大类		普通高校	成人高校	网络高等教育	合　计
外延	资源环境与安全	8.6	2.5	1.2	12.3
	电子信息	59.0	8.2	4.4	71.6
	农林牧渔	9.9	2.2	3.3	15.4
	生物与化工	8.5	1.0	0.3	9.8
	食品药品与粮食	6.7	0.2	0.1	7.0
	土木建筑	73.4	11.5	12.5	97.4
	医药卫生	30.6	9.1	2.3	42.0
	装备制造大类	79.2	14.7	7.4	101.3
合计		319.3	55.9	35.0	410.2

从结构来看，装备制造和土木建筑两个专业大类培养的科技人力资源比例最高，占比为 24.7%和 23.7%；其次是电子信息、医药卫生和交通运输大类，占比分别为 17.5%、10.2%和 9.6%，如图 3-3 所示。

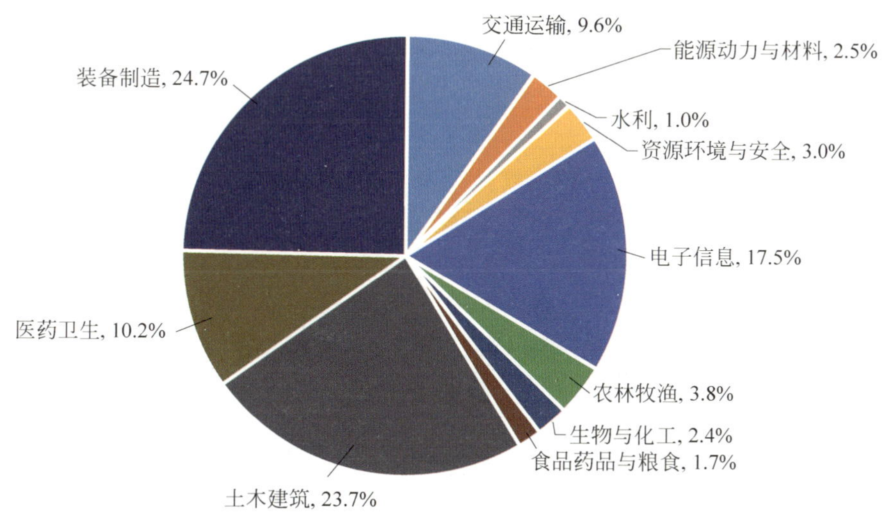

图 3-3　2016—2017 年专科层次新增科技人力资源的专业结构

对专科层次新增科技人力资源大致还原为按学科分类后，工学培养的科技人力资源占 86.0%，医学占 10.3%，农学占 3.7%。

3. 2016—2017 年研究生层次新增科技人力资源的学科结构

普通高校是培养研究生层次科技人力资源的主体，此外部分研究机构也承担了培养研究生层次科技人力资源的职能。按照国家 2011 年颁布的《授予博士、硕士学位和培养研究生的学科、专业目录》，学科门类分为哲学、经济学、法学、教育学、文学、历史学、理学、工学、农学、医学、军事学、管理学和艺术学 13 个大门类。

2016—2017 年新增研究生层次的科技人力资源 114.2 万人。其中，理工农医四个学科共培养 67.6 万人，占 59.2%。工学培养的人数最多，为 39.6 万人；其次是管理学，为 14.8 万人；再次是医学，为 13.3 万人，见表 3-3。

表 3-3 2016—2017 年研究生层次新增科技人力资源的学科分布 万人

学科	硕士	博士	合计
哲学	0.7	0.1	0.8
经济学	5.1	0.4	5.5
法学	7.5	0.5	8.0
教育学	6.3	0.2	6.5
文学	5.9	0.4	6.3
历史学	0.9	0.1	1.0
理学	8.1	2.4	10.5
工学	35.6	4.0	39.6
农学	3.7	0.5	4.2
医学	11.4	1.9	13.3
军事学	0	0	0
管理学	14.2	0.6	14.8
艺术学	3.6	0.1	3.7
合计	103.0	11.2	114.2

注：军事学毕业研究生总数少于 500 人，故在四舍五入后呈现为 0.0。

从结构来看，工学培养的研究生层次科技人力资源比例最高，占 34.7%；其次是医学，占 11.6%；再次是理学，占 9.2%，如图 3-4 所示。值得注意的是，在外延学科中，管理学培养的科技人力资源占 13.0%，远远超过其他外延学科。

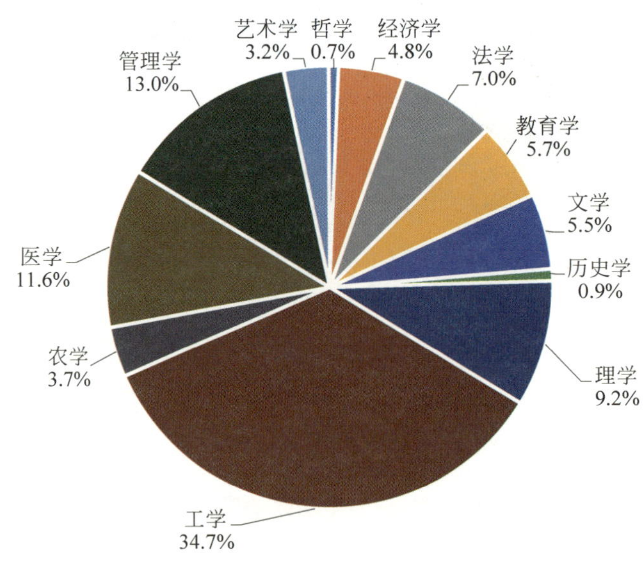

图 3-4 2016—2017 年研究生层次新增科技人力资源的学科结构

对比来看，在 2016—2017 年所有层次培养的科技人力资源中，工学占比均为最高，尤其是专科层次远高于本科层次与研究生层次；本科层次医学培养的科技人力资源比例高于专科和研究生层次；理学由于理论性比较强，基本上不培养专科层次的学生；管理学发展迅速，研究生阶段管理学培养的科技人力资源占比超过医学和理学。

第二节 截至 2017 年我国科技人力资源的学科结构

与新增科技人力资源学科结构分析一样，本部分将专科层次科技人力资源的专业大类大致还原为学科，先呈现科技人力资源总量的学科结构，让读者有一个总体了解，随后呈现本科、专科、研究生层次科技人力资源存量的学科结构，以便于比较分析。

一、截至 2017 年科技人力资源总量的学科结构

根据测算，截至 2017 年，在我国科技人力资源存量中，理工农医核心学科培养的科技人力资源占 77.6%，外延学科培养的科技人力资源占 21.6%，其他学科占 0.8%。具体来看，工学培养的科技人力资源比例最高，占 54.1%；其次是医学，占 12.6%；再次是理学和经济学，均占 7.4%；管理学占比也较高，约为 7.2%，如图 3-5 所示。

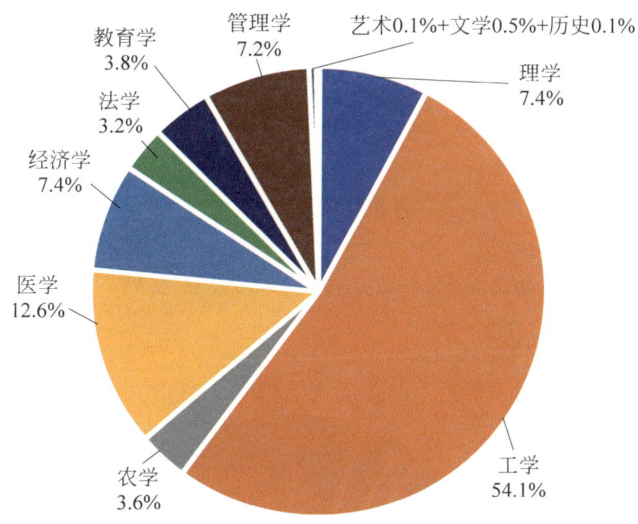

图 3-5 截至 2017 年我国科技人力资源的学科结构

注：①由于高自考没有分学科数据，故没有将高自考的科技人力资源纳入学科门类中估算；②由于 1985 年之前成人高校没有学科分类统计数据，故没有纳入学科门类中估算；③由于专升本没有学科数据，故这里没有考虑专升本的数量。

二、截至 2017 年不同层次科技人力资源的学科结构

由于各层次毕业生折合成科技人力资源的系数不尽相同，对不同层次科技人力资源的学科结构进行分析，有助于比较分析哪个层次科技人力资源结构更深地影响总量的学科结构。

1. 本科层次理工农医培养的科技人力资源占 86.4%

根据测算，截至 2017 年，本科层次培养科技人力资源 3310.2 万人（不包括高自考培养及进一步攻读硕、博学位的科技人力资源），见表 3-4。其中，普通高校、成人高校、网络高等

教育分别培养了2428.7万人、641.7万人和239.8万人。从学科来看,核心学科培养的科技人力资源为2859.6万人,占86.4%;外延学科培养的科技人力资源为450.6万人,占13.6%。

表3-4 截至2017年本科层次科技人力资源学科分布

学科门类		普通高校/万人	成人高校/万人	网络高等教育/万人	合计/万人	占比/%
核心	理学	369.7	68.1	11.1	448.9	86.4
	工学	1414.3	255.7	114.8	1784.8	
	农学	109.1	16.6	3.9	129.6	
	医学	270.2	184.5	41.6	496.3	
外延	经济学	87.9	21.2	11.1	120.2	13.6
	法学	13.8	26.5	22.0	62.3	
	教育学	69.7	24.7	1.2	95.6	
	管理学	94.0	44.4	34.1	172.5	
合计		2428.7	641.7	239.8	3310.2	100

注:①由于高自考没有分学科数据,故没有将高自考的科技人力资源纳入学科门类中估算;②由于1985年之前成人高校没有学科分类统计数据,故没有纳入学科门类中估算;③此数据假设本科与硕、博阶段所学学科一致,不考虑跨学科因素,直接扣除了硕士研究生数据。

如图3-6所示,在八个学科门类中,属于核心学科的工学培养的科技人力资源比例最高,占53.9%;其次是医学,占15.0%。在外延学科中,管理学和经济学分别占5.2%和3.6%。管理学的快速发展与我国经济社会和科技的迅猛发展对科学管理人才的需求增大密切相关。

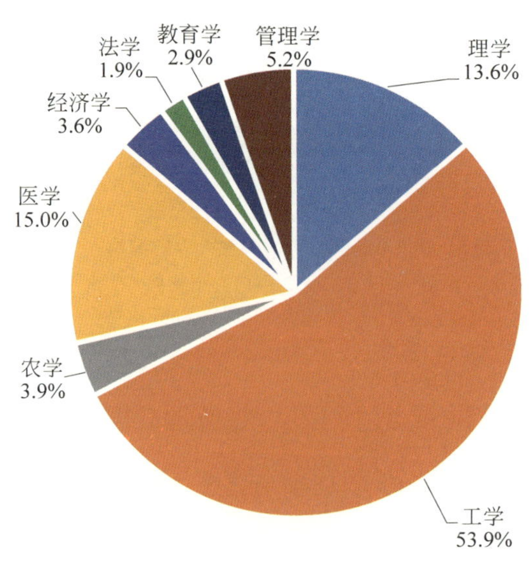

图3-6 截至2017年本科层次科技人力资源的学科分布

2. 专科层次理工农医培养的科技人力资源占73.3%

1966—2011年,累计培养了专科层次科技人力资源3187.0万人,见表3-5。其中,核心学科培养的人数约为2020.0万人,外延学科培养的约为1167.0万人。分学科来看,工学培养的科技人力资源存量最多,为1441.1万人;其次是医学,培养了378.7万人。在外延学科中,经济学和管理学培养的科技人力资源数量最多,分别为463.5万人和354.4万人。可以看出,专科层次的经济学和管理学发展速度很快。

表3-5 1966—2011年专科层次科技人力资源学科分布 万人

学科门类		人数
核心	理学	104.5
	工学	1441.1
	农学	95.7
	医学	378.7
外延	经济学	463.5
	法学	160.0
	教育学	189.1
	管理学	354.4
合计		3187.0

2012—2017年,专科专业大类的分类方式发生了变化,专科层次共培养科技人力资源1187.7万人,见表3-6。其中,核心专业大类约为179.3万人;外延专业大类约1008.4万人。分专业大类来看,在粗略对应后计算得到制造大类培养的科技人力资源最多,为304.8万人;其次是土木建筑,约为257.0万人;再次是电子信息大类,培养了225.9万人。

表3-6 2012—2017年专科层次科技人力资源专业分布 万人

专业大类2012—2015年			专业大类2016—2017年		
核心	交通运输	69.3	核心	交通运输	39.4
	资源开发与测绘	28.4		能源动力与材料	10.1
	材料与能源	21.0		水利	3.9
	水利	7.2		资源环境与安全	12.3
外延	农林牧渔	34.0	外延	电子信息	71.6
	生化与药品	34.1		农林牧渔	15.4
	土建	159.6		生物与化工	9.8
	制造	203.5		食品药品与粮食	7.0
	电子信息	154.3		土木建筑	97.4
	医药卫生	66.1		医药卫生	42.0
				装备制造大类	101.3
合计		777.5	合计		410.2

为了使读者更加清晰地了解专科层次科技人力资源的学科结构,根据第一章确立的方法,将专业大类还原为学科后可以得出,截至2017年,理工农医学科所培养的专科层次科技人力资源为3207.3万人,占73.3%,如图3-7所示。其中,工学培养的专科层次科技人力资

源比例最高,为 56.5%;其次是医学,为 11.1%。另外,经济学和管理学分别占 10.6%和 8.1%。

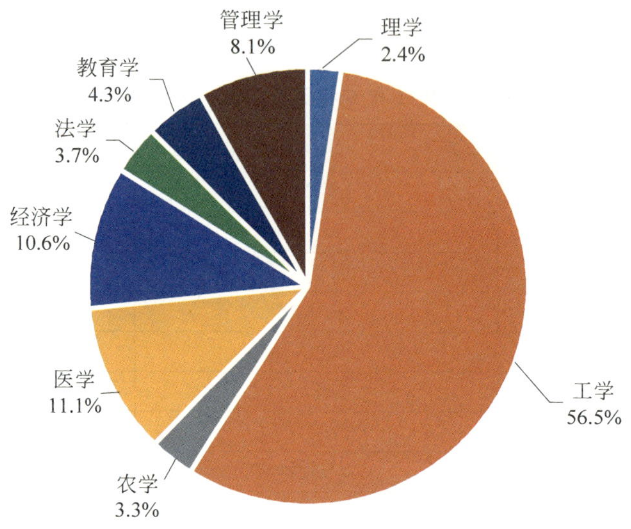

图 3-7 截至 2017 年专科层次科技人力资源的学科分布

3. 研究生层次理工农医培养的科技人力资源占 60.2%

截至 2017 年,我国研究生层次科技人力资源中,理工农医学科培养的科技人力资源占 60.2%。具体来看(图 3-8),工学培养的科技人力资源占比最高,为 36.3%;其次是管理学,为 11.5%;再次是医学,为 10.5%。可以看出,管理学发展非常迅速,已经超过了核心学科中的医学、理学和农学,仅次于工学。

三、科技人力资源学科结构的发展趋势

从数据可以看出,我国理工农医学科培养的科技人力资源约占全国科技人力资源存量的 3/4,本科层次这一比例更高。在各学历层次科技人力资源中,工学占比均为最高,这与我国作为制造大国的人才需求密切相关。

制造业是国民经济的主体,是科技创新的主战场,是立国之本、兴国之器、强国之基。面对当前发达国家大力发展高端制造业回归实体经济和成本更低的发展中国家逐渐占领低端制造业的经济发展环境,我国制造业面临转型升级的新挑战,必须突出创新驱动,优化政策环境,发挥人力资源优势,实现中国制造向中国创造转变,中国速度向中国质量转变,中国产品向中国品牌转变。2015 年 5 月,国务院正式印发《中国制造 2025》,提出了"三步走"实现制造强国的战略目标,并提出坚持"创新驱动、质量为先、绿色发展、结构优化、人才为本"的基本方针。我国拥有世界第一的科技人力资源储量,必须充分发挥这个最大优势与潜力,大力弘扬企业家精神和精益求精的工匠精神,加快培养各类领军人才、专业技术人才、经营管理人才,建立有利于吸引人才、激励人才的分配方式,为各类人才施展才干创造环境,造就高素质的产业工人大军和不断追求卓越的企业家队伍。

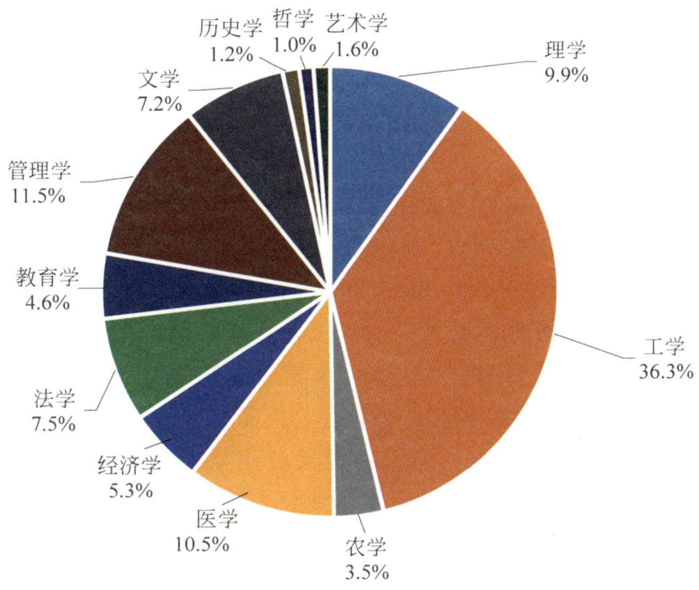

图 3-8 截至 2017 年研究生层次科技人力资源的学科分布

2016 年，教育部、人力资源和社会保障部与工业和信息化部联合印发的《制造业人才发展规划指南》指出，我国制造业人才培养规模已位居世界前列，学历不断提升，但仍存在以下问题：一是制造业人才结构性过剩与短缺并存，传统产业人才素质提高和转岗转业任务艰巨，领军人才和大国工匠紧缺，基础制造、先进制造技术领域人才不足，支撑制造业转型升级能力不强；二是制造业人才培养与企业实际需求脱节，产教融合不够深入、工程教育实践环节薄弱，学校和培训机构基础能力建设滞后；三是企业在制造业人才发展中的主体作用尚未充分发挥，参与人才培养的主动性和积极性不高，职工培训缺少统筹规划，培训参与率有待进一步提高；四是制造业生产一线职工，特别是技术技能人才的社会地位和待遇整体较低、发展通道不畅，人才培养培训投入总体不足，人才发展的社会环境有待进一步改善。

为了更好地培养高层次技术技能人才，适应经济转型升级和产业结构调整的需求，高等教育正在做出积极的改革：

一是教育部、国家发展改革委、财政部 2015 年 10 月联合发布《关于引导部分地方普通本科高校向应用型转变的指导意见》，引导部分地方普通本科高校向应用型转变，推动转型发展高校把办学思路真正转到服务地方经济社会发展上来，转到产教融合校企合作上来，转到培养应用型技术技能型人才上来，转到增强学生就业创业能力上来，全面提高学校服务区域经济社会发展和创新驱动发展的能力。当前，已有越来越多的地方高校定位于应用型人才培养，服务区域经济发展。

二是国务院办公厅于 2017 年 12 月发布《关于深化产教融合的若干意见》，推动职业教育、高等教育改革，发挥企业重要主体作用，促进人才培养供给侧和产业需求侧结构要素全方位融合，培养大批高素质创新人才和技术技能人才，为加快建设实体经济、科技创新、现代金融、人力资源协同发展的产业体系，增强产业核心竞争力，汇聚发展新动能提供有力支撑。

三是教育部与其他部委联合推进新工科建设,即推动以互联网和工业智能为核心,包括大数据、云计算、人工智能、区块链、虚拟现实、智能科学与技术等相关工科专业建设,先后形成了“复旦共识”“天大行动”和“北京指南”,并发布了《关于开展新工科研究与实践的通知》《关于推进新工科研究与实践项目的通知》,主动应对新一轮科技革命与产业变革,支撑服务创新驱动发展、“中国制造 2025”等一系列国家战略,全力探索形成领跑全球工程教育的中国模式、中国经验,助力高等教育强国建设。

四是积极建立专业动态调整机制,适应和引领社会需求。2017 年底教育部发布《关于推动高校形成就业与招生计划人才培养联动机制的指导意见》,提出将优化专业结构、改进专业设置管理作为提高高等教育质量基础性、全局性、战略性的工作;主动对接经济社会发展需求,建立国家调控、省级统筹、高校自律的专业动态调整机制,鼓励高校设置国家战略新兴产业发展、社会建设和公共服务领域改善民生急需的专业,进一步优化专业结构,不断提高人才培养和社会需求的契合度。当前,各地通过建立统筹管理、检查评估制度、招生—就业—专业联动、专业评估等手段,动态调整专业机制,并取得成效。例如,江西省于 2015 年启动本科专业综合评价工作,截至 2018 年,全省有 34 所应用型高校主动停办或停招了 208 个不适应转型发展需要、就业质量差的专业点。麦可思研究院发布的《2018 年中国大学生就业报告》显示了 2018 年本科就业绿牌、黄牌专业和红牌专业,也为高校主动调整学科专业设置,提高人才培养质量,增强高等教育的人才培养对社会需求的质与量的敏感度和反应性提供参考。

《制造业人才发展规划指南》提出,必须把制造业人才发展摆在更加突出的战略位置,加强顶层设计,发挥资源优势,抓好体制机制改革,强化人才队伍基础,补齐人才结构短板,优化人才发展环境,充分发挥人才在制造强国建设中的引领作用。可以预见,未来,工科等核心学科的科技人力资源重要性将进一步凸显,而高等教育的积极改革将推动科技人力资源结构优化和质量提升。

此外,值得注意的是,截至 2017 年,农学培养的科技人力资源仅占 3.6%。《国家中长期人才发展规划纲要(2010—2020 年)》明确提出,到 2020 年,农村实用人才总量达到 1800 万人,平均受教育年限达到 10.2 年,每个行政村的主要特色产业至少有 1～2 名示范带动能力强的带头人。2018 年 1 月 2 日,中共中央、国务院发布《中共中央-国务院关于实施乡村振兴战略的意见》(以下简称《意见》),提出“实施乡村振兴战略,是党的十九大做出的重大决策部署,是决胜全面建成小康社会、全面建设社会主义现代化国家的重大历史任务,是新时代‘三农’工作的总抓手。实施乡村振兴战略,必须破解人才瓶颈制约。要把人力资本开发放在首要位置,畅通智力、技术、管理下乡通道,造就更多乡土人才,聚天下人才而用之”。《意见》还提出要大力培育新型职业农民,加强农村专业人才队伍建设,发挥科技人才支撑作用。可以预见,高等教育在培养新时代农学人才方面还大有可为。

第三节　科技人力资源学科结构的国际比较

对科技人力资源的学科与专业结构进行国际比较,有助于更好地审视我国科技人力资源结构的合理性,为科技人力资源培养和发展政策的制定与实施起到参照作用。然而,由于我国高等教育学科与专业的分类与其他国家存在较大差异,因而难以用相同的系数测算科技人力资源，从而难以比较分析科技人力资源存量的学科与专业结构。经过研讨，《研究报告(2018)》决定采用 2016 年 OECD 数据库采集的各国家学科与专业毕业生数据，重点比较分析理工农医相关的毕业生数据，从而对核心学科新增科技人力资源结构进行比较。

一、我国本科层次理工农医科技人力资源培养比例的国际比较

我国高等教育学科分为 13 大门类，OECD 数据库中统计数据的学科分类与我国不同，主要分为教育(Education)，艺术与人文(Arts and Humanities)，社会科学与传媒信息(Social Sciences, Journalism and Information)，商务管理与法律(Business, Administration and Law)，自然科学、数学与统计(Natural Sciences, Mathematics and Statistics)，信息与通信技术(Information and Communication Technologies)，工程、制造与建筑(Engineering, Manufacturing and Construction)，农林牧渔(Agriculture, Forestry, Fisheries and Veterinary)，健康与福利服务(Health and Welfare Services)。分类的不同使得我国与其他国家难以进行严格的比较。经过研讨，课题将 OECD 数据库中统计的自然科学、数学与统计类别对应我国的理学，将信息与通信技术和工程、制造与建筑类别合并对应我国的工学，将农林牧渔类别对应我国的农学，将健康与福利服务对应我国的医学，从而进行大致的比较。同时，UNESCO(联合国教科文组织)于 2011 年发布的《国际教育标准分类法》将高等教育分为 5、6、7 和 8 四级，OECD 数据库也采用了该分类方法。根据其各层级的内涵，将我国专科对应其 5 级，本科对应其 6 级，硕士对应其 7 级，博士对应其 8 级进行测算、分析。

按照《研究报告(2018)》确定的规则，理工农医作为核心学科，其毕业生全部计入科技人力资源。2016 年，我国新增本科层次核心学科科技人力资源 254.9 万人，居世界第一；其次是印度，新增 239.0 万人；再次是美国，新增 67.1 万人。图 3-9 所示为 2016 年各国本科层次新增核心学科科技人力资源数量。

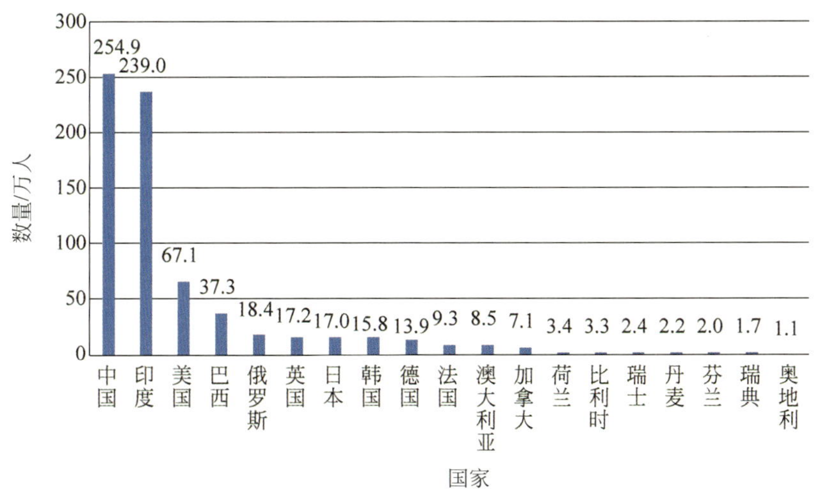

图 3-9 各国本科层次新增核心学科科技人力资源数量(2016 年)

注：中国数据来源于课题组测算。其他国家数据来源于 OECD 数据库。

从 2016 年本科层次毕业生的学科结构来看，各国本科层次理工农医毕业生比例都在 30%以上，如图 3-10 所示。其中，最高的是芬兰，占 54.2%；其次是丹麦，为 48.5%；中国

为 47.7%，位列第三；较低的是巴西、俄罗斯和日本，均维持在 31%上下。可以看出，中国比较重视理工农医人才的培养。

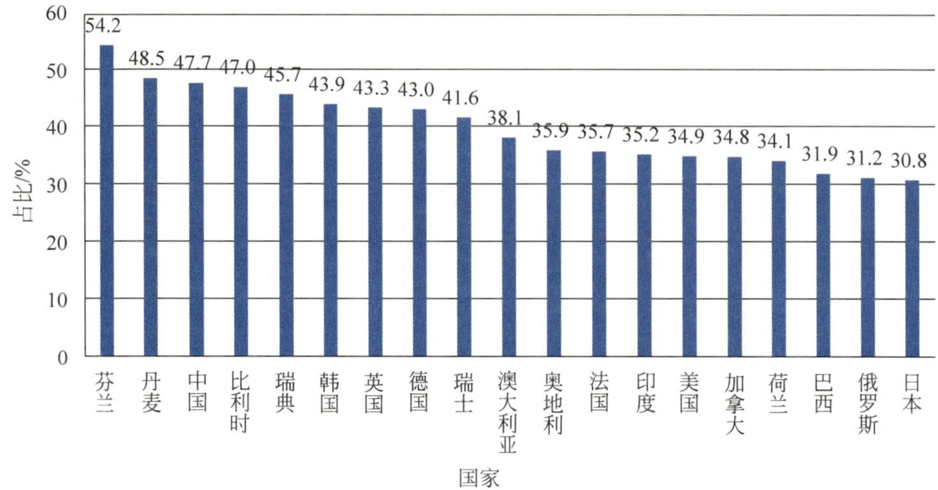

图 3-10 各国本科层次理工农医毕业生占比情况(2016 年)

注：中国数据为普通高校数据，不包括成人、网络和高自考。其他国家数据来源于 OECD 数据库。

从 2016 年各国分学科来看(表 3-7)，英国和印度培养的理学毕业生比例最高，分别占 16.8%和 13.7%；中国为 6.9%，处于中间水平。中国培养的工学毕业生比例最高，达 32.8%；其次是德国，为 30.0%；再次是芬兰，为 25.4%。日本培养的农学毕业生比例相对较高，为 3.2%；其他国家多数在 2%以下，中国为 1.7%。丹麦培养的医学毕业生比例最高，达 30.5%；其次是比利时，为 28.9%；再次为瑞典，为 27.1%；中国为 6.3%，相对于其他国家比例较低。

表 3-7 各国本科层次理工农医毕业生占毕业生总数的比例(2016 年) %

国　家	学　科				合　计
	理　学	工　学	农　学	医　学	
芬兰	3.1	25.4	2.2	23.5	54.2
丹麦	5.0	12.2	0.8	30.5	48.5
中国	6.9	32.8	1.7	6.3	47.7
比利时	2.7	13.3	2.1	28.9	47.0
瑞典	3.7	14.6	0.3	27.1	45.7
韩国	7.4	25.1	0.8	10.6	43.9
英国	16.8	12.1	1.0	13.4	43.3
德国	6.2	30.0	1.9	4.9	43.0
瑞士	4.0	20.0	1.5	16.1	41.6
澳大利亚	7.7	9.8	0.6	20	38.1
奥地利	8.5	18.9	0.8	7.7	35.9
法国	9.6	11.0	0.5	14.6	35.7
印度	13.7	17.8	0.7	3.0	35.2
美国	9.8	10.4	1.1	13.6	34.9
加拿大	9.1	10.0	1.5	14.2	34.8

续表

国家	学科				合计
	理学	工学	农学	医学	
荷兰	4.2	10.4	0.9	18.6	34.1
巴西	2.0	14.0	2.1	13.8	31.9
俄罗斯	3.4	25.1	1.3	1.4	31.2
日本	3.6	16.8	3.2	7.2	30.8

注：中国数据为普通高校数据，不包括成人、网络和高自考。其他国家数据来源于OECD数据库。

二、我国研究生层次理工农医科技人力资源培养比例的国际比较

按照《研究报告(2018)》确定的规则，研究生层次的毕业生全部纳入科技人力资源。综合来看，我国培养的研究生层次理工农医科技人力资源比例在世界上处于较高的水平。

1. 2016年我国硕士层次理工农医科技人力资源占57.6%

如图3-11所示，2016年，印度培养硕士层次科技人力资源162.3万人，居世界第一；其次是美国，培养90.0万人；再次是俄罗斯，培养71.1万人；中国培养50.9万人，居世界第四。从理工农医学科培养的科技人力资源占总量的比例来看，日本为73.3%，居第一位；其次为中国，为57.6%；再次是巴西，为52.5%。

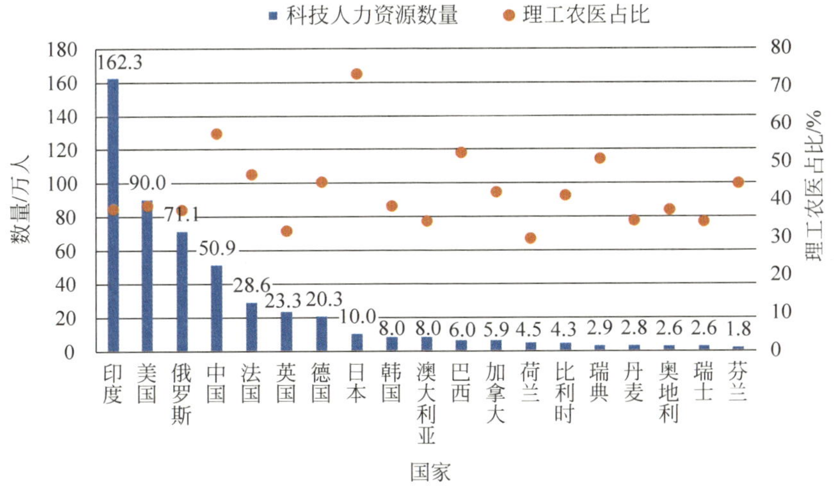

图3-11 各国硕士层次培养科技人力资源数量及理工农医占比(2016年)

注：中国数据来源于课题组测算。其他国家数据来源于OECD数据库。

从分学科来看(表3-8)，印度、德国和巴西培养的理学毕业生比例均在10%以上，分别为12.4%、11.9%和11.0%，中国为7.8%，处于中间水平。中国培养的工学毕业生比例最高，达34.9%；其次是日本，为32.0%；再次是俄罗斯，为26.4%；瑞典、芬兰、德国、印度、法国保持在20%以上。巴西培养的农学毕业生比例相对较高，为8.2%；其次是日本，为5.1%；中国的比例为3.8%；其他国家多数在2%以下。日本培养的医学毕业生比例最高，达26.3%；其次是美国，为21.9%；再次是比利时，为20.0%；中国的比例为11.1%，处于中间水平。

表 3-8　各国硕士层次理工农医毕业生占毕业生总数的比例(2016 年)　%

国　家	学　科				合　计
	理　学	工　学	农　学	医　学	
日本	9.9	32.0	5.1	26.3	73.3
中国	7.8	34.9	3.8	11.1	57.6
巴西	11.0	17.8	8.2	15.5	52.5
瑞典	4.9	25.8	0.8	19.3	50.8
法国	7.4	20.4	1.1	17.9	46.8
德国	11.9	22.8	1.6	8.4	44.7
芬兰	6.6	23.4	2.1	12.2	44.3
加拿大	7.6	18.5	2.8	13.1	42.0
比利时	5.2	14.1	1.9	20.0	41.2
美国	4.0	11.9	0.7	21.9	38.5
韩国	5.4	17.5	1.1	14.4	38.4
印度	12.4	20.4	0.7	4.1	37.6
奥地利	6.9	18.4	1.2	10.8	37.3
俄罗斯	3.2	26.4	1.7	6.0	37.3
丹麦	7.8	16.4	1.1	9.3	34.6
澳大利亚	2.7	17.3	0.7	13.7	34.4
瑞士	8.7	13.5	1.6	10.5	34.3
英国	8.2	12.7	0.7	10.3	31.9
荷兰	8.6	9.7	1.3	10.2	29.8

注：中国数据来源于课题组测算。其他国家数据来源于 OECD 数据库。

2. 2016 年我国博士层次理工农医科技人力资源占 76.9%

如图 3-12 所示，2016 年，美国培养的博士层次科技人力资源为 69525 人，居世界第一；其次是中国，培养了 55011 人；再次是德国，培养了 29303 人。从理工农医学科培养的科技人力资源占总量的比例来看，瑞典为 83.3%，居世界第一；其次是日本，为 79.8%；再次是丹麦，为 78.3%；中国为 76.9%，居第四位。

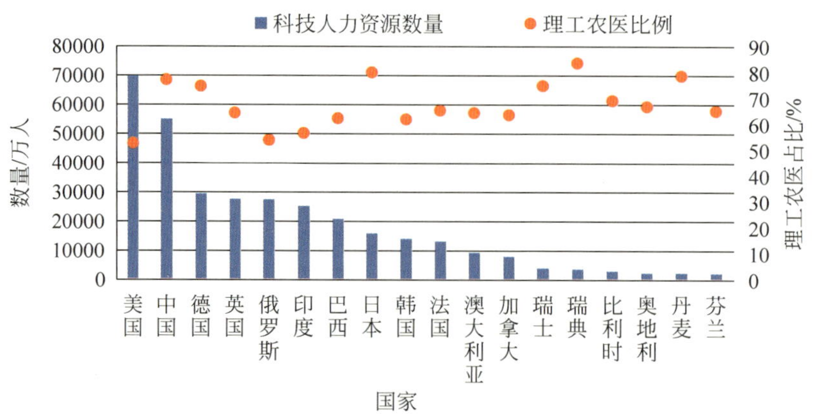

图 3-12　各国博士层次新增科技人力资源数量及理工农医占比(2016 年)

注：中国数据来源于课题组测算。其他国家数据来源于 OECD 数据库。

从分学科来看(表 3-9),法国培养的理学博士比例最高,达 44.5%;其次是瑞士,为 31.9%;德国、英国、印度、加拿大、美国、澳大利亚、瑞典、中国等国家均在 20%以上。中国培养的工学博士比例最高,达 36.7%;其次是瑞典,为 31.2%;奥地利、韩国、俄罗斯、丹麦、芬兰、加拿大、比利时、日本、澳大利亚等国家均在 20%以上。巴西培养的农学博士比例较高,为 11.6%;其次是印度,为 9.5%;中国的比例为 4.4%。日本培养的医学博士比例最高,达 36.6%;其次是瑞典,为 28.7%;再次是丹麦,为 28.2%;德国、比利时和瑞士均在 20%以上。

表 3-9 各国博士层次理工农医毕业生占毕业生总数的比例(2016 年) %

国家	学科				合计
	理学	工学	农学	医学	
瑞典	21.1	31.2	2.3	28.7	83.3
日本	15.1	22.4	5.7	36.6	79.8
丹麦	17.2	25.3	7.6	28.2	78.3
中国	21.1	36.7	4.4	16.7	76.9
德国	28.6	16.1	3.1	26.6	74.4
瑞士	31.9	19.0	3.1	20.5	74.5
比利时	20.4	23.6	3.0	21.8	68.8
奥地利	20.2	29.9	3.2	13.3	66.6
法国	44.5	18.3	0.0	2.3	65.1
芬兰	18.1	25.2	3.6	18.0	64.9
英国	28.4	18.6	1.2	16.0	64.2
澳大利亚	21.9	20.3	4.5	17.5	64.2
加拿大	27.1	24.5	3.2	8.5	63.3
巴西	15.3	16.5	11.6	18.7	62.1
韩国	13.4	26.5	2.1	19.7	61.7
印度	28.0	13.4	9.5	5.4	56.3
俄罗斯	13.9	26.1	3.8	9.9	53.7
美国	23.7	18.0	1.4	9.2	52.3

注:中国数据来源于课题组测算。其他国家数据来源于 OECD 数据库。

三、我国专科层次理工农医毕业生比例的国际比较

由于专科层次毕业生折算成科技人力资源的系数较小且十分复杂,不利于国际比较。因此,这里仅对毕业生的学科结构进行比较分析。2016 年,国外专科办学主要集中在商务、管理与法律、工程、制造与建筑、健康与福利、服务领域。如表 3-10 所示,瑞士理工农医学科培养的毕业生比例最高,占 70.2%;其次是中国,为 50.7%;再次是韩国,为 50.0%;多数国家的比例保持在 40%~50%;比例最低的是巴西,仅占 6.1%。

表 3-10 各国专科层次理工农医毕业生占毕业生总数的比例(2016 年) %

国家	学科				合计
	理学	工学	农学	医学	
瑞士	0.0	17.8	0.0	52.4	70.2
中国	0.0	37.6	2.0	11.1	50.7
韩国	1.2	26.0	0.9	21.9	50.0

续表

国家	学科				合计
	理学	工学	农学	医学	
俄罗斯	0.4	35.1	1.3	12.2	49.0
瑞典	0.4	37.5	2.0	8.0	47.9
英国	8.9	14.2	1.8	20.7	45.6
法国	3.3	23.1	3.3	13.9	43.6
奥地利	0.0	37.4	3.0	2.7	43.2
德国	0.0	34.3	7.6	0.0	41.9
日本	0.0	14.3	1.1	26.3	41.7
加拿大	1.6	20.6	2.1	14.9	39.2
美国	4.1	9.6	0.7	19.6	34.1
澳大利亚	1.6	13.4	1.3	17.2	33.6
丹麦	0.0	20.5	2.3	3.2	26.0
荷兰	0.0	10.3	1.2	4.5	16.0
巴西	0.0	0.7	5.2	0.2	6.1

注：中国数据为普通高校数据，不包括成人、网络和高自考。

四、各国发展战略及人才培养改革趋势

综合来看，发达国家均十分重视核心学科科技人力资源的培养，这与世界经济发展形势密切相关。自2008年经济危机以后，世界各国纷纷实施“再工业化”战略，将发展制造业作为抢占未来竞争制高点的重要战略。例如，“美国先进制造业领导力战略”关注制造业创新和竞争力；德国“工业4.0”战略侧重基于CPS的智能工厂和智能生产，而“德国工业战略2030”提出要加大数字化创新的支持力度；日本通过发展“互联工业”构建基于机器人、物联网和工业价值链的顶层体系；英国投资7.25亿英镑支持工业战略挑战基金项目；法国发行国债支持数字技术促进工业转型方案。在战略实施中，世界各国纷纷把人才作为实施制造业发展战略的重要支撑，加大人力资本投资，改革创新教育与培训体系。例如，美国大力培养理工人才、制造业技术工人及专业领域人才；德国大力培养信息化人才和符合工业4.0战略需求的人才；日本大力培养高级技术开发及职业应用型人才。

伴随着发达国家实施各类发展战略，重塑高端制造业竞争优势，加速推进新一轮全球贸易投资的新格局，发展中国家也在加快谋划和布局，积极参与全球产业再分工，承接产业及资本转移，拓展国际市场空间。失去低端制造业中心地位的国家，低科技含量行业逐步被取代，对低端技术技能人才的需求量大幅度降低，对高端技术技能型人才的培养，特别是一线高素质、复合型、技术精湛的技术技能型人才的培养成为必然趋势。

与此同时，世界多极化、经济全球化、文化多样化、社会信息化深入发展，国际金融危机的深层次影响在相当长时期依然存在，新一轮科技革命和产业变革蓄势待发，互联网、云计算、大数据、智能机器人、三维(3D)打印等现代技术深刻改变着人类的思维、生产、生活和学习方式，使得国际竞争日趋激烈，高技能应用型人才培养成为应对诸多复杂挑战、实现可持续发展的关键。

近十多年来，我国制造业实现了持续快速发展，总体规模大幅提升，综合实力不断增

强，不仅对国内经济和社会发展做出了巨大贡献，而且成为支撑世界经济的重要力量。但是，我国产品质量基础相对薄弱，标准总体水平不高，技术标准存在缺失、交叉重复、老化滞后等问题，与国外先进标准相比还有较大差距，制造大国成为制造强国、智造强国依然任重道远。重视核心学科科技人力资源的培养，是发达国家共同的趋势，也是我国适应与参与未来激烈国际竞争的基础。当前我国理工农医科技人力资源的规模居世界第一，理工农医学科培养的毕业生比例也居于世界前列，尤其是工学培养的科技人力资源比例居世界第一，未来的发展重点在于进一步提升人才培养质量。

本章小结

我国科技人力资源的学科与专业结构变化与我国社会经济发展紧密相关，总体上呈现出以下特征：

一、2016—2017 年理工农医学科新增科技人力资源占 93.9%

2016—2017 年新增科技人力资源约 1063.1 万人，理工农医学科占 93.9%。其中，工学培养的科技人力资源数量最多，为 725.4 万人，占 68.2%；其次是医学 169.1 万人，占 15.9%；再次是理学 67.2 万人，占 6.3%。从学历层次来看，2016—2017 年所有层次培养的科技人力资源中，工学占比均为最高，尤其是专科层次，比例远高于本科与研究生层次；本科层次培养的医学科技人力资源比例高于专科和研究生层次；理学作为理论性比较强的学科，基本没有设立专科层次；管理学发展迅速，研究生层次的管理学科技人力资源占比超过医学和理学。

二、截至 2017 年理工农医培养的科技人力资源存量占 77.6%

截至 2017 年，我国科技人力资源总量中，理工农医核心学科培养的数量占 77.6%，外延学科培养的数量占 21.6%，其他学科占 0.8%。具体来看，工学培养的科技人力资源比例最高，占 54.1%；其次是医学，占 12.6%；再次是理学和经济学，均为 7.4%；管理学占比也较高，为 7.2%。从总体上看，在各学历层次的科技人力资源中，工学占比均为最高，这与我国制造大国对工学人才的需求密切相关。面对发达国家大力发展高端制造业回归实体经济和成本更低的发展中国家逐渐占领低端制造业的经济发展环境，我国制造业面临转型升级的新挑战，必须突出创新驱动，优化政策环境，充分发挥人才在制造强国建设中的引领作用。未来，工学等核心学科科技人力资源的重要性将进一步凸显，而高等教育的积极改革也将推动科技人力资源结构优化和质量提升。

此外，当前我国农学培养的科技人力资源比例为 3.6%，这与国家乡村振兴计划对农学方面的人才需求存在较大差距，国家乡村振兴计划的实施离不开农学及其他学科科技人力资源的支撑。因此，国家有关部门需要出台更多相关政策，鼓励更多青年学生报考农学专业并真正投身于乡村振兴事业。

三、2016 年我国培养的工学科技人力资源比例高于发达国家

运用 2016 年 OECD 统计数据和中国统计数据进行分类、对比后发现：

本科层次，2016 年我国培养的理工农医科技人力资源共计 254.9 万人，数量居世界第一。从毕业生学科结构来看，理工农医毕业生的比例为 47.7%，位于世界前列。其中，工学毕业生比例达到 32.8%，高于发达国家；理学毕业生占比 6.9%，处于中间水平；医学毕业生比例为 6.3%，相对较低。

硕士层次，2016 年我国培养的科技人力资源为 50.9 万人，次于印度、美国和俄罗斯；培养的理工农医科技人力资源占总体的比例为 57.6%，仅次于日本的 73.3%。从分学科来看，培养的理学科技人力资源占 7.8%，低于印度、德国、巴西、日本、瑞士、荷兰和英国；培养的工学科技人力资源比例高于发达国家，达 34.9%；培养的医学科技人力资源比例为 11.1%，居于中间水平。

博士层次，2016 年我国培养科技人力资源 55011 人，仅次于美国的 69525 人；培养的理工农医科技人力资源占总体的比例为 76.9%，仅次于瑞典(83.3%)、日本(79.8%)和丹麦(78.3%)。从分学科来看，培养的理学科技人力资源占 21.1%，低于法国、瑞士、德国和英国等国家；培养的工学科技人力资源占 36.7%，高于发达国家；培养的医学科技人力资源占 16.7%，低于日本、瑞典、丹麦和德国等国家。

可以看出，在新增的本科及以上层次科技人力资源中，我国工学的比例高于发达国家。在新一轮工业革命的大背景下，为了更加适应智能化制造的发展要求，我国高等教育工学办学要围绕智能化设计、智能化制造、智能化供应链和智能化服务等关键领域，优化专业结构，提升人才培养质量和社会服务水平。

四、管理学和经济学发展迅速，农学比例较低

截至 2017 年，经济学和管理学学科分别培养了 7.4%和 7.2%的科技人力资源，接近科技人力资源总量的 1/6。从正式列入学科门类的时间算起，始于 2001 年的管理学门类至今只有 18 年。2017 年，普通和成人本科管理学毕业生数量达到 101.9 万人，是 2007 年的 2.5 倍。由于容易招生、成本较低的特点，管理学学生规模增长速度非常快，已经成为毕业生规模仅次于工学的大学科。普通、成人和网络高校的财经商贸大类毕业生达 143.7 万人，占当年全部毕业生的 24.4%，已经成为专科层次的第一大专业大类。据实地调研的情况来看，部分高校的管理学专业就业率低于工学等专业，需要合理控制规模，提升办学质量。

截至 2017 年，我国培养的农学科技人力资源仅占总量的 3.6%，无论从数量上还是质量上都不能满足新时代农业发展的需要。乡村振兴战略的实施，美丽乡村的实现，必须破解人才瓶颈制约，要把人力资本开发放在首要位置，大力培育新型职业农民，加强农村专业人才队伍建设，发挥科技人才支撑作用。可以预见，在未来一个相当长的时期里，高等教育在培养新型农学人才方面大有可为。

第四章

CHAPTER 4

科技人力资源的学历结构

学历是指人们在教育机构中接受科学、文化教育的学习经历。小到个人，一个人的学历在相当程度上决定了他掌握知识的程度、创新研究的能力和应用科学技术的水平；大到一个经济体，一国或地区总体人口的学历结构在某种程度上代表了其文化教育水平和智力资源富集度。一般而言，科技研发工作通常由拥有较高层次学历的人员来承担，学历层次越高意味着从事科技相关工作、实现高层次科技创新的可能性就越大①。学历结构的合理性是衡量一个国家科技人力资源总体质量的重要指标，深入分析我国科技人力资源的学历结构及动态变化，对监测并提升我国科技人力资源的总体质量，总结并发挥我国科技人力资源特点与优势，推动科学知识技术的研究、传播和应用，开展国际科技人力资源的横向比较研究，助推我国社会经济转型升级与高质量发展②，具有十分重要的意义。本章从“资格”角度出发，对我国科技人力资源的学历结构进行分析。

第一节　2016—2017 年我国新增科技人力资源的学历结构

根据《高等教育法》，目前我国国民教育系列的高等学历教育可分为专科教育、本科教育和研究生教育三个层次，其中研究生教育又可分为硕士研究生和博士研究生两个阶段。新增科技人力资源的学历结构会影响科技人力资源总量的学历结构。根据第一章确立的方法和第三章测算的结果，本节将对 2016—2017 年新增科技人力资源的学历结构进行分析。

一、2016—2017 年各学历层次新增科技人力资源的数量

2016—2017 年，我国新增各层次科技人力资源共计约 1089.1 万人。其中，专科层次约有 416.1 万人，占 38.2%；本科层次约有 558.8 万人，占 51.3%；研究生层次约为 114.2 万人，占 10.5%。在研究生层次中，硕士有 102.9 万人，博士有 11.3 万人。可以看出，本科层

① 李国富，汪宝进．科技人力资源分布密度与区域创新能力的关系研究[J]科技进步与对策，2011(1)：144-148.

② 马卫刚，程长林．科技人力资源、创新效率与经济增长——基于省际面板数据的实证分析[J]，工业技术经济，2014(10)：140-147.

次的科技人力资源在比例上已经超过专科,在新增科技人力资源的总数中已经占到一半以上,如图 4-1 所示。

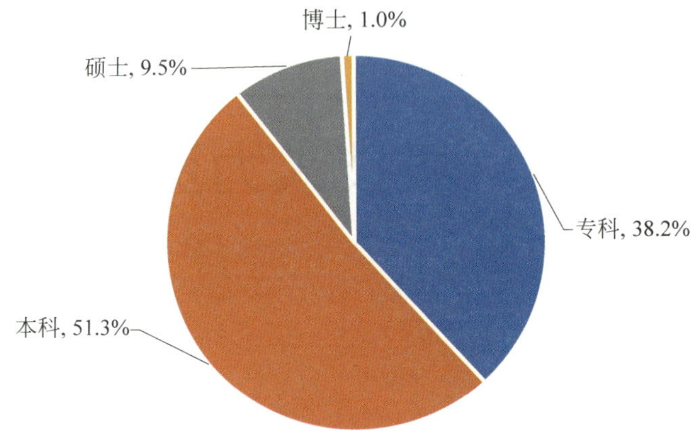

图 4-1 2016—2017 新增科技人力资源的学历结构

从培养渠道看,普通高校是科技人力资源的主要培养渠道,2016—2017 年普通高校和科研机构累计培养了 100%研究生层次、66.7%本科层次和 76.8%专科层次的科技人力资源;成人高校培养了 20.3%本科层次和 13.4%专科层次的科技人力资源;高自考培养了 3.6%本科层次和 1.4%专科层次的科技人力资源;网络高等教育培养了 9.4%本科层次和 8.4%专科层次的科技人力资源。

二、新增科技人力资源的学历结构变化

《研究报告(2016)》提到,2015 年新增的科技人力资源中,本科层次占 51.1%,专科层次占 38.5%,研究生层次占 10.4%。2016 年和 2017 年新增科技人力资源的学历层次变化不大。2016 年新增的科技人力资源中,本科层次占 51.3%,略有增长;专科层次占 38.1%,下降了 0.4 个百分点;研究生层次占 10.6%,比 2015 年略有上升。2017 年新增的科技人力资源中,本科层次占 51.3%,专科层次占 38.3%,研究生层次占 10.4%。总体来看,近年新增科技人力资源学历结构较为稳定,变化幅度很小。图 4-2 所示为 2015—2017 年新增科技人力资源的学历结构变化情况。

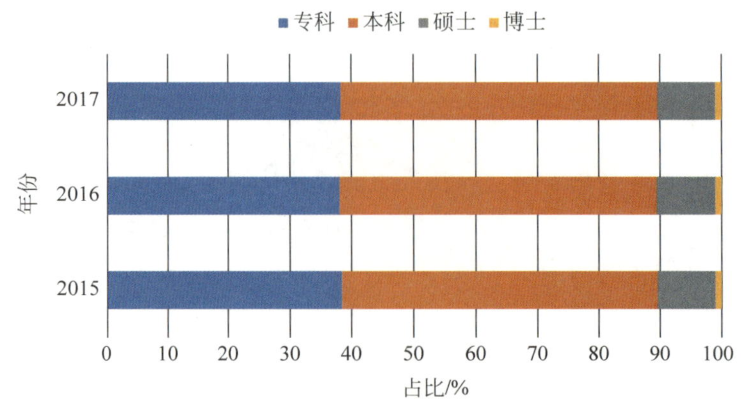

图 4-2 2015—2017 年新增科技人力资源的学历结构

三、新增科技人力资源学历结构的国际比较

如前所述，由于我国与其他国家高等教育学科分类不同，因而难以对科技人力资源的结构进行精确比较。根据第三章的测算结果，2016—2017 年我国培养的本科层次理工农医科技人力资源占培养总量的 96.8%，专科层次专业大类还原为学科后可得到专科层次的科技人力资源 100%来源于理工农医学科。因此，通过对理工农医本科层次科技人力资源、理工农医专科层次科技人力资源和研究生层次科技人力资源数据的大致分析，可对各国新增科技人力资源的学历结构进行某种程度的比较。根据第三章学科国际比较确立的对应原则，“将 OECD 统计中的自然科学、数学与统计类别对应我国的理学，将信息与通信技术、制造与建筑类别合并对应我国的工学，将农林牧渔类别对应我国的农学，将健康与福利服务对应我国的医学”①，这里对部分国家科技人力资源的学历结构进行大致测算、比较。

测算结果显示，2016 年我国新增的科技人力资源中，专科层次科技人力资源的比例最高，为 39.2%。图 4-3 提及的发达国家专科层次科技人力资源的比例均在 20%以下。韩国本科层次科技人力资源的比例最高，为 53.4%；其次是日本，为 51.4%；再次是中国，为 50.0%；其他国家的比例均在 50%以下。法国培养的硕士层次科技人力资源的比例最高，为 64.3%；其次是瑞典，为 55.8%；再次是德国，为 54.6%；我国在这个层次的比例为 10.0%，远低于发达国家。德国培养的博士层次科技人力资源的比例最高，为 7.9%；其次是瑞士，为 7.3%；再次是瑞典，为 6.8%；我国的比例为 0.8%，与发达国家的差距较大。可以看出，发达国家本科层次以上的科技人力资源占了新增科技人力资源的绝大部分，我国专科层次科技人力资源比例仍然很高，这一方面是因为我国高等教育的学历结构与发达国家相比有很大的不同，另一方面也是由于我国所处的经济发展阶段仍对专科层次科技人力资源有很大的需求。

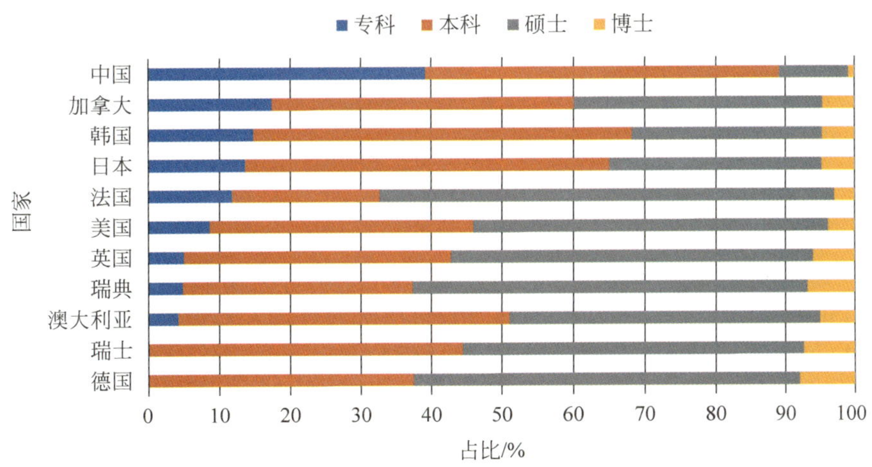

图 4-3　各国新增科技人力资源的学历结构（2016 年）

① OECD 国家专科、本科与研究生的学科分类保持了一致。本部分进行比较时，将这些国家本科层次的自然科学、数学与统计、信息与通信技术、制造与建筑、农林牧渔类、健康与福利服务对应我国的理工农医核心学科，即 100%计入科技人力资源，专科层次分别按 100%、69.8%、68.4%、78.9%、21.0%（参照我国专科层次专业大类转换为学科后的折合比例）计入科技人力资源，而研究生层次则所有学科均计入科技人力资源。

第二节　截至 2017 年我国科技人力资源的学历结构

由于死亡、专升本和出国留学数据缺乏学历层次的具体数据，我们在分析科技人力资源存量的学历结构时暂未考虑这些因素，仅从具备“资格”的人群的分析来对我国科技人力资源的学历结构进行推算。

一、截至 2017 年科技人力资源的学历结构

根据第一章确立的方法，由于获得研究生学历的毕业生绝大多数都已获得过本科学历，因此在分析科技人力资源学历层次结构时，不能将各学历层次的科技人力资源数量简单求和，计算本科层次科技人力资源比例时应将其中可能包含的研究生层次的科技人力资源数剔除。同理，计算硕士研究生科技人力资源比例时，应将其中可能包含的博士层次的科技人力资源数剔除。

截至 2017 年，我国拥有符合“资格”的科技人力资源为 8972.2 万人①。其中，专科层次 4878.1 万人，占 54.4%；本科层次 3518.1 万人，占 39.2%；硕士层次 500.1 万人，占 5.6%；博士层次 75.9 万人，占 0.8%。由此可见，截至 2017 年底，我国科技人力资源依然以专科层次为主，本科层次次之，研究生层次最少，学历结构呈金字塔形分布，如图 4-4 所示。

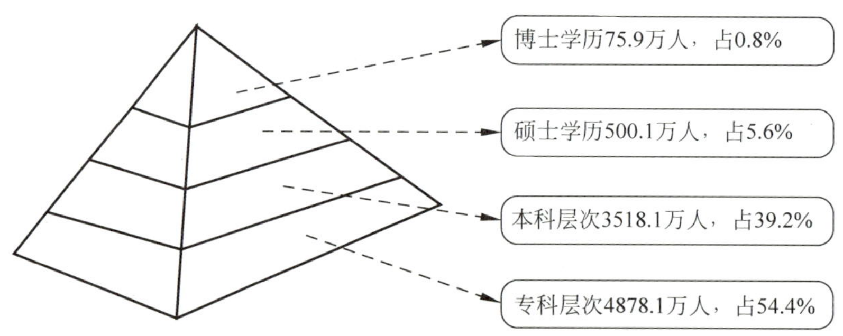

图 4-4　截至 2017 年我国科技人力资源的学历结构

从培养渠道看，普通高校是科技人力资源的主要培养渠道，截至 2017 年普通高校和科研机构累计培养了 100%研究生层次、68.7%本科层次和 54.6%专科层次的科技人力资源；成人高校培养了 18.2%本科层次和 34.9%专科层次的科技人力资源；高自考培养了 6.3%本科层次和 5.7%专科层次的科技人力资源；网络高等教育培养了 6.8%本科层次和 4.8%专科层次的科技人力资源。

从新增科技人力资源的培养渠道来看，明显可以看出成人高等教育曾经在培养专科层次科技人力资源方面发挥了巨大的作用。随着普通高等教育的大规模发展以及网络高等教育的快速成长，成人高等教育和高自考的作用在逐渐变小。

① 《研究报告 2016》的 2016 年新增科技人力资源采用了预计毕业生数进行测算，《研究报告(2018)》用毕业生实际数量进行了修正，因此《研究报告(2018)》的数据与《研究报告 2016》略有不同。

二、科技人力资源学历结构的变化趋势

《研究报告 2016》提到，截至 2015 年，专科层次科技人力资源占科技人力资源存量的 55.7%，本科层次占 38.4%，硕士层次占 5.1%，博士层次占 0.8%。与 2015 年相比，2017 年专科层次科技人力资源的比例下降 1.3 个百分点，本科层次科技人力资源的比例上升 0.8 个百分点，硕士层次科技人力资源的比例上升 0.5 个百分点，博士层次科技人力资源比例保持不变，见表 4-1。可以看出，科技人力资源存量的学历层次得到了提升。

表 4-1 我国科技人力资源存量的学历结构变化 %

年份	专科	本科	硕士	博士
2015	55.7	38.4	5.1	0.8
2017	54.4	39.2	5.6	0.8

1998 年以后，随着高校扩招，高等教育规模快速扩张，近年增速有所放缓。高等教育规模增速的放缓也决定了新增科技人力资源增速的放缓。从 2015—2017 年各层次科技人力资源数量的增长情况来看，专科、本科、硕士和博士层次科技人力资源年均增长率分别为 2.1%、2.5%、2.2%和 3.6%，如图 4-5 所示。尽管基于历史基数的原因，当前我国科技人力资源存量的学历层次仍以专科为主，但近几年本科层次科技人力资源的数量以及增速均超过专科，加上国家政策一直呼吁要“完善终身教育体系，形成普通教育与职业教育、职前教育与继续教育相互衔接，学历教育与非学历教育、有组织学习与自学相互补充的良好格局，建立各级各类教育相互衔接、相互沟通的教育体系”，近年来约有 10%的专科毕业生升入本科。可以预见，未来本科层次科技人力资源的比例将进一步提升，逐步成为我国科技人力资源的主体。此外，研究生基数虽然较低，但一直稳定增长，这将进一步优化我国的科技人力资源的学历结构。

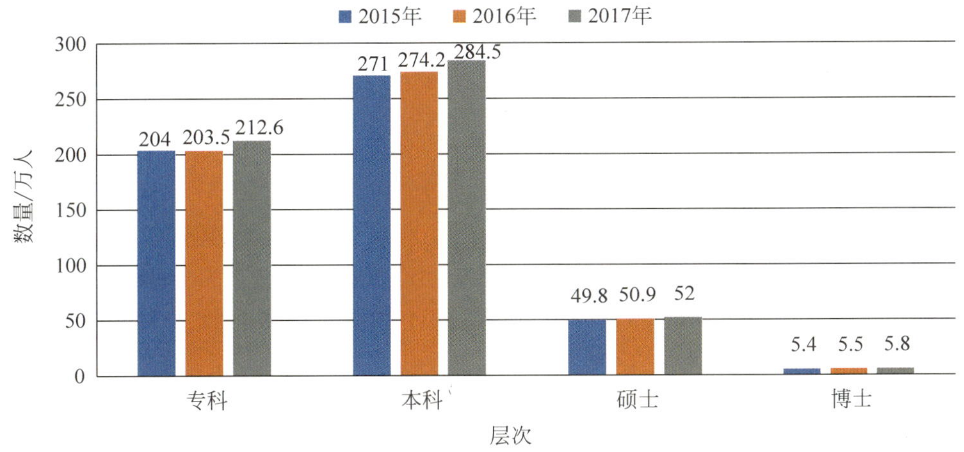

图 4-5 2015—2017 年我国不同层次科技人力资源数量变化情况

《国家中长期人才发展规划纲要》提到，“到 2020 年，我国主要劳动年龄人口受过高等教育的比例达到 20%”。根据 2010 年第六次人口普查数据计算得到，我国主要劳动年龄人

口(16～59周岁)受过高等教育的比例为12.3%。根据国家统计局的数据,2017年,我国主要劳动年龄人口为90199万人,2011—2017年普通本专科、成人本专科、网络本专科、高自考毕业生总数达到了7815万人,由此可以计算出2017年主要劳动年龄人口受过高等教育的比例达20.6%,已经提前实现了《国家中长期人才发展规划纲要》的目标。在一些经济和高等教育发达的地区,其人口接受过高等教育的比例更高。例如,据《中国劳动统计年鉴(2017)》统计,北京市就业人口受过高等教育的比例已经达到了57.4%,上海达到48.3%。2018年,我国高等教育毛入学率达到48.1%,未来这个比例将进一步提升,可以预见,科技人力资源学历层次的提升已经不是主要矛盾,重点应该转向高等教育结构调整与质量内涵的提升上来。当前大学生就业难问题也引发了人们"过度教育""学历高消费"的质疑。《制造业人才发展规划指南》指出,当前人才队伍建设存在结构性过剩与短缺并存、人才培养与企业实际需求脱节等问题。我国建设"双一流"高校,引导地方高校向应用型转变,鼓励产教融合校企合作共同育人,重视制造业重点领域人才培养、加强专业预警机制建设等举措,都是调整人才培养结构、提升人才培养质量的重要表现,在提升科技人力资源学历层次的同时,必将进一步提升科技人力资源的质量。

本章小结

我国科技人力资源的学历结构总体呈现出以下特点。

一、我国科技人力资源学历层次仍以专科为主,学历结构呈金字塔形

截至2017年,我国拥有符合"资格"条件的科技人力资源8972.2万人。其中,专科层次4878.1万人,占54.4%;本科层次3518.1万人,占39.2%;硕士层次500.1万人,占5.6%;博士层次75.9万人,占0.8%。可见看出,截至2017年底,我国科技人力资源依然以专科层次为主,本科层次次之,研究生层次最少,学历结构呈金字塔形分布。

二、我国科技人力资源的学历层次将进一步提升,建设重点转向质量提升

与2015年相比,2017年,专科层次科技人力资源的比例下降了1.3个百分点,本科层次科技人力资源的比例上升了0.8个百分点,硕士层次科技人力资源的比例上升0.5个百分点,博士层次科技人力资源的比例保持不变。可以看出,科技人力资源存量的学历层次得到了提升。2015—2017年新增的专科、本科、硕士和博士层次科技人力资源年均增长率分别为2.1%、2.5%、2.2%和3.6%。尽管基于历史基数的原因,当前专科层次科技人力资源仍占主体,但随着本科层次科技人力资源的数量以及增速均超过专科,在教育"立交桥"的建设进程中专升本比例的进一步提升,可以预见未来本科层次科技人力资源将成为主体,而研究生科技人力资源的稳定增长,也将进一步优化我国的科技人力资源学历结构。

当前,科技人力资源的学历层次提升已经不是主要矛盾,重点应该转向高等教育结构调整与质量内涵提升,以解决当前人才队伍建设存在结构性过剩与短缺并存、人才培养与企业实际需求脱节等问题,回应社会对"过度教育""学历高消费"的质疑。

三、普通高等教育是科技人力资源的主要培养渠道，网络高等教育正发挥着越来越重要的作用

截至 2017 年，普通高校和科研机构累计培养了 100％研究生层次、68.7％本科层次和 54.6％专科层次的科技人力资源；成人高校培养了 18.2％本科层次和 34.9％专科层次的科技人力资源；高自考培养了 6.3％本科层次和 5.7％专科层次的科技人力资源；网络高等教育培养了 6.8％本科层次和 4.8％专科层次的科技人力资源。

通过对新增科技人力资源的培养渠道进行比较，可以看出成人高校曾经在培养专科层次科技人力资源方面发挥了巨大的作用。随着普通高校的大规模发展以及网络高校的快速发展，成人高校和高自考的作用正在逐渐变小。

第五章

CHAPTER 5

科技人力资源的年龄与性别结构

科技活动作为一种复杂的创造性活动，需要从业者保持旺盛的精力和高度的创造力。研究表明，科学创造存在成果产出的最佳年龄和黄金时期。科技人力资源的年龄构成状况在一定程度上体现其适应能力和创新能力，是考查科技人力资源质量的重要指标之一。此外，随着女性接受高等教育的机会快速提升，女性在科技人力资源中所占的比例也不断提升，并发挥着越来越不可忽视的作用，为科技发展提供了新的增长点。对科技人力资源的年龄与性别结构进行研究，有助于了解我国科技人力资源的整体特征与创造潜力，更好地为科技和人才政策提供支撑，推动科技人力资源更好地发挥作用。本章从“资格”角度出发，对我国科技人力资源的年龄与性别结构进行测算与分析。

第一节　截至 2017 年我国科技人力资源的年龄结构

由于教育统计并没有专门的年龄指标，我国科技人力资源年龄结构的描述和分析缺乏完整数据。针对这种情况，鉴于绝大多数科技人力资源受过高等教育，课题组选择用高等教育毕业生的年龄数据，通过推算得出科技人力资源年龄结构的近似结果。研究发现，我国科技人力资源总体上呈现并保持明显的年轻化态势。

一、科技人力资源总量的年龄结构

本节根据第一章所确立的方法，将普通高校专科和本科应届毕业生的年龄分别设定为 21 和 22 周岁，将成人高校、网络高等教育和高自考专科与本科应届毕业生的年龄分别设定为 24 和 25 周岁，硕士毕业生设定为 25 周岁，以此对我国高校毕业生的年龄进行推算，大致得到截至 2017 年我国科技人力资源的年龄结构，见表 5-1 和表 5-2。为了与国际通用做法保持一致，也便于在后续研究中进行国际比较，课题组对年龄阶段的划分采用了 OECD 出版的《科技人力资源指标测量手册》[①]所使用的划分方法。

---

① OECD. Measurement of Scientific and Technological Activities: Manual on the Measurement of Human Re-sources Devoted to S&T. https://www.oecd-ilibrary.org/science-and-technology/measurement-of-scientific-and-technological-activities_9789264065581-en.

表 5-1 截至 2017 年底本专科层次科技人力资源毕业时间和年龄估算表

年龄/岁	毕业时间			
	普通本科	普通专科	成人本科	成人专科
60 及以上	1967—1979	1966—1978	—	1969—1981
50～59	1980—1989	1979—1988	1983—1992	1982—1991
40～49	1990—1999	1989—1998	1993—2002	1992—2001
30～39	2000—2009	1999—2008	2003—2012	2002—2011
29 及以下	2010—2017	2009—2017	2013—2017	2012—2017
年龄/岁	毕业时间			
	网络本科	网络专科	高自考本科	高自考专科
60 及以上	—	—	—	—
50～59	—	—	1986—1992	1986—1991
40～49	—	—	1993—2002	1992—2001
30～39	2005—2012	2005—2011	2003—2012	2002—2011
29 及以下	2013—2017	2012—2017	2013—2017	2012—2017

表 5-2 截至 2017 年底硕士层次科技人力资源毕业时间和年龄估算表

年龄/岁	毕业时间	年龄/岁	毕业时间
60 及以上	1970—1982	30～39	2003—2012
50～59	1983—1992	29 及以下	2013—2017
40～49	1993—2002		

测算结果显示，截至 2017 年底，我国科技人力资源中，29 岁及以下的有 3519.7 万人，占 39.2%；30～39 岁的有 3326.5 万人，占 37.1%；40～49 岁的有 1288.8 万人，占总量的 14.4%；50～59 岁的有 596.6 万人，占 6.6%；60 岁及以上的有 240.6 万人，占 2.7%（见图 5-1）。可以看出，我国科技人力资源仍然以中青年为主，39 岁及以下的人群占总量的 76.3%，50 岁以上的科技人力资源仅占 9.3%。

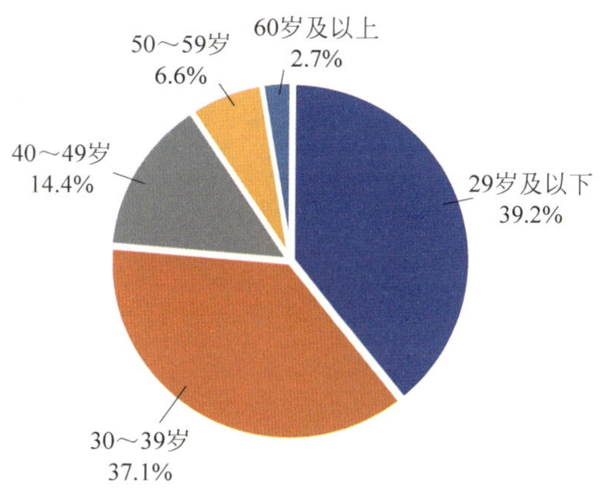

图 5-1 截至 2017 年我国科技人力资源总量的年龄结构

《研究报告(2016)》提到，截至 2015 年本专科层次科技人力资源中 39 岁及以下的占 77.3%，在对文史哲硕士数据进行修正后，测算得到截至 2015 年，我国科技人力资源总量中 39 岁以下的人群占比达到 77.4%。与 2015 年相比，2017 年该比例下降了 1.1 个百分点。

二、不同学历层次科技人力资源的年龄结构

不同的社会分工既需要不同学历层次的科技人力资源，也需要其具有合理年龄结构的科技人力资源。对不同学历层次科技人力资源的年龄结构进行分析，有助于更好地配置科技人力资源，保持科技创新的高效率和持续性。

1. 本科及以上层次科技人力资源中 39 岁以下占 81.2%

在本科及以上层次科技人力资源中，29 岁及以下的有 1777.8 万人，占 43.4%；30～39 岁的有 1548.3 万人，占 37.8%；40～49 岁的有 403.7 万人，占 9.9%；50～59 岁的有 254.0 万人，占 6.2%；60 岁及以上的有 110.3 万人，占 2.7%(见图 5-2)。可以看出，本科及以上层次的科技人力资源以中青年为主，39 岁以下的人群是其主要组成部分，占比高达 81.2%。

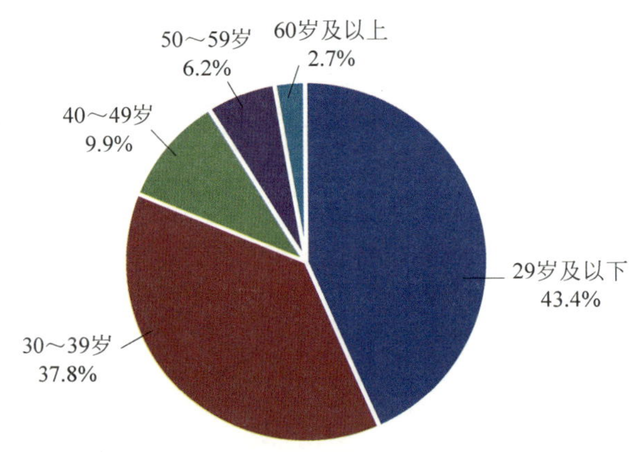

图 5-2　截至 2017 年本科及以上层次科技人力资源的年龄结构

根据《研究报告(2016)》，截至 2015 年本科层次科技人力资源中 39 岁及以下的占 77.3%，对文史哲硕士的数据进行修正后，测算得到截至 2015 年，本科及以上层次科技人力资源中 39 岁以下的占 81.0%。与 2015 年相比，2017 年这个比例提升了 0.2 个百分点。

2. 专科层次科技人力资源中 39 岁以下占 72.2%

在专科层次科技人力资源中，29 岁及以下的有 1742.0 万人，占专科层次科技人力资源总量的 35.7%；30～39 岁的有 1778.2 万人，占 36.5%；40～49 岁的有 885.0 万人，占 18.1%；50～59 岁的有 342.7 万人，占 7.0%；60 岁及以上的有 130.3 万人，占 2.7%(见图 5-3)。可以看出，39 岁以下的人群占了 72.2%，是专科层次科技人力资源的主要组成部分。

根据《研究报告(2016)》，截至 2015 年专科层次科技人力资源中 39 岁及以下的占 74.5%，与 2015 年相比，2017 年该比例下降了 2.3 个百分点。

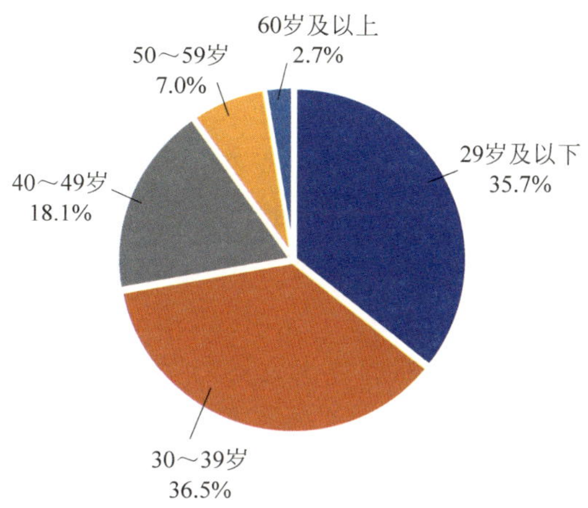

图 5-3　截至 2017 年我国专科层次科技人力资源的年龄结构

近年，我国高等教育规模一直稳定增长，从理论上说科技人力资源的年龄结构会呈现越来越年轻化的趋势。通过不同学历层次科技人力资源的年龄结构分析可以看出，我国科技人力资源总量 39 岁以下比例有所下降的主要原因是专科层次科技人力资源的年龄结构变化引起的。这主要是 2012 年以后专科层次的高等教育毕业生由按学科分类变为按专业大类分类，专科层次计入科技人力资源的比例有所下降而导致的。

三、科技人力资源年龄结构的发展趋势

就我国截至 2017 年底科技人力资源的年龄结构来看，青年科技人力资源占据数量上的绝对优势。科技人力资源保持年轻化的这种趋势主要得益于我国高等教育的快速发展。1998 年，我国高等教育毛入学率为 9.8%。经过 20 年的大力发展，2018 年，我国高等教育的毛入学率达到 48.1%，即将进入高等教育的普及化阶段。在"双一流"等新政策的推动下，我国高等教育的发展步伐不会慢下脚步。可以预见，在未来很长一段时间内，我国科技人力资源的年龄结构将继续保持年轻化趋势。

年轻化趋势对于提高科技人力资源群体的创造性是非常有利的，以青年为主体的科技人力资源更容易接受新知识、新方法，产生新的创新。国内外大量统计资料也表明，科技工作者创造力最强的最佳年龄段在 25～45 岁，首次贡献的最佳成名年龄是 33 岁，老化的临界年龄平均为 50 岁，其最佳峰值年龄和成名年龄随着时代的变化而逐渐增大。[①] 从我国航天事业发展的经验也可以看出，中青年人才已经成为中流砥柱。例如，探月工程五大系统的主任设计师甚至是总设计师大多数是三四十岁的年轻人，比欧美国家总体平均年轻 15 岁左右[②]；长征五号火箭工程中 35 岁以下的研制骨干已占到近 80%[③]。

当前，我国老年人口数量不断上升，根据国家统计局以及各地统计局公布的 2018 年统

① 赵红州. 科学史数理分析[M]. 石家庄：河北教育出版社，2001.

② 蒋建科，余建斌. 探秘中国航天系统人才建设：年轻人渐成中坚力量[N]. 人民日报，2011-6-5.

③ 丁飞，张棉棉. 长征五号科研团队平均年龄不到 33 岁. http://china.cnr.cn/yaowen/20161104/t20161104_523242852.shtml.

计公报，2018年全国新增65岁及以上人口827万人，总数已达到16658万人，比重上升了0.5个百分点，人口老龄化程度继续加深。2018年中国老年抚养比达到了17%，相比1991年几乎提高了一倍。2018年末全国就业人员77586万人，如果把60周岁及以上的24949万人作为退休人员测算，这意味每3个人工作，要养活1个老人。为减轻社会养老压力，除提高生育率等措施外，还必须提高适龄劳动力的科技创新能力，提高劳动生产率。年轻化的科技人力资源作为未来科学技术发展的重要保障，受到党和政府的高度重视。习近平总书记指出“历史和现实都告诉我们，青年一代有理想、有担当，国家就有前途，民族就有希望，实现我们的发展目标就有源源不断的强大力量”。为了推动和支持青年科技人力资源的发展，我国已出台了一系列扶持政策，例如国家高层次人才特殊支持计划、国家杰出青年科学基金项目、国家百千万人才工程、长江学者奖励计划、国家自然科学基金青年科学基金项目等，在一定程度上调动了青年科技工作者的积极性。然而，值得注意的是，这些鼓励和扶持政策针对的主要是高层次的科技人力资源，受众范围十分有限，未涉及占科技人力资源绝大部分的中青年，尤其对技能型科技人力资源的重视不够。早在2002年国务院就号召推动职业教育，提高劳动力的知识和技能，并在《国务院关于大力推进职业教育改革与发展的决定》中提出了“一般企业按照职工工资总额的1.5%足额提取教育培训经费，从业人员技术要求高、培训任务重、经济效益较好的企业，可按2.5%提取，列入成本开支”等规定，但目前真正把培训经费落实到一线技能型人才的比例还较小。

随着科技人力资源对社会经济发展作用的凸显，各地纷纷实施“抢人”计划，并从年龄上放宽落户限制。例如，海南《海口引进人才住房保障实施细则》将全日制本科以上学历或是中级以上专业技术职称或技师以上资格人才从40周岁放宽至55周岁，全日制专科学历或高级工职业资格或执业资格人才从40周岁放宽至45周岁；西安市提出，全国高等院校在校学生均可迁入落户，本科(含)以上学历取消了年龄限制，本科(不含)以下学历的年龄由35岁(含)放宽到45岁(含)以下；广州市落户政策将学士、硕士和博士学历人员年龄限制分别从35、40、45周岁调整到40、45、50周岁①，这在一定程度上显示了我国政府和企业对高素质科技人力资源的巨大需求。虽然科技人力资源的年龄结构不同于整个人口结构，还将继续呈现出年轻化趋势，但对这部分资源的开发和利用还远远不够。年轻化的科技人力资源担负着国家创新发展的未来，还需要充分发挥这一群体的总体力量，使其创造力能最大限度地发挥出来。

第二节　截至2017年我国科技人力资源的性别结构

本节首先对2016—2017年新增科技人力资源的性别结构进行分析，然后对截至2017年我国科技人力资源总量的性别结构进行分析，同时考查女性科技人力资源在职业中的作用及相关的政策支持。

---

① 马瑾倩，姜慧梓.超16个城市升级人才引进政策：“落户”放宽学历年龄限制. http://www.xinhuanet.com/fortune/2019-02/24/c_1124154711.htm.

一、2016—2017 年新增科技人力资源的性别结构

这一部分先对 2016—2017 年新增科技人力资源的性别结构进行整体性描述，然后分学历层次对新增科技人力资源的性别结构进行分析、比较。

1. 2016—2017 年新增科技人力资源中女性占 38.9%

根据测算(具体见表 5-3)，2016—2017 年我国共培养符合“资格”条件的女性科技人力资源 423.6 万人，占这两年培养的科技人力资源总量的 38.9%。比较来看，在新增的科技人力资源中，学历层次越高，女性所占比重越大，尤其是研究生层次，新增女性科技人力资源的比例已经超过 50%，成了名副其实的“半边天”。

表 5-3 2016—2017 年新增女性科技人力资源数量及占比

学 历	新增女性科技人力资源/万人	新增科技人力资源/万人	女性占比/%
专科	139.9	416.1	33.6
本科	224.6	558.8	40.2
研究生	59.1	114.2	51.8
总计	423.6	1089.1	38.9

2. 2016—2017 新增本科层次科技人力资源中女性占 40.2%

根据中国教育科学研究院的调查(第一章中有具体介绍)，2016 年，普通本科理学、工学、农学、医学、管理学、经济学、法学和教育学女性毕业生的比例分别为 49.9%、29.9%、53.4%、59.6%、64.9%、62.7%、61.3%和 66.5%。以这些比例为基础，结合 2016 年各学科的科技人力资源数量，测算出 2016 年普通高校、成人高校和网络高等教育分别培养本科层次女性科技人力资源 70.5 万人、24.2 万人和 10.4 万人，合计 105.1 万人，占当年这三个渠道培养的科技人力资源总量的 39.9%，以此比例计算，高自考所培养的女性科技人力资源约为 4.4 万人。因此，2016 年总计培养女性科技人力资源 109.5 万人，占 2016 年新增科技人力资源总量的 39.9%。

同理，可以测算出，2017 年普通高校、成人高校和网络高等教育分别培养本科层次的女性科技人力资源 73 万人、27.8 万人和 10.6 万人，合计为 111.4 万人，占当年这三个渠道所培养的科技人力资源总量的 40.4%，以此比例计算，高自考所培养的女性科技人力资源约为 3.7 万人。因此，2017 年总计培养女性科技人力资源 115.1 万人，占 2017 年新增科技人力资源总量的 40.5%。

综上，2016—2017 年我国共培养本科层次女性科技人力资源 224.6 万人(见表 5-4)，占这两年本科层次新增科技人力资源总量的 40.2%。可以看出，相较于 2016 年，2017 年本科层次女性科技人力资源比例有所上升。

表 5-4 2016—2017 年各渠道培养本科层次女性科技人力资源数量 万人

年份	普通高校	成人高校	网络高等教育	高自考	合计
2016	70.5	24.2	10.4	4.4	109.5
2017	73.0	27.8	10.6	3.7	115.1

3. 2016—2017 新增专科层次科技人力资源中女性占 33.6%

根据调查,2016 年普通专科中交通运输、能源动力与材料、水利、资源环境与安全、电子信息、农林牧渔、生物与化工、食品药品与粮食、土木建筑、医药卫生、装备制造大类的女性毕业生比例分别为 30.0%、27.5%、29.0%、45.7%、37.8%、43.7%、25.5%、63.2%、29.0%、78.3%和 14.5%。

以这些比例为基础,结合 2016 年各学科新增科技人力资源的数量,可以测算出 2016 年普通高校、成人高校和网络高等教育分别培养专科层次女性科技人力资源 51.3 万人、10.2 万人和 5.8 万人,合计 67.3 万人,占当年这三个渠道培养的科技人力资源总量的 33.6%。以此比例计算,高自考培养的专科层次女性科技人力资源约为 1.1 万人。因此,2016 年总计培养专科层次女性科技人力资源 68.4 万人,占 2016 年新增专科层次科技人力资源总量的 33.6%。

同理,可以测算出 2017 年普通高校、成人高校、网络高等教育分别培养专科层次的女性科技人力资源为 55.2 万人、9.9 万人和 5.5 万人,合计 70.6 万人,占当年这三个渠道培养的科技人力资源总量的 33.6%,以此比例计算得出高自考培养的专科层次女性科技人力资源约为 0.9 万人。因此,2017 年总计培养专科层次女性科技人力资源 71.5 万人,占 2017 年新增科技人力资源总量的 33.6%。

综上,2016—2017 年我国培养专科层次女性科技人力资源共计 139.9 万人(见表 5-5),占这两年培养的专科层次科技人力资源总量的 33.6%。可以看出,2016 年和 2017 年专科层次女性科技人力资源的比例基本没有发生变化。

表 5-5 2016—2017 年各渠道培养专科层次女性科技人力资源数量 万人

年份	普通高校	成人高校	网络高等教育	高自考	合计
2016	51.3	10.2	5.8	1.1	68.4
2017	55.2	9.9	5.5	0.9	71.5

4. 2016—2017 年新增研究生层次科技人力资源中女性占 51.8%

2016 年,我国共培养研究生层次的科技人力资源 56.4 万人,其中女性 29.1 万人,占比 51.6%;2017 年,我国共培养研究生层次的科技人力资源 57.8 万人,其中女性 30.0 万人,占比 51.9%。综合来看,2016—2017 年,我国累计培养研究生层次的女性科技人力资源 59.1 万人,占 51.8%。

二、截至 2017 年我国科技人力资源总量的性别结构

《研究报告(2016)》显示,截至 2015 年,我国共有符合"资格"定义的女性科技人力资源 3149 万人。扣除 1965—1966 年退休的约 12 万女性科技人力资源,加上 2016—2017 年新增的 423.6 万女性科技人力资源,可以推算出截至 2017 年,我国女性科技人力资源总量约为 3560.6 万人,占科技人力资源总量的 38.9%。

三、科技人力资源性别结构的发展趋势

1. 女性科技人力资源的数量及比例将进一步提升，并发挥越来越重要的作用

高等教育招生的女性占比会影响科技人力资源的女性占比。如图 5-4 所示，2015—2017 年我国高等教育招生中女性比例(不包含高自考)总体稳定在 54%左右，2015 年为 54.5%，2016 年为 54.8%，2017 年为 54.7%。尤其是本科层次，招收女生的比例已超过 56%。可以预见，未来我国女性科技人力资源的数量及比例还将进一步提升。

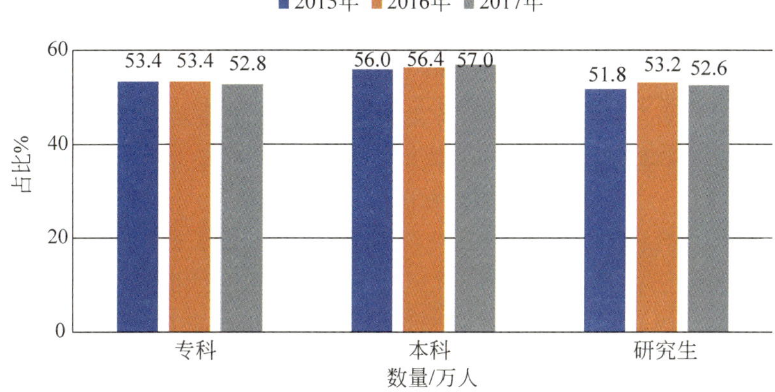

图 5-4　2015—2017 年我国高等教育招生女性占比

近年来，我国在促进女性教育公平和参与科技活动方面取得了巨大进步，大批女性活跃在科技工作的各个方面，女性科技人力资源总量持续增长，储备迅速增加，为科技进步与创新做出重要贡献，是建设创新型国家和世界科技强国的重要力量。例如，屠呦呦是第一位获得诺贝尔科学奖项的中国本土科学家、第一位获得诺贝尔生理医学奖的华人科学家；中国科学院院士陈化兰 2016 年获得世界杰出女科学家奖；中国科学院古脊椎动物与古人类研究所张弥曼获得 2018 年度“联合国教科文组织杰出女科学家奖”；2016 年，15 个国家自然科学奖、国家技术发明奖、国家科学技术进步奖中的第一完成人为女性；2017 年我国普通高校专任教师中的女性比例为 48.9%；等等。

2. 女性科技人力资源的职业地位还需要进一步提升

尽管我国女性科技人力资源正发挥着越来越重要的作用，但还存在“高位缺席”现象——在高层次科学家、科技领军人才队伍中，越往象牙塔的顶端，女性越少，我国女性高层次科技人力资源数量偏少，参与科技管理决策的女性科技人才比例偏低，女性科研人员的作用尚未得到充分发挥，其职业地位仍需进一步提升。① 例如，女性在科技领域的潜在贡献尚未得到充分发挥，高层次科技群体中女性占比依然较低，取得与男性同样业绩依然要付出更多努力。相关统计显示，女性科研人员在科技活动决策过程中的话语权不够充分。例如，2010—2017 年，国家自然科学基金评议专家中女性比例仅为 13.3%，2016 年全国学

① 黄园淅，赵吝加. 我国女性科研人员发展现状、挑战及政策演变[J]. 中国科学基金，2018(6)：622-628.

会理事会中女性理事仅占13.4%。与男性相比,女性获得资助的比例要低得多。例如,2011—2017年,青年科学面上项目和重点项目中女性获得资助的平均比例分别为23.4%和10.5%。① 女性获得科技奖项的比例相对较低。例如,2016年国家自然科学奖、国家技术发明奖、国家科学技术进步奖等三大奖项目中,完成人共1814人,其中女性为269人,占比14.8%。高层次人才中女性比例相对较低。例如,2018年中科院院士共有790人,女性院士仅占6%;实施"千人计划"的女性入选者仅占8.6%,而"长江学者"中的女性比例仅为3.9%。②

当然,女性科技人力资源"高位缺席"现象有着社会文化、社会用人机制、个人偏好等多种因素的影响。出台相关的激励政策,支持女性科技人力资源发展,有助于进一步发挥女性的独特优势。研究表明,女性独特的研究兴趣有助于拓宽科学研究的领域,促进科研团队中的性别平衡和多样性,提高创新效率,推动科技进步。③ 另外,提升女性在科技活动中的能力和地位,对于促进性别平等具有深远意义,是社会发展的应有之义。西方国家支持女性科学家发展的政策经历了从机会平等向倾斜性政策转变的过程。我国近年来也出台了一系列相关的政策措施,进一步提升女性科技人力资源的能力和地位。2008年颁布实施的新修订的《科技进步法》第五十三条明确指出,女性科技人员在科研活动中享有平等权利。自2010年起,中国科学技术协会、科技部、全国妇联和国家自然基金委等机构纷纷出台具体的政策和措施,有力地促进了女性科技人力资源的成长。例如,科技部和全国妇联联合发布了《关于加强女性科技人才队伍建设的意见》,对科研院所、高等学校中女性科技人才增长的比例、女性生育后回归科研项目、高级专家自愿选择退休年龄等方面做出了突破性和保障性的规定;国家自然科学基金委在评审工作意见中明确提出"在各类项目评审中,注意把握在同等条件下女性科研人员优先的资助政策""放宽女性申请青年科学基金的年龄到40岁""明确女性可以因生育而延长在研项目结题时间""逐步增加专家评审组中的女性成员人数"等,这些倾斜性政策产生了积极的政策效果,在科技界引起了重大反响④。另外,我国还设置了中国青年女科学家奖。截至2018年,该奖项已有14届共108位获奖者,优化了女性科技工作者的成长环境,鼓励支持更多的年轻女性投身科技事业。"未来女科学家计划"进一步提高了女性科技工作者的积极性,帮助女性科技人才成长成才。

上述政策的出台与调试,对于促进和激励女性科研人员的成长起到了良好的示范作用。为了更好地回应社会与科学发展的需求,未来应进一步消除对女性科技人力资源的性别偏见和盲视,促使其在科技领域持续发挥作用,同时也应通过多种手段支持女性开展学术交流和科研活动并提供保障。

第三节　科技人力资源性别结构的国际比较

如前所述,本部分将通过高等教育毕业生的性别结构来看各国女性接受高等教育的机会,并从可采集的数据出发,对部分国家本科层次理工农医培养的女性毕业生的比例以及

① 黄园淅,赵吝加.我国女性科研人员发展现状、挑战及政策演变[J].中国科学基金,2018(6):622-628.

② 马缨,樊立宏.我国女性科技人才现状、政策和展望.中国科技人才,2016(3):62-63.

③ 马缨.促进女性科技人员发展的意义及相关措施[J].中国科技论坛,2011(11):126-130.

④ 赵延东,马缨,廖苗.国家自然科学基金支持女性科学家成长发展的政策及其效果[J],中国科学基金,2016(5):403-409.

研究生层次女性毕业生的比例进行比较，以此推测各国女性科技人力资源的概况。

一、高等教育毕业生女性占比的国际比较

高等教育毕业生是科技人力资源的最主要来源，从接受高等教育的女性比例的变化可以大致推测女性科技人力资源的比例变化。从已有数据可以看出，女性接受高等教育的比例超过 50%是发达国家的共同特征。2016 年，瑞典高等教育毕业生中女性比例高达 62.3%，芬兰为 59.3%，美国为 58.4%。我国的比例约为 53.1%（数据不包含高自考），已经超过韩国、德国、日本和瑞士。可以看出，在世界范围内，我国女性接受高等教育的机会位居世界前列，女性科技人力资源是构成我国科技人力资源庞大总量不可或缺的组成部分。

分学历层次来看，专科层次毕业生女性比例最高的是瑞士，达 73.1%，其次是日本 62.4%，中国为 54.1%，超过了法国和德国；本科层次毕业生女性比例最高的是瑞典 68.7%，其次是法国 61.1%，中国为 52.3%，超过了韩国、德国、日本和瑞士；研究生层次毕业生女性比例最高的是芬兰 58.5%，其次是美国 57.9%，中国为 51.6%，超过了韩国、瑞士和日本，见表 5-6。

表 5-6 部分国家 2016 年不同学历层次毕业生女性占比 %

国 家	专科	本科	研究生	合计
瑞典	55.4	68.7	57.0	62.3
芬兰	—	59.8	58.5	59.3
美国	61.2	57.2	57.9	58.4
加拿大	55.4	59.9	55.1	57.6
澳大利亚	58.6	58.8	52.9	57.4
英国	57.2	57.2	57.3	57.2
荷兰	54.9	56.1	56.8	56.3
法国	52.5	61.1	54.3	56.1
中国	54.1	52.3	51.6	53.1
韩国	54.2	50.1	48.6	51.1
德国	47.5	49.7	52.2	50.7
日本	62.4	45.9	33.1	49.6
瑞士	73.1	48.3	49.6	48.9

二、本科层次培养的女性科技人力资源占比的国际比较

由于我国与其他国家高等教育学科分类不同，因而难以对科技人力资源结构进行精确比较。2016—2017 年我国本科层次核心学科培养的科技人力资源占培养总量的 96.8%，可以看出理工农医学科的毕业生构成了本科层次新增科技人力资源的最主要来源。因此，对核心学科科技人力资源的性别结构进行分析，可以近似地得到科技人力资源总体的性别结构。根据第一章确立的方法，“本科层次培养的核心学科（理工农医）毕业生 100%计入科技人力资源”。根据第三章国际比较的学科对应原则，“将 OECD 数据库统计中的自然科学、数学与统计类别对应我国的理学，将信息与通信技术和工程、制造与建筑类别合并对应我

国的工学,将农林牧渔类别对应我国的农学,将健康与福利服务对应我国的医学"。按照上述原则对应、分类计算之后,我们对部分国家科技人力资源的性别结构进行近似地测算、比较。

2016 年,瑞典、澳大利亚、美国、荷兰、法国、加拿大、芬兰和英国等国家本科层次核心学科的科技人力资源中,女性占比均超过了 50%。其中瑞典的比例最高,为 67.0%;其次是澳大利亚,为 56.0%。中国的占比约为 38.6%,与前述国家差距较大,但超过了日本与德国。

分学科考查有助于更好地了解女性在不同领域中的活跃程度。2016 年,在理学培养的本科层次科技人力资源中,女性占比最高的是瑞典,为 61.4%;其次是加拿大的 55.9%;中国为 49.9%,超过了韩国、德国、瑞士和日本。在工学培养的本科层次科技人力资源中,女性占比最高的仍然是瑞典,为 34.2%;其次是中国,达到了 29.9%。在农学培养的本科层次科技人力资源中,女性占比最高的是英国,为 68.9%;其次是澳大利亚,为 64.2%;中国的比例为 53.4%,超过了美国、日本、法国、韩国、法国、德国和瑞士。在医学培养的本科层次科技人力资源中,女性占比最高的是芬兰,为 87.3%;其次是瑞典,为 85.5%;中国的比例为 59.6%,在对比的国家中位于较低水平,见表 5-7。可以看出,在理工农医这些核心学科中,各国培养的工学女性科技人力资源比例普遍都不高,中国的比例虽然不到 30%,但也超越了多数发达国家,排位仅次于瑞典。

表 5-7　部分国家 2016 年培养的本科层次核心学科科技人力资源女性占比　%

国　家	理学	工学	农学	医学	合计
瑞典	61.4	34.2	55.5	85.5	67.0
澳大利亚	50.8	20.9	64.2	74.9	56.0
美国	53.7	20.9	52.5	84.9	56.0
荷兰	44.8	17.1	54.1	78.4	55.0
法国	52.2	23.3	43.9	79.6	54.4
加拿大	55.9	21.4	59.5	74.1	53.6
芬兰	52.5	20.4	55.2	87.3	52.7
英国	53.3	19.2	68.9	76.6	51.3
瑞士	44.7	11.8	30.3	77.7	41.1
韩国	47.9	25.2	42.3	70.7	40.3
中国	49.9	29.9	53.4	59.6	38.6
日本	28.2	13.6	45.4	71.5	32.2
德国	45.4	18.4	27.8	81.4	30.0

三、研究生层次培养的女性科技人力资源占比的国际比较

由于研究生层次的毕业生 100%计入科技人力资源的范畴,因此通过计算各国研究生毕业生中的女性比例,即可推算出各国研究生层次的科技人力资源中女性的占比。如图 5-5 所示,2016 年,研究生层次科技人力资源中女性占比最高的是芬兰,为 58.5%;其次是美国为 57.9%;中国为 51.6%。可以看出,中国女性接受研究生层次高等教育的机会已经超过了男性,与发达国家相比也差距不大,甚至超过了瑞士、韩国和日本。

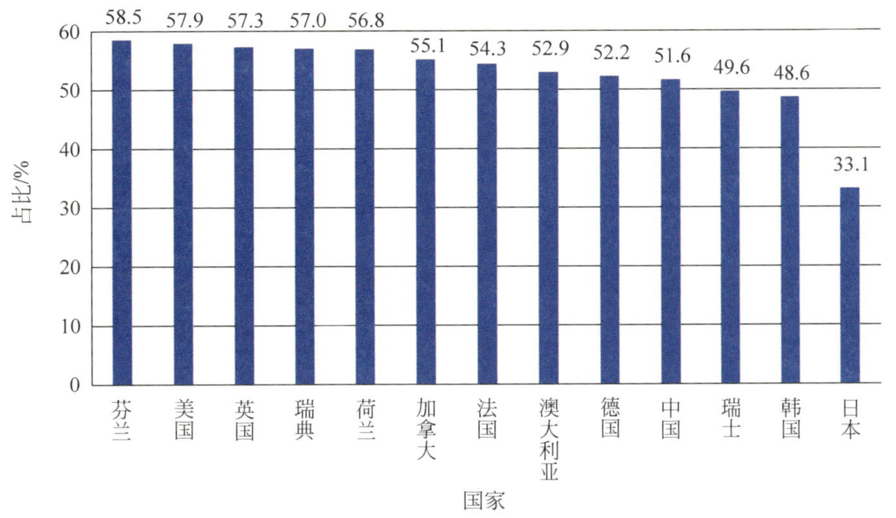

图 5-5 部分国家 2016 年培养的研究生层次科技人力资源女性占比

近年来，国际社会高度重视女性在社会经济文化发展中的作用。例如，在 2015 年联合国可持续发展大会上，联合国在《全球可持续发展目标》中进一步提出，到 2030 年任何决策层里女性要达到 50%的目标。2012 年欧盟委员会也曾提出类似草案，规定公司监事会中女性席位应达到 40%[①]。从各国的统计数据也可以看出，女性接受高等教育的比例越来越高，必将在社会舞台上发挥越来越重要的作用。

本章小结

从本章的分析可以看出，我国科技人力资源的年龄和性别结构存在以下特点。

一、我国科技人力资源仍以中青年为主，39 岁以下比例略有下降

截至 2017 年，39 岁及以下的科技人力资源占总量的 76.3%，50 岁以上的科技人力资源仅占 9.3%。与 2015 年相比，39 岁以下的科技人力资源比例下降了 1.1 个百分点。可以看出，我国科技人力资源仍以中青年为主。从学历层次看，本科及以上层次科技人力资源中 39 岁以下的人群占 81.2%，比 2015 年提升了 0.2 个百分点；专科层次科技人力资源 39 岁以下的占了 72.2%，比 2015 年下降了 2.3 个百分点。从科技创新的一般规律来看，年轻化的结构更有助于创新的实现，我国科技人力资源的年龄结构显示出较大的后发潜力和较强的发展动力。

二、我国科技人力资源将继续保持年轻化，需要充分发挥其创造性

高等教育毕业生是科技人力资源的最主要来源，随着我国高等教育规模的进一步扩大，未来高等教育毛入学率仍将继续提高。1998 年，我国高等教育毛入学率为 9.8%，经过

---

① 黄园淅，赵吝加. 我国女性科研人员发展现状、挑战及政策演变[J]. 中国科学基金，2018(6)：622-628.

20年的大力发展,2018年,我国高等教育毛入学率达到48.1%,即将进入高等教育普及化阶段。得益于高等教育的快速发展,可以预见,在很长一段时间内,我国科技人力资源的年龄结构将继续保持年轻化趋势。当前年轻一代的科技人力资源正在科技舞台上发挥着越来越重要的作用。充分发挥年轻科技人力资源的潜力,提高科技创新能力与劳动生产率,是应对未来老龄化社会的重要途径。当前,我国针对高端青年人才出台了一系列政策,未来还需出台覆盖面更广的支持政策,推动科技人力资源潜力的发挥。

三、女性科技人力资源比例将进一步提升,研究生学历女性科技人力资源超过一半

截至2017年,符合"资格"的女性科技人力资源为3560.6万人,占符合"资格"的科技人力资源总量的38.9%。2016—2017年我国新增符合"资格"的女性科技人力资源423.6万人,占这两年新增科技人力资源总量的38.9%。比较来看,学历层次越高,女性比重越大,尤其值得关注的是研究生层次新增女性科技人力资源的比例已经超过50%,成了名副其实的"半边天"。2015—2017年,我国高等教育招生女性比例(不包含高自考)总体稳定在54%左右,可以预见,未来我国女性科技人力资源的数量及比例还将进一步提升。

四、女性科技人力资源正发挥越来越重要的作用,但还需进一步提升职业地位

我国女性科技人力资源在总量和储备上发展很快,一批杰出的女性科学家为科技进步与创新做出了重要贡献。但总体来看,女性高层次科技人力资源在科学成就和职业地位上仍相对落后。目前,国家已经出台和调试了一些推动女性科技人力资源发展的倾斜性支持政策,在一定程度上推动了女性科技人力资源的发展,引起了较好的反响,但仍需在文化观念、环境建设、资助制度和奖项设置等方面进一步完善,以促进女性更好地在科技活动中发挥应有的作用。

五、我国女性接受高等教育的机会较高,与发达国家相比差距不大

高等教育毕业生是科技人力资源的最主要来源。2016年,瑞典高等教育毕业生中女性比例为62.3%,芬兰为59.3%,美国为58.4%。我国的比例达到了53.1%(数据不包含高自考),已经超过韩国、德国、日本和瑞士。可以看出,在世界范围内,我国女性接受高等教育的机会较高。我国在本科层次培养的理工农医科技人力资源中,女性占38.6%。尤其是我国培养的工学科技人力资源女性占比仅次于瑞典。研究生层次科技人力资源中女性占比为51.6%,与发达国家相比也差距不大。

第六章

CHAPTER 6

我国科技人力资源的区域分布

人才是创新之源,科技人力资源的区域分布与区域社会经济发展密切相关。目前,我国经济发展模式正在从投资拉动向创新驱动转型,地区之间的竞争也在从引资竞争向引才竞争转变,越来越多的地区与城市相继加入"抢人大战"。研究科技人力资源的区域分布,有助于为区域制定相关政策提供服务。但目前国家统计部门还没有区域科技人力资源的相关统计数据,课题组只能从教育部门的相关统计中发掘这方面的信息。近年来,高等教育政策中越来越强调,高等教育培养的人才尤其是地方高校培养的人才要服务地方社会经济发展。据上海软科教育信息咨询有限公司(简称上海软科)整理的数据显示,2017 届本科毕业生全国平均本地就业率约为 62.6%,广东达到 92.2%,浙江、贵州、云南、宁夏和福建等省份都达到 80%以上。[①] 这表明科技人力资源的就业区域与培养区域存在高相关关系。因此,本章从"资格"角度对科技人力资源培养规模、密度、层次的区域分布进行分析,可以在一定程度上反映科技人力资源的区域分布状况。

第一节 我国科技人力资源培养的区域分布

为全面系统地反映我国科技人力资源培养的区域分布情况,《研究报告(2018)》主要从 2016—2017 年科技人力资源培养的区域分布、2005—2017 年科技人力资源培养总量的区域分布、2017 年新增科技人力资源的培养密度分布情况等三方面进行分析,具体测算方法在第一章已有所介绍。

一、2016—2017 年科技人力资源培养的区域分布

课题组利用我国 2016—2017 年科技人力资源培养数据及各省份高校毕业生的相关数据,对我国 2016—2017 年各省份培养的符合"资格"条件的科技人力资源数量进行估算,并对 2016—2017 年新增科技人力资源培养的区域分布进行分析。

近年来,我国高等教育规模持续稳定增长,新增的科技人力资源数量也稳定增长。测算结

① 王璐. 2017 届本科毕业生本地就业率排名与分析——按高校省份, http://www.sohu.com/a/252093975_111981.

果显示,2016—2017 年新增的科技人力资源数量为 1063.1 万人(不包含高自考)。新增数量超过 60 万人的有 5 个省市,分别是北京(84.0 万人)、山东(76.4 万人)、江苏(69.9 万人)、广东(68.0 万人)和河南(62.6 万人);培养数量低于 60 万人但超过 40 万人的有 7 个省,分别是四川、湖北、湖南、河北、陕西、辽宁和安徽;培养数量在 20 万～40 万人的有 11 个省市,分别是浙江、江西、吉林、黑龙江、重庆、广西、上海、福建、山西、云南和天津;培养数量在 20 万人以下的有 8 个省,分别是甘肃、贵州、内蒙古、新疆、海南、宁夏、青海和西藏,其中宁夏(3.9 万人)、青海(2.0 万人)和西藏(1.4 万人)三个省份培养量均未达到 5 万人(图 6-1)。可以看出,我国传统高等教育大省在培养科技人力资源的数量方面仍占据绝对优势。

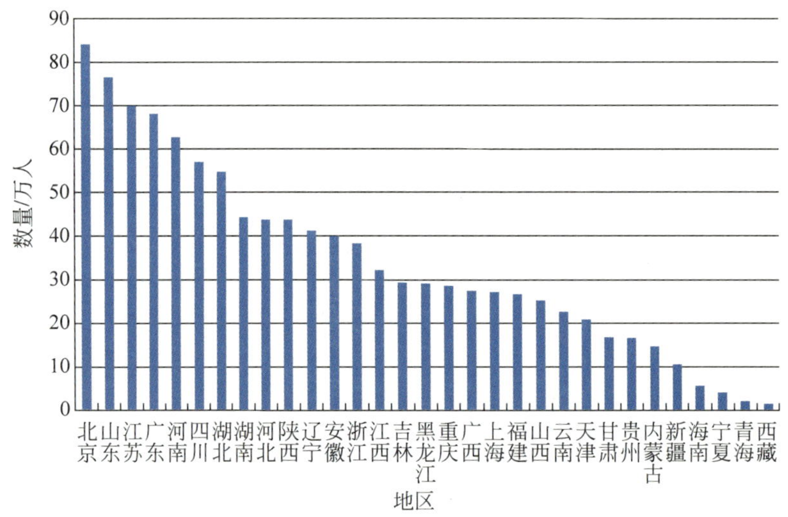

图 6-1　2016—2017 年分地区培养的科技人力资源数量

从比例来看,北京培养的科技人力资源最多,占全国的 7.9%;其次是山东,占 7.2%;再次是江苏,占 6.6%。由图 6-2 可以看出,2016—2017 年科技人力资源培养数量的区域差异较大,延续了以前科技人力资源培养的特点。总体来看,东部沿海和中部部分省份的培养数量较大,西部地区尤其是少数民族地区的培养数量相对较少,贵州、内蒙古、新疆、海南、宁夏、青海和西藏等 7 个省(自治区)的培养总量也比不过北京或山东。

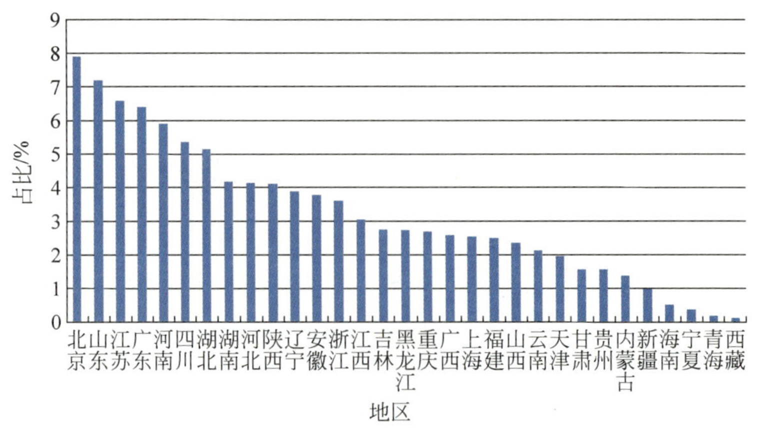

图 6-2　2016—2017 年分地区新增科技人力资源的占比情况

对 2016 年和 2017 年各地区新增科技人力资源数据进行对比发现，2017 年较 2016 年总体增长 4.5%，其中 25 个省市呈正增长趋势，6 个省市呈负增长趋势。增长率最高的是贵州（29.4%），其次是山东（24.5%），增长率最低的是内蒙古，为 -10.0%（图 6-3）。

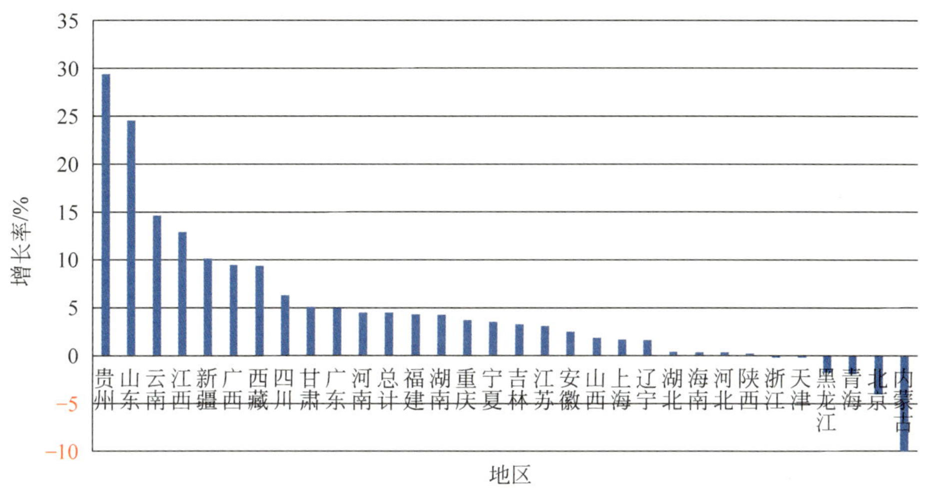

图 6-3 2016—2017 年分地区培养科技人力资源的增长情况

二、2005—2017 年科技人力资源培养总量的区域分布

课题组对 2005—2017 年各省份培养的科技人力资源总量进行了估算，根据统计数据，分布情况如下。

2005—2017 年，各省份科技人力资源培养总量为 5993.5 万人，平均值为 193.3 万人，超过平均值的共有 13 个省市，分别是北京、江苏、山东、广东、湖北、河南、四川、河北、湖南、陕西、辽宁、浙江和安徽；在平均值以下的省市有 18 个。2005—2017 年累计增加科技人力资源在 300 万人以上的省市有 7 个，分别是北京、江苏、山东、广东、湖北、河南和四川，其中北京增加总量为 510.6 万人；培养量在 100 万～300 万人的有 16 个，分别是河北、湖南、陕西、辽宁、浙江、安徽、江西、黑龙江、上海、吉林、山西、福建、重庆、广西、天津和云南；培养量在 100 万人以下的有 8 个，分别是甘肃、内蒙古、贵州、新疆、海南、宁夏、青海和西藏，其中西藏的培养量为 7.1 万人。海南、宁夏、青海、西藏等省份培养不到 30 万人。可见，我国科技人力资源培养的区域差异比较显著（图 6-4）。

从比例来看，北京培养科技人力资源的数量占全国的 8.5%，江苏占 6.9%，山东占 6.8%，广东占 5.8%，湖北占 5.7%，这 5 个省份合计占比 33.7%，超过全国新增总量的 1/3（图 6-5）。云南、甘肃、内蒙古、贵州、新疆、海南、宁夏、青海和西藏 9 个省份（自治区）新增数量合起来不足全国的 10%。这与我国高等教育资源的分布是一致的。

2005 年，各省市（自治区）培养科技人力资源 465.3 万人，而到了 2017 年，13 年累计培养 5993.5 万人，年均增长率为 23.7%。数据显示，有 10 个省市（自治区）的年均增长率没有达到全国平均水平，分别是北京、青海、新疆、上海、湖南、湖北、河北、宁夏、浙江和山西，其余各省市（自治区）的年均增长率均超过全国年均水平。可以看出，北京、上海、浙江和湖北等省市由于是高等教育大省，其培养的科技人力资源基数较大，因此增长率相对较低，而青海、宁夏、新疆等省（自治区）则科技人力资源数量较少，增长率也相对较低（图 6-6）。

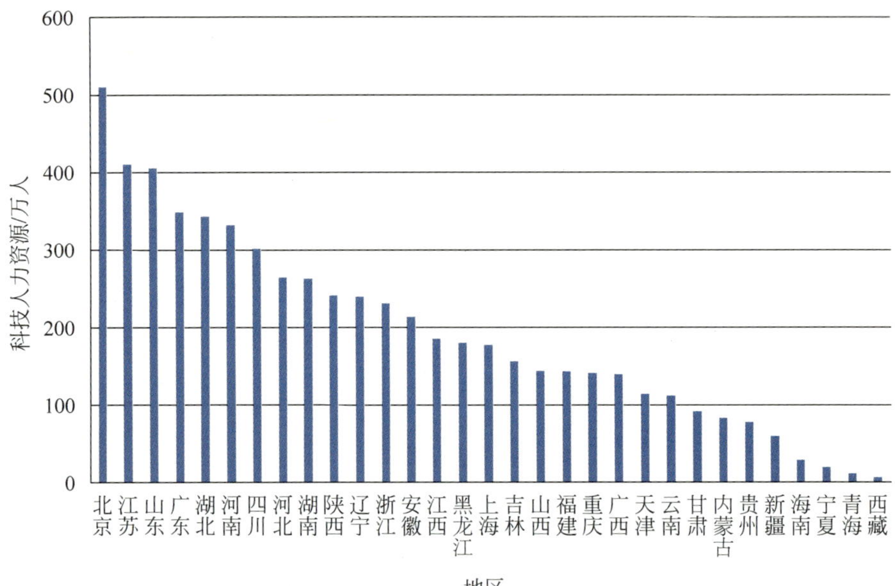

图 6-4　2005—2017 年分地区新增科技人力资源总量

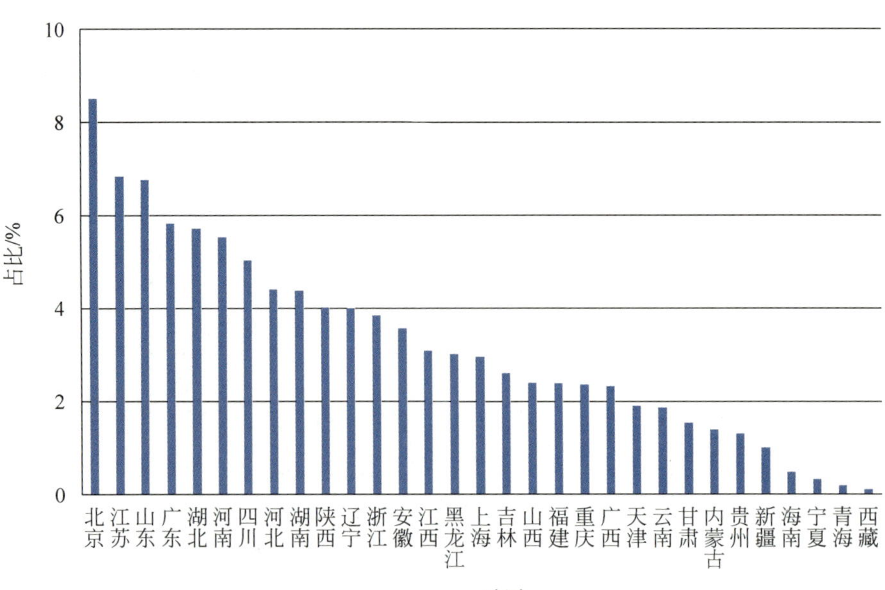

图 6-5　2005—2017 年分地区累计培养科技人力资源占比情况

图 6-6　2005—2017 年分地区累计培养科技人力资源数量年均增长率

三、2017 年各省市新增科技人力资源的培养密度分布

科技人力资源的人口密度是指在一定区域内科技人力资源在人口资源中所占的比重。科技人力资源的人口密度能比较科学地反映科技人力资源服务区域经济的状况。尽管高校毕业生流动日趋频繁，科技人力资源培养的区域分布不能精确反映各省市科技人力资源的分布，但由于科技人力资源的培养区域与就业区域存在密切关系，因而科技人力资源培养的密度可以在一定程度上体现出培养地的人才优势。《研究报告(2016)》运用以下公式对我国各省市新增科技人力资源的培养密度进行测算。

$$\text{新增科技人力资源的培养密度}=\frac{\text{新增科技人力资源数量}}{\text{人口数}}\times 100\%$$

《研究报告(2018)》沿用这个公式对 2017 年我国各省市新增科技人力资源的培养密度进行测算。测算结果显示，在 2017 年新增的科技人力资源中，北京(1.51%)、天津(0.57%)、陕西(0.50%)、吉林(0.48%)和重庆(0.42%)等地的密度较高，特别是北京，显著高于其他省市，而云南(0.23%)、西藏(0.21%)、新疆(0.20%)和青海(0.15%)的密度则相对较低，其余多数省市的差异不大，分布在 0.25%～0.41%(图 6-7)。

四、各省市科技人力资源培养的发展特点

通过对 2016—2017 年科技人力资源培养的区域分布情况和 2005—2017 年科技人力资源培养总量的区域分布情况，以及 2017 年各地区新增科技人力资源的培养密度分布情况的分析，可以看到我国科技人力资源培养具有以下几个特点。

(1) 我国科技人力资源培养区域发展总体不均衡。总体来看，东部地区较发达，西部地区较落后，中部地区比较平均。从数据来看，东部地区培养总量较大，密度较高；中部地区相对比较均衡，各省市培养总量与密度差异较小；西部地区相对较弱，培养总量小，培养密度也比较低。

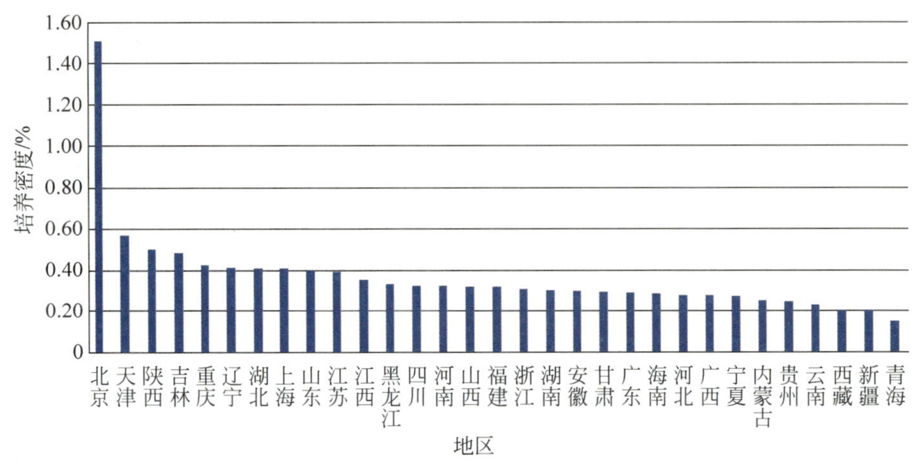

图 6-7　2017 年分地区新增科技人力资源的培养密度

(2) 我国科技人力资源培养东部地区和西部地区差异十分显著。科技人力资源培养数量最多的省市主要分布在我国东部和中部地区,北京等 7 个省市的科技人力资源培养总量达到全国培养总量的 44.3%,而甘肃等 8 个省市的培养总量在全国仅占 6.41%,甚至没有北京一个市或江苏一个省份多;2005—2017 年科技人力资源培养总量中,东部地区各省市的年均培养量(注:东部地区年均培养量为 2005—2017 年累计科技人力资源培养总数量除以东部地区 11 个省市,再除以 13 年而得出的结果,西部地区和中部地区以此类推)为 20.1 万人,中部地区各省市的年均培养量为 17.5 万人,西部地区各省市的年均培养总量为 8.3 万人。由此可见,东西部地区经济发达程度差异大,科技人力资源培养总量的差异也非常大。

(3) 我国中部地区的科技人力资源培养相对比较均衡。从 2005—2017 年科技人力资源培养总量的数据来看,中部地区 8 个省份的培养数量均在 150 万~350 万人,其中河南和湖北的培养数量均在 330 万人以上,8 个省份的年均增长量为 17.5 万人,比全国年均增长量 14.9 万人多 2.6 万人,说明中部省份的培养总量相对比较均衡,而且总量也处在比较高的水平。

第二节　不同层次科技人力资源培养的区域分布

科技人力资源的培养既要重视数量的增长,也要重视结构质量的提升,如学历结构。本节从 2016—2017 年新增科技人力资源的学历层次、2005—2017 年累计培养的科技人力资源的学历层次,以及 2017 年新增科技人力资源的学历层次等三方面来分析我国科技人力资源培养的区域分布情况。

一、2016—2017 年不同层次科技人力资源培养的区域分布

2016—2017 年,我国普通高校、成人高校和网络高等教育共培养科技人力资源 1063.1 万人。其中,专科层次为 410.2 万人,占 38.6%;本科层次为 538.7 万人,占 50.7%;研究

生层次为 114.2 万人，占 10.7%。下面对这两年培养的不同层次科技人力资源的区域分布进行分析。

2016—2017 年本科层次科技人力资源培养数量最多的分别为北京、山东、江苏、河南和广东，分别为 40.8 万人、38.7 万人、35.1 万人、32.6 万人和 31.1 万人。培养数量超过 20 万人的省市共 11 个，均是传统的高等教育大省，如山东、江苏、河南等；培养数量较少的省(自治区)为新疆、海南、宁夏、青海和西藏，培养数量均在 5 万人以下，其中西藏仅为 8700 余人(图 6-8)。

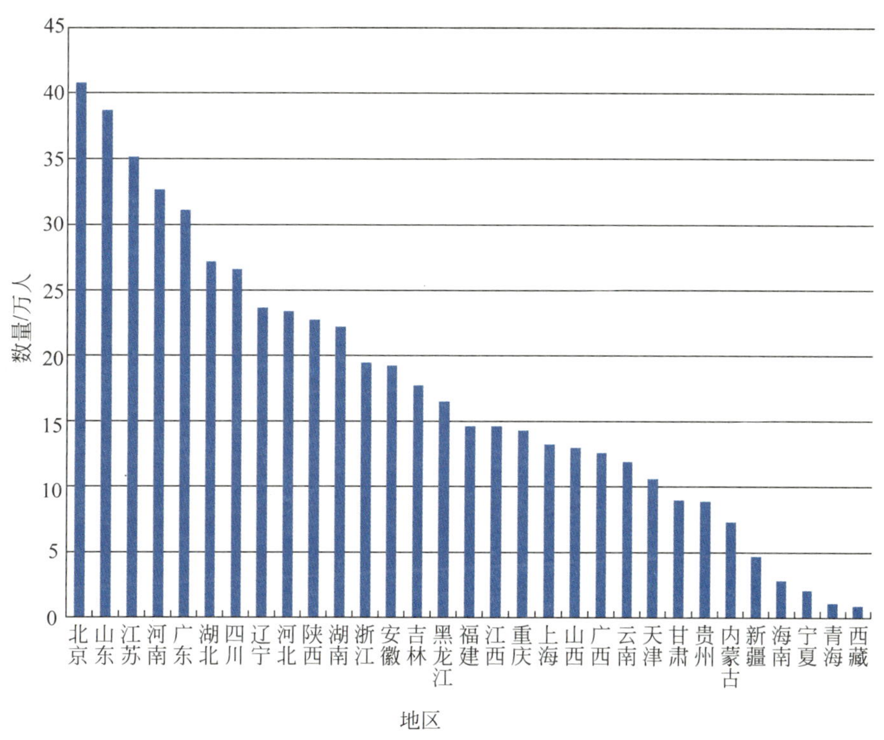

图 6-8 2016—2017 年分地区培养本科层次科技人力资源数量

2016—2017 年专科层次科技人力资源培养数量最多的 5 个省份分别为山东、广东、河南、江苏和四川，其中山东培养了 32.8 万人；培养数量较少的省(自治区)和本科层次相同，仍是新疆、海南、宁夏、青海和西藏，其中西藏仅有 4400 余人(图 6-9)。

2016—2017 年硕士研究生层次科技人力资源培养数量最多的 5 个省市分别为北京、江苏、上海、湖北和辽宁。与本科、专科层次相比，硕士研究生层次的科技人力资源培养呈现出更为明显的区域性特征：北京居于首位，其培养规模远远高于其他省，排名第二的江苏也被远远甩在后面；培养数量超过 4 万人的有北京、江苏、上海、湖北、辽宁、陕西、广东、四川和山东 9 个省市；培养数量低于 1 万人的有贵州、宁夏、海南、青海和西藏 5 个省(自治区)，其中西藏仅 900 余人(如图 6-10 所示)。

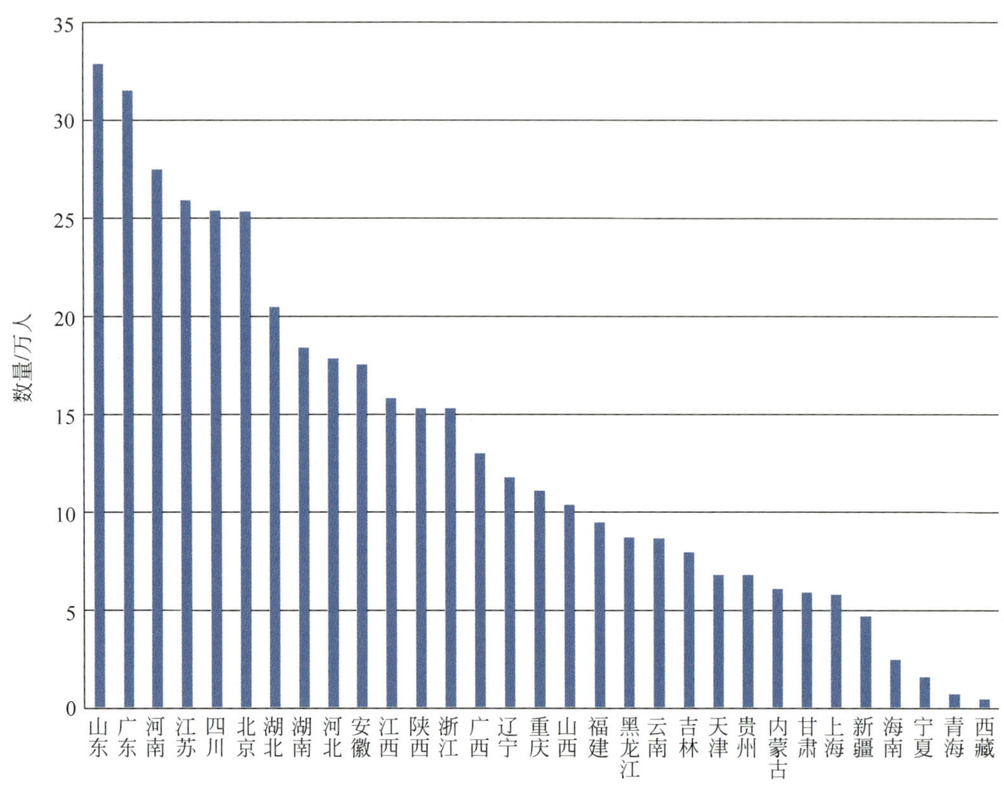

图 6-9　2016—2017 年分地区培养专科层次科技人力资源数量

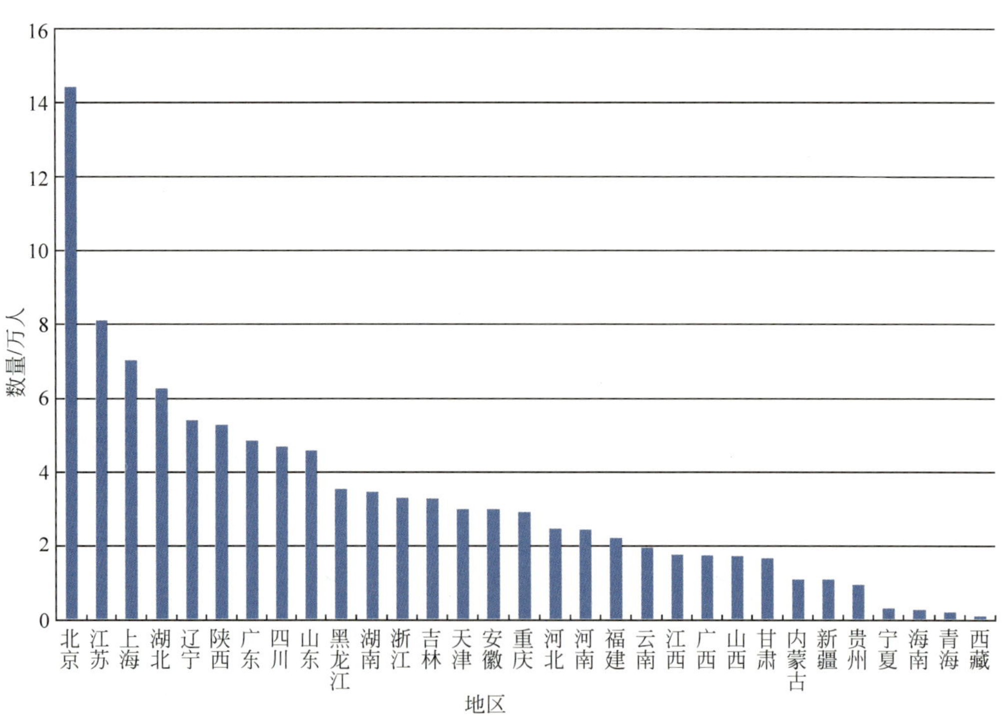

图 6-10　2016—2017 年分地区培养硕士研究生层次科技人力资源数量

2016—2017 年博士研究生层次科技人力资源培养数量最多的 5 个省市分别为北京、上海、江苏、湖北和广东。博士研究生层次的科技人力资源培养区域集中的特点非常明显：北京的培养规模最大，其培养数量在 2016—2017 年博士研究生培养总量中占 30.87%，接近 1/3；培养数量最多的 5 个省市的博士研究生总和在 2016—2017 年培养总量中占 59.8%；培养数量较少的宁夏、海南、青海和西藏等省(自治区)的数量均未超过 100 人(图 6-11)。

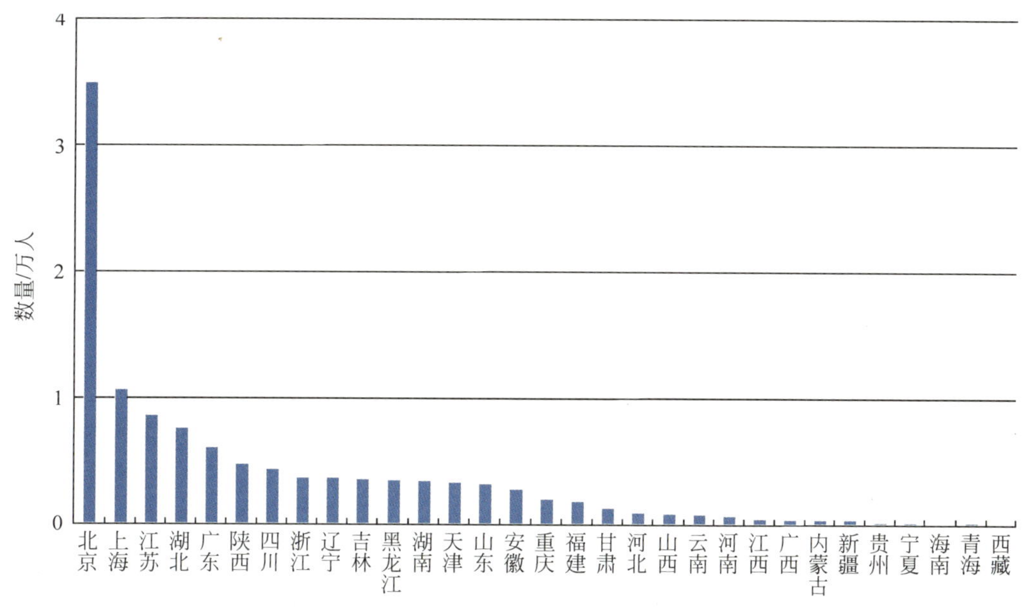

图 6-11　2016—2017 年分地区博士研究生层次科技人力资源培养数量

二、2005—2017 年不同层次科技人力资源培养总量的区域分布

从 2005—2017 年本科层次科技人力资源培养总量的区域分布来看，培养数量最多的 5 个省市分别是北京、江苏、山东、湖北和广东，培养总量均超过 145 万人，其中北京的培养总量达到 224.1 万人；培养数量最少的是新疆、海南、宁夏、青海和西藏，其中西藏的培养总量为 4.0 万人不到北京的 1/50(图 6-12)。

从 2005—2017 年专科层次科技人力资源培养总量的区域分布来看，培养数量最多的 5 个省市分别是山东、北京、河南、江苏和广东，5 个省市的培养总量均超过 175 万人，其中排在第一的山东培养总量达到 202.4 万人。与本科层次相比，5 个省市之间的绝对数量差距不大，第一名和第二名之间仅相差 2.7 万人；培养数量最少的是新疆、海南、宁夏、青海和西藏，其中西藏的培养总量仅 2.7 万人(图 6-13)。

从 2005—2017 年研究生层次科技人力资源培养总量的区域分布来看，培养数量最多的 5 个省市分别是北京、江苏、上海、湖北和辽宁。与本科和专科层次相比而言，排在第一位的北京占有绝对优势，培养总量是第二位的江苏的 2 倍有余；培养数量最少的是贵州、宁夏、海南、青海和西藏，其中西藏的培养总量仅 0.3 万人(图 6-14)。

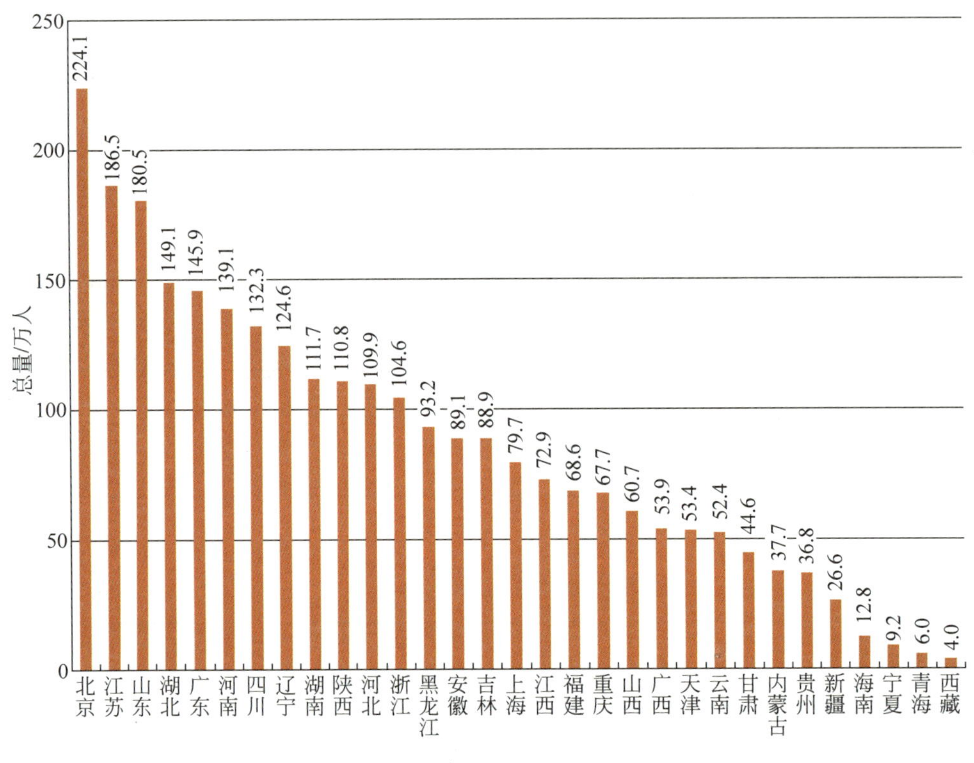

图 6-12　2005—2017 年本科层次科技人力资源培养总量的区域分布

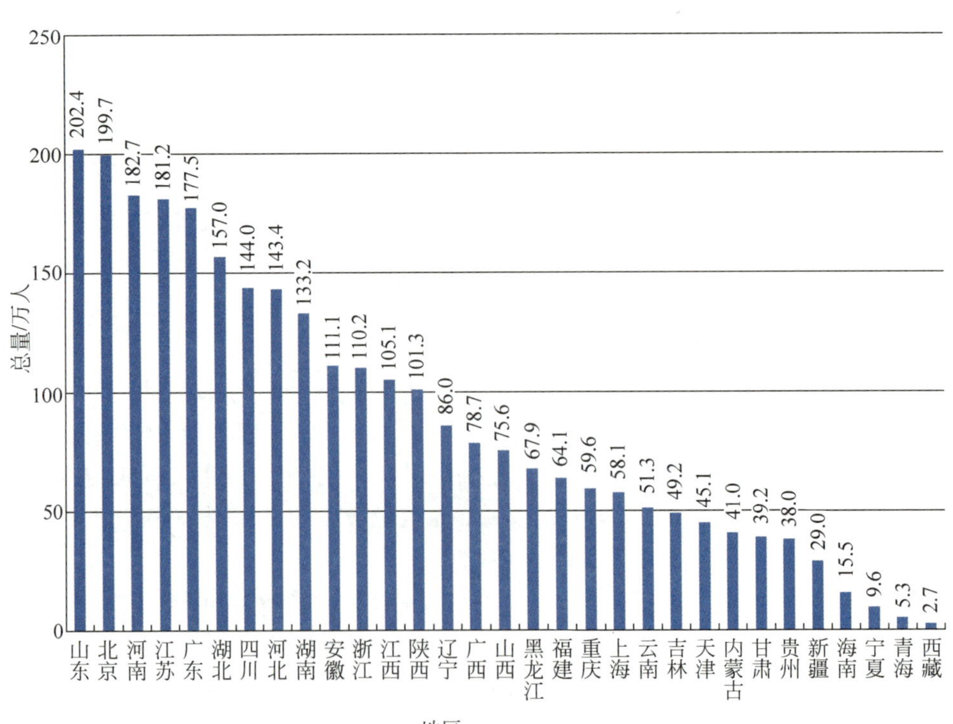

图 6-13　2005—2017 年专科层次科技人力资源培养总量的区域分布

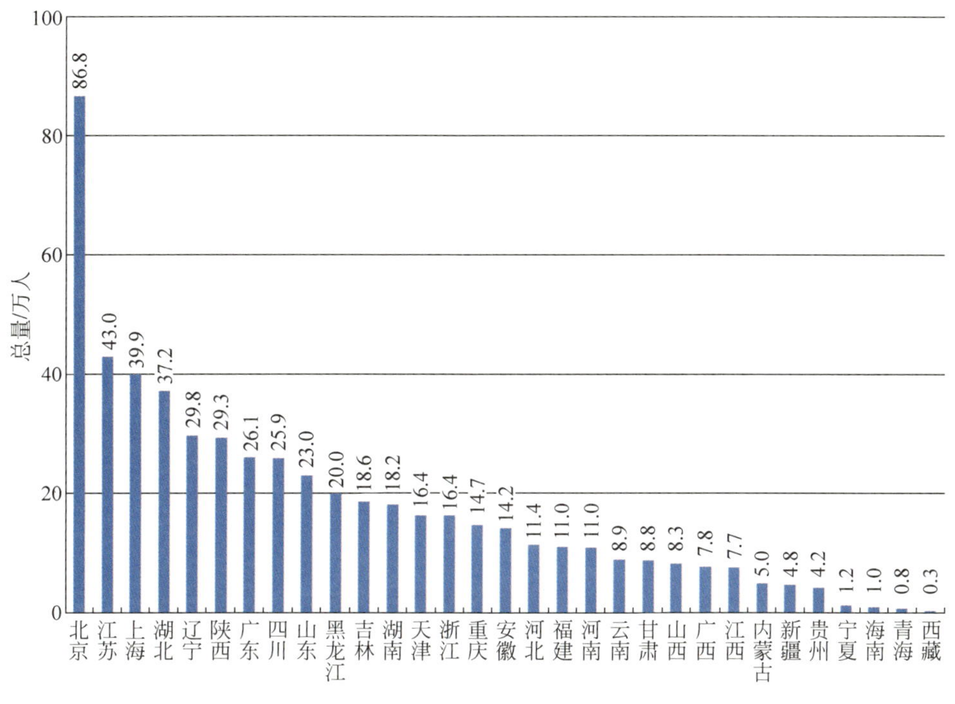

图 6-14　2005—2017 年研究生层次科技人力资源培养总量的区域分布

三、2017 年不同地区新增科技人力资源的学历结构

对于区域科技人力资源培养状况的研究，不仅要从量上进行考查，也要从质上进行考量。课题组对 2017 年不同地区新增科技人力资源的学历结构进行了测算，各层次占比情况如图 6-15 所示。

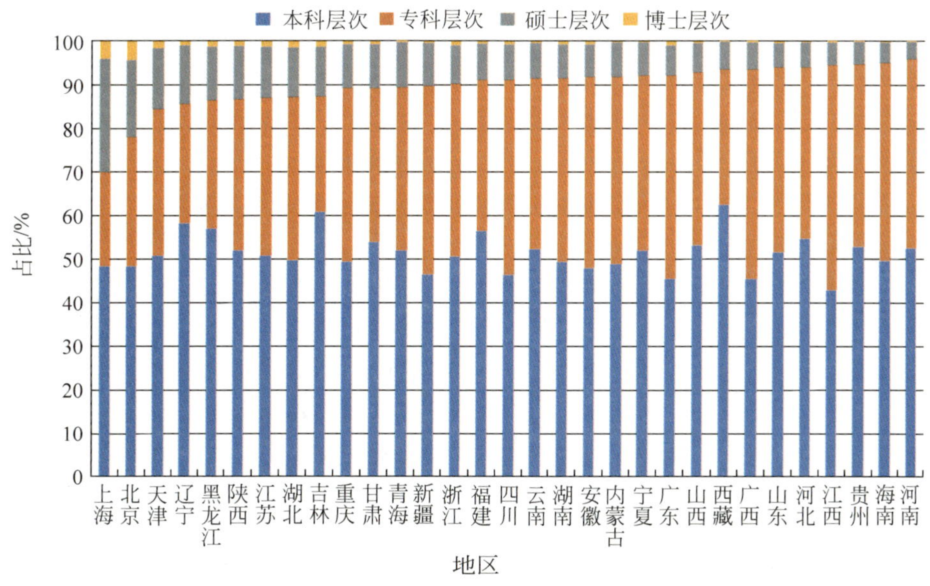

图 6-15　2017 年不同地区培养的科技人力资源学历结构

通过对 2017 年新增科技人力资源的学历结构分析可以看出,2017 年各省份新增科技人力资源的学历结构有以下几个特点。

(1) 2017 年新增科技人力资源的学历结构区域差别比较显著。2017 年 13 个省市新增的研究生占比在 10%以上,上海新增研究生占比达到 34.1%;新增的本科层次科技人力资源占比也有所提高,2015 年本科层次科技人力资源的占比大多保持在 45%左右,而 2017 年本科层次的平均占比提高到了 51.4%;专科层次占比有所下降,如上海专科层次仅占 21.6%(图 6-15)。可以看出,各省市科技人力资源的学历层次正在提升。

(2) 本科层次科技人力资源占比有所提升,占比区域分布比较均衡。根据数据统计,各省市 2017 年新增本科层次科技人力资源的占比分布在 62.5%～42.9%,平均占比为 51.4%,表明本科层次的科技人力资源培养已逐渐超过专科,占据主要地位。同时,2017 年较 2015 年的提升,也说明我国科技人力资源培养的学历层次有所提高。从数据看,占比较高的省(自治区)有西藏(62.5%)、吉林(60.8%)、辽宁(58.4%)、黑龙江(57.0%)和福建(56.4%);占比较低的省(自治区)有新疆(46.4%)、四川(46.2%)、广东(45.5%)、广西(45.5%)和江西(42.9%)(图 6-16)。

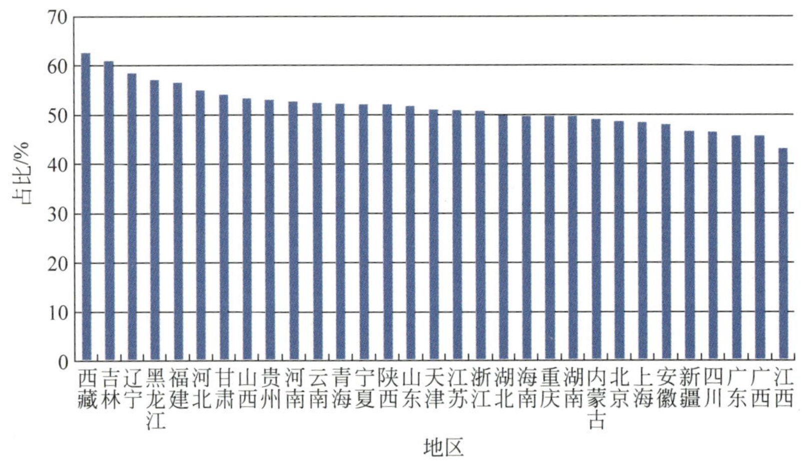

图 6-16　2017 年不同地区培养的本科层次科技人力资源占比情况

(3) 专科层次科技人力资源占比有所下降,各省市区域分布差异比较显著。通过测算发现,2017 年各省市新增科技人力资源中专科层次平均占比为 38.1%,各省市区域分布差异比较显著,占比最高的江西省为 51.7%,占比最低的上海为 21.6%,相差 30.1 个百分点(图 6-17)。虽然与 2015 年相比专科层次占比相对下降,但专科层次占比仅次于本科层次,专科层次科技人力资源培养仍占据重要地位。

(4) 研究生层次科技人力资源分布区域性特征明显,尤其是上海和北京,培养数量和比例明显高于其他省市(自治区)。从数据上来看,上海和北京的研究生培养总量与占比均位居前列,2017 年上海研究生层次占新增科技人力资源总量的 30.0%,比北京高 8 个百分点;天津、辽宁、黑龙江、陕西、江苏、湖北、吉林、重庆、甘肃、青海和新疆等省市(自治区)的研究生培养占比均在 10%以上,说明各省市(自治区)的高层次科技人力资源培养得到充分重视,尤其是青海、甘肃和新疆等科技人力资源弱省(自治区),硕、博层次的科技人力资源培养比例也达到了 10%,排在后五位的分别是河北(5.8%)、江西(5.3%)、贵州(5.3%)、海南(4.8%)和河南(4.0%)(图 6-18)。

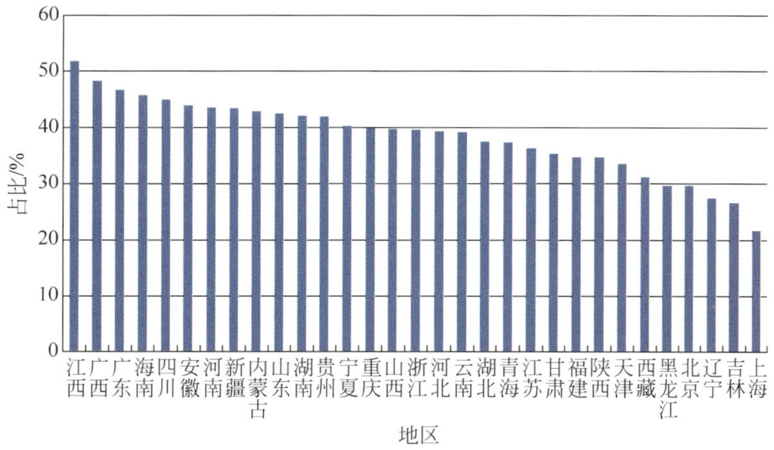

图 6-17　2017 年不同地区培养的专科层次科技人力资源占比情况

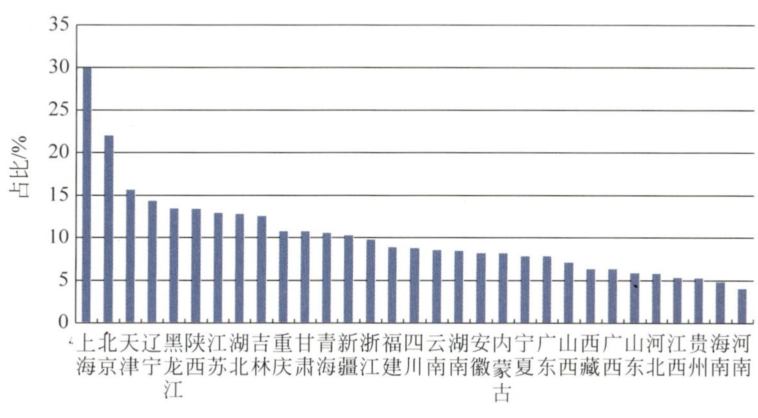

图 6-18　2017 年不同地区培养的研究生层次科技人力资源占比情况

当前，我国经济已由高速增长阶段转向高质量发展阶段，科技人力资源作为区域科技进步的内生动力，是支撑高质量发展的主要力量。为了聚集高质量人才，实现高效益发展，2017 年初以来，武汉、西安、长沙、成都、郑州和济南等地先后掀起“抢人”大战。2018 年，海南、四川、江西、山东、吉林和云南等省份也先后加入，使得“抢人”竞争更加激烈。例如“百万人才进海南行动计划”提出“具有全日制大专以上学历、中级以上专业技术职称、技师以上职业资格或执业资格的人才，可在我省工作地或实际居住地落户”，人才争夺战已成燎原之势。掌握科技人力资源的总体情况，对制定科技政策、产业政策和人才政策至关重要。

本章小结

本章从科技人力资源培养的视角对我国科技人力资源的区域分布及不同层次科技人力资源的区域分布进行了分析，主要结论如下。

一、科技人力资源培养数量区域差异较大

2017 年各省市科技人力资源培养数量较 2016 年增长 4.5%，其中 25 个省市呈正增长，

6个省市呈负增长。2016—2017年科技人力资源培养数量排在前五位的省市分别是北京、山东、江苏、广东和河南，这5个省市新增科技人力资源数量均超过60万人，其中北京的培养总量占全国的7.9%。这两年科技人力资源培养延续了以往的区域分布特点，东部沿海和中部部分省份培养数量较大，西部地区，尤其是少数民族地区培养数量相对较少。

2005—2017年累计培养科技人力资源区域性差异比较明显，各省份之间培养总量的绝对数值差异非常大。2005—2017年科技人力资源的培养总量为5993.6万人，年平均值为193.3万人，超过平均值的共有13个省市。培养总量最多的5个省市分别是北京、江苏、山东、广东和湖北，其中北京培养总量为510.6万人，占全国培养总量的8.5%；培养总量超过300万人的省市共有7个，培养总量在100万人以下的省市有8个。

在2017年新增的科技人力资源中，北京、天津、陕西、吉林和重庆等地的密度较高，特别是北京显著高于其他省份，而云南、西藏、新疆和青海的密度则相对较低，其余多数省份之间的差异不大。

总体来看，我国科技人力资源培养区域分布不均衡，东部地区培养总量较大，密度较高；中部地区相对比较均衡，各省份培养总量与密度差异较小；西部地区相对较弱，培养总量小，培养密度也比较低。

二、不同层次科技人力资源培养数量的区域差异较大

从2005—2017年不同层次科技人力资源培养总量的区域分布来看，本科层次排在前五位的省市分别是北京、江苏、山东、湖北、广东，前五位的省市培养总量均超过145万人，其中北京的培养总量达到224.1万人；专科层次排在前五位的省市分别是山东、北京、河南、江苏、广东，前五位的省市培养总量均超过175万人，其中排在第一的山东培养总量达到202.4万人；研究生层次排在前五位的省市分别是北京、江苏、上海、湖北、辽宁，排在第一位的北京占有绝对优势，培养总量是第二位的江苏的2倍有余。

2017年科技人力资源培养的学历结构存在区域差异。各省市本科层次科技人力资源占比区域差异较小，2017年占比分布为62.5%～42.9%，平均占比为51.4%，基本占据最主要的位置，且各省份本科层次科技人力资源占比都在上升；各省份专科层次科技人力资源培养的区域差异较为显著，2017年平均占比为38.1%，最高的江西省占比为51.7%，最低的上海占比为21.6%，各省份专科层次科技人力资源的占比呈现下降趋势；研究生层次科技人力资源培养区域差异明显，2017年13个省市的研究生培养占比在10%以上，上海的研究生培养占比为30.01%。

三、“抢人大战”的同时利用好存量科技人力资源应该成为重点

当前各地区充分意识到人才对区域发展的重要性，纷纷展开“抢人大战”。在重视抢夺人才为地区发展注入新鲜血液的同时，各地区还应更加重视掌握本省存量科技人力资源的总量与结构情况，制定科技政策、产业政策和人才政策，把握好人才引进与存量人才开发的关系，维护好科技人力资源发展的生态环境，充分发挥科技人力资源的活力，为本地区社会经济发展服务。

第七章

CHAPTER 7

我国工学各大类科技人力资源发展状况

据前面章节介绍，截至2017年，我国科技人力资源总量中，培养的工学科技人力资源比例最高且高于发达国家，为我国科学发现、技术创新和产业升级提供了大量人才。2015年国务院印发的《中国制造2025》，对全面推进实施制造业强国战略做出了重要部署，其中涉及的十大制造业领域均与工学有密切联系。制造业领域的细分需要人才的细分。截至2016年，我国工学细分为30个二级类，对工学二级类科技人力资源的发展状况进行详细的研究分析，有助于为我国从制造大国向“智”造强国转变中人才政策的制定提供基础。本章对1986—2016年我国工学二级类毕业生规模、工学二级类的发展趋势等进行分析，以此展现我国工学二级类科技人力资源的发展状况。

本章沿用前文对科技人力资源的概念界定和操作性定义，同时根据数据的可获得性，仅将工学二级类科技人力资源的分析范围限定于本科。由于1986年之前工学没有二级类细分数据，因此本章分析的时间范围为1986—2016年。

第一节　截至2016年工学各大类毕业生现状

1986—2016年，我国本科层次培养工学科技人力资源2180.5万人，为我国的制造型企业做出了重要的贡献，《制造业人才发展规划指南》提到我国制造业规模以上企业人力资源总量约为8589万人，其中专业技术人员有809万人，而这809万人绝大多数来自工学毕业生。

一、1986—2016年工学各大类毕业生总量分析

1986—2016年，我国共培养工学毕业生2180.5万人，其中电气信息类、机械类、土建类3个二级类培养的毕业生人数最多，分别为665.3万人、373.4万人和255.6万人，分别占工学毕业生总数的30.5%、17.1%和11.7%。此外，化工与制药类、轻工纺织食品类、交通运输类、计算机类、材料类和电子信息类6个二级类毕业生人数都超过50万人，分别为93.1万人、90.4万人、81.0万人、71.7万人、68.6万人和63.5万人；另有15个二级类毕业生人数在10万人以上（见图7-1）。

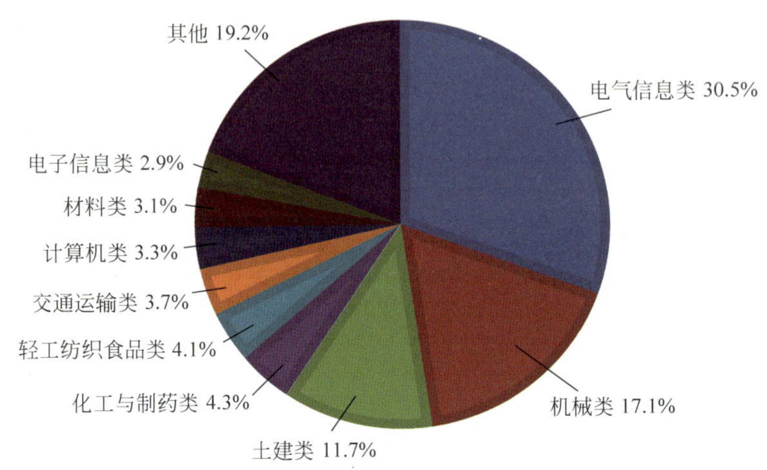

图 7-1　1986—2016 年工学各二级类毕业生数量占比

高等教育的毕业生人数与国家经济发展的需求有密切关系。例如,电子信息类的毕业生增长快是由于 IT 行业近年来蓬勃发展,创造了大量的就业机会,市场工资也不断提升,市场的力量反过来促进各大高校提升相关领域的招生人数,1986—2016 年,电子信息类的招生数量一直保持增长状态。《中国制造 2025》提出重点发展新一代信息技术、高档数控机床和机器人、航空航天装备、海洋工程装备及高技术船舶、先进轨道交通装备、节能与新能源汽车、农机装备等十大领域,《制造业人才发展规划指南》提出引导高校招生计划向本科电子信息类、机械类、材料类、海洋工程类、生物工程类、航空航天类和高职装备制造大类、电子信息大类、生物与化工大类、能源动力与材料大类中对应制造业十大领域的相关专业倾斜,会对高校的招生结构产生影响。

二、1986—2016 年工学毕业生跨年度分析

1. 总体分析

1986—2016 年工学毕业生规模跨年度发展趋势如图 7-2 所示。根据折线图可以看出,工学毕业生有几个大的阶段性变化:1986—2001 年,毕业生规模持续小幅度上升;2001—2010 年,毕业生规模大幅度上升,至 2010 年毕业生人数达到 212 万人;2011 年,毕业生人数大幅度减少到 88.4 万人,2011—2016 年,毕业生规模又被调整为自然的增量水平,至 2016 年毕业生人数为 122.7 万人。2001 年后,我国经济进入高速发展时期,工学人才增长迅速,到 2010 年,国家针对产能过剩的行业(如水泥、煤炭、钢铁等)进行宏观政策调控,工学毕业生人数也出现回落。

高等教育的发展与社会生产及科技的发展密切相关。张维等人的研究显示,工学毕业生数量与工业在“三大产业”中所占的比重之间存在着正相关①。第二产业在“三大产业”中一直占据着很大的比重,国家对工学人才的需求也一直处于首位,工学毕业生人数也在不断增加(表 7-1)。

① 张维,王孙禺,等.工程教育与工业竞争力[M].北京:清华大学出版社,2003.

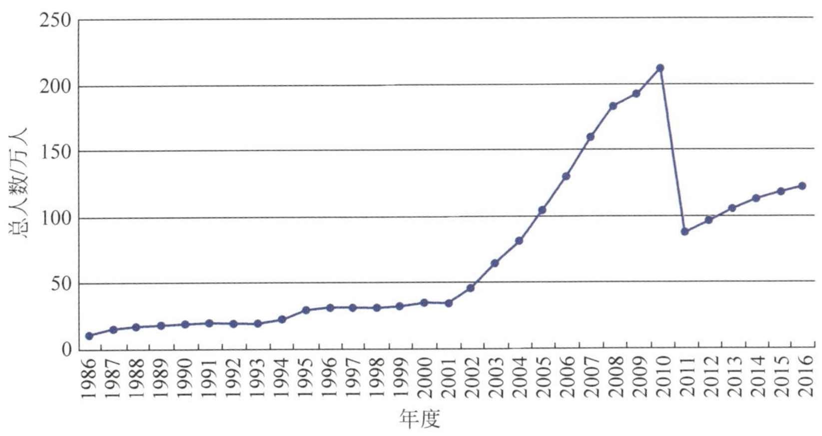

图 7-2　1986—2016 年工学毕业生总人数年度统计

表 7-1　三大产业占国内生产总值比率　%

年　　份	第一产业	第二产业	第三产业
1990	26.6	41.0	32.4
1995	19.6	46.8	33.7
2000	14.7	45.5	39.8
2005	11.6	47.0	41.3
2010	9.3	46.5	44.2
2015	8.4	41.1	50.5

注：1995 年、2005 年第一、二、三产业数据加总不等于 100 是由于四舍五入的原因，统计年鉴原文呈现如此。数据来源：国家统计局，中国统计年鉴[M]. 中国统计出版社，2019.

2. 分阶段分析

我们根据经济发展，分几个阶段对工学毕业生的规模进行分析。

第一阶段，1986—1993 年经济体制转型前期，工学拥有 15 个二级类，共有毕业生 143.9 万人。其中，毕业生人数排名第一的是机械类，共有毕业生 35.1 万人，占总人数的 24.4%；排名第二的是无线电技术及电子学类，共有毕业生 27.5 万人，占 19.2%；土木建筑类、化工类的毕业生总数也超过了 10 万人，测绘、水文类毕业生人数最少，只有 1.2 万人（见图 7-3 和图 7-4）。

第二阶段，1994—2000 年全面建立市场经济体制时期，工学拥有 22 个二级类，共有毕业生 214.3 万人。其中，排名第一的是电子与信息类，共有毕业生 47.9 万人，占总人数的 22.3%；排名第二的是机械类，共有毕业生 40.8 万人，占总人数的 19.0%；土建类、电工类、化工与制药类、管理工程类的毕业生人数均超过了 10 万人，兵器类毕业生人数最少，只有 1643 人（见图 7-5 和图 7-6）。

第三阶段，2001—2012 年经济外部增长阶段。2001 年中国加入 WTO，对外贸易总额从 2000 年的 4000 多亿美元发展到 2012 年底的 4 万亿美元，表明中国经济成功应对了经济全球化。这个阶段，工学拥有 21 个二级类，共有毕业生 1394.5 万人。其中，排名第一的是

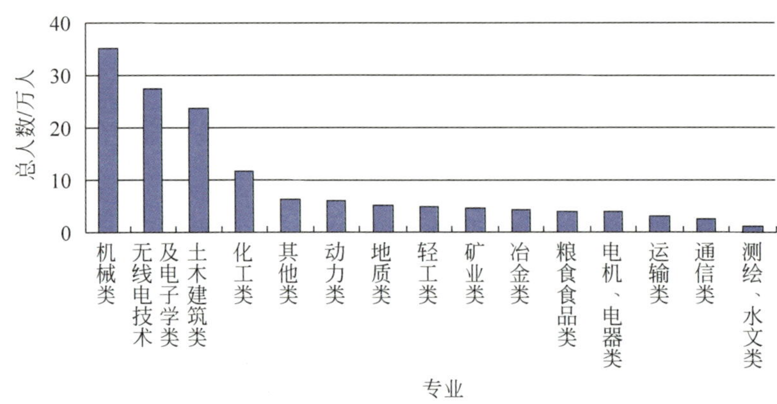

图 7-3　1986—1993 年工学各大类毕业生总人数

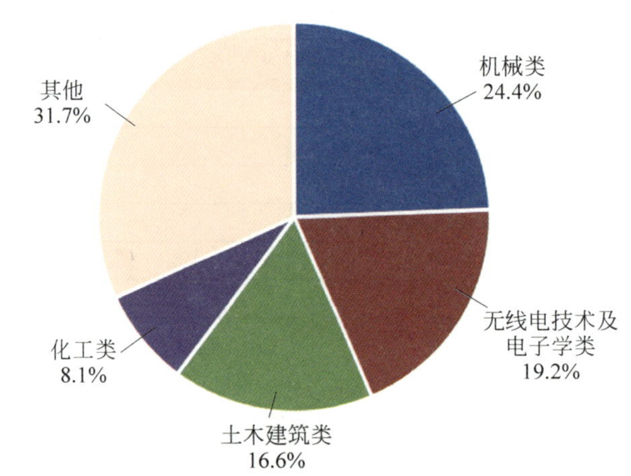

图 7-4　1986—1993 年工学各大类毕业生占总人数的百分比

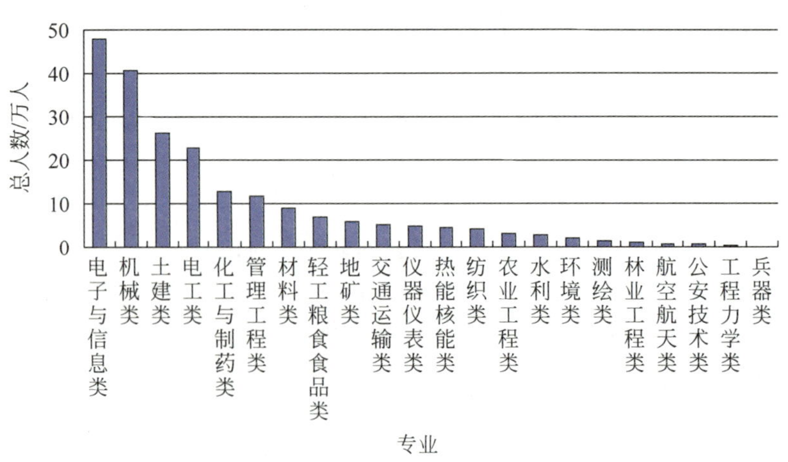

图 7-5　1994—2000 年工学各大类毕业生总人数

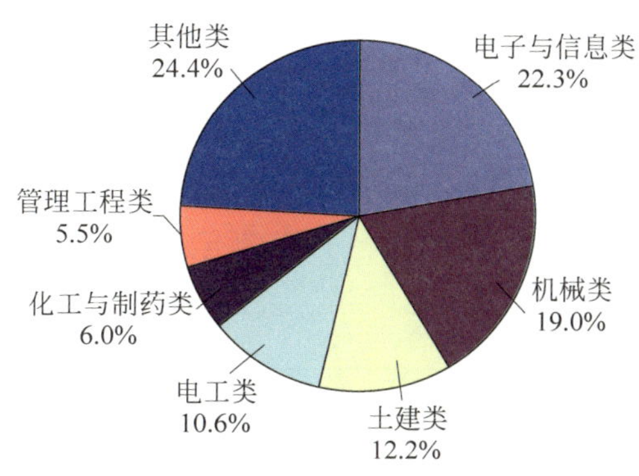

图 7-6 1994—2000 年工学各大类毕业生占总人数的百分比

电气信息类,共有毕业生 665.3 万人,占总人数的 47.7%;排名第二的是机械类,共有毕业生 225.4 万人,占总人数的 16.2%。毕业生超过 50 万人的专业还有土建类、交通运输类和轻工纺织食品类。海洋工程类毕业人数最少,只有 2.15 万人(见图 7-7 和图 7-8)。

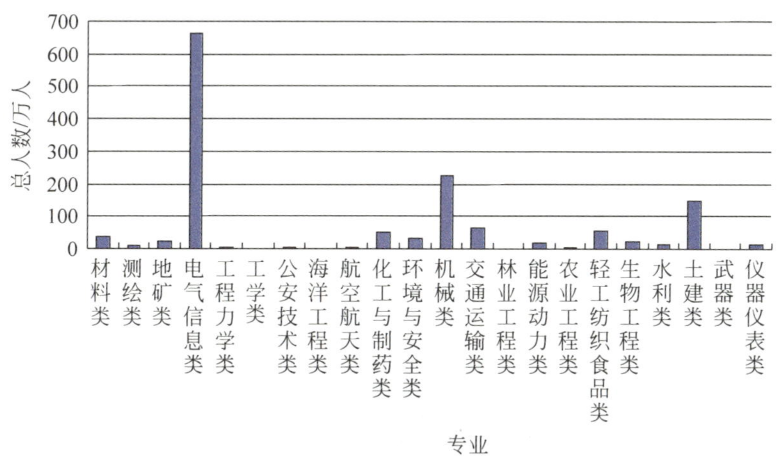

图 7-7 2001—2012 年工学各大类毕业生总人数

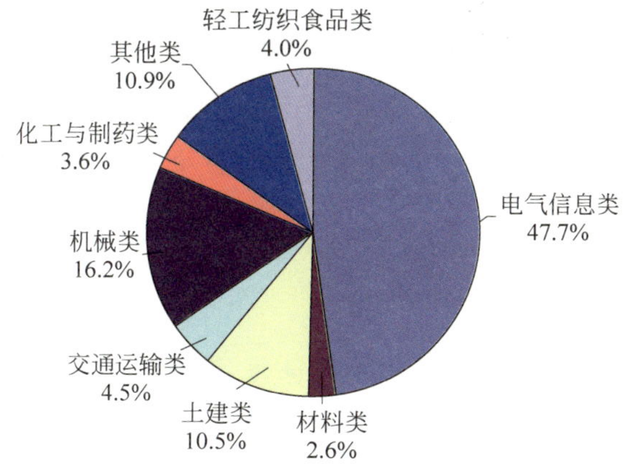

图 7-8 2001—2012 年工学各大类毕业生占总人数的百分比

第四阶段,2013—2016年经济内生增长阶段,工学拥有31个二级类,共有毕业生460万人。其中,排名第一的是机械类,共有毕业生72.1万人,占总人数的15.7%;排名第二的是计算机类,共有毕业生71.7万人,占总人数的15.6%。毕业生超过20万人的专业还有电子信息类、土木类、电气类和材料类,毕业生人数分别为63.5万人、48.2万人、30.1万人和23.3万人。核工程类毕业生人数最少,只有10259人(见图7-9和图7-10)。

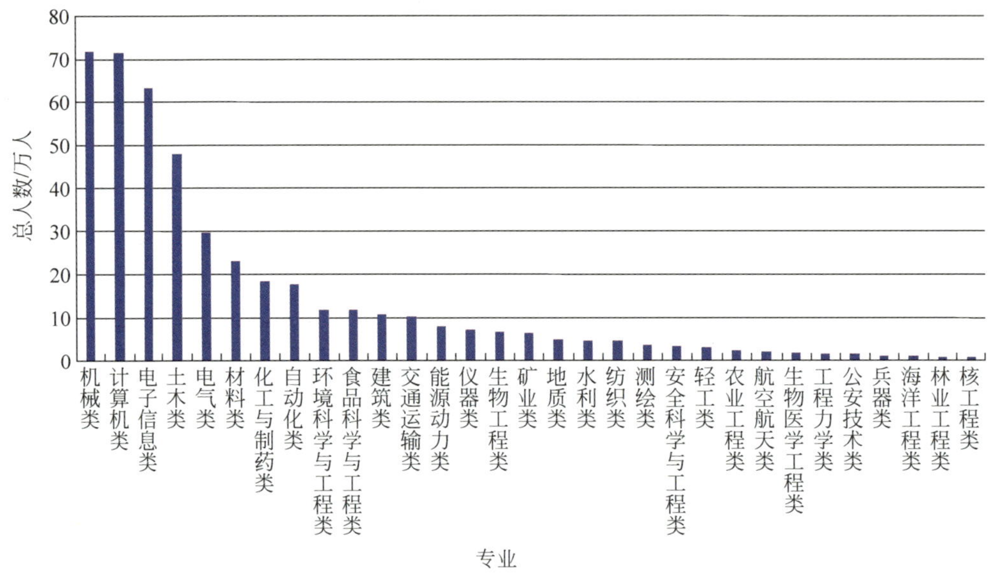

图7-9　2013—2016年工学各大类毕业生总人数

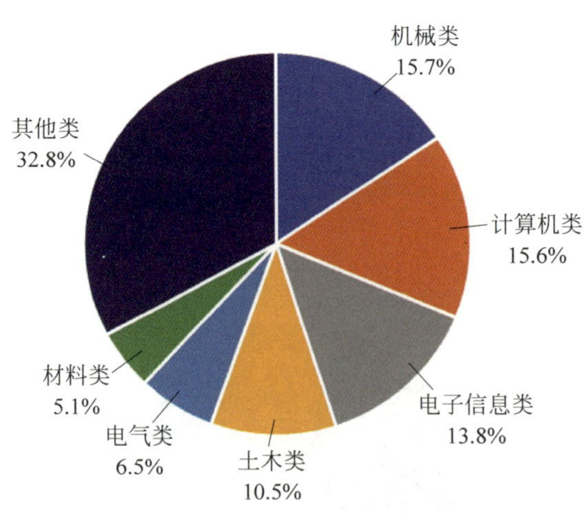

图7-10　2013—2016年工学各大类毕业生占总人数的百分比

根据四个阶段的毕业生人数统计,电子信息类、机械类、电工类、化工与制药类、无线电技术及电子学类、交通运输类、轻工纺织食品类、计算机类、电气类和材料类这些专业大类的毕业生数量排名比较靠前。

《制造业人才发展规划指南》公布了制造业十大重点领域及未来人才需求预测,通过比较发现,毕业数量排名靠前的这些专业大类均与十大重点领域相关,而且未来这些专业人才需求数量仍然面临很大的缺口。未来不仅需要这些专业继续培养更多的人才,而且需要对这些专业进行新的整合,实行跨专业培养,使其更加适应未来新兴产业的需要。

三、按大类分析 1986—2016 年工学毕业生规模

1986—2016 年,受宏观产业调整、行业竞争等因素影响,机械类专业毕业生的规模发生了变化,各年度的毕业人数统计见图 7-11。这个趋势图跟工学总体毕业生规模的折线图相像。1986—2010 年,除个别年份出现少量波动外,毕业生人数总体上呈上升趋势。从 2006 年开始增幅明显,在 2010 年达到最大值,共有近 39 万毕业生。2010 年也是工科总体毕业生规模最大的一年。2011 年随着工科毕业生总量的减少,机械类毕业生人数减少为 14.6 万人,之后又开始逐年稳步增长,如图 7-11 所示。

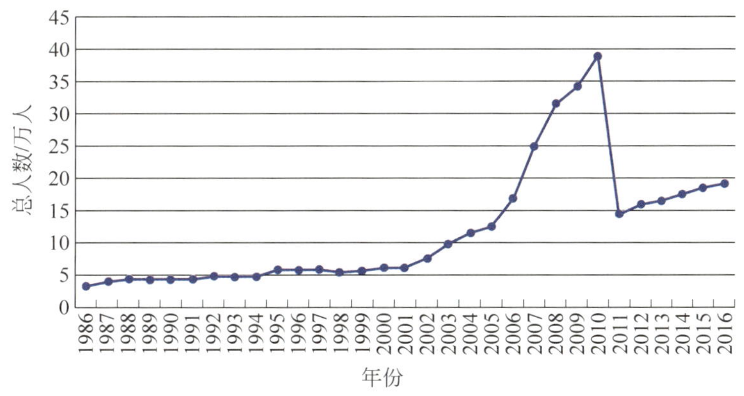

图 7-11 1986—2016 年机械类毕业生总人数

近年来电子信息行业飞速发展,相关专业毕业生的规模和比例也逐年增长,到 2016 年已经占总毕业生人数的 40%左右(见表 7-2),历史上曾经接近 50%。随着近年来大数据、AI(人工智能)的不断兴起,相关专业人才需求旺盛,会需要更多的毕业生。

表 7-2 1986—2016 年电子信息类毕业生人数

年 份	工学二级类	总人数/万人	电子信息类毕业生占比/%
1986—1993	无线电技术及电子学类	27.6	19.2
1994—2000	电子与信息类	47.9	22.3
2001—2012	电气信息类	66.5	47.7
2013—2016	电气类、电子信息类、自动化类、计算机类	183	39.8

土建类的毕业生人数也比较多,土建类在 1986—1993 年叫作土木建筑类,1994—2012 年叫作土建类,2013—2016 年叫作土木类。随着国民经济的持续稳定增长和城镇化进程的加快,旧城改造、小城镇化和新农村建设、房地产业的发展和基础设施投入的不断加大,我国建筑业获得了良好的发展机遇。近年土建类毕业生占比较为稳定,保持在毕业生总量的 10%左右(见表 7-3)。

表 7-3 1986—2016 年土建类毕业生人数

年　　份	工学二级类	总人数/万人	土建类毕业生占比/%	工学排名
1986—1993	土木建筑类	23.8	16.6	3
1994—2000	土建类	26.6	12.2	3
2001—2012	土建类	146.8	10.5	3
2013—2016	土木类	48.2	10.5	4

化工与制药类的毕业生人数也较多。化工与制药类在 1986—1993 年叫作化工类，1994—2016 年叫作化工与制药类。化工类毕业生占工学毕业生的比例总体呈现下降趋势(见表 7-4)。

表 7-4 1986—2016 年化工与制药类毕业生人数

年　　份	工学二级类	总人数/万人	化工与制药类毕业生占比/%	工学排名
1986—1993	化工类	11.7	8.1	4
1994—2000	化工与制药类	12.9	6.0	5
2001—2012	化工与制药类	49.9	3.4	6
2013—2016	化工与制药类	18.7	4.1	7

交通运输类在国家发展过程中地位重要。我国已经成为交通基础设施和交通运输大国。目前交通运输类相关专业在各高校的发展也很迅速。交通运输类在 1986—1993 年叫作运输类，1994—2016 年叫作交通运输类，2001 年以来，交通运输类年均培养毕业生 5 万人左右，占工学毕业生的比例近年有所下降(见表 7-5)。

表 7-5 1986—2016 年交通运输类毕业生人数

年　　份	工学二级类	总人数/万人	交通运输类毕业生占比/%	工学排名
1986—1993	运输类	3.3	2.3	13
1994—2000	交通运输类	5	2.4	10
2001—2012	交通运输类	62.2	4.5	4
2013—2016	交通运输类	10.5	2.3	12

测绘与水利类在 1986—1993 年叫作测绘、水文类，在此期间共有毕业生 1.2 万人；1994—2016 年叫作测绘类、水利类，其毕业生总数 1994—2000 年、2001—2012 年、2013—2016 年分别为 4.1 万人、23.2 万人及 8.6 万人(见表 7-6)。

表 7-6 1986—2016 年测绘、水利类毕业生人数

年　　份	工学二级类	总人数/万人	测绘、水利类毕业生占比/%	工学排名
1986—1993	测绘、水文类	1.2	0.8	15
1994—2000	测绘类、水利类	4.1	1.9	10、12
2001—2012	测绘类、水利类	23.2	1.7	14、13
2013—2016	测绘类、水利类	8.6	1.87	20、18

地矿类在 1986—1993 年及 2013—2016 年叫作地质类、矿业类，在此期间共有毕业生 9.7 万人及 11.7 万人；1994—2000 年、2001—2012 年叫作地矿类，其毕业生总数分别为 5.7 万人、20.8 万人。地矿类毕业生所占工学毕业生的比例总体呈下降趋势(见表 7-7)。

表 7-7　1986—2016 年地矿类毕业生人数

年　份	工学二级类	总人数/万人	地矿类毕业生占比/%	工学排名
1986—1993	地质类、矿业类	9.7	6.7	7、9
1994—2000	地矿类	5.7	2.7	9
2001—2012	地矿类	20.8	1.5	10
2013—2016	地质类、矿业类	11.7	2.5	17、16

轻工纺织食品类在 1986—1993 年叫作粮食食品类、轻工类，在此期间共有毕业生 8.7 万人；1994—2000 年叫作轻工粮食食品类、纺织类，其毕业生总数为 10.9 万人；2001—2012 年叫作轻工纺织食品类，其毕业生总数为 56.4 万人；2013—2016 年叫作纺织类、轻工类、食品科学与工程类，共有毕业生 20 万人，占工学毕业生的比例维持在 4%～6%（见表 7-8）。

表 7-8　1986—2016 年轻工粮食食品类毕业生人数

年　份	工学二级类	总人数/万人	轻工粮食食品类相关专业毕业生占比/%	工学排名
1986—1993	粮食食品类、轻工类	8.7	6.0	8、11
1994—2000	轻工粮食食品类、纺织类	10.9	5.1	8、13
2001—2012	轻工纺织食品类	56.4	4.0	5
2013—2016	纺织类、轻工类、食品科学与工程类	20	4.35	19、22、10

兵器武器类从 1994 年开始设立，其毕业生人数一直比较少。1994—2000 年叫作兵器类，毕业生总数为 0.16 万人；2001—2012 年叫作武器类，毕业生总数为 2.2 万人；2013—2016 年又改为兵器类，共有毕业生 1.3 万人（见表 7-9）。

表 7-9　1986—2016 年兵器武器类毕业生人数

年　份	工学二级类	总人数/万人	兵器武器类毕业生占比/%	工学排名
1994—2000	兵器类	0.16	0.07	22
2001—2012	武器类	2.2	0.15	20
2013—2014	兵器类	1.3	0.28	28

环境类从 1994 年开始设立。1994—2000 年叫作环境类，其毕业生总数为 2.1 万人；2001—2012 年叫作环境与安全类，其毕业生总数为 30.1 万人；2013—2016 年叫作环境科学与工程类，共有毕业生 12.1 万人（见表 7-10）。

表 7-10　1986—2016 年环境类毕业生人数

年　份	工学二级类	总人数/万人	环境类毕业生占比/%	工学排名
1994—2000	环境类	2.1	0.97	16
2001—2012	环境与安全类	30.1	2.2	15
2013—2016	环境科学与工程类	12.1	2.6	9

公安技术类、农业工程类、林业工程类、航空航天类和工程力学类这些二级类均存续了 23 年（1994—2016 年），其各年的毕业生人数发展趋势如图 7-12 所示。

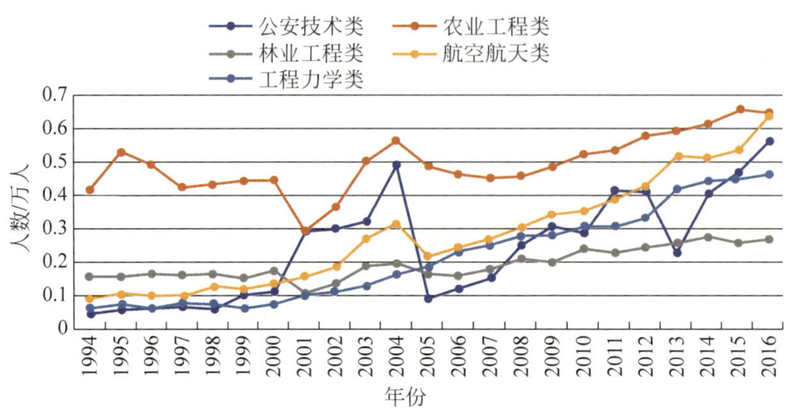

图 7-12　公安技术类等五大类毕业生人数

农业工程类毕业生 2001 年达到最小值 2950 人,2015 年达到最大值 6564 人。农业机械化从业人口占第一产业总人口的比例持续上升,但 2015 年仍只有 25%的农业人口使用机械,大部分农村劳动力仍未得到释放。农机合作社和其他服务组织数量飞速增长,需要更多的农业工程类毕业生的支撑。

公安技术类毕业生人数在 2004 年达到最大值 4872 人。工程力学类毕业生人数逐年上升,在 2016 年达到最大值 4608 人。

材料类毕业生人数 1994—2010 年稳步上升,2011 年有所减少,2016 年达到最大值(见图 7-13)。

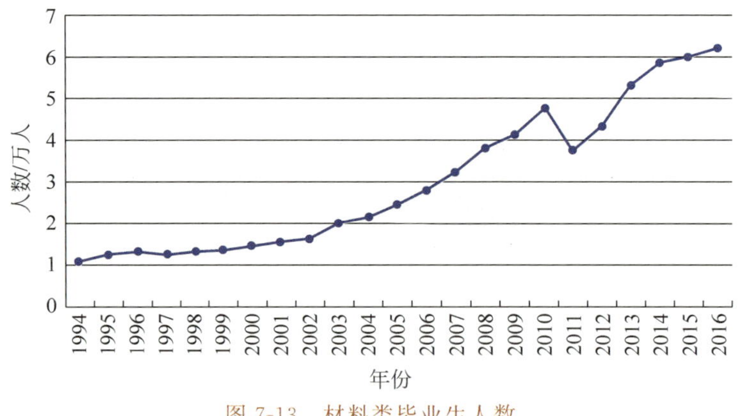

图 7-13　材料类毕业生人数

航空航天类从 1994 年设立,一直持续到 2016 年,一直受国家高度重视,毕业生人数基本呈上升趋势,2016 年人数最多为 6371 人。航空航天相关专业在《制造业人才发展规划指南》中被列为未来重点发展专业。在《国家中长期科技发展规划纲要(2006—2020 年)》的 16 个重大专项中,大型飞机、载人航天与探月工程被列入其中,显示出国家对航空、航天在国家科技及经济发展中战略性地位的重视。进入新世纪以来我国在航空航天领域取得了惊人的成绩,给航空航天相关专业的发展提供了更大的机遇。

由于航空航天相关专业对高校的软件和硬件要求比较高,能够设立此专业的高校比较少,目前设立航空航天相关专业的高校有北京航空航天大学、南京航空航天大学、哈尔滨工业大学、西北工业大学等。同时这类专业毕业生的就业面针对性比较强,毕业生总量不大。在此大类设置的 23 年里，其毕业生人数不断增加，为我国航空航天事业的快速发展发挥了重要作用。

仪器仪表类存续了 19 年，其培养的毕业生人数较少，人数在 1994—2012 年整体呈上升趋势，2012 年达到最大值（见图 7-14）。

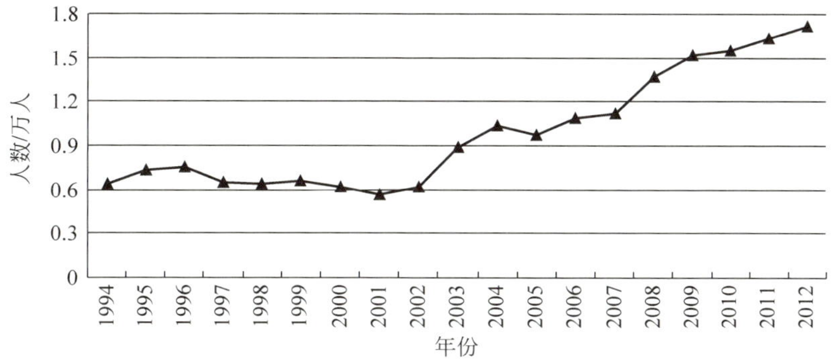

图 7-14 仪器仪表类毕业生人数

生物工程类、能源动力类、海洋工程类均存续了 16 年（2001—2016 年），其各年的毕业生人数发展趋势如图 7-15 所示。海洋工程类毕业生人数变化比较平稳，2012 达到最大值 4112 人。能源动力类从 2001 年到 2010 年基本保持增长，但 2011 年后出现波动。生物工程类毕业生人数变化起伏较大，2008 年达到最大值 3 万人（见图 7-15）。

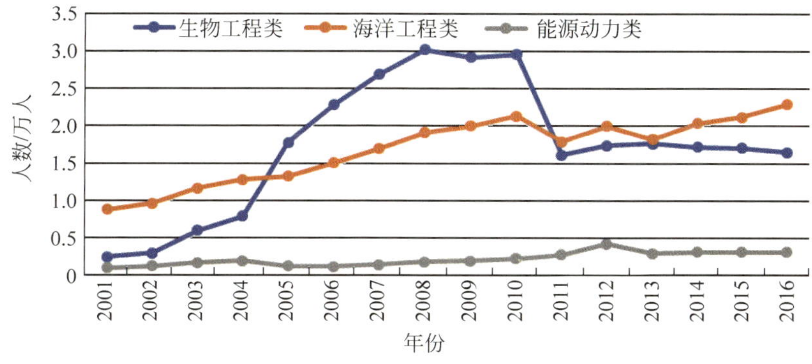

图 7-15 生物工程类、能源动力类、海洋工程类毕业生人数

冶金类，电机、电器类，动力类和其他类从 1986 年存续到 1993 年，共 8 年，其各年的毕业生人数发展趋势如图 7-16 及图 7-17 所示。这些专业的毕业生人数均在万人以下。

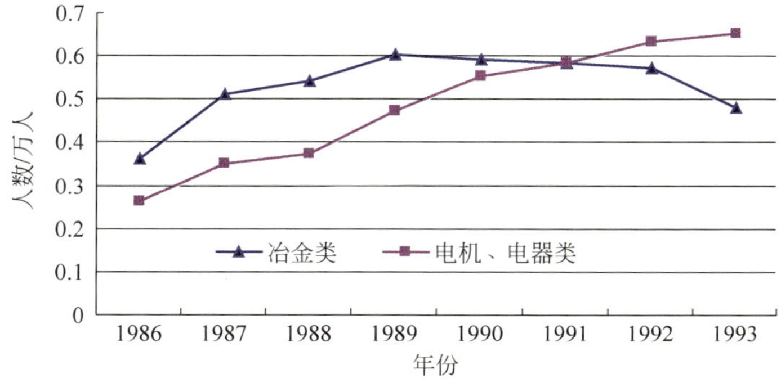

图 7-16 电机、电器类和冶金类毕业生人数

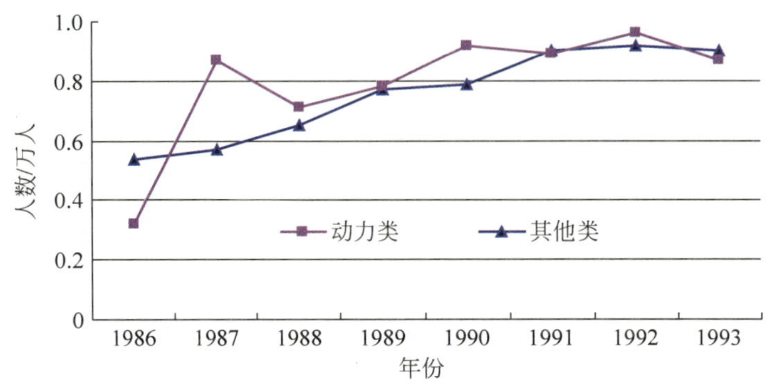

图 7-17　动力类和其他类毕业生人数

热能核能类、管理工程类从 1994 年存续到 2000 年，共 7 年，其各年的毕业生人数发展趋势如图 7-18 所示。

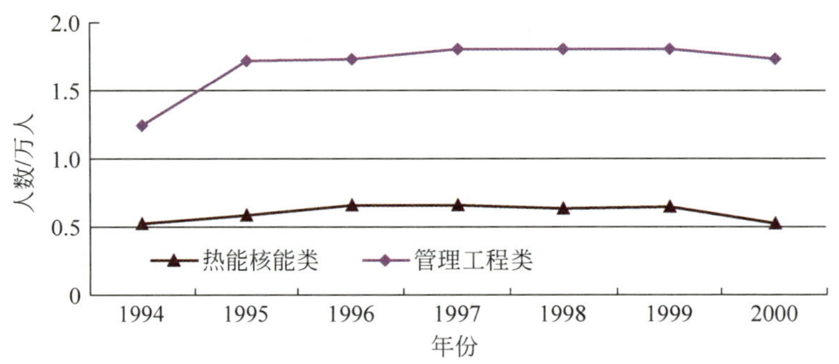

图 7-18　热能核能类和管理工程类毕业生人数

安全科学与工程类、电气类、电子信息类、核工程类、环境科学与工程类、计算机类、建筑类、生物医学工程类、食品科学与工程类、土木类、仪器类、自动化类专业，均从 2013 年开始设置，其各年的毕业生人数发展趋势如图 7-19 所示。计算机类、电子信息类及土木类的毕业生人数排在前三名，毕业生人数最少的为核工程类。每类专业的毕业生人数均逐年增加。

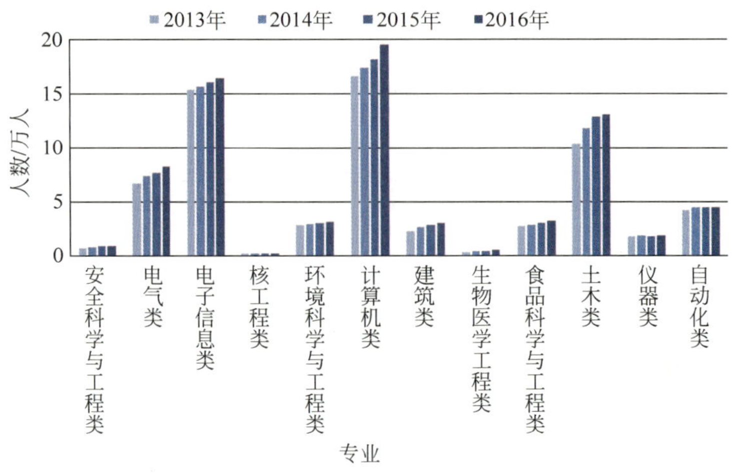

图 7-19　存续 4 年(2013—2016 年)的各类毕业生人数

第二节 工学二级类的设置变化分析

1986—2016 年，中国经济发展可以细分为不同阶段，分别为 1986—1993 年、1994—2000 年、2001—2012 年、2013—2016 年。在这四个时期内，根据国际经济社会发展的形势及市场经济发展的需要，工学二级类的设置发生了相应的变化。

一、1986—2016 年工学二级类的设置

1986—2016 年，工学按照学科类型统计，共出现过 55 个二级类名称，如表 7-11，表中二级类对应的行与年份对应的列的交叉点有符号的表示当年设置这个大类，交叉点空白的表示当年没有设置此大类。

表 7-11 1986—2016 年工学二级类名称变化表

二级类	1986—1993 年	1994—2000 年	2001—2012 年	2013—2016 年
无线电技术及电子学类	*			
武器类			*	
冶金类	*			
仪器类				*
仪器仪表类		*	*	
运输类	*			
自动化类				*
水利类		*	*	*
通信类	*			
土建类		*	*	
土木建筑类	*			
土木类				*
能源动力类			*	*
农业工程类		*	*	*
其他类	*			
轻工纺织食品类			*	
轻工类	*			*
轻工粮食食品类		*		
热能核能类		*		
生物工程类		*		*
生物医学工程类			*	*
食品科学与工程类				*
交通运输类		*	*	*
矿业类	*			*
粮食食品类	*			
林业工程类		*	*	*
环境科学与工程类				*
环境类		*		

续表

二　级　类	1986—1993 年	1994—2000 年	2001—2012 年	2013—2016 年
环境与安全类			*	
机械类	*	*	*	*
计算机类				*
建筑类				*
公安技术类		*	*	*
管理工程类		*		
海洋工程类			*	*
航空航天类		*	*	*
核工程类				*
化工类	*			
化工与制药类		*	*	*
安全科学与工程类				*
兵器类		*		*
材料类		*	*	*
测绘、水文类	*			
测绘类		*	*	*
地矿类		*	*	
地质类	*			*
电工类		*		
电机、电器类	*			
电气类				*
电气信息类			*	*
电子与信息类		*		
动力类	*			
纺织类		*		*
工程力学类		*	*	*
工学类			2001—2004 年	

注：表中工学类比较特殊，只存续 4 年，本章不予讨论。

通过比较可以发现，1986—2016 年一级学科（学科类）的数量逐渐增加，二级学科（专业）的数量逐渐减少。根据中国改革开放以来的高等教育学科专业目录修订的原则可知，增加一级学科（学科类）的目的基本上是力求达到规范。二级学科（专业）的减少基本上都是为了拓宽和调整专业口径。表 7-12 所列为我国 1986—2016 年二级类及专业数目。

表 7-12　1986—2016 年二级类及专业数目

年　份	二　级　类	专　业
1986—1993	15	255
1994—2000	22	181
2001—2012	21	70
2013—2016	31	169

二、工学面临新的挑战及改善建议

1986—2016 年，紧跟国家经济发展的步伐，工学二级类经过了几次调整，从科技人才供应上基本满足了社会的需求，为国家的建设奠定了基础，但也存在着相应的问题，有待于改进。

第一，经济结构的变化对工学二级类及相关专业的重新设计提出挑战。据预测，2020 年我国经济结构将发生很大变化，第一产业、第二产业、第三产业的比例将变为 6.8%、48.4%、44.8%，三种产业的从业人员的结构比例将变为 25%、31%、44%[①]。当前，需要高质量的工学教育去支持我国的新型工业化发展的道路，培养一批适应新型工业化需求和经济全球化发展的工学人才。

第二，工学学生仍然面临着数量和质量的要求。由教育部、人力资源和社会保障部、工业和信息化部等部门共同编制的《制造业人才发展规划指南》中指出“面对新的形势和挑战，必须把制造业人才发展摆在更加突出的战略位置，加强顶层设计，发挥资源优势，抓好体制机制改革、强化人才队伍基础、补齐人才结构短板、优化人才发展环境，充分发挥人才在制造强国建设中的引领作用。《制造业人才发展规划指南》要求“到 2020 年，形成与制造业发展需求相适应的人力资源建设格局，培养和造就一支数量充足、结构合理、素质优良、充满活力的制造业人才队伍，基本确立建设制造强国的人才优势，为实现中国制造‘三步走’战略目标奠定坚实的人才基础”。未来，工学毕业生作为制造业人才的主力军，承担着国家制造业发展的重要任务，国家制造业的发展也为工学毕业生的发展带来新的机遇。然而，目前高考选课，为了追逐高分，选择物理的考生占比大幅度缩小，而物理是工学最基础的学科，这将给工学人力资源的数量和质量带来一定的影响。

第三，不同层次的工学人力资源结构需要调整。《制造业人才发展规划指南》中提到 2015 年我国高等学校工学类专业本科在校生 525 万人、研究生在校生 69 万人；高等职业学校制造大类在校生 136 万人、中等职业学校加工制造类专业在校生 186 万人。针对目前的不均衡的人力资源分布，我们要对科技人力资源做好需求分析，更合理地规划高等院校本科、研究生、高等职业学校毕业生、中等职业学校招生的规模。

第四，需要创新的学科设计。由于国内外经济形势和环境的变化，我国亟须通过科技进步和产业升级实现转型发展。传统的工学学科专业（如纺织类、仪表类、轻工类、冶金类等）的地位将不断下降，同时这些学科专业的人才培养目标要向价值链高端发展。电子信息类、计算机类、机械类、材料类、海洋工程类、生物工程类、航空航天类、自动化类等将成为未来发展的重点学科专业大类，国家制造业的发展需要大批相关技术人才，尤其要培养航空航天及动力装备、海洋工程装备、先进轨道交通装备、电力装备、集成电路/高端元器件/专用仪器设备、农机装备等领域的专业人才。根据经济发展的需要，未来应密切结合区域经济发展的需要，设置“互联网＋”“中国制造 2025”等战略亟须的新兴产业相关专业。《制造业人才发展规划指南》中指出“推动高校探索建立跨院系、跨学科、跨专业交叉培养新机制。”跨专业人才培养将成为未来专业发展的趋势。

---

① 张文雪，等.工程教育专业认证制度的构建及其对高等工科教育的潜在影响[J].教育研究，2007(6)：61.

第五,培养多元化的创新型人才。未来培养的工学人才要具有扎实的理论基础、工程实践能力,要有多学科的背景及多方面的能力,具有系统创新能力,不仅能进行知识创造,还要能够进行知识转换,同时还需要具有良好的职业道德及社会责任感,因此,对工学培养模式提出了更高的要求。

本章小结

工学科技人力资源是核心科技人力资源,国家的经济社会发展进步做出重要贡献。因此,需要对工学的学生规模、专业设置、培养质量进行合理的规划,并将整体战略贯穿到一系列的相关政策设计和实施中。

一、电气信息类、机械类、土建类毕业生人数一直保持领先

1986—2016 年,我国本科层次共培养工学科技人力资源 2180.5 万人,其中电气信息类、机械类、土建类培养的毕业生人数最多,分别为 665.3 万人、373.4 万人和 255.6 万人,分别占工学毕业生总数的 30.5%、17.1%和 11.7%。

二、工学仍然面临着结构调整和质量提升的要求

截至 2017 年,本科层次工学培养的科技人力资源比例达 53.9%,与发达国家相比比例较高。但同时又存在"毕业即失业"与"招工荒"并存的现象,存在着结构性失业问题。根据《制造业人才发展规划指南》,高档数控机床和机器人、先进轨道交通装备、海洋工程装备及高技术船舶、农机装备、电力装备、节能与新能源汽车等重点领域人才还十分匮乏,需要更加积极地调整工学二级类及相关专业,提升人才培养质量。未来工学人才培养的方向要向多元化、创新型、跨专业人才方向努力。

当前,国家不断出台文件要求地方高校向应用型转变,引导高校积极开展产教融合、校企合作,把办学思路转到培养应用型技术技能人才、服务当地社会经济发展上来,将推动人才培养与社会需求更加对接。教育部与其他部委联合发布通知积极推进新工科建设,将进一步推动工学二级类及相关专业的发展。

中篇

我国科研人员的流动状况

PART

在现代社会中，人才作为链接创新要素、引领技术升级与提升国家竞争力的核心载体，日益成为驱动经济与社会发展的第一资源。科研人员是科技人力资源的核心力量。本篇依托我国科研人员微观数据，选取学术层级、机构类型、所属领域等维度分析我国科研人员空间流动的基本特征与动态趋势，并识别其主要动因，为有效促进我国科技人力资源配置效率提升与经济结构优化提供有益参考。

第八章

CHAPTER 8

概念界定与研究方法

第一节 概 念 界 定

一、科技人力资源与科研人员

经济合作与发展组织(OECD)与欧盟统计局(Eurostat)将科技人力资源的理论概念界定为"实际从事或有潜力从事系统性科学和技术知识的产生、促进、传播和应用活动的人力资源"[①]。具体而言,科技人力资源是满足下列条件之一的人:一是完成大专或大专文化程度以上教育,或完成联合国教科文组织《国际教育标准分类法 1997》(ISCED 1997)标准分类第五层次或以上科技教育;二是虽然不具备上述正式资格,但从事通常需要上述资格的科技职业,尤其是从事科学技术等相关工作人员。

《研究报告(2018)》根据上述定义并结合样本可获取性,选取科技人力资源中的重要组成部分——科研人员,开展相应研究。科研人员是指具有一定专业知识或专门技能,从事创造性科学技术活动,并对科学技术事业及经济社会发展做出贡献的科技人力资源。从统计角度出发,科研人员大多具有广泛和公开的学术产出成果,其流动轨迹和信息具有较高可获取性。综上,《研究报告(2018)》基于科研人员流动信息,研究科技人力资源流动现状,该报告后文关于科技人力资源的探讨,均基于对科研人员相关信息分析。当然,受限于科研人员原始数据的样本量及数据选取时间段等问题,所研究的科研人员流动特征具有一定的局限性,并不能代表我国全部科技人力资源和科研人员完整的流动情况。

二、科研人员分类

领域分类。《研究报告(2018)》主要以科研人员研究成果的所属领域作为判断依据。《研究报告(2018)》从社会经济发展需求出发,选取人工智能、医药卫生与大健康、高端装备、新材料和信息技术这五个关注度较高的重点行业,作为研究对象。

---

① 经济合作与发展组织(OECD)与欧盟统计局(Eurostat).科技人力资源手册,1995.

层级分类。《研究报告(2018)》按主要的科研人员 H 指数进行划分。"H 指数"方法由加州大学圣迭戈分校物理学家 Jorge E. Hirsch 提出,是计量科研工作者学术水平和能力的重要指标。其原始定义为,一名科学家的 H 指数是指其发表的 N 篇论文中有 H 篇每篇至少被引 H 次,而其余 $N-H$ 篇论文每篇被引均小于或等于 H 次。这一指标同时兼顾学术产出的数量与质量,是目前学界认可度较高的评价方式。《研究报告(2018)》结合"科学家在线"1200 万华人专家数据库中 H 因子分布结构将样本数据划分为四个层级:H 指数处于 0~5 的人才为初级科研人员,H 指数处于 6~15 为中级科研人员,H 指数处于 16~25 为高级科研人员,H 指数大于 25 为杰出科研人员。

三、科研人员流动

在《研究报告(2018)》中,将科研人员所属机构变化而导致的地理位置变化定义为空间流动,与机构位置变化时间的长短无关,科研人员的流动量也是基于本定义计算得到。某地区科研人员流动情况主要包含两部分:一是人才流入,指科研人员的工作地点从该地区地理空间以外的机构变更为该地区地理空间以内的机构;二是人才流出,指科研人员的工作地点从该地区地理空间以内的机构变更为该地区地理空间以外的机构。《研究报告(2018)》基于样本人才所属机构变化数据,研究科研人员流动的基本情况。

第二节 研究方法

一、数据来源与代表性分析

《研究报告(2018)》样本来源于"科学家在线"1200 万中国科研人员数据库。该数据库覆盖了我国几乎所有科研人员的科研产出成果,是国内最大的科研人员数据库,具有较高的代表性。《研究报告(2018)》以样本人员流动情况为基础,采用随机抽样的方法,选取完整简历样本 10 万份,识别其所属机构变动情况,按照相应的判定标准生成各维度的流动数据,并以此为基础开展我国科研人员流动情况的相关研究。

在所选的 10 万份样本中,科研人员的层级结构呈典型的金字塔形,层级越高的科研人员数量越少。在整个样本中,初级科研人员 47426 人,中级科研人员 38824 人,高级科研人员 11521 人,杰出科研人员 2229 人。其中初级、中级科研人员合计占总样本量的 86.25%,高级科研人员占总样本量的 11.52%,杰出科研人员仅占总样本量的 2.23%。

2010 年 10 万份样本的区域分布为:国内 88592 人,国际 11408 人。国内样本覆盖了 31 个省级单位,如表 8-1 所示。其中北京科研人员 23917 人,占总样本量的 23.92%,是国内样本量的 26.99%;其次是上海,有 9100 位科研人员,江苏以 7383 位科研人员排行第三;样本量前五的省份还有湖北和广东,被选中的科研人员数量分别为 5918 人、4919 人;样本量前五的省份合计 51237 人,占总样本量的 51.24%,是国内样本量的 57.83%。国际样本覆盖了 117 个国家或地区,其中样本量前五的国家分别为美国、韩国、英国、巴西和加拿大,相对应的科研人员数量分别为 3408 人、845 人、631 人、589 人和 462 人;样本量前五的国家合计有科研人员 5935 人,是总样本量的 5.94%,占国际样本量的 52.02%。

表 8-1 样本人才区域分布

区域	人数	区域	人数	区域	人数
北京	23917	天津	2561	山西	401
上海	9100	湖南	2501	广西	369
江苏	7383	黑龙江	2318	内蒙古	152
湖北	5918	吉林	2026	贵州	146
广东	4919	福建	1728	新疆	143
浙江	3989	甘肃	1419	海南	120
陕西	3837	重庆	1248	青海	52
山东	3434	河南	944	宁夏	40
安徽	2793	云南	704	西藏	17
辽宁	2713	江西	561	合计	88592
四川	2641	河北	498		

2010 年 10 万份样本的机构分为以下四种：大学、研究机构、医院和其他。对总样本的机构类型进行统计后发现，在大学的科研人员有 79553 人，占总样本量的 79.55%；在研究机构的科研人员有 7124 人，占总样本量的 7.13%；在医院的科研人员有 3741 人，占总样本量的 3.74%；在其他机构的科研人员为 9582 人，占总样本量的 9.58%。总体而言，所选的样本中，超过 3/4 的科研人员在高等教育系统内。

在所选的 10 万份样本中，从图 8-1 可看出：2010—2017 年，我国科研人员发生国际流动 17012 人次，其中初级科研人员 6171 人次，中级科研人员 8605 人次，高级科研人员 2061 人次，杰出科研人员 175 人次；科研人员发生跨省流动有 36030 人次，其中初级科研人员 10491 人次，中级科研人员 16458 人次，高级科研人员 8613 人次，杰出科研人员 468 人次；科研人员发生跨城市流动 46378 人次，其中初级科研人员 19307 人次，中级科研人员 16880 人次，高级科研人员 8605 人次，杰出科研人员 1586 人次。

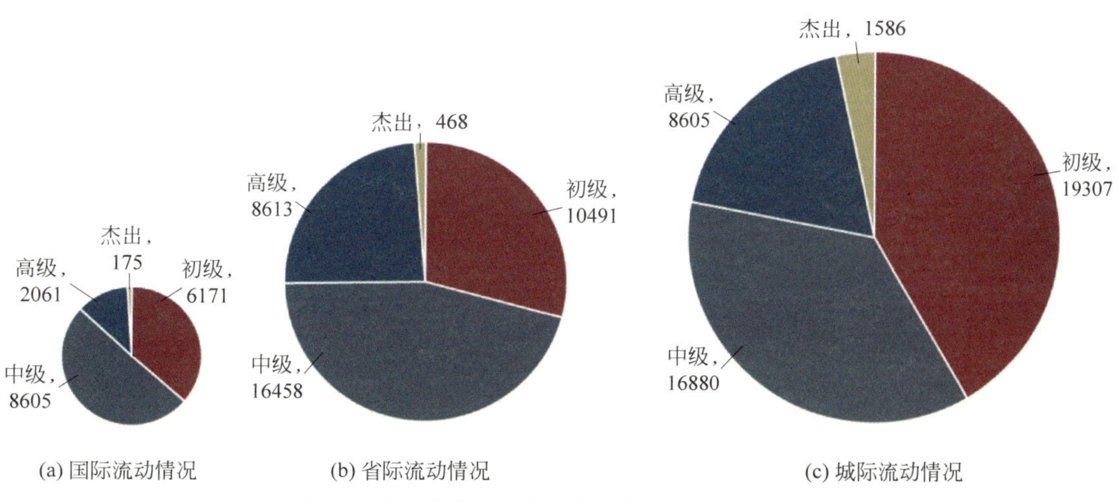

图 8-1 科研人员流动规模与层次汇总(单位：人次)

从领域分布来看，在图 8-2 中，2010—2017 年，人工智能领域发生流动有 9680 人次，其中初级、中级、高级、杰出科研人员的比例分别为 54.1%、28.7%、15.4%和 1.8%；医药卫生与大健康领域 11907 人次，其中初级、中级、高级、杰出科研人员的比例分别为 35.7%、42.2%、18.6%和 3.5%；高端装备制造领域为 12627 人次，其中初级、中级、高级、杰出科研人员的比例分别为 40.7%、34.8%、21%和 3.5%；新材料领域为 15440 人次，其中初级、中级、高级、杰出科研人员的比例分别为 27.8%、37.6%、29.6%和 5.0%；信息技术领域为 10027 人次，其中初级、中级、高级、杰出科研人员的比例分别为 56.8%、29.6%、12.4%和 1.2%。

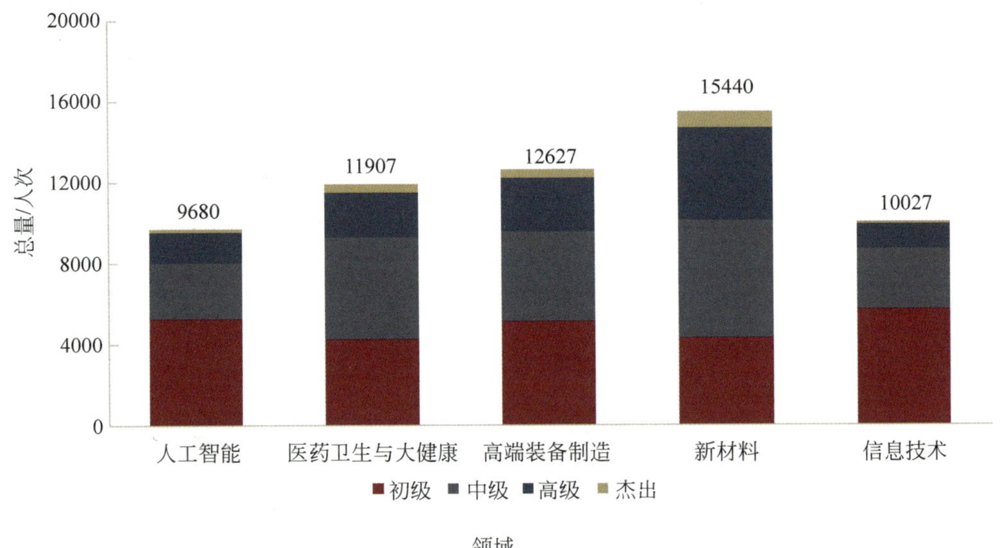

图 8-2　各领域人才流动规模与层级汇总

二、研究周期

《研究报告(2018)》选取我国科研人员在 2010—2017 年的空间流动信息，分析其总体流动特征；并将其划分为 2010—2013 年与 2014—2017 年两个时间段，分析其变动规律与发展态势。

三、研究方法

《研究报告(2018)》采用数据挖掘、社会网络分析、数据可视化等分析方法与技术，识别科技人力资源的多种流动形式，判断人才流动路径。

1. 履历分析

科研人员的履历记录其教育经历、学术成果、职位变迁、资助及荣誉获得等基本情况。为提升个人影响力与拓展合作资源，科研人员一般都具有强烈的动机提供及时、准确、方便获取的个人职业履历。1996 年美国佐治亚理工大学设立 RVM 项目，基于人才履历开展科研中心的创新管理和绩效、科研评价、科学合作动力、科研人员评价及技术转移等研究，开创了履历研究先河。此后，履历分析的应用范围不断拓展，逐渐应用于科技人员职业轨迹、空间流动、科学集体科研能力等科研人员流动研究。《研究报告(2018)》基于科研人员履历数据,提炼其工作变动信息,用以分析人才空间流动轨迹。

2. 社会网络分析

社会网络分析法是由社会学家根据数学方法、图论等发展起来的定量分析方法。该方法主要用以研究一组行动者在社会环境中的相互作用,并表达为基于关系的模式或规则,从而反映社会结构。近年来,该方法在职业流动、世界政治和经济体系、国际贸易等领域广泛应用。科研人员的流动在很大程度上受其所处的社会网络及在其中产生的新关系影响,在研究过程中,不应将科研人员视为独立的个体,而应将其社会性流动纳入考虑范围。将履历与社会网络分析相结合将是人才流动研究的新契机①。

《研究报告(2018)》主要采用核心-边缘分析和凝聚子群分析两种社会网络研究方法。核心-边缘分析是根据节点的重要性和亲疏程度,把网络中的节点分为核心节点和边缘节点,从而简化复杂网络和聚焦网络关键结构。该研究方法主要用于描述子群内部的关系与子群之间的关系,解决判断标准无法量化的问题。其中,网络核心度主要用以衡量每个节点的重要程度;基尼系数用以衡量人才流动网络关系的集中或均衡程度。

在科研人员流动网络中,由于地理、历史以及经济等因素,部分区域之间的人才交流相对而言更加频繁,形成了相对紧密的、由多个区域构成的小团体。为了识别复杂网络中的"子结构",《研究报告(2018)》采用社会网络分析中的凝聚子群分析方法,选取定义较为严格的派系(cliques)进行分析。在一个图中,派系定义为至少包含三个点的最大完备子群,即图中任意两点都是直接相关联的,并不存在任何和派系中所有点都有关联的其他点;派系是最大的,即无法向图中加入任何新的点。

在网络分析中,节点(node)指的是用作分析的主体,在本节中指的是科研合作网络中的各个区域。而某一个节点的度(degree)指的就是与这个节点相关联的边的数量。对于有方向网络,节点的度又分为出度和入度。出度是指从定点出发的边的数量,而入度是指指向定点的边的数量。为了区分人才流动的方向,《研究报告(2018)》用出度代表某一个区域的人才流出数量,而入度则代表某一个区域的人才流入数量,出入度比则表示出度与入度的比值,用以衡量该地区的人才净流动情况。

3. 数据可视化

数据可视化是利用计算机图形学和图像处理技术,将数据转换成图形或图像,再进行交互处理的理论、方法和技术。数据可视化提高了人对事物的观察能力,促进了整体概念的形成②。空间数据是一类具有时间维度、空间维度以及众多属性维度的数据。数据可视化是空间分析中最为常用的方法,主要包括平面图形和三维图像、GIS可视化方法、空间数据多媒体表现、虚拟现实等。《研究报告(2018)》采用ECharts、Excel等可视化工具,基于人才流动信息勾勒人才流动轨迹,并在此基础上结合地图独特的视觉效果对空间信息进行分析和处理,充分展现分布现状,凸显分布特征。

---

① 田瑞强,姚长青,袁军鹏,等.基于科研履历的科技人才流动研究进展[J].图书与情报,2013(5):119-125.

② 吴加敏,孙连英,张德政.空间数据可视化的研究与发展[J].计算机工程与应用,2002,38(10):85-88.

本章小结

《研究报告(2018)》选取科技人力资源中的重要组成部分——科研人员,作为关注群体开展相应研究,关注其在国际、省际和城际上的流动情况。样本量为10万份,来源于"科学家在线"1200万中国科研人员数据库。根据科研人员H因子,将样本划分为初级科研人员、中级科研人员、高级科研人员和杰出科研人员。以样本的所属机构变化来研究科研人员流动的基本情况。

研究周期为2010—2017年。主要采用数据挖掘、社会网络分析、数据可视化等分析方法与技术,识别科研人员的多种流动形式,判断流动路径。

第九章

CHAPTER 9

我国科研人员的空间流动

受限于数据获取，我国科研人员流动研究一直是个难题。但另一方面，作为科技人力资源中的重要资源，科研人员的流动状况又表征着整个国家经济潜力的发展状况，代表我国科技产业引擎的分布，对创新与经济发展的全局认识至关重要。科研人员的流动是一个空间概念，随时间变化引起的空间变化特征是科研人员流动分析的主要内容。当前，在全球化日益深入，全球经济摩擦愈发频繁的背景下，以创新驱动和“双创”为特征的时代经济旋律迫切需要深度了解我国科研人员的国际和国内流动特征。我国在全球科研领域的影响力已经处于前列，以科研和高端智力人才为代表的人才流动也是我国“一带一路”倡议的重要组成部分。同时，随着时间的推移，我国经济内部也出现了多极引擎，京津冀、珠三角、长三角等区域对科研创新人才的关注度都大幅提升。本章重点关注我国科研人员的国际和国内流动特征，并对典型城市科研人员和流动进行分析，旨在深入理解我国科研人员的空间流动，探究人员流动的趋势与规律。

第一节　我国科研人员的国际流动特征

国际人才竞争日趋激烈，导致人才国际流动态势更加显著。我国科研人员作为人才竞争的重要参与者，在国际上的流动愈加频繁，但受经济发展、科研生态、生活环境等众多要素的影响，我国科研人员的国际流动有明显的特点。

一、主要流向美国及欧洲发达国家

从全球范围来看，我国科研人员的流动空间较为广阔。2010—2017 年，在 10 万份样本中，我国科研人员中有 17012 人次发生跨国流动，其流动范围覆盖了 117 个国家，在流动过程中，单向流动超过 10 人次的国家共计 28 个[①]，主要为美国和欧盟、东盟、东亚、金砖国家等我国主要贸易伙伴。

---

① 按照大于或等于 10 的条件对原始数据作对分，并通过核心-边缘结构研究方法连续模型，筛选除网络核心度大于 0 的节点。

我国是科研人员流动网络中最重要的核心[①],网络核心度为 0.382。从国际上来看,发达国家是人才流动的重要枢纽,如图 9-1 所示。其中美国网络核心度为 0.380,英国、德国、法国的重要性紧随其后,网络核心度分别为 0.344、0.289 和 0.237。整体来看,除我国外,核心度超过 0.1 的枢纽节点皆为发达国家。

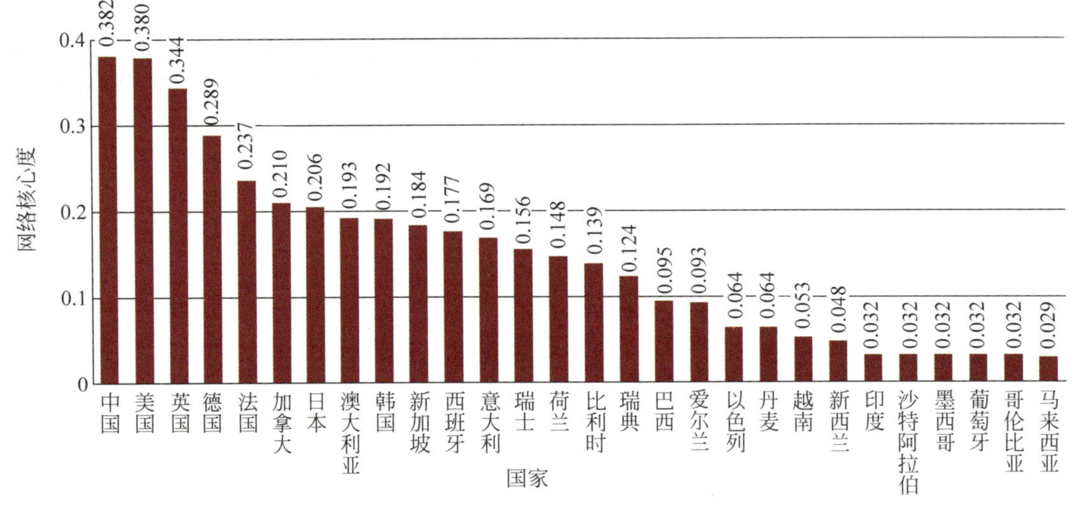

图 9-1 28 个主要流动国家网络核心度

全球流动网络集群[②]间的重合度很高,根据表 9-1 显示,中国、美国、德国、英国是多个集群的成员,与其他国家存在较强的、直接的跨国流动,在流动网络中处于核心地位。澳大利亚、法国、加拿大、日本、瑞典、新加坡与核心中的多个国家发生紧密流动,参与的人才交流网络集群超过 4 个成为次核心国家。过渡区域则主要为爱尔兰、以色列、丹麦等发达国家和巴西、越南、印度等新兴经济体。从地缘上来说,这些过渡区域基本处于中、美、英、德、法等核心国家的辐射范围,也带动了其人才交流的增长。

表 9-1 我国科研人员全球流动网络集群

序 号	集 群
1	英国、德国、美国、中国、加拿大、澳大利亚、新加坡、日本
2	英国、法国、德国、美国、中国、加拿大、澳大利亚、新加坡
3	英国、德国、美国、中国、加拿大、澳大利亚、韩国、日本
4	英国、德国、美国、中国、荷兰、澳大利亚
5	英国、法国、德国、美国、中国、荷兰、澳大利亚
6	英国、法国、德国、美国、中国、澳大利亚、瑞士
7	英国、德国、美国、中国、澳大利亚、韩国、瑞士
8	西班牙、英国、法国、德国、美国、中国、意大利、瑞士

① 因本节研究内容为中国科研人员的国际流动,故在做国家间比较时,中国都处于流动网络的核心。

② 处于一个集群的对象,其内部相互之间存在较强的、直接的、积极的关系,且是一个相对独立的小团体,其他外部区域成员鲜与内部全部成员发生较强的合作联系。

续表

序　号	集　群
9	瑞典、德国、美国、中国、新加坡
10	英国、法国、德国、美国、中国、荷兰、比利时
11	英国、美国、中国、爱尔兰
12	瑞典、美国、中国、丹麦
13	美国、中国、阿拉伯
14	美国、中国、奥地利
15	美国、中国、葡萄牙
16	美国、中国、以色列
17	美国、中国
18	西班牙、法国、德国、意大利、巴西
19	韩国、日本、越南
20	中国、新西兰、澳大利亚

从图 9-2 中可看出，中美两国科研人员交流最为密切，在 10 万份研究样本中，从我国流向美国的科研人员达到 2500 人次。据美国国际教育协会(IIE)统计，在 2016—2017 学年之中，共有 35 万名中国留学生[①]在美国上学，占全世界中国留学生总数的 32.5%；据美国公民及移民服务局统计，2017 财年 H-1B[②] 受益人中，中国国籍人员数量达 36 万人，占总量的 10.8%。我国青年到美国留学、访学、就业是科研人员流向美国的重要组成。此外，美国流向我国 1285 人次。

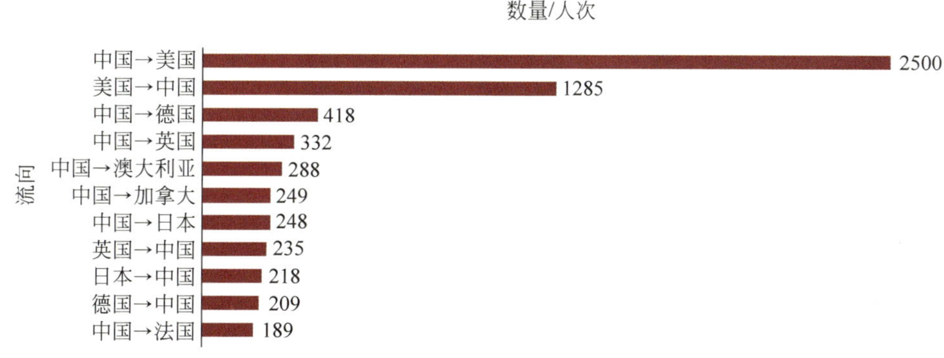

图 9-2　2010—2017 年我国科研人员全球流动网络

图 9-3 为 2010—2017 年基于 10 万份样本我国科研人员净流入和净流出主要国家情况。美国为人才的净流入大国，净流入量约是排名第二的澳大利亚的 7 倍，远远超过德国、英国、加拿大等发达国家的净流入量的总和，对我国科研人员有强大的吸引力。我国则主

① 在美国高等教育机构学习，并持有被允许从事学术课程活动的临时签证。

② H-1B，即特殊专业人员/临时工作签证，系美国最主要的工作签证类别，发放给美国公司雇佣的外国籍有专业技能的员工，属于非移民签证的一种。持有 H-1B 签证者可以在美国工作 3 年，然后可以再延长 3 年，6 年期满后如果签证持有者的身份还没有改变，就必须离开美国。

要表现为科研人员的净流出，而在韩国、西班牙、印度等地，也有相当数量的我国科研人员，呈现人才流出的态势。

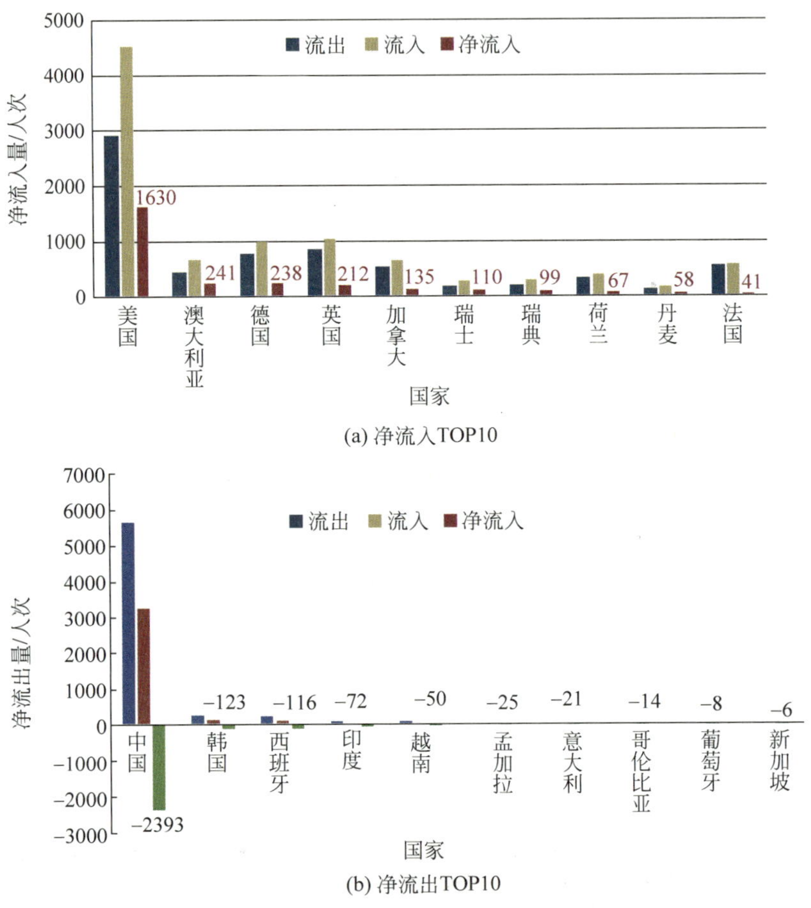

(a) 净流入TOP10

(b) 净流出TOP10

图 9-3　2010—2017 年我国科研人员净流入 TOP10 与净流出 TOP10

二、向少数发达国家集聚的态势增强

整体来看，单向流动科研人员数超过 200 人次的国家主要集中在中国、美国、英国、德国、法国、加拿大、澳大利亚、日本和韩国 9 个国家。随着时间的推移，中美的核心度进一步提升。与 2010—2013 年相比，2014—2017 年的单向流动超过 10 人次的国家由 24 个减至 20 个，越南、爱尔兰、墨西哥和新西兰不再是枢纽国家，人才流动枢纽逐渐向发达国家转移。中国、美国的网络核心度均上升了 0.03，人才集聚与输送能力相对强化，同时，德国、丹麦和澳大利亚枢纽地位获得较大幅度提升，英国、韩国和日本等枢纽的重要性降低（见图 9-4）。

科研人员主要流动路径向少数国家集中。根据图 9-5 和图 9-6 所示，2010—2013 年，科研人员流动网络以中国、美国、德国和英国为核心，其次是加拿大、澳大利亚、新加坡、瑞士、法国、日本、意大利、韩国，流动网络密集度高。2014—2017 年，中、美两国核心地位强化，德国、英国和澳大利亚等枢纽功能弱化，同时科研人员流动枢纽逐渐向发达国家转移。

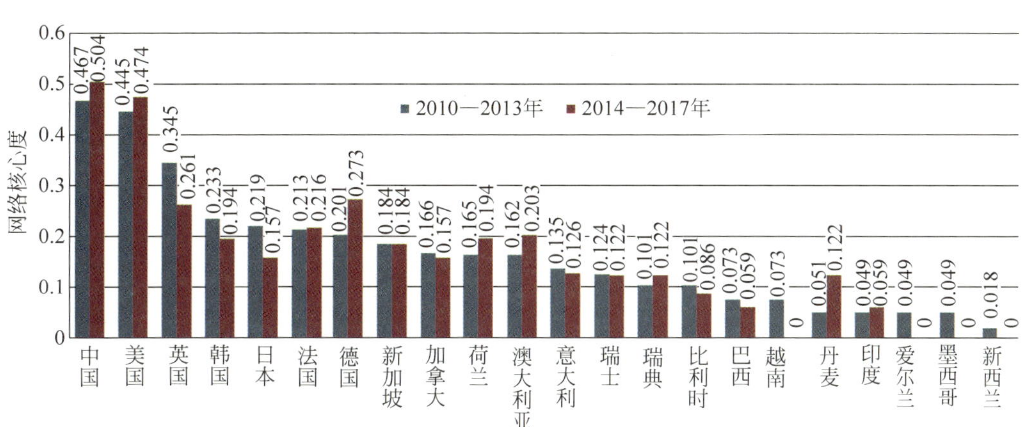

图 9-4 主要国家科研人员流动网络核心度不同时期对比

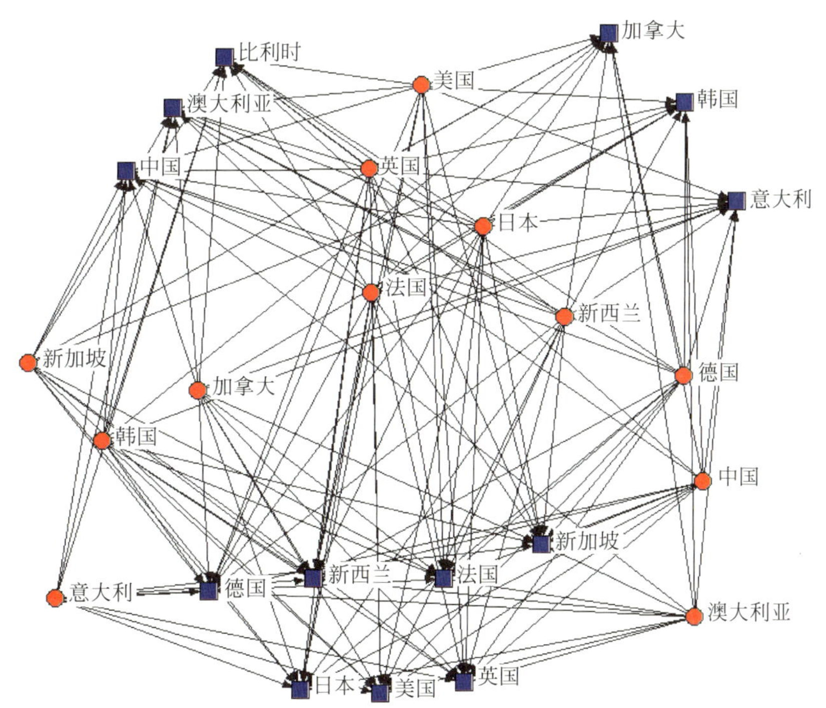

图 9-5 2010—2013 年主要国家科研人员流动网络

我国科研人员回流态势不断增强。在 10 万份研究样本中，2010—2013 年，我国净流出科研人员 1879 人次，2014—2017 年，净流出 513 人次，科研人员净流失数量减少，出入度比由 2.19 下降到 1.40，回流人才主要来自美国、澳大利亚等发达国家。人才回流趋势加强，这可能受益于近年我国经济社会的飞速发展以及人才引进政策的大力推进，越来越多的科研人员选择回国。

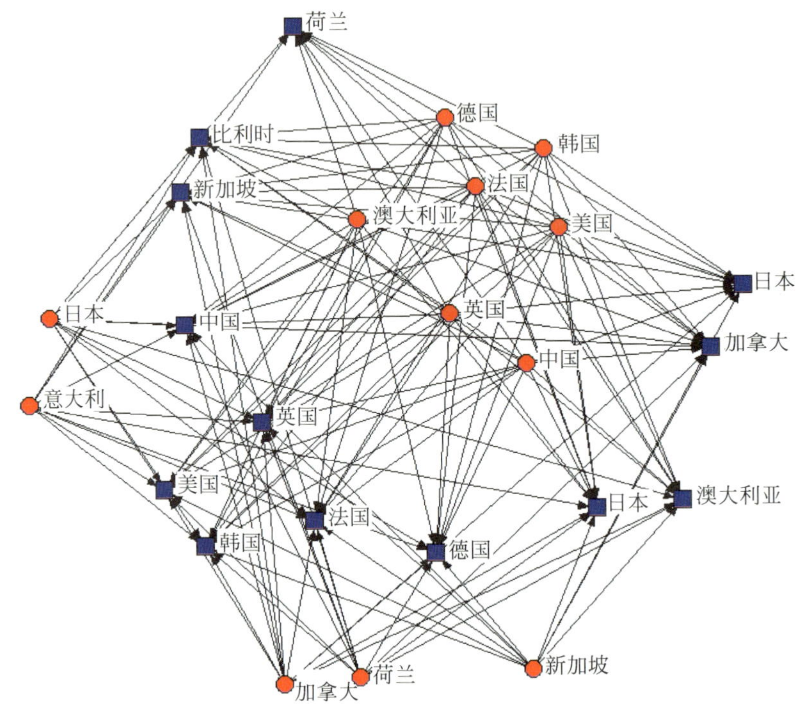

图 9-6　2014—2017 年主要国家科研人员流动网络

三、科研水平、经济社会发展速度及国际关系是主要因素

全球化是我国科研人员国际流动性增强的时代大背景。随着全球化进程的加快,产业链、创新链的全球化布局迅速推进,人力资源要素流动性增强。加入世贸组织后,我国作为世界工厂在全球化进程中占据重要地位,对全球经济、贸易交换与科技创新的贡献与影响也逐渐增大。一方面,跨国公司、海外研发中心等组织形式强化了我国科研人员的流动性,如 BAT(B 指百度,A 指阿里巴巴,T 指腾讯)在美国专门设立研发中心或猎头据点,吸引大量我国科研人员回流。另一方面,高等教育领域国际合作研究、国际联合培养、留学等交流机制日益顺畅,科研人员科研生涯的流动性显著增强。

科研基础与发展速度是影响我国科研人员流动方向的主要因素。联合国对全球各国家 2017 年 R&D 经费投入进行统计,美国、中国和日本分别以 4705 亿美元、3706 亿美元和 1705 亿美元排名前三,德国、韩国、法国、印度和英国等国家随后。从整体来看,科研人员流向与科研生态存在较高的相关性。全球科技资源和创新能力不均衡,美国、欧盟国家拥有较多的知名高校、高影响力研究机构和高端人才,能为科研人员提供更好的实验器材、合作网络、发展平台和更多的科研经费等支持条件,因而对科研人员具有较大吸引力。

近年来,从发达国家流向新兴经济体成为我国科研人员国际流动的重要方向,其主要原因是新兴经济体逐渐从价值链底端向中高端攀升,这种发展趋势带来了巨大的人才缺口与发展机会,政府层面有较强动力提供优渥条件吸引科研人员,科研人员也能在新兴经济体的飞速发展中获取更大的发展机遇。

国际关系是影响我国科研人员流动的重要外部因素。过去十余年,中美双方关系稳定,美国对华定位以国际贸易伙伴为主,我国科研人员在中美两国间的流动活跃且顺畅。

2018年以来，随着中国的崛起，两国间在经济科技领域竞争加剧，美国对我国的定位转变为战略竞争对手，两国间贸易、科技领域摩擦加剧，美国智库多次提议限制对来自中国的科研人员的资助，我国科研人员的两国间往来也受到阻碍。

第二节 我国科研人员的省际流动

本节重点关注在我国省级行政区域维度划分下科研人员的流动情况。聚焦《研究报告(2018)》所研究的我国科研人员样本，2010—2017年，在10万份样本中，发生科研人员跨省级流动36030人次，流动范围覆盖31个省级行政区划单位，其中单向流动超过100人次的省份27个[①]。

一、科研人员流动与区域经济发展特征总体一致

北京是我国科研人员流动的最重要枢纽。北京的网络核心度为0.523，远远高于第二梯队的上海、湖北、山东、广东、四川和吉林等省级区域。第二梯队的网络核心度处于0.2～0.3，见图9-7。我国科研人员流动网络集群[②]间的重合度很高，北京、上海、广东和江苏皆为多个流动集群的中心节点(见表9-2)，与其他省级区域存在较强的、直接的人才流动，在流动网络中处于核心地位。

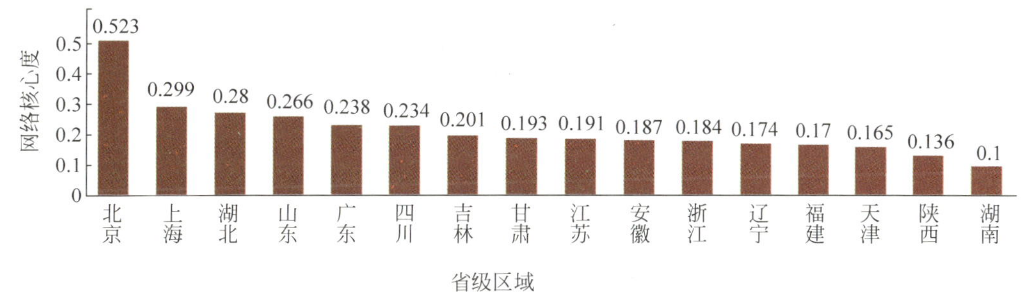

图9-7 部分省级区域科研人员流动网络核心度

表9-2 全国科研人员流动的典型集群

序号	集　群	序号	集　群
1	北京、黑龙江、广东、江苏、上海、山东	11	北京、四川、陕西、上海、重庆
2	北京、浙江、广东、江苏、上海、山东	12	北京、四川、广东、湖北、上海
3	北京、广东、江苏、上海、山东、福建	13	北京、四川、湖北、上海、安徽
4	北京、浙江、广东、湖北、江苏、上海	14	北京、广东、上海、山东、天津
5	北京、江苏、上海、山东、甘肃	15	北京、浙江、广东、湖北、湖南
6	北京、江苏、上海、重庆	16	北京、浙江、广东、江苏、辽宁
7	北京、浙江、湖北、江苏、上海、安徽	17	北京、黑龙江、广东、江苏、辽宁
8	北京、湖北、江苏、上海、吉林	18	北京、江苏、辽宁、吉林
9	北京、黑龙江、陕西、上海、山东	19	北京、黑龙江、陕西、辽宁
10	北京、陕西、上海、山东、甘肃	20	北京、广东、辽宁、天津

① 按照大于或等于100的条件对原始数据作对分，并通过核心-边缘结构研究方法连续模型，筛选除网络核心度大于0的节点。

② 处于一个集群的对象，其内部相互之间存在较强的、直接的、积极的关系，且是一个相对独立的小团体，其他外部区域成员很少与内部全部成员发生较强的合作联系。

整体来看，东部省份的经济与科研实力强大，企业、高校和科研机构等载体发展迅速，科研力量活跃，具备良好的人才培养与承载能力，人才往来频繁，在人才流动网络中处于重要地位。

人员的流动方向如图 9-8 所示，北京的人才虹吸效应最为明显。在所研究的 10 万份样本中，2010—2017 年科研人员流动主要集中在环渤海、长三角、广东、陕西和湖北地区，主要路径包括：

(1) 从湖北(1214 人次)、山东(1203 人次)、江苏(923 人次)、广东(866 人次)、上海(803 人次)、黑龙江(533 人次)、陕西(532 人次)和安徽(506 人次)等地流向北京。

(2) 从北京(923 人次)、江苏(894 人次)、湖北(671 人次)流向上海。

(3) 从北京流向广东(845 人次)、江苏(712 人次)、山东(661 人次)和天津(506 人次)。

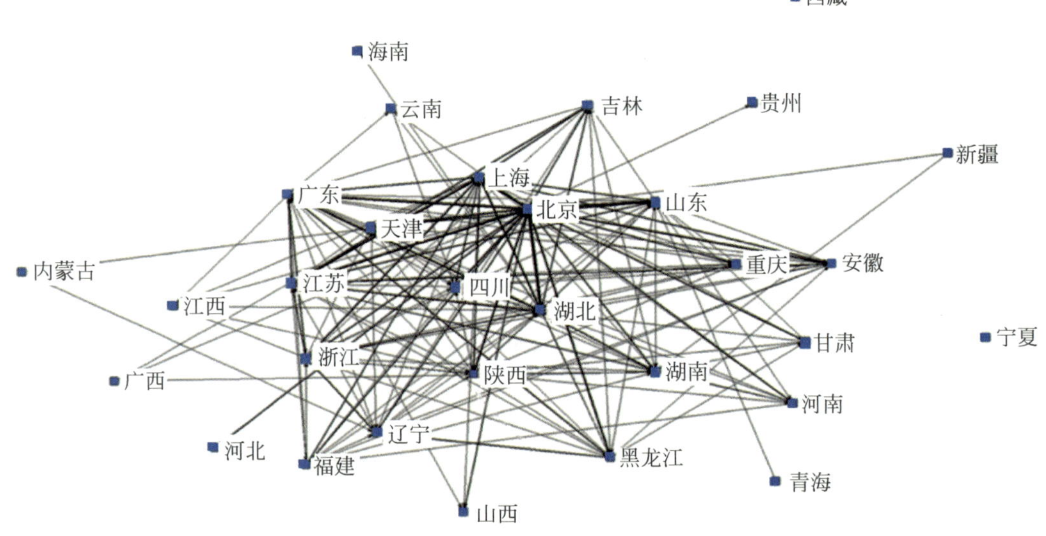

图 9-8　科研人员省际流动网络

从图 9-9 可看出，在地区人员的流动上，形成了北京、上海为主要净流入区域，湖北、山东和黑龙江为主要净流出区域的格局。北京、上海净流入量分别高达 2145 人次和 1898 人次，是我国科研人员净流入量最高的区域。广东、河南、湖南、浙江和重庆净流入量逾 200 人次，是吸引科研人员流入的第二阵营。而湖北、山东和黑龙江等地的人才则大幅流出，净流出量分别为 1945 人次、1276 人次和 1159 人次，是我国科研人员的主要输出省份；甘肃、吉林、安徽、陕西和四川的净流出量高于 200 人次，是人才输出的第二阵营。整体来看，流入区域主要为经济发达地区，流出区域主要为经济发展程度中等及偏低的省份。

二、科研人员流动愈发呈现出发展不均衡的态势

首先是流动的集中度提升。整体来看，与 2010—2013 年相比，2014—2017 年单向流动超过 100 人次的省份由 24 个减至 23 个，基尼系数由 0.572 上升至 0.688，省际人才流动的不均衡格局加剧，人才交流活跃的地区越来越集中在少数省市。具体来看，北京、上海、浙江和江苏等省市在人才流动网络中的核心度提升，人才聚集、吸引与输送能力相对强化；福

建、山东、黑龙江、四川、广东、吉林、甘肃和湖南等省份的核心度则进一步下降。图 9-10 为部分省级区域科研人员流动网络核心度不同时期对比。

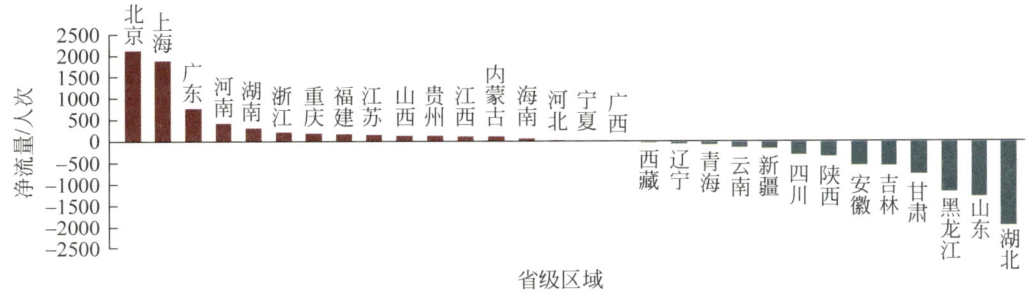

图 9-9 部分省级区域科研人员净流量

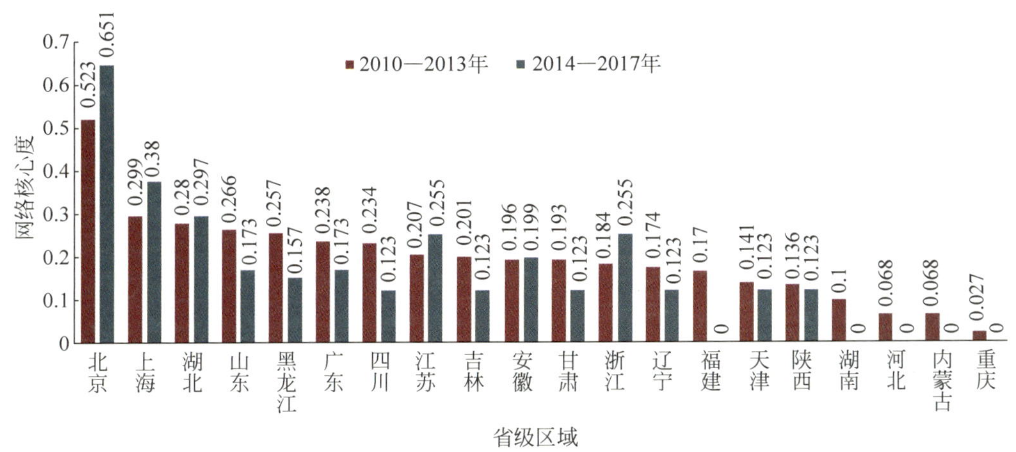

图 9-10 部分省级区域科研人员流动网络核心度不同时期对比

其次，人才环流区域更加集中。如图 9-11 所示，2010—2013 年，以北京为核心，广东、安徽、浙江、江苏、湖北、上海、山东和陕西 8 个省份间存在稳定、大量的人才环流，即科研人员在这几个省份间都有流动。而 2014—2017 年，环流网络的节点省份已经下降至 6 个，安徽、陕西两个中西部省份已从人才环流网络中脱离，人才主要流动节点向少数中东部省份集中。

按年度看，在研究的 10 万份样本中，2010 年我国科研人员区域流动主要集中在北京、上海、江苏、湖北、山东、浙江、广东和天津等省市，如图 9-12 所示。主要流动方向为：

(1) 从广东(252 人次)、山东(247 人次)、湖北(234 人次)、江苏(156 人次)、四川(144 人次)和上海(143 人次)流向北京。

(2) 从湖北(119 人次)、江苏(104 人次)流向上海。

与整体流动情况相比，科研人员流动主要表现为中东部省份人才向北京集中，以及长江中下游省份向上海集中，北京、上海等人才高地间流动并不频繁。

2011 年我国科研人员省际流动主要集中在北京、上海、江苏、湖北、山东、广东、浙江和陕西等省份，如图 9-13 所示。主要流动方向为：

(1) 从湖北(273 人次)、陕西(156 人次)、江苏(150 人次)、黑龙江(119 人次)、天津(113 人次)、上海(104 人次)和山东(101 人次)流向北京。

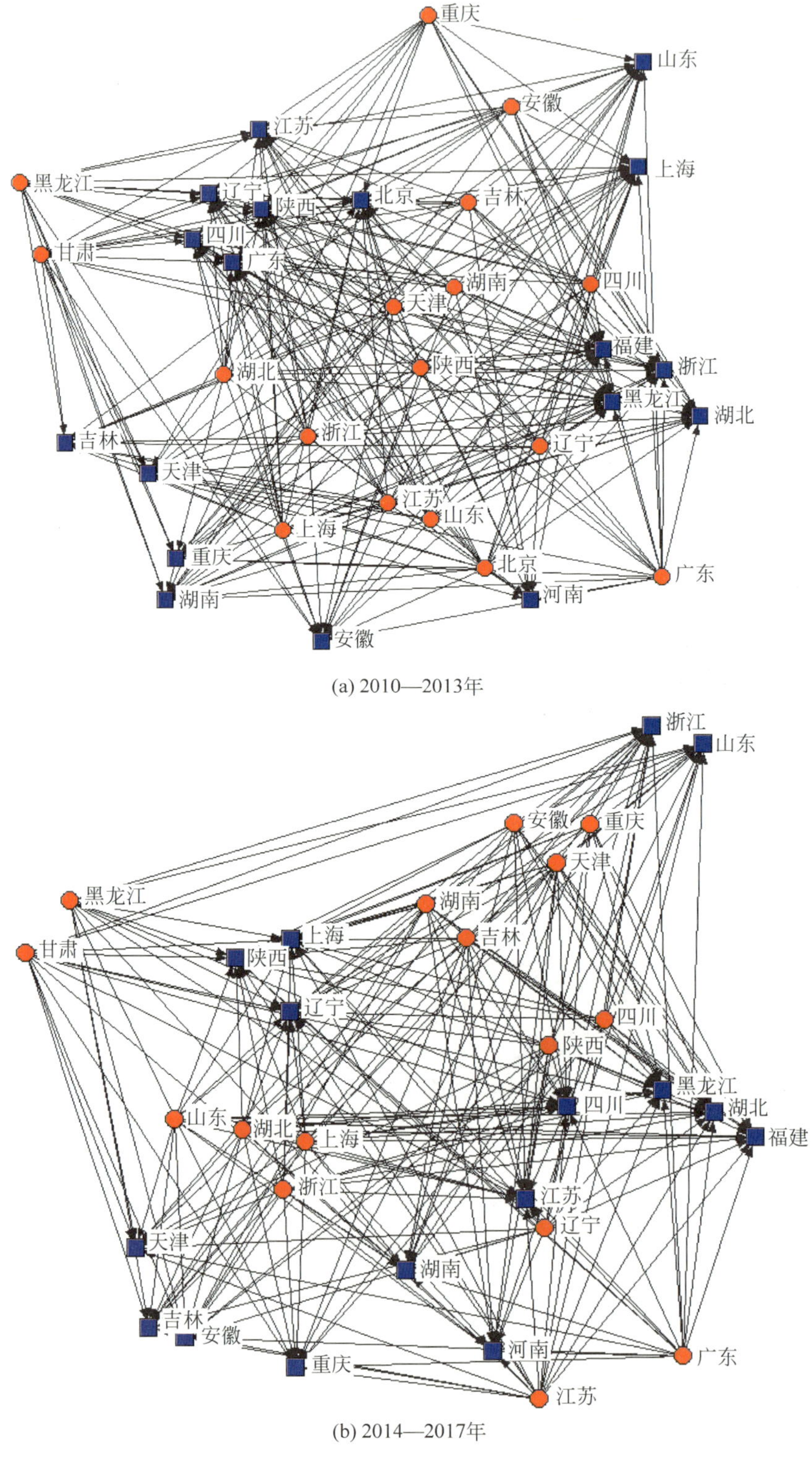

(a) 2010—2013年

(b) 2014—2017年

图 9-11　主要省级区域科研人员流动网络

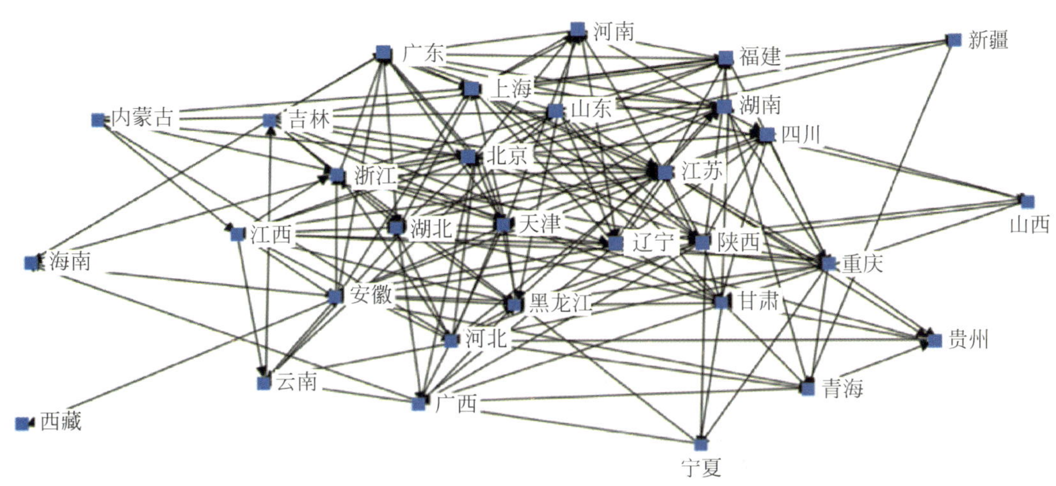

图 9-12 2010 年主要省级区域科研人员流动网络

(2) 从江苏(184 人次)、湖北(129 人次)和北京(125 人次)流向上海。

与 2010 年相比,湖北、陕西和黑龙江等中西部省份 2011 年对北京、上海的人才输出量进一步提升,而北京、上海之间人才流动则较 2010 年有了显著的强化。

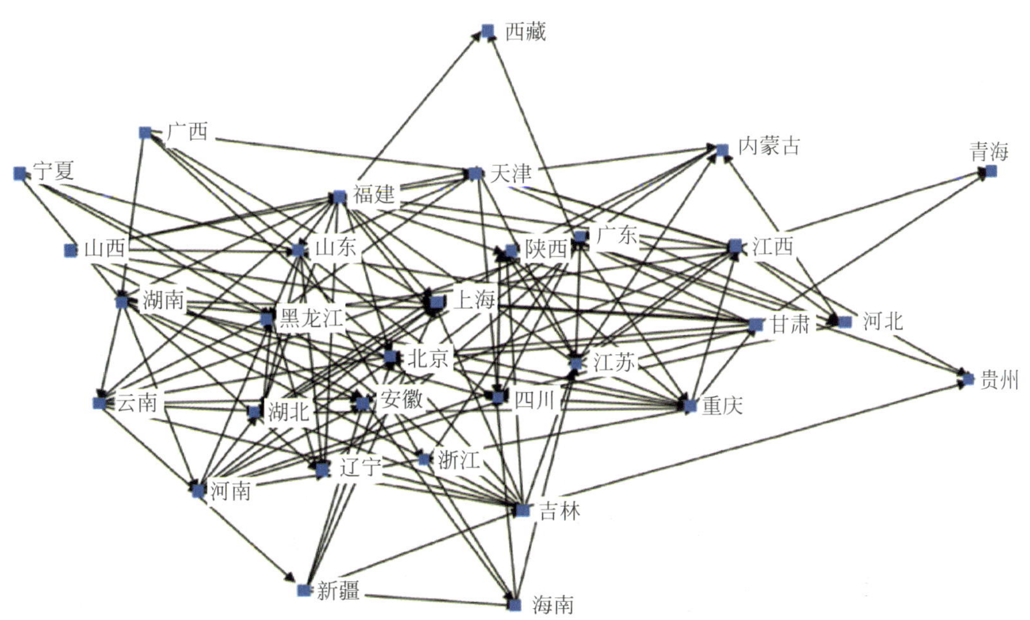

图 9-13 2011 年主要省级区域科研人员流动网络

2012 年我国科研人员省际流动主要集中在北京、上海、湖北、广东、江苏、浙江、山东、天津和陕西等省级区域,如图 9-14 所示。主要流动方向为:

(1) 从湖北(301 人次)、山东(256 人次)、广东(150 人次)、江苏(122 人次)、四川(107 人次)和吉林(102 人次)流向北京。

(2) 从北京流向广东(118 人次)、江苏(107 人次),从江苏(159 人次)、北京(140 人次)和湖北(110 人次)流向上海。

(3) 从上海(105 人次)流向浙江。

与 2011 年相比,虽然北京、上海仍是核心,但广东、江苏和浙江等东部沿海省份对北京、上海人才的吸引力提升。

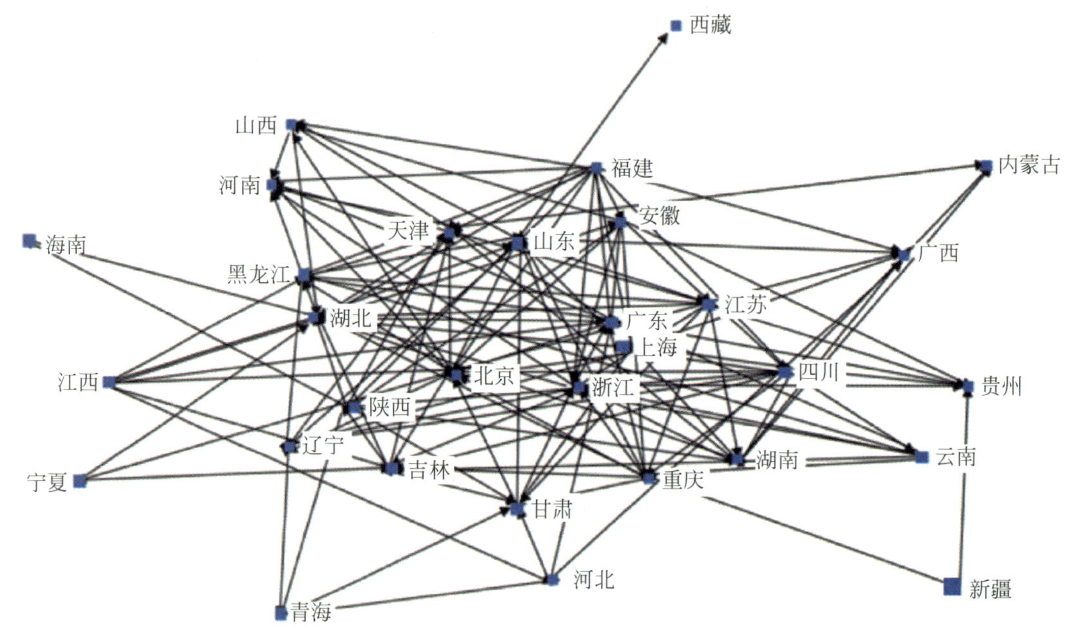

图 9-14　2012 年主要省级区域科研人员流动网络

2013 年我国科研人员省际流动主要集中在北京、江苏、上海、浙江、广东、湖北、陕西、山东、四川和安徽等省级区域,如图 9-15 所示。主要流动方向为:

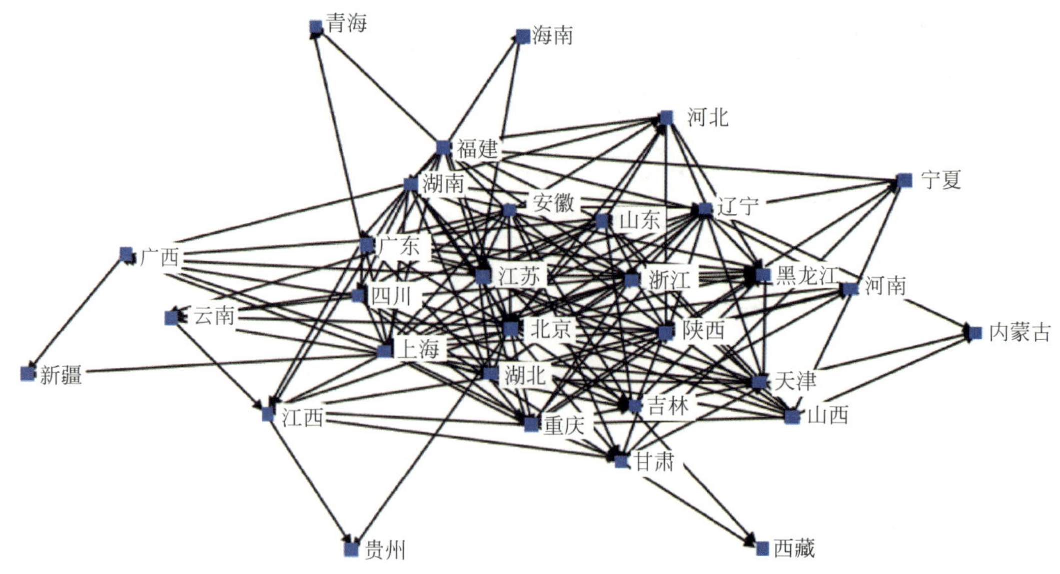

图 9-15　2013 年主要省级区域科研人员流动网络

(1) 从湖北(165人次)、江苏(160人次)、山东(148人次)、陕西(144人次)、四川(118人次)和广东(101人次)流向北京。

(2) 从北京流向广东(102人次)、江苏(273人次)、上海(143人次)和山东(109人次),从浙江(101人次)流向江苏。

与2012年相比,上海在长三角地区的人才输送与吸引能力降低,逐步被江苏、浙江超越。

2014年我国科研人员省际流动主要集中在北京、上海、广东、湖北、江苏、浙江、山东、辽宁、四川和安徽等省级区域,如图9-16所示。主要流动方向为:

(1) 从山东(201人次)、广东(150人次)、上海(131人次)、安徽(117人次)和湖北(115人次)流向北京。

(2) 从北京流向上海(152人次)、山东(180人次)和福建(110人次)。

(3) 从湖北流向广东(137人次)、上海(104人次),从江苏(114人次)流向上海。

与2013年相比,东部省份成为北京人才流入的主要来源,湖北省开始上升为人才输送的主要中心,人才流动路径更加分散,上海对人才储备大省的吸引能力再一次增强。

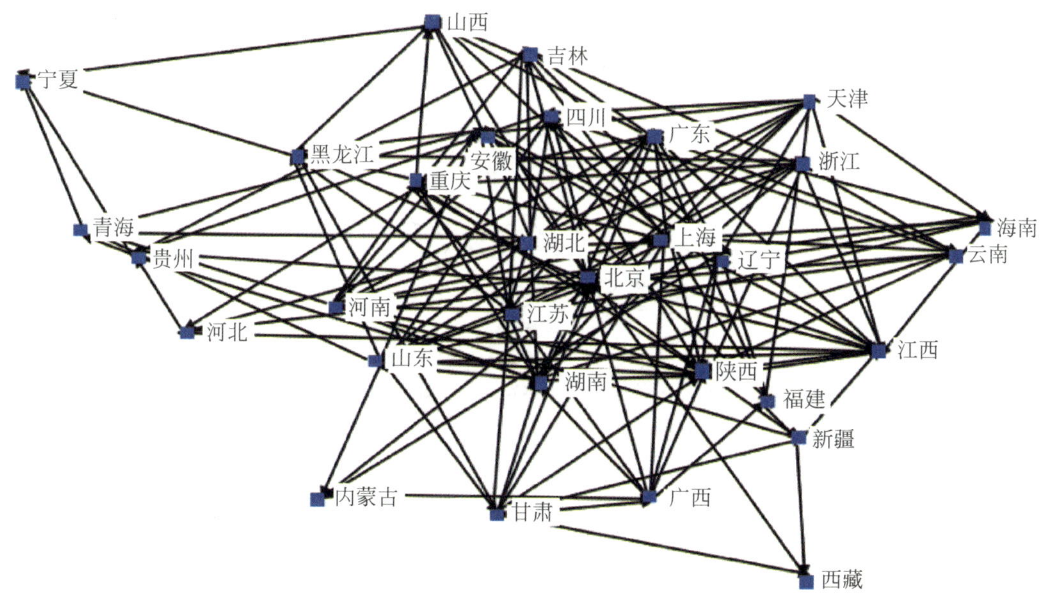

图9-16　2014年主要省级区域科研人员流动网络

2015年我国科研人员省际流动主要集中在北京、上海、江苏、广东、湖北、山东和浙江等省级区域,如图9-17所示。主要流动方向为:

(1) 从北京流向广东(220人次)、上海(130人次)、湖北(119人次)、江苏(118人次)、山东(114人次)和天津(105人次)。

(2) 从上海(155人次)、江苏(117人次)和湖北(114人次)流向北京。

(3) 从上海(110人次)流向江苏。

与2014年相比,东部地区流向北京的人才数量大幅减少,主要表现为北京的人才流出。

2016年我国科研人员省际流动主要集中在北京、广东、江苏、上海等省级区域,如图9-18所示。主要流动方向为:

(1) 从北京流向广东(155 人次)、江苏(144 人次)和上海(130 人次)。

(2) 从江苏(129 人次)流向上海。

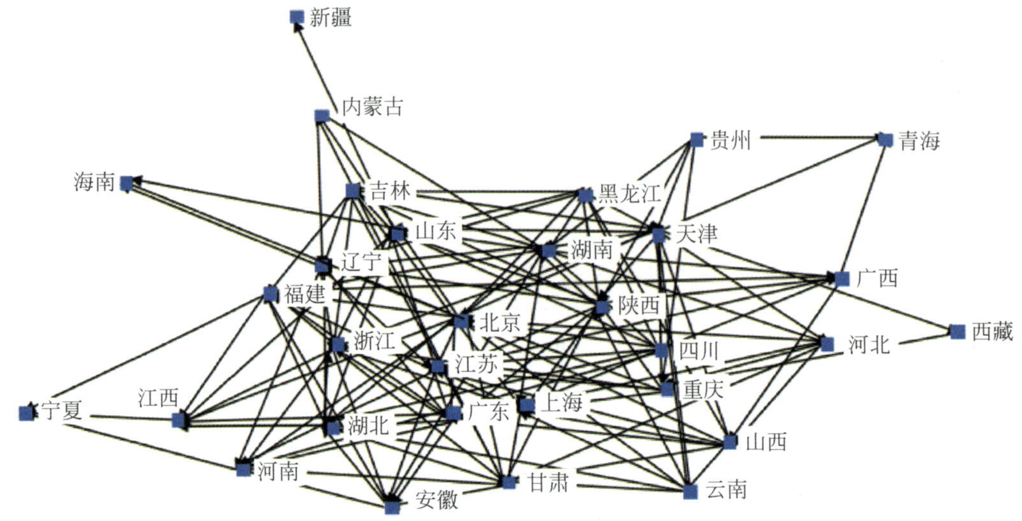

图 9-17　2015 年主要省级区域科研人员流动网络

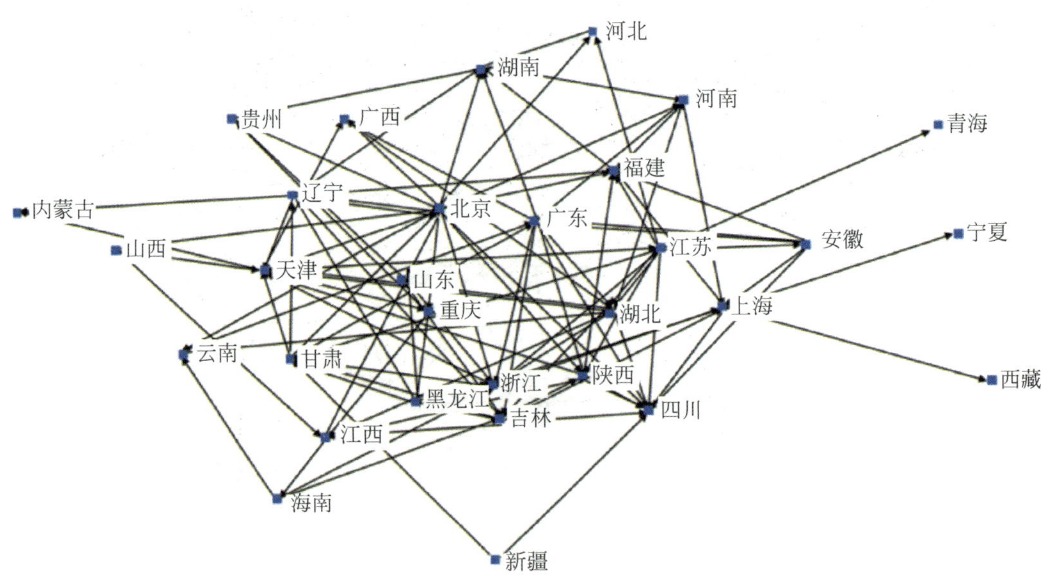

图 9-18　2016 年主要省级区域科研人员流动网络

与 2015 年相比,北京的人才流出更集中在广东、江苏和上海等少数经济发达省市。

2017 年数据量较少,故在此不做单独分析。

从趋势上看,北京科研人员净流入量近几年出现大幅下降,湖北、广东和山东等地区的净流入量提升。2010—2013 年,北京净流入科研人员 3115 人次,而 2014—2017 年,北京转为科研人员净流出城市,流出 970 人次,成为我国科研人员流出量最大的区域。广东省则由净流入 29 人次上升为净流入 761 人次,成为净流入数量最大的省份。湖北、山东等人才流出区域,净流出量大幅下降。

对比两个时间段可以发现，2010—2013 年大幅净流入的省份，在 2014—2017 年流入趋势减缓甚至逐渐变为净流出，如图 9-19 所示。与之相对，2010—2013 年大幅净流出的省份，流出趋势则逐渐减缓。其可能的原因是我国中西部地区产业的持续发展，以及大城市群、强省会等政策落地带动中西部经济社会发展。同时，欠发达省份也不断加大人才吸引的政策力度，外地人才的流入逐步增强，同时也减少了当地人才外流。人才流动集群不再是北京、上海的双核心态势，而逐步呈现"两超多强"新格局。

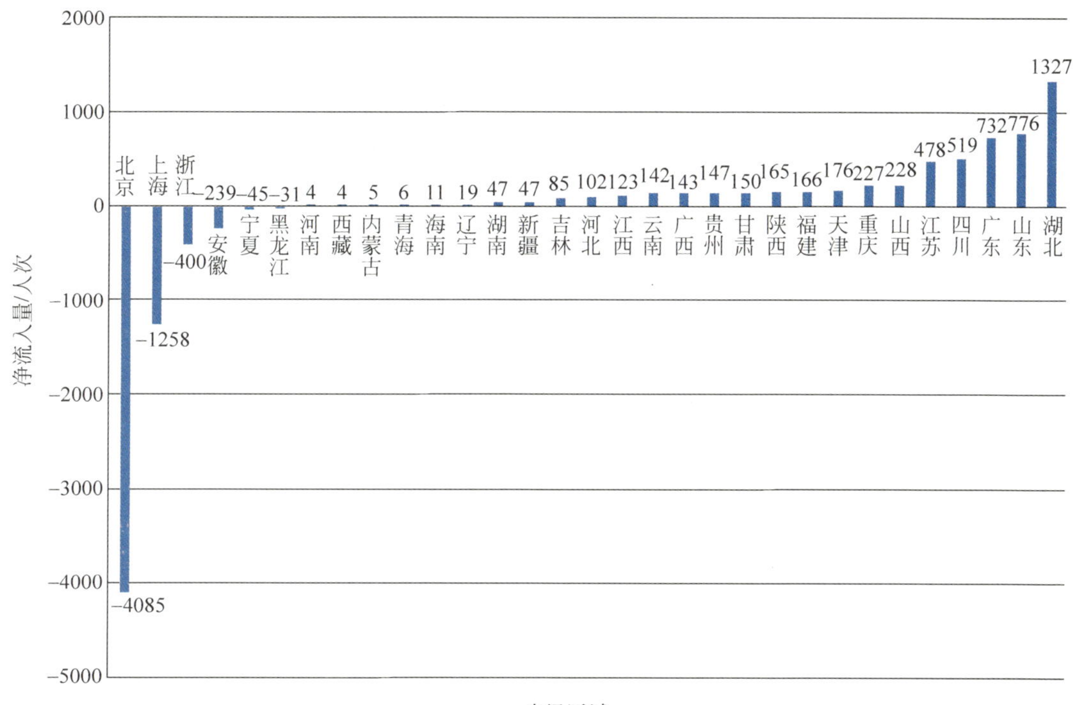

图 9-19 部分省级区域科研人员净流入量变动量

从净流动情况来看，2010—2017 年，我国科研人员主要流出省级区域为山东、湖北和黑龙江，流入省级区域在北京、上海、广东和江苏等地之间转移，如图 9-20 所示。北京是全国科研人员早期的主要流入地，自 2014 年开始净流入水平逐渐降低并持续净流出，2017 年再次成为国内最主要的人才流入地。上海、江苏的净流入水平从 2011 年开始提升，但在 2015 年后逐渐降低。广东和北京体现了较为明显的此消彼长的关系，北京人才整体表现为净流出后，广东人才净流入水平大幅提升，而北京再次成为人才净流入高地后，广东就成为国内最主要的净流出省份。2010 年和 2014 年，湖北、山东和黑龙江均表现为大幅人才净流出，但随着北京人才吸引力的下滑，三省人才流出的态势有所减缓。

三、科研人员流动以市场化资源配置为导向

人才机制体制变革是科研人员流动的主要前提。计划经济体制下，科研部门与企业分离，研究、设计、教育与生产脱节，单位条块分割严重，同时人才严重依附单位，对人才的约束过多，极大地限制了人才的合理流动。改革开放后，体制机制对人才流动的约束降低，区

图 9-20　2010—2017 年各省级区域科研人员净流入情况

域发展水平和人才需求分化严重，市场在人才流动中的作用日益明显。企业为提升技术水平、增强市场竞争力，对人才产生大量需求并提供更为丰厚的待遇，管理部门也提供更加有吸引力的政策环境；人才为进一步实现个人价值，也更愿意跨区域流动。

供需不匹配是科研人员流动的主要原因。国内高等院校是人才的主要培养机构，其设置主要受历史积累、行政规划等非市场因素影响。就各省市 985、211 高校数量而言，北京、上海、江苏、陕西、湖北和四川六个省市分别为 32、14、13、12、9 和 7 所位列前 6 名；天津、辽宁、黑龙江、湖南及广东均是 6 所紧随其后。但与此同时，企业等主要人才需求单位集中在北京、长三角和珠三角等少数区域，主要受经济环境、产业协同等市场因素影响，人才的供需构成了较强的势差效应，环渤海、长三角等东部区域科技基础与产业发展所产生的人才需求高于人才培养所产生的人才供给，较高的势差吸引大量人才流入；陕西、湖北和四川等省份则与之相反，使人才从该区域流出。

生活压力与发展空间的平衡是影响科研人员流动的重要原因。北京是我国的政治、科技和文化中心，集中了全国最优质的教育资源，汇聚了大部分科技创业公司，具有良好的发展平台与广阔的发展前景，产生了巨大的人才拉力。但与此同时，住房压力、户籍限制、生态环境和交通状况等负面因素的强化也对人才产生较强推力。例如 2018 年各城市房价排行，北京、深圳及上海分别以 59868 元/m^2、53205 元/m^2 和 49446 元/m^2 的价格位列全国三甲，高昂的房价是科研人员长期留驻发达城市的重要阻碍。随着湖北、广东和山东等省份的发展，生活压力与发展空间的平衡选择使得北京科研人员净流入的趋势有所减缓。

第三节　我国科研人员的城际流动

城市是人才集聚、流动的重要行政区域划分单位。对 10 万份样本的统计分析中发现，2010—2017 年，发生跨城市流动的科研人员累计流动 46378 人次；人员流动范围覆盖 113 个城市和自治州，其中单向流动超过 100 人次的城市 23 个①。科研人员城际流动特征显著、趋势明显。

① 按照大于或等于 100 的条件对原始数据作对分，并通过核心-边缘结构研究方法连续模型，筛选除网络核心度大于 0 的节点。

一、直辖市与省会城市为主要流动集聚地

直辖市与省会城市是人才流动的重要枢纽。从图 9-21 可看出，北京的网络核心度最高，是排在第二位的上海的 2 倍多，是人才流动的最重要枢纽；上海、武汉和广州的网络核心度紧随其后。整体来看，除厦门、青岛、咸阳、大连、深圳和泰安外，核心枢纽节点皆为直辖市与省会城市。其可能的原因有二：一方面，直辖市与省会教育与科研资源相对集中，承担人才教育与培养功能，对外人才输出能力强；另一方面，直辖市与省会高校、科研院所和企业等平台数量众多，科技创新基础良好，人才承载能力较强，人才发展空间巨大，大量吸引省内外人才流入。

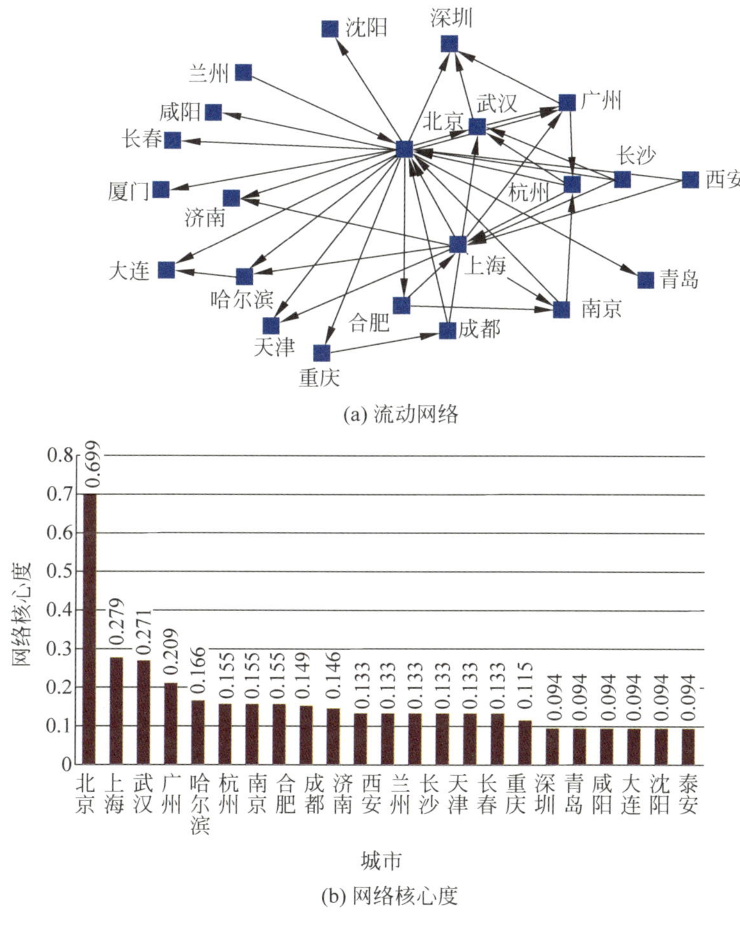

图 9-21 主要城市科研人员流动情况

我国科研人员流动以直辖市与省会城市间相互流动为主。在 10 万份研究样本中，2010—2017 年流入量最高的前五个城市分别是北京（10893 人次）、上海（5466 人次）、南京（2613 人次）、广州（2146 人次）和杭州（2026 人次）；排名前 20 的城市除深圳、苏州外皆为直辖市与省会城市。人才输送城市主要为北京（8093 人次）、武汉（3927 人次）、上海（3320 人次）、南京（2613 人次）和广州（2173 人次）等直辖市与省会城市。人才流动的主要路径为武

汉、上海、南京、广州、成都、天津、西安、哈尔滨、济南、兰州和长春等城市流向北京，北京、南京、武汉、杭州和合肥等城市流向上海，北京、上海等城市流向南京，北京、武汉和上海等城市流向广东，北京、上海、武汉、南京和广州等城市流向杭州。造成这一情况的主要原因可能是我国科研人员主要集中分布在直辖市与省会城市，人才基数大，发生流动的人才数量相应提升。同时，直辖市与省会城市人才承载平台众多，人才流动性较强，整体抬高了人才流动数量。

在 10 万份研究样本中，北京、上海净流入量分别高达 2145 人次和 1898 人次，是国内科研人员净流入最高的城市。深圳、苏州和宁波净流入量逾 200 人次，是吸引科研人员流入的第二阵营。哈尔滨、武汉人才大幅流出，净流出量分别为 2214 人次和 1026 人次，是国内科研人员的主要输出城市。兰州、济南、成都、长春、合肥和南京等城市人才流出量小幅高于流入量，净流出量逾 300 人次。其他城市人才流动活跃度较低，流入流出量基本保持平衡(见图 9-22)。整体来看，我国科研人员的流动趋势与我国人口流动态势基本一致，呈现出两个鲜明的特点：一是马太效应，少数城市凭借优质的基础设施与社会资源，吸引了大量人口流入；二是区域一体化，以超级城市为核心的城市群崛起，区域内的经济、科技和人才交流活跃。科研人员流动与区域性人口流动态势基本一致，同时更与各区域科研资源分布关系紧密。东部等地区高等院校等科研资源丰厚，科研人员基数大，人员流入流出量也大。

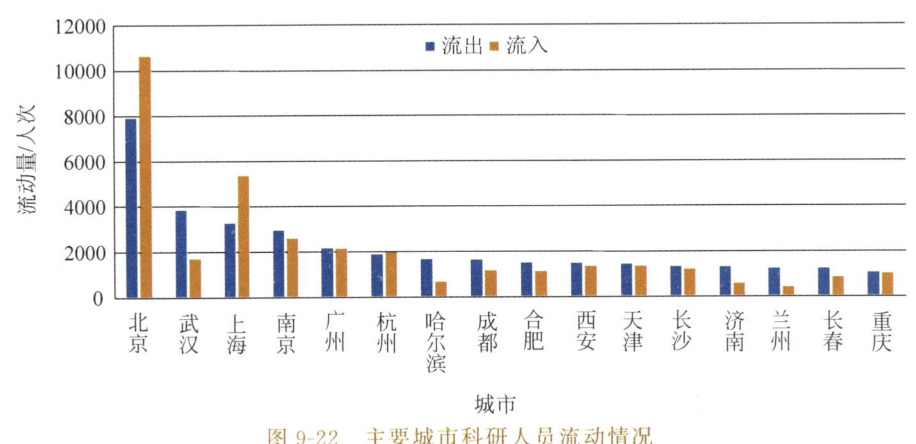

图 9-22　主要城市科研人员流动情况

二、中心枢纽城市虹吸效应明显

以 2010—2013 年与 2014—2017 年两个时间段的情况来看科研人员流动的趋势，在 10 万份研究样本中，前后两个时间段单向流动超过 100 人次的城市由 19 个减至 12 个，《研究报告(2018)》用人才流动频次计算了基尼系数，发现其数值由 0.904 上升至 0.911，城市人才流动的不均衡格局加剧。如图 9-23 所示，北京科研人员流动网络核心度上升，虹吸效应仍在增强。此外，杭州、西安、济南、长沙、厦门、沈阳、重庆和长春等地在网络中的核心地位出现下降，科研人员流动的核心枢纽进一步集中于少数城市。

以北京、上海为中心枢纽的双向流动态势增强。从图 9-24 可看出，2010—2013 年，西安、成都、广州、杭州、南京、武汉、合肥、长沙、济南和天津等多个城市与北京和上海同时存在双向流动，主要枢纽城市间流动网络密集。而 2014—2017 年，与北京和上海同时存在互动的城市减少为 3 个，如图 9-25 所示。北京是人才流动的重要节点，既从哈尔滨、合肥、兰州、武汉和杭州等地吸纳人才，又为长沙、深圳、天津、青岛和西安等地输送人才，流动网络的复杂度和密集度相较于上一时间段有所下降。

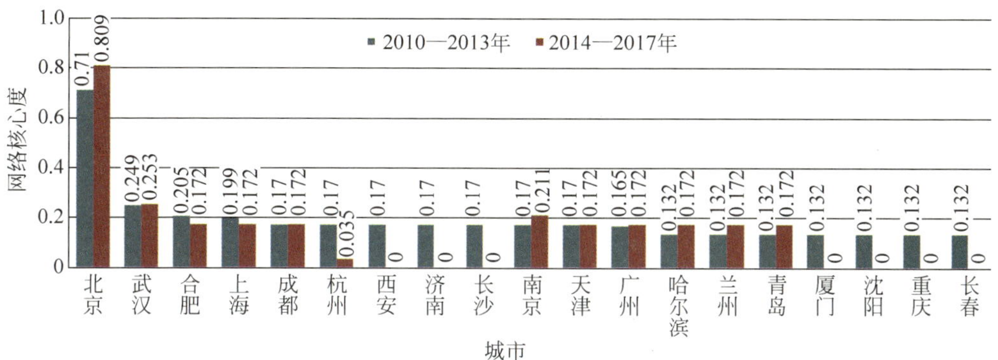

图 9-23 主要城市科研人员流动网络核心度不同时期对比

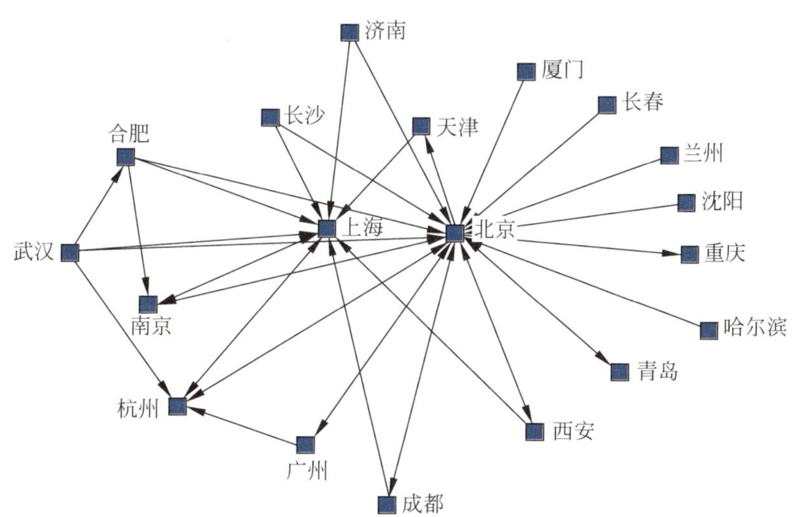

图 9-24 2010—2013 年主要城市科研人员流动网络

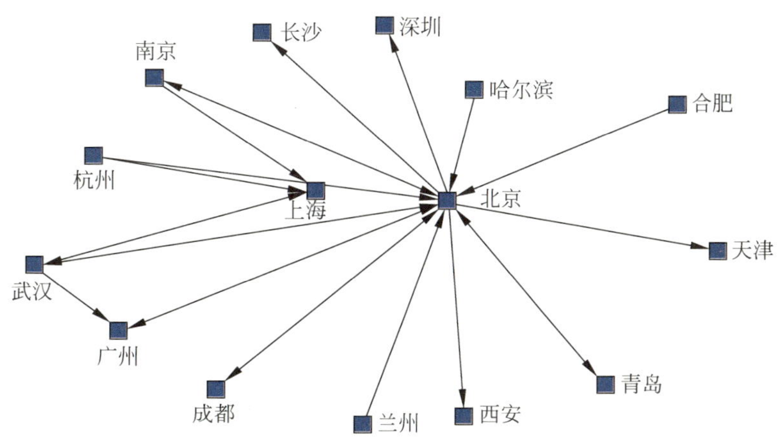

图 9-25 2014—2017 年主要城市科研人员流动网络

从净流量来看，北京、上海、合肥和杭州等城市的净流入量出现下降，而武汉、天津、广州、济南、成都和深圳等城市的净流入量提升，如图 9-26 所示。在 10 万份研究样本中，2010—2013 年，北京、上海、合肥和杭州等地科研人员的净流入量分别为 3115、1760、40 和 267 人次，而在 2014—2017 年，北京、合肥和杭州转为净流出城市，分别流出 970、373 和 133 人次；而上海净流入数量降低至 493 人次。2010—2013 年，武汉净流出科研人员 1747 人次，天津、广州、济南和成都净流出数量逾 200 人次，深圳的净流入量为 174 人次；而在 2014—2017 年，武汉、济南和成都的净流出量大幅降低，天津、广州和重庆转为净流入城市，深圳的人才流入量大幅攀升。

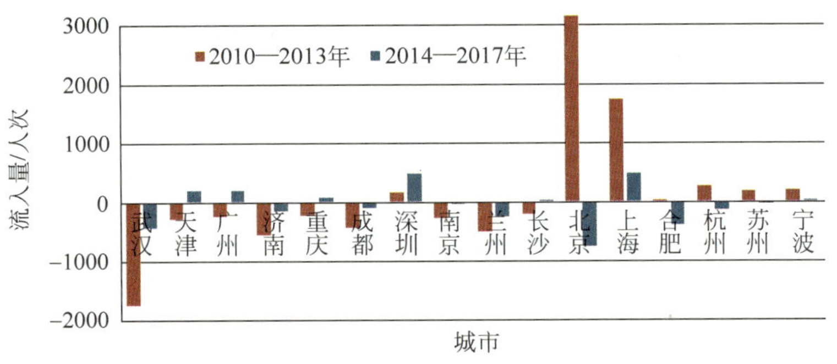

图 9-26　主要城市科研人员净流入量变动

三、部分城市科研人员流出特征显现

《研究报告(2018)》选取北京、上海、深圳、长春、武汉及西安六座城市作为主要分析对象，关注其在 2010—2017 年的净流入特征。

北京科研人员流动由净流入转为净流出，人才流动态势变化较大，如图 9-27 所示。在 10 万份研究样本的流动分析中，2010—2017 年，北京科研人员净流入量下降趋势显著，平均每年流失 267 人次；以 2010 年净流入 1170 人次达到峰值，2015 年净流出 474 人次跌至低谷，5 年内人才流动波动数值高达 1644 人次。在 2015—2017 年北京科研人员流失略微缓和，但流失数量仍不容忽视。

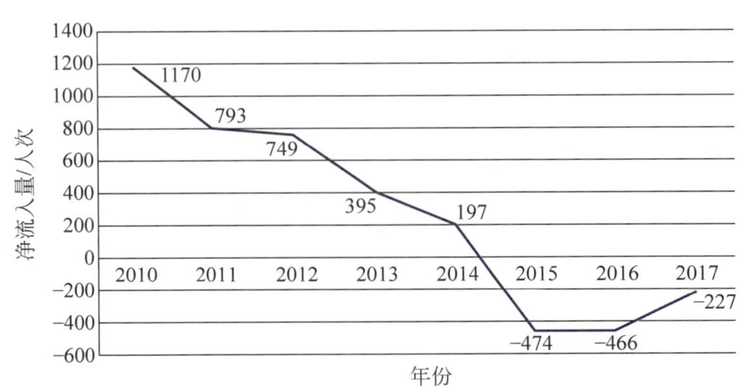

图 9-27　2010—2017 年北京科研人员净流入变化

与北京人才流动互动的城市众多。北京拥有众多的高等院校、科研机构以及各行业龙头企业，对高质量人才的需求只增不减，但城市竞争、通勤拥堵、生活压力等因素对人才的留驻造成较大的影响，人才流动量在全国各城市中居于首位。北京与96个城市存在人才流动互动，其中53个城市的人才流动表征为科研人员净流入北京，有43个城市的人才流动表征为科研人员净流出北京；北京科研人员净流入TOP5的城市为武汉、济南、长春、哈尔滨和兰州，5个城市净流入的人才量占53个城市的54.47%；北京科研人员净流出TOP5的城市为深圳、重庆、福州、驻马店和新乡，净流出的人才量占43个城市的37.82%。图9-28所示为北京科研人员净流入TOP15城市与净流出TOP15城市及其净流动量。

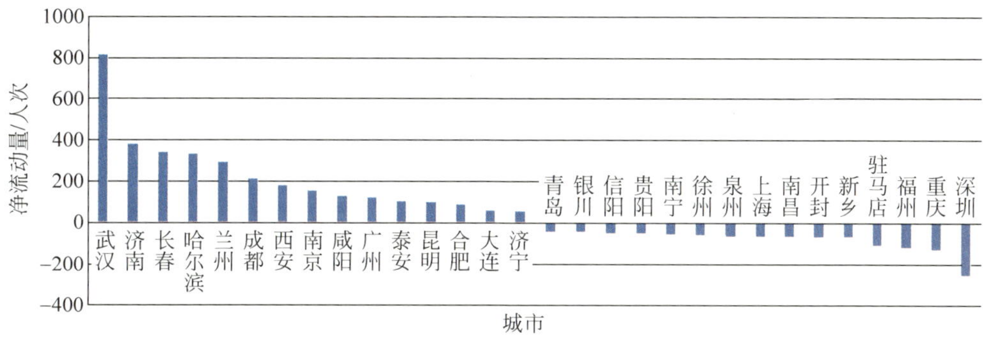

图9-28 北京科研人员净流入TOP15城市与净流出TOP15城市及其净流动量

上海科研人员吸纳效果明显，人才净流入量可观，如图9-29所示。上海作为长三角城市群核心城市，随着对科技创新的不断推崇以及人才政策力度不断增强，人才集聚能力在该城市群中较为突出。在10万份研究样本中，2010—2017年，平均每年流入上海有237人次，在所选的6个具有代表性城市中仅次于北京，人才吸纳能力不容小觑。在2010—2017年，上海科研人员净流入量在2011年以678人次达到峰值，在2017年以−11人次的净流入量达到最低值；人口红利消失以及人才争夺大战的加剧，让上海"魔都"对人才的吸引力有所下降。

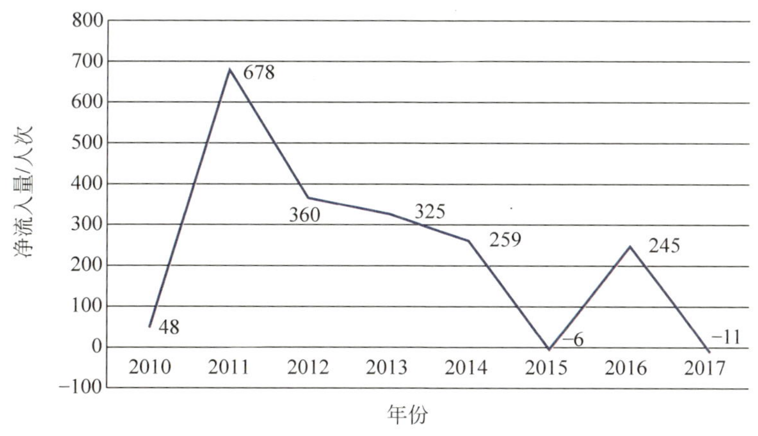

图9-29 2010—2017年上海科研人员净流入量

与上海有人才流动互动的城市众多,“北广深”是其科研人员的主要流失方向。在10万份研究样本中,2010—2017年,共有69个城市与上海存在人才流动互动,几乎遍布全国,流动互动区域广泛。2010—2017年,科研人员净流入上海大于零的城市有35个,合计净流入2537人次,其中武汉和南京是主要人才供给地(合计占上海净流入量的32.69%)。上海科研人员主要流向北京、宁波、深圳和广州等城市,其中北京以104人次的净流出量居于首位。图9-30所示为上海科研人员净流入TOP15城市与净流出TOP15城市。

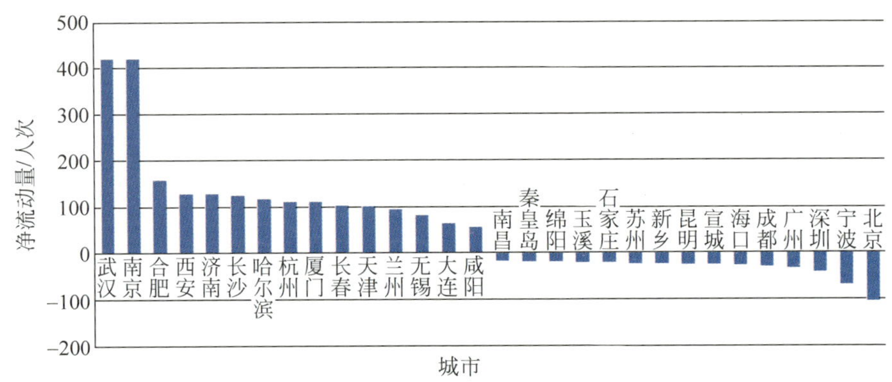

图9-30 上海科研人员净流入TOP15城市与净流出TOP15城市

深圳科研人员吸纳力度增强,人才留驻概率增大。深圳作为大城市,科技创新、金融贸易发展迅速,城市发展机遇与人文包容氛围吸引了来自全国各地的人才。在所选取的研究样本中,深圳每年净流入的科研人员数量可观,平均每年净流入95人次;2011年以净流入−65人次为科研人员为最低值,2016年以净流入273人次达到峰值,整体上深圳科研人员流动状态由流失向吸纳转变,且吸纳力度增强,如图9-31所示。作为最具活力的新兴城市,随着人才政策更加全面、城市基础设施与文化建设更加健全,深圳对人才的吸引力度将更大。

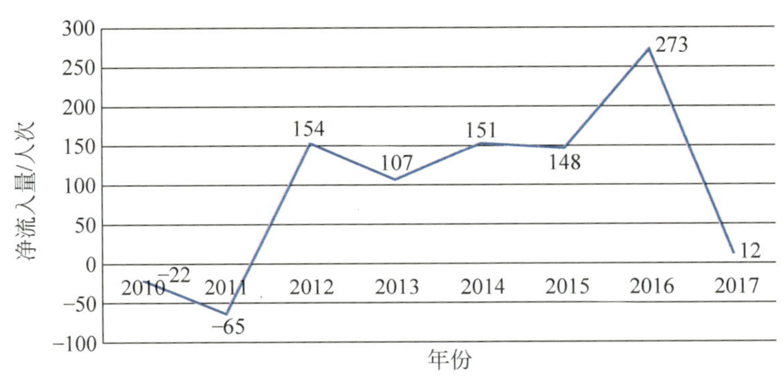

图9-31 2010—2017年深圳科研人员净流入量

深圳科研人员流动互动有限,人才流入趋势明显。据样本数据统计,有26个城市与深圳发生了人才流动互动,有20个城市人才流动表征为人才被深圳吸纳,有6个城市人才表征为吸纳深圳的人才(见图9-32)。就珠三角城市群而言,仅有广州、佛山和东莞3个城市与深圳存在人才流动互动关系。作为珠三角最具有代表性的城市之一,深圳与周边城市的人才交流有限，所呈现的状态也是以人才吸纳为主。

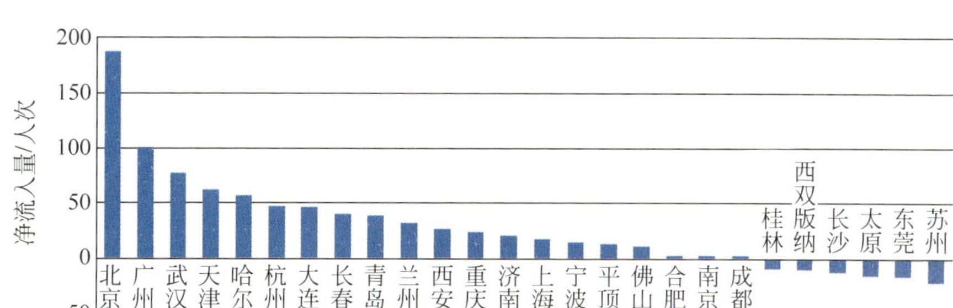

图 9-32 部分与深圳存在科研人员流动互动城市

西安人才政策实施效果初显，人才流动趋于稳定。作为西北地区主要城市之一，西安拥有西安交通大学、西安电子科技大学和西北工业大学等高等院校，科技人力资源储备丰富，科技力量与研发实力在国内排名靠前。基于 10 万份研究样本，对 2010—2017 年西安科研人员的流动进行统计分析发现，西安人才流动于 2010—2012 年出现大幅上升，2010 年流失人才近 100 人次，2011 年流失超过 50 人次，2012 年人才吸纳力度达到近几年的峰值，西安净流入科研人员 124 人次，如图 9-33 所示。随着西安市各类人才政策的颁布与落实，人才留驻效果初显，除了 2015 年流失 29 人次外，西安在 2013—2017 年均处于人才净流入状态。

图 9-33 2010—2017 年西安科研人员净流入量

对 10 万份样本量进行统计，在 2010—2017 年，与西安存在人才双向流动的城市多达 47 个，流出的科研人员主要去往北京、沈阳、淄博等城市；哈尔滨、银川、长春和桂林等城市是西安科研人员的重要来源地（见图 9-34）。

长春科研人员流失现象严重，近年有回缓态势，如图 9-35 所示。在 10 万份研究样本中，2010—2017 年长春流失 497 人次，平均每年约流失 62 人次；2012 年以流失 123 人次达到峰值，2017 年仅流失 5 人次。随着智能制造的发展与传统工业转型，长春经济发展有所回暖，吸引人才的政策力度也有所增强，整体科研人员净流出的趋势得以遏制。

长春的科研人员主要流向北京。从图 9-36 可看出，长春作为人才流失严重的城市之一，与 35 个城市存有人才流动互动，其中有 14 个城市的人才流动表征为人才净流入长春，有 21 个城市的人才流动表征为净流出长春；净流入量 TOP5 的城市为长沙、杭州、昆明、武汉和哈尔滨，5 个城市的人才净流入量占 14 个城市的 60.94%；净流出量 TOP5 的城市为北京、西安、宁波、大连和深圳，5 个城市的人才净流出量占 21 个城市的 64.76%，仅长春净流出到北京的科研人员数量就达到 307 人次，占 21 个城市的 37.30%。

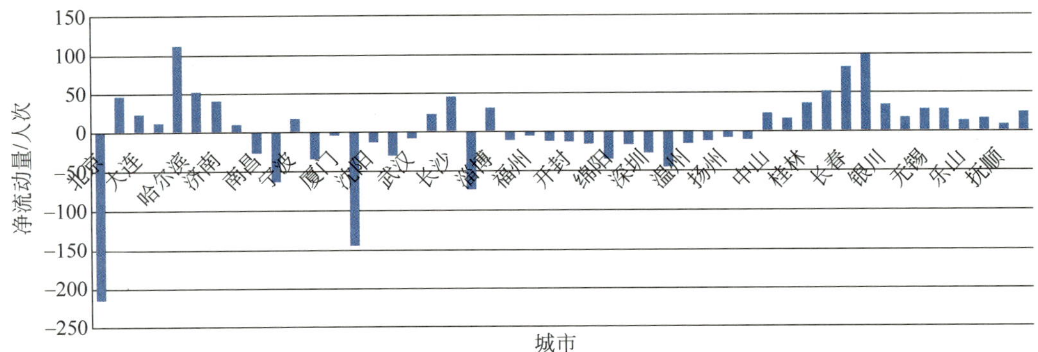

图 9-34 部分与西安存在科研人员双向流动的城市

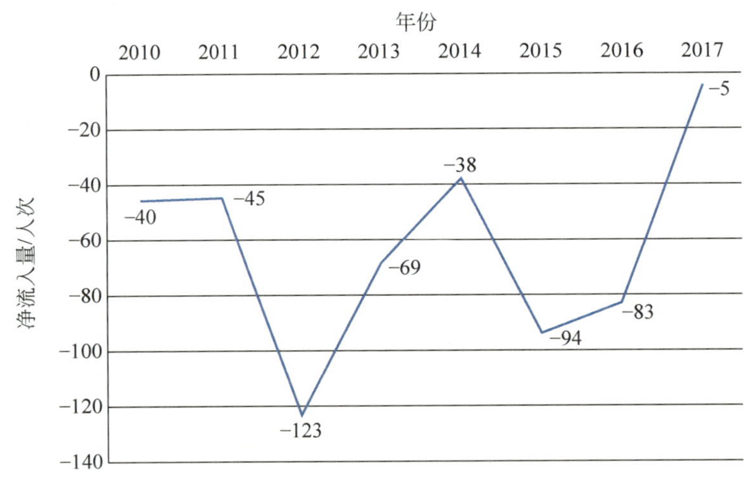

图 9-35 2010—2017 年长春科研人员净流入量

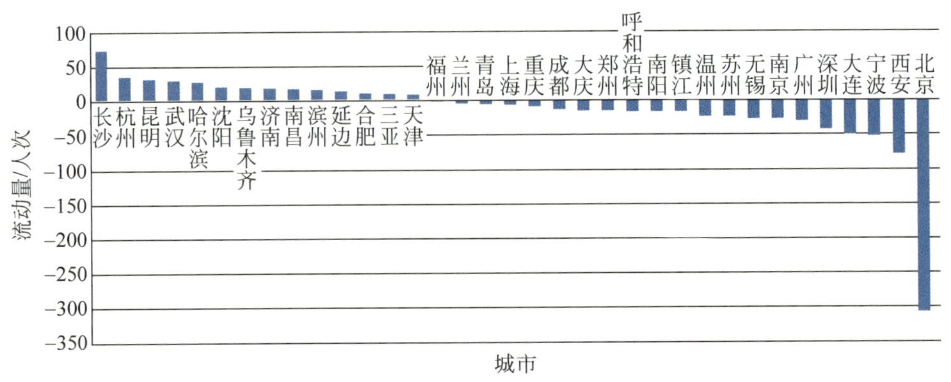

图 9-36 部分与长春存有科研人员双向流动的城市

武汉人才吸纳效果显著，科研人员净流入量逐年增长，如图 9-37 所示。作为拥有武汉大学、华中科技大学、华中师范大学、华中农业大学、中国地质大学(武汉)、中南财经政法大学和湖北大学等多所国内知名度很高的学府的城市，武汉科研人员资源丰富，但人才流动较大。2010—2017 年，武汉科研人员净流动趋势由流失向吸纳转变，且吸纳的人才近年来增长趋势可观。在 10 万份研究样本中，武汉在 2012 年以净流出 510 人次抵达人才流失最高峰，在 2017 年以净流入 716 人次达到人才吸纳最高峰。

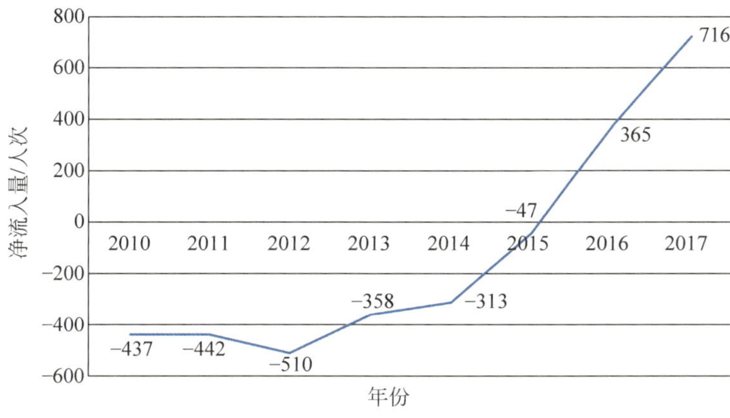

图 9-37　2010—2017 年武汉科研人员净流入量

据样本数据统计，与武汉存有人才交流互动的城市有 63 个，人才流动表征为净流入武汉的城市有 36 个，而人才流动表征为武汉净流出的城市有 27 个。如图 9-38 所示，武汉科研人员净流出量 TOP5 的城市是北京、上海、杭州、苏州和深圳，5 个城市的净流出量占 27 个净流出城市的 72.09%；为武汉提供科研人员资源支援的 TOP5 城市是洛阳、攀枝花、长春、乐山和宁波，科研人员净流入量占 36 个净流入城市的 43.03%。整体而言，科研人员流动与城市发展具有较大的相关性，人才更愿意流向经济更加发达的城市；以 2018 年城市 GDP 对标，净流出 TOP5 城市中仅杭州的 GDP 略低于武汉；在为武汉提供科研人员资源支援的 36 个城市中，仅重庆的 GDP 略高于武汉。

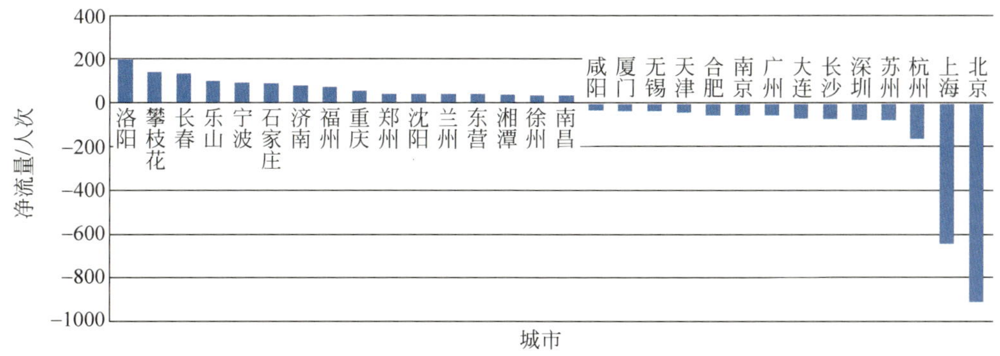

图 9-38　部分与武汉存有科研人员流动互动的城市

本章小结

国际流动方面,科研人员流动范围覆盖117个国家,但大规模流动主要集中在美国、欧盟和大洋洲、东亚、金砖国家等少数国家和地区,单向流动人才数超过200人次的国家主要集中在中国、美国、英国、德国、法国、加拿大、澳大利亚、日本和韩国9个国家,其中中美两国是科研人员流动网络的两个核心,且随着时间的推移,二者的核心地位得到了一定程度的强化。整体看来,我国主要表现为人才净流出,中国是科研人员净流出量最大的地区,2010—2017年数量为2392人次,但随着时间的推移,我国人才回流态势不断增强,回流人才主要来自美国、澳大利亚等发达国家。

省际流动方面,统计期间发生科研人员跨省流动36030人次,流动范围覆盖31个省市,大规模人才流动主要集中在环渤海、长三角、广东、陕西和湖北等地区,东部省市经济与科研实力强大,企业、高校和科研机构等载体发展迅速,具备良好的人才培养与承载能力,在人才流动网络中处于重要地位;黑龙江、四川和湖北等中西部省份凭借较为优渥的教育资源集聚周边地区人才,并向东部省市大规模输送人才。从流动变化态势上看,北京科研人员净流入量大幅下降,湖北、广东和山东等省净流入量提升。

城际流动方面,统计期间跨城市流动的科研人员累计46378人次,流动范围覆盖113个城市和自治州。北京是科研人员城际流动网络的绝对核心,上海、武汉和广州的紧随其后,主要枢纽节点皆为直辖市与省会城市,人才流动形式以直辖市与省会城市间相互流动为主。从变化态势上看,北京、上海、合肥和杭州等城市科研人员净流入量大幅下降,武汉、天津、广州、济南、成都和深圳等城市净流入量提升。

人才承载能力差距为科研人员流动提供了环境动力。人才作为创新活动中最为活跃的要素,倾向流入生产要素丰富、物质资本雄厚、科学技术先进、人才规模效应显著、资源配置高效和基础设施完善的城市。整体而言,东部城市的人才承载能力远高于经济基础薄弱的中西部城市,因此国内人才流动方向主要表现为中西部人才流向中东部地区。

政策因素是影响科研人员流动的外部因素。一方面,"一带一路"倡议,京津冀协同发展、长江经济带发展等国家战略对区域内人才流动性产生较大正面影响;另一方面,随着各城市对人才工作重视程度的提升,城市抢人大战愈演愈烈,北上广深等人才强市继续加大引才力度吸引人才,新一线奋起直追,提供科研支持、经济补贴和生活服务等有利因素大力吸引人才。但除政策因素外,相匹配的就业岗位、科研积累和合作网络等基本条件也非常重要,否则会有流入人才再次流失的风险。城市在实施人才政策的同时也应改善人才发展环境。

第十章

CHAPTER 10

不同学术层级科研人员的流动

以不同学术层级分类为视角，可以更加准确、精细地洞察和了解不同学术创新群体的流动特征。《研究报告(2018)》依托科研人员 H 指数将 10 万份研究样本划分为初级科研人员、中级科研人员、高级科研人员和杰出科研人员四个层级群体，下面分别从国际流动、省际流动和城际流动三个层面对不同层级科研人员的流动情况进行分析。

第一节　初级科研人员的流动

初级科研人员是指 H 指数为 0～5 的科研人员，整体上处于科研的起步阶段。2010—2017 年，在 10 万份研究样本中，初级科研人员发生国际流动的 6171 人次，省际流动 10491 人次，城际流动 19307 人次。

一、我国是重要的集聚与疏散中心

2010—2017 年，在 10 万份研究样本中有 6171 人次发生跨国流动，覆盖 98 个国家。美国、英国、中国、德国、法国、韩国是主要枢纽国家。整体来看，全球初级科研人员流动的基尼系数为 0.74，具有较高不均衡性。美国、英国、中国、德国、法国和韩国的网络核心度逾 0.2(见图 10-1)，是初级科研人员集聚与疏散中心，新加坡、日本、澳大利亚和加拿大的网络核心度逾 0.18，是流动核心枢纽与网络边缘的次中心。

初级科研人员的流动主要表现为东亚、北美和西欧国家间的人才交流，具体表现为发达国家间的双向流动及发展中国家对发达国家的单向流动，如图 10-2 所示。其主要原因是初级科研人员国际流动形式主要为交流或留学，而美国等发达国家拥有大部分高水平高等院校和研究机构，2017 年《时代》杂志排名前 100 的大学中，有 97 所位于发达国家，其中 48 所位于美国。优质教育资源吸引大量科研人员流入。从流动结果来看，美国初级科研人员净流入量为 933 人次，居全球首位；英国、德国、加拿大和澳大利亚的净流入量过百，是吸纳人才净流入的第二梯队；中国与其他国家人才流入与流出量基本均衡。

2010—2013 年，初级科研人员流动量的基尼系数为 0.775。2014—2017 年，基尼系数上升至 0.78，不均衡程度略有上升。具体来看，美国、英国、中国、法国和日本等核心度有所下降，丹麦、瑞典、韩国和芬兰等国家的核心度上升，与北美、西欧的发达国家相比，北欧发达国家对初级科研人员的吸引与疏散能力有所增强。图 10-3 为主要国家初级科研人员流动网络核心度变动量。

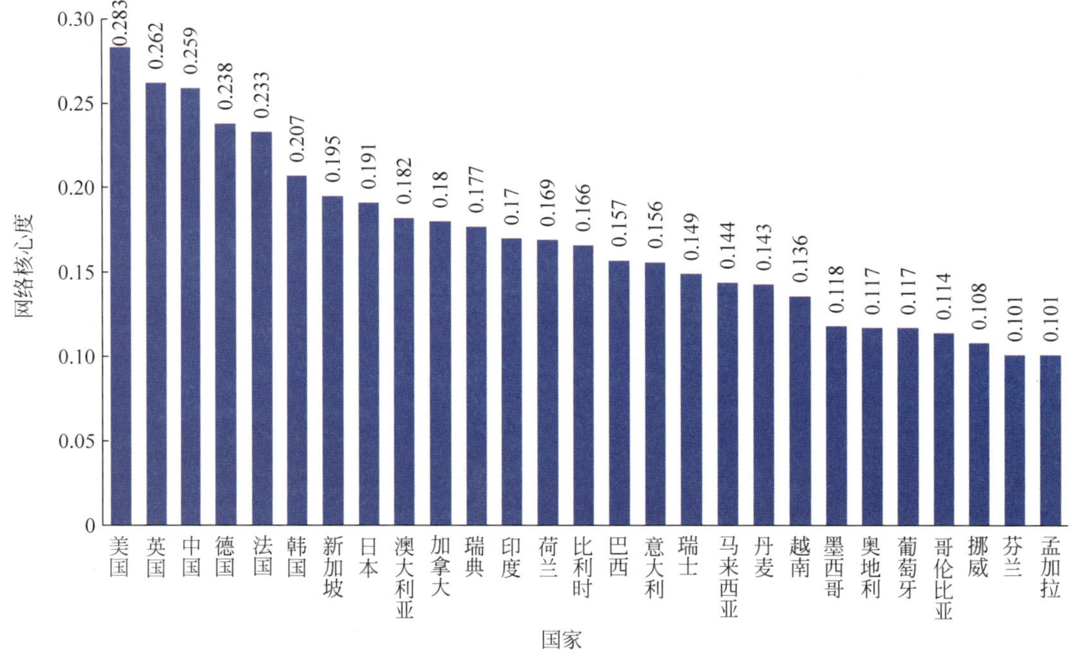

图 10-1　主要国家初级科研人员流动网络核心度

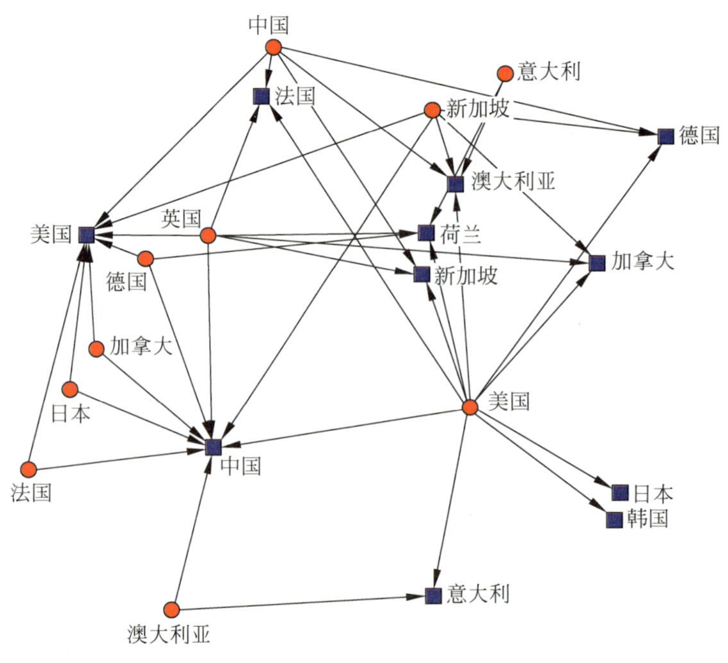

图 10-2　主要国家初级科研人员流动网络

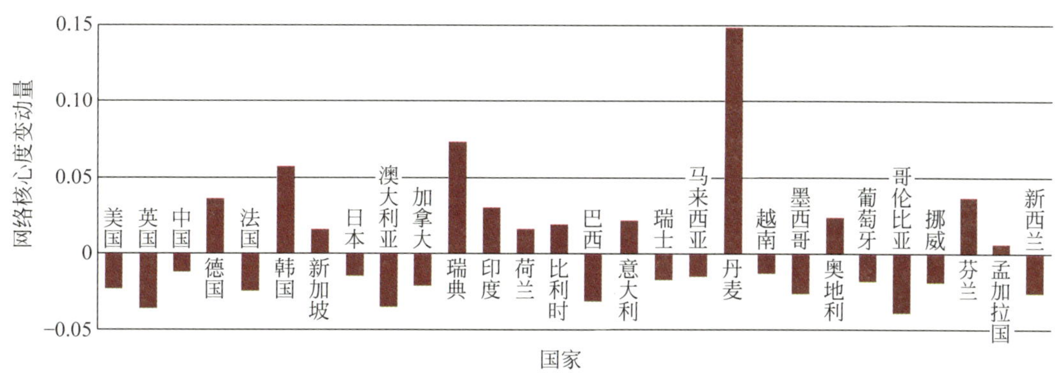

图 10-3 主要国家初级科研人员流动网络核心度变动量

二、省际流动的均衡性较强，北京是人才集聚与输送的核心地区

初级科研人员省际流动的网络均衡性较高。在 10 万份样本量中，2010—2017 年有 10491 人次发生跨省流动。整体来看，省际初级科研人员流动的基尼系数为 0.35，不均衡程度较低。如图 10-4 所示，北京网络核心度为 0.32，是人才集聚与输送的核心地区；湖北、陕西、江苏、山东、上海、重庆、湖南、广东、浙江、辽宁和黑龙江等省级区域的网络核心度高于 0.2。北京流入流出量分别高达 4771 人次和 2236 人次，是人才交换规模最大的省级地区，上海、江苏和湖北等省市紧随其后。初级科研人员流动规模较大的省级区域主要分布在教育资源发达的地区。

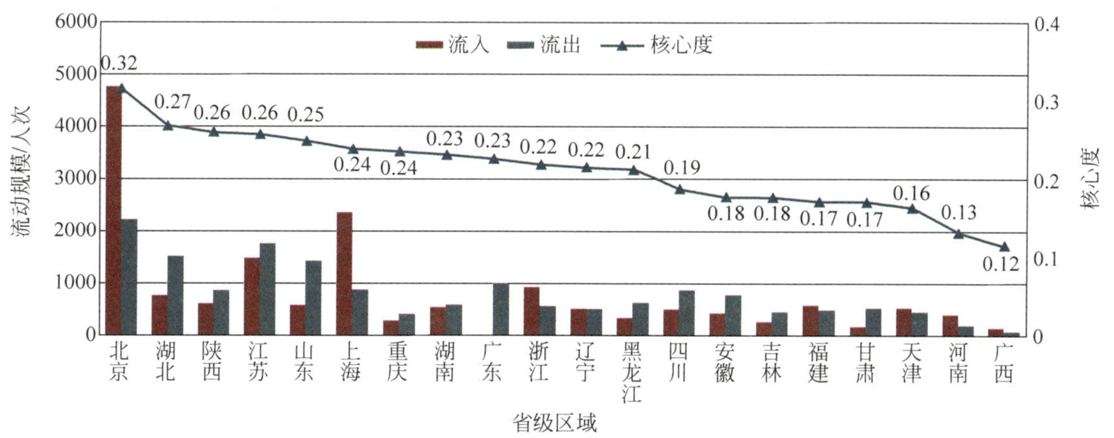

图 10-4 主要省级区域初级科研人员流动网络核心度与人才流动规模

初级科研人员主要流动方向为湖北、山东流向北京，如图 10-5 所示。在 10 万份研究样本中，2010—2017 年初级科研人员流动的主要路径为湖北（585 人次）、山东（533 人次）、江苏（429 人次）和广东（351 人次）流向北京，北京、江苏、上海和广东等经济发达省市人才交流频繁。此外，湖北、山东等教育资源丰富的省份也与北京等地区存在单向流动，主要原因是大学生、研究生招生主要集中在教育资源丰富的省市，但人才毕业后就业城市的选择主要在经济发达、平台广阔、发展良好的省市。

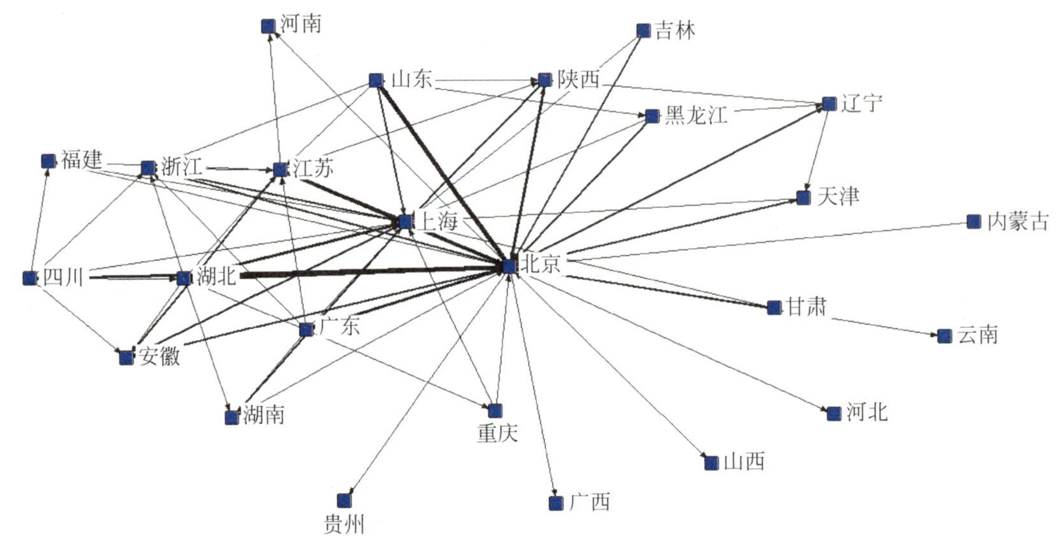

图 10-5　我国初级科研人员省际流动方向

北京是初级科研人员净流入量最大的地区，如图 10-6 所示。2010—2017 年，在 10 万份样本中北京净流入初级科研人员 2535 人次，占北京科研人员净流入总量的 92.9%，上海初级科研人员净流入 1469 人次，占上海科研人员净流入总量的 53.8%。尽管广东、江苏整体呈人才净流出状态，但初级科研人员分别净流入 676 人次和 377 人次。整体来看，重庆、宁夏、四川、浙江、湖南、北京、江西和陕西等地初级科研人员占净流入量的比例均高于 80%，人才流入结构以初级科研人员为主。

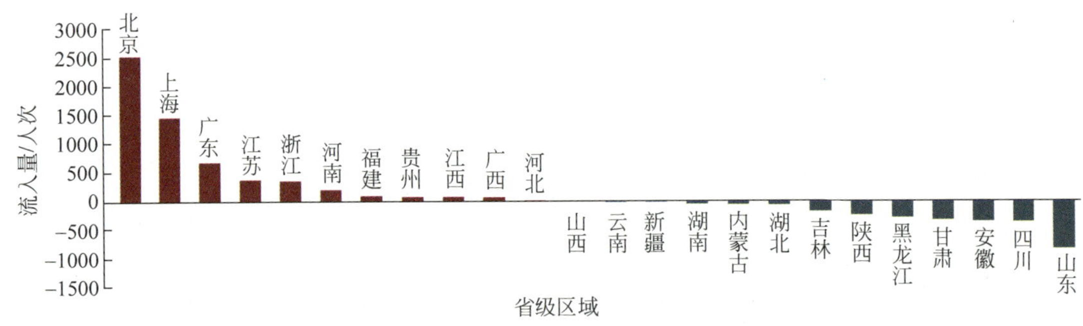

图 10-6　部分省级区域初级科研人员净流入数量

2010—2013 年，初级科研人员省际流动的基尼系数为 0.39，2014—2017 年，基尼系数上升至 0.42，不均衡程度上升。如图 10-7 所示，湖北、北京、甘肃、广西、上海和海南等地网络核心度上升，重庆、贵州、山东、吉林、辽宁和天津等地核心度下降，其他省份基本保持稳定。

初级科研人员净流动量整体大幅减少。基于 10 万份研究样本，与 2010—2013 年相比，2014—2017 年北京净流入量减少 2704 人次，占其净流入人才减少量的 62.5%；上海初级科研人员净流入量减少 1170 人次，占其净流入人才减少量的 94.7%，说明中心城市人才净流入减少以初级科研人员为主。同时，浙江、湖北、江苏和黑龙江等大部分省级区域出现人才流入减少，少量省级区域净流入量保持稳定。图 10-8 为部分省级区域初级科研人员净流入量变动。

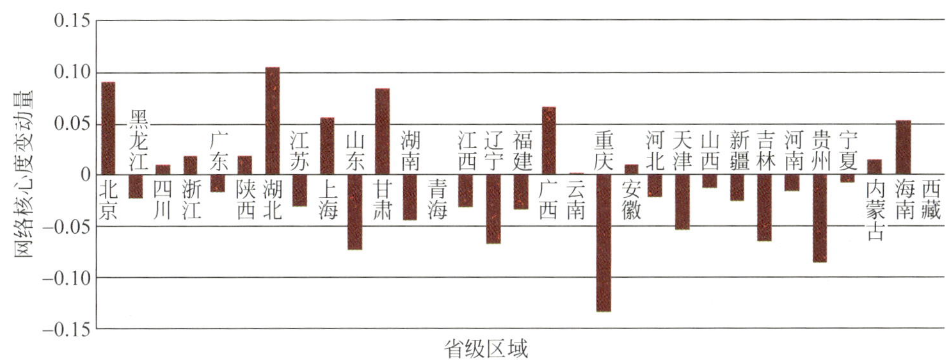

图 10-7　部分省级区域初级科研人员流动网络核心度变动量

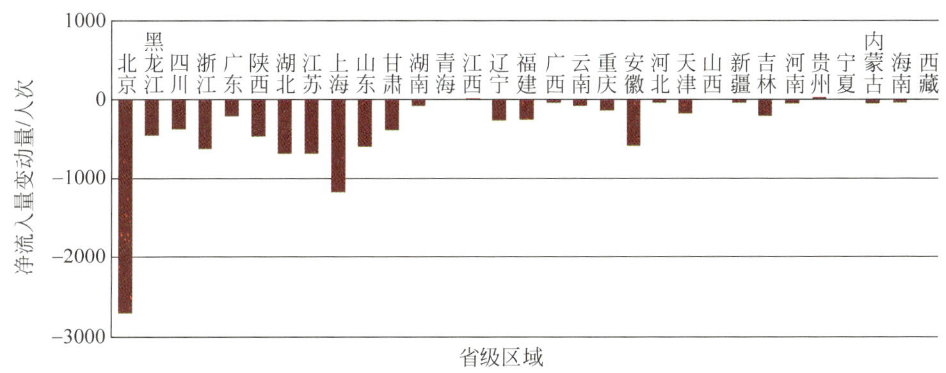

图 10-8　部分省级区域初级科研人员净流入量变动情况

初级科研人员区域流动主要受教育资源配置和就业载体空间分布影响。初级科研人员跨区域流动的主要原因为升学、初次就业以及工作更换。升学方面，硕士点、博士点以及博士后工作站主要集中在北京、上海、江苏和湖北等教育资源丰富的省市，初级科研人员流动方向主要为上述省市间的人才流动，以及其他区域向上述省市间的转移；就业方面，北京、上海和浙江等少数经济基础良好的区域产业结构逐渐向价值链高端升级，对科研人员需求量较大，能为其提供良好的工作岗位与发展机会。同时，此类区域资源配置效率高，经济效益好，基础服务强，能为人才提供良好的薪资待遇和便捷的生活条件。因此初级科研人员区域流动主要表现为国内高校毕业生流入东部沿海省份。

三、城际流动向少数城市集中，大量科研人员从武汉、南京流向北京

2010—2017 年，在 10 万份研究样本中，初级科研人员国内城际流动 19307 人次，占据跨城市人才流动总量的 42%，范围覆盖 102 个城市。

整体来看，初级科研人员城际流动的基尼系数为 0.73，不均衡程度较高，北京的网络核心度为 0.37，流入、流出规模分别高达 4893 人次和 2640 人次，累计净流入 2253 人次，是人才集聚的核心城市，如图 10-9 所示。上海、武汉、南京与多个城市存在人才流动，核心度基本相当，上海表现为多元的人才流入，武汉表现为人才流出，而南京保持基本均衡。

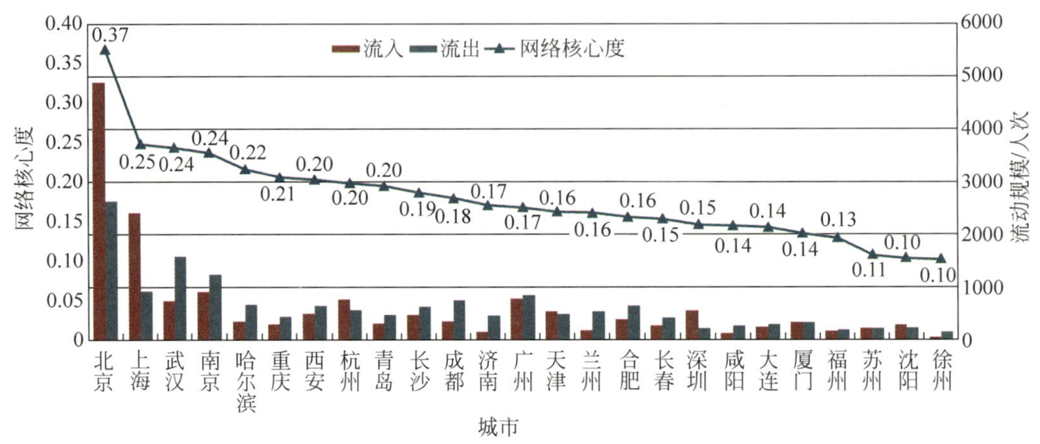

图 10-9　主要城市初级科研人员流动网络核心度与人才流动规模

大量初级科研人员由武汉、南京流向北京。如图 10-10 所示，国内初级科研人员流动的主要路径为：由武汉流向北京、南京流向北京和上海、上海和北京间双向流动以及北京和广州间双向流动，中西部城市人才流动规模有限，流动方向为对北京、上海等城市的单向流入。

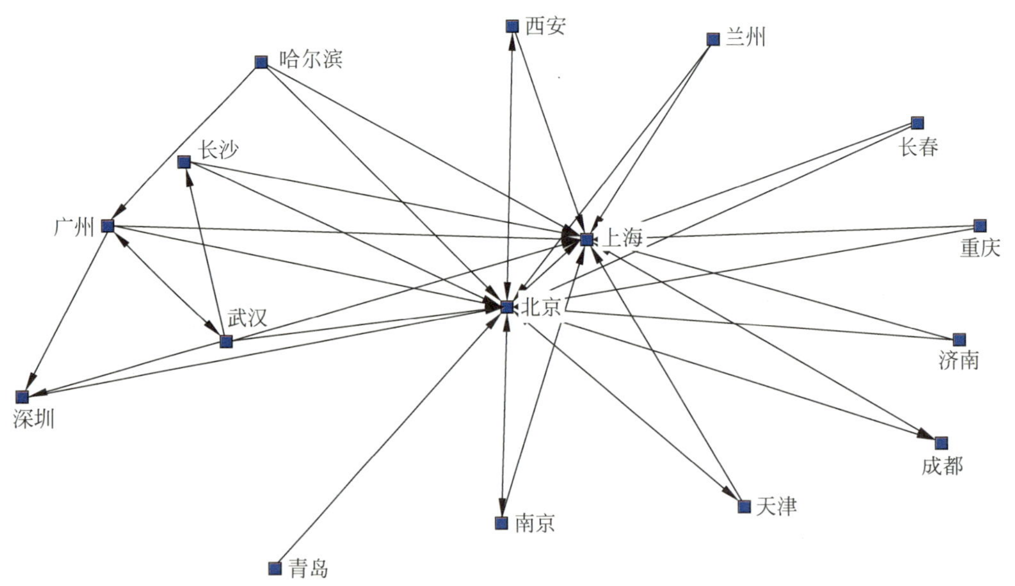

图 10-10　我国初级科研人员流动网络

人才向少数城市集聚态势增强。2010—2013 年，初级科研人员城际流动的基尼系数为 0.75。2014—2017 年，基尼系数上升至 0.81，人才流动向少数城市集中的态势强化。

初级科研人员区域集聚趋势明显，其流动网络核心度变化如图 10-11 所示。北京、上海凭借丰富的科研资源与产业形态、完善的基础设施、成熟的市场化操作、完备的人才管理及奖励机制等要素吸引了大量人才。苏州、西安等城市实行的各类人才优惠政策，为初级科研人员的流动提供了相对较好的“发展机遇”和“生活幸福感”，也成为流动网络核心度增加量较大的城市。

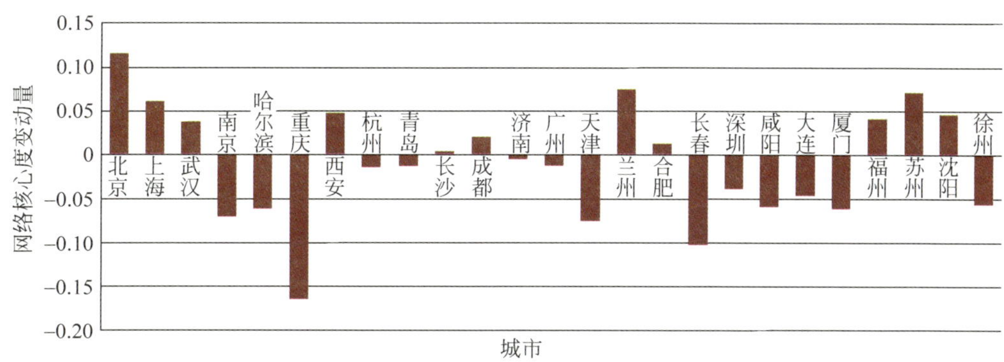

图 10-11　主要城市初级科研人员流动网络核心度变动量

第二节　中级科研人员的流动

中级科研人员是指 H 指数为 6～15 的科研人员，整体上处于科研职业的快速发展阶段。中级科研人员具有较高的科研产出成果，发展潜力大，在四个层级中人数最多。2010—2017 年，在 10 万份研究样本中，发生国际流动的中级科研人员 8605 人次，省际流动 16458 人次，城际流动 16880 人次。

一、国际流动主要枢纽趋于稳定，人才主要流向发达国家

中级科研人员流动规模最大。在 10 万份研究样本中，2010—2017 年累计发生跨国流动 8605 人次，范围覆盖 88 个国家。

整体来看，全球中级科研人员流动的基尼系数为 0.77，不均衡性略高于初级流动网络。如图 10-12 所示，美国、英国、德国、中国、加拿大、韩国、澳大利亚、法国、日本和荷兰的网络核心度大于或等于 0.2，是中级科研人员集聚与疏散中心，瑞典、印度、意大利和新加坡的网络核心度逾 0.18，是流动核心枢纽与网络边缘的次中心。

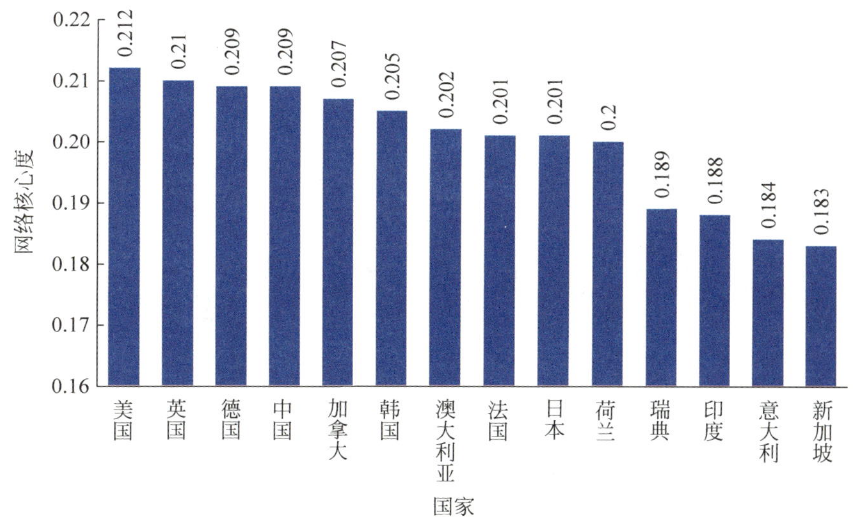

图 10-12　主要国家中级科研人员流动网络核心度

中级科研人员主要在我国与发达国家之间进行流动。与初级科研人员相比,中级科研人员在发展中国家的流动减少,整体表现为我国与发达国家间的环流与双向流动,我国与印度、巴西和沙特阿拉伯等发展中国家鲜有直接互动,人才主要通过美国实现环流。在研究的10万份样本中,从流动结果来看,美国中级科研人员净流入量为832人次,居全球首位;澳大利亚、德国净流入量近百人次,是吸纳人才净流入的第二梯队;我国净流出量为1006人次,是中级科研人员净流出量最大的地区;韩国净流出量接近百人次,紧随其后。其他国家人才流入与流出量基本均衡。图10-13为主要国家中级科研人员流动情况。

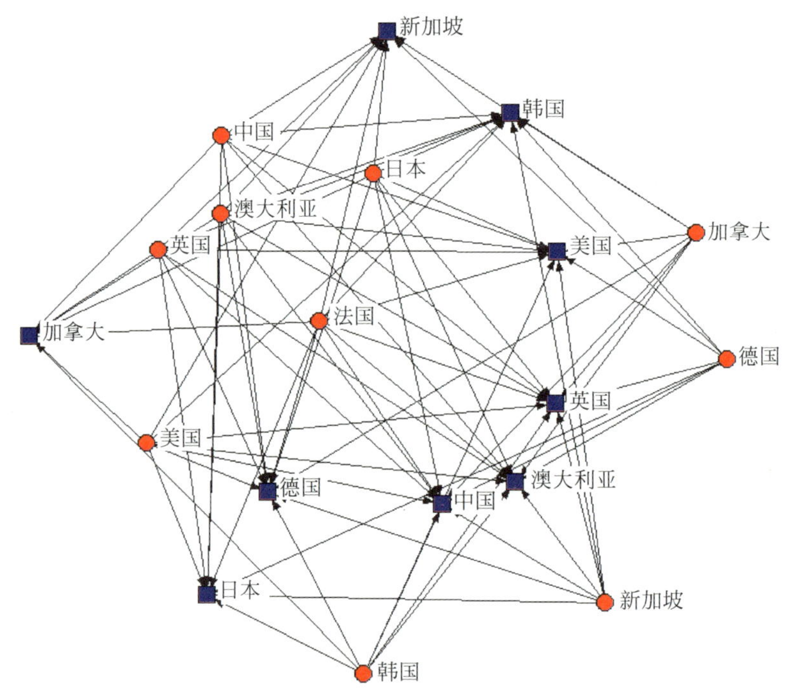

图10-13 主要国家中级科研人员流动网络

各国网络核心度基本保持稳定。2010—2013年,中级科研人员流动量的基尼系数为0.80,2014—2017年,基尼系数上升至0.82,不均衡程度略有上升。如图10-14所示,葡萄牙、越南、新西兰和英国的核心度略有下降,意大利、韩国、瑞典和澳大利亚等国家的核心度略有上升,美国、德国、中国和日本基本保持稳定。

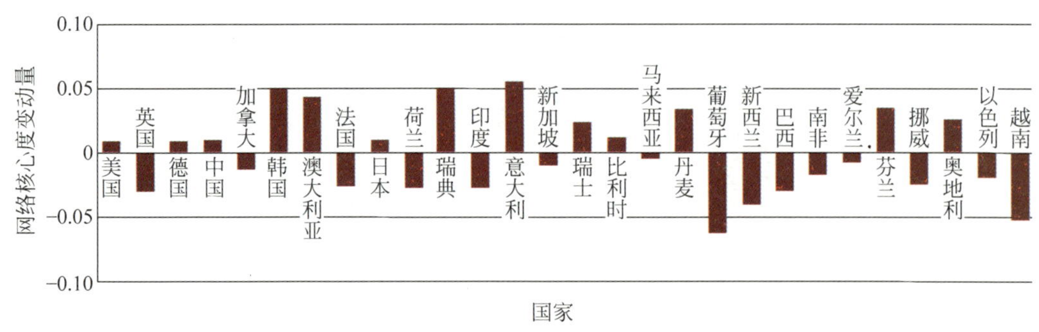

图10-14 主要国家中级科研人员流动网络核心度变动量

中级科研人员国际流动受科研基础影响较大。中级科研人员处于学术上升期，具有比较稳定的产出能力，其流动方向的选择主要以合作网络等科研基础为主要考量因素，因此其流动目的地为美国、澳大利亚和德国等发达国家。我国中级科研人员表现为大幅净流出，主要原因有二：一是我国高等院校普遍存在访学、论文合作等交流形式，科研体系的人才易与其合作密切的机构发生流动；二是美国等发达国家本身对科研人员的大量需求吸引人才流入。

二、省际流动范围广、流动规模大，向北京集聚的特征不断加强

中级科研人员流动范围广、规模大。在10万份研究样本中，2010—2017年国内发生跨省流动16458人次，人数是初级科研人员的1.6倍。中级科研人员省际流动的基尼系数为0.37，不均衡程度略高于初级科研人员流动情况。具体来看，如图10-15所示，北京的网络核心度为0.32，是人才集聚与输送的核心城市。湖北、上海、江苏、陕西、安徽、广东、黑龙江、浙江、辽宁、山东、湖南、吉林和天津等省级区域的网络核心度高于0.2，与多个省份或地区发生人才流动；同时，北京流入流出量分别高达3549人次和3055人次，是人才交换规模最大的省级区域，上海、江苏和湖北等省级区域紧随其后。

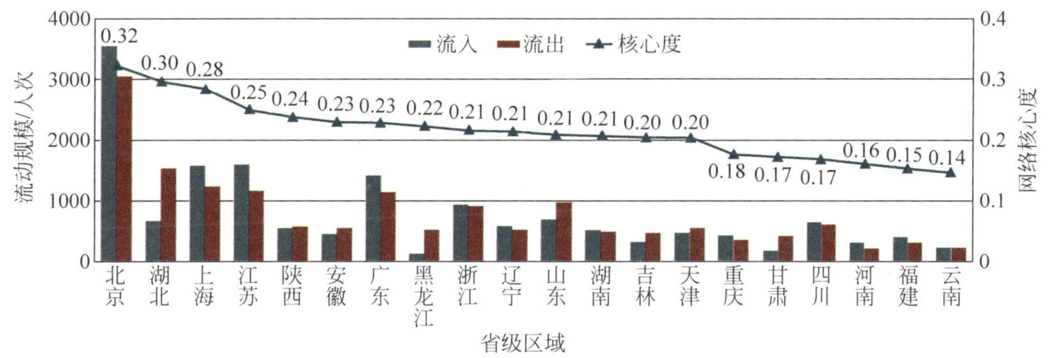

图10-15 主要省级区域中级科研人员网络核心度与人才流动规模

在研究样本中，2010—2017年中级科研人员流动的主要路径为湖北（494人次）、山东（325人次）流向北京，北京流向江苏（351人次）、上海（338人次）和广东（338人次）。中级科研人员的流动路径与初级科研人员较为一致。截至2018年，湖北有近130所高等院校，山东有140多所，科研人员众多，是国内中级科研人员流动的重要区域。图10-16为我国中级科研人员流动方向。

在10万份研究样本中，2010—2017年净流出量最大的省份为湖北，净流出量达871人次；黑龙江紧随其后，净流出403人次，如图10-17所示，北京中级科研人员净流入494人次；上海、江苏净流入都为338人次。

2010—2013年，我国中级科研人员在国内流动的基尼系数为0.40，2014—2017年，基尼系数上升至0.49，不均衡程度有所上升。具体来看，北京的网络核心度大幅提升，吉林、广东和云南小幅上升，四川、甘肃、湖北、陕西和天津小幅下降，其他省级区域基本保持稳定。图10-18为2014—2017年我国各省级区域中级科研人员流动网络核心度变动量。

中级科研人员区域流动主要受经济基础的影响。中级科研人员具有比较稳定的产出

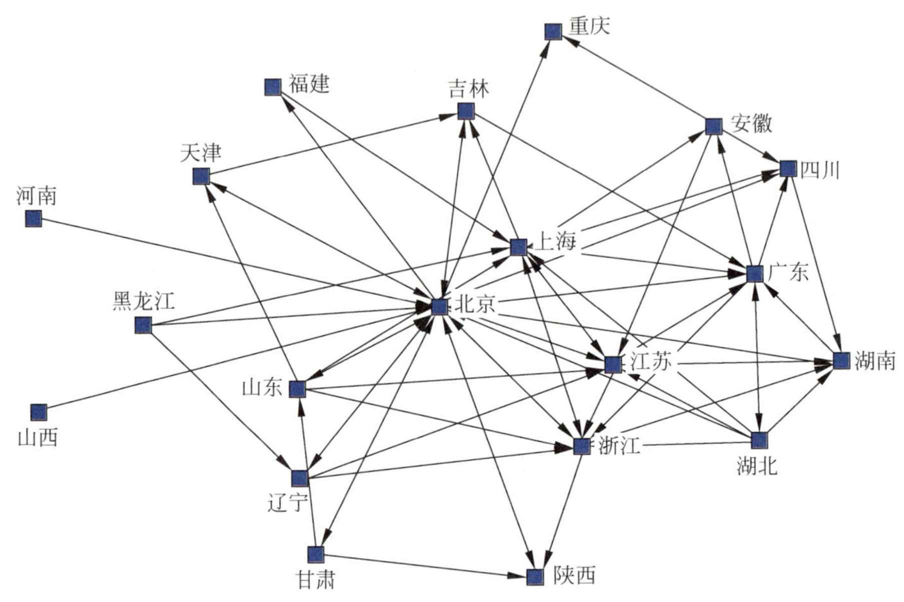

图 10-16　我国中级科研人员流动方向

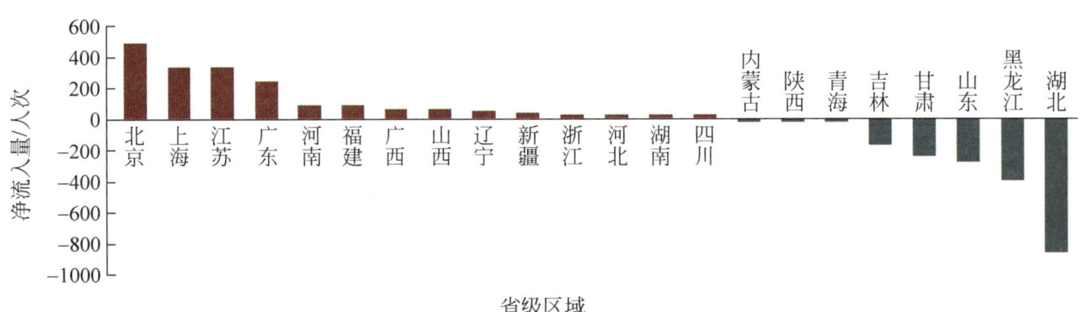

图 10-17　我国中级科研人员净流入量

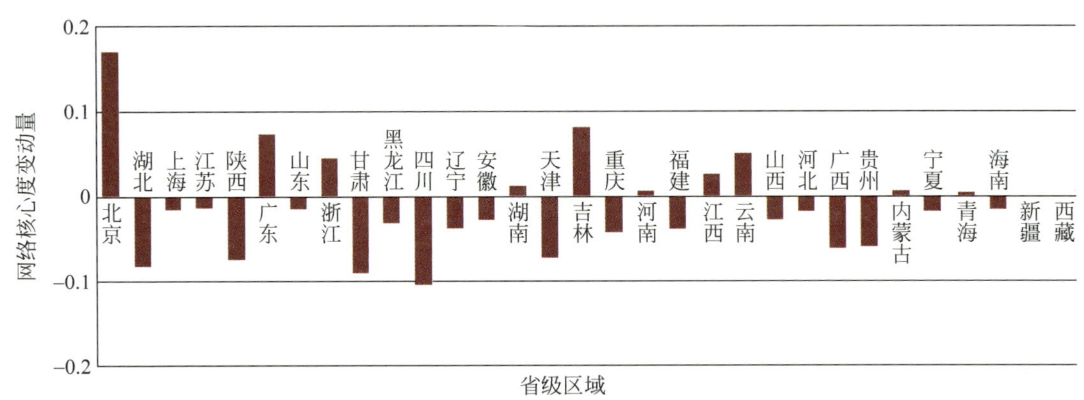

图 10-18　各省级区域中级科研人员流动网络核心度变动量

能力和就业能力，其流动以薪资待遇与生活质量为主要考量。整体看来，其流动方向与初级科研人员类似，即从黑龙江、湖北流向北京、上海和江苏等区域。但与初级科研人员流动相比，北京吸引中级科研人员的能力显著下降，上海、江苏等产业密集的区域对人才的吸引力有所增强。图 10-19 为各省级区域中级科研人员净流入量的变动情况。

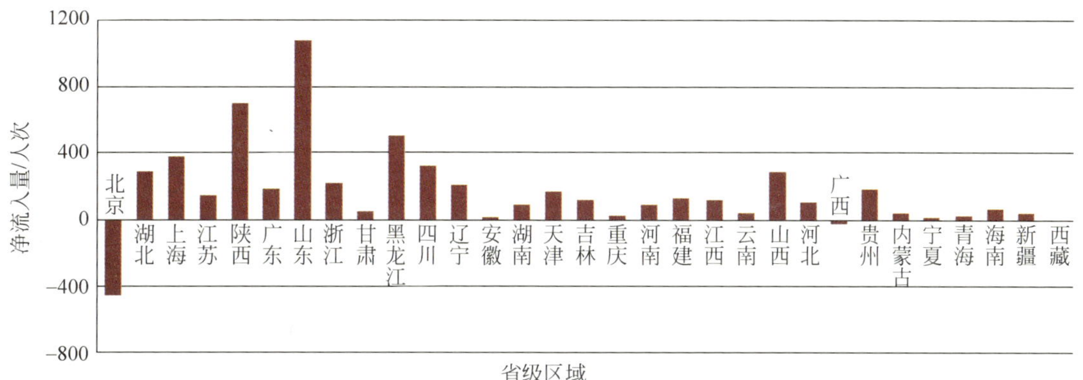

图 10-19 各省级区域中级科研人员净流入量变动情况

三、城际流动集中在东部地区，武汉、合肥和哈尔滨净流出特征显著

在 10 万份研究样本中，2010—2017 年中级科研人员累计 16880 人次在国内发生跨城市流动，占跨城市人才流动总量的 36%，范围覆盖 87 个城市。

整体来看，城际中级科研人员流动的基尼系数为 0.78，不均衡程度略高于初级科研人员。如图 10-20 所示，北京的网络核心度为 0.39，流入、流出规模分别高达 3640 人次和 3133 人次，累计净流入 507 人次，是人才集聚的核心城市；武汉、上海、南京、合肥和哈尔滨的网络核心度高于 0.2，是中级科研人员流动网络中的次核心，其中上海净流入量 346 人次，而武汉、合肥和哈尔滨则表现为净流出量较大，数量分别为 986、426 和 133 人次，南京保持基本均衡。

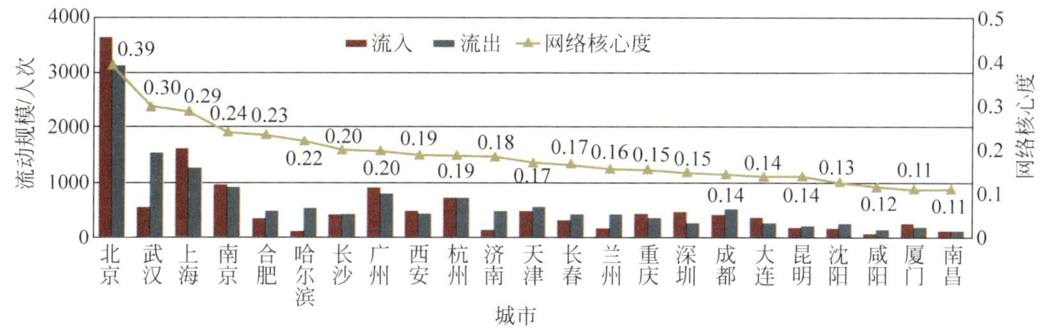

图 10-20 主要城市中级科研人员网络核心度与人才流动规模

如图 10-21 所示，中级科研人员流动的主要路径为：由武汉（507 人次）、上海（293 人次）、广州（267 人次）、天津（253 人次）和南京（213 人次）流向北京，北京（347 人次）、武汉（227 人次）流向上海，以及由北京（240 人次）流向广州。武汉中级科研人员流向北京、上海、深圳、杭州等地，净流出特征明显。

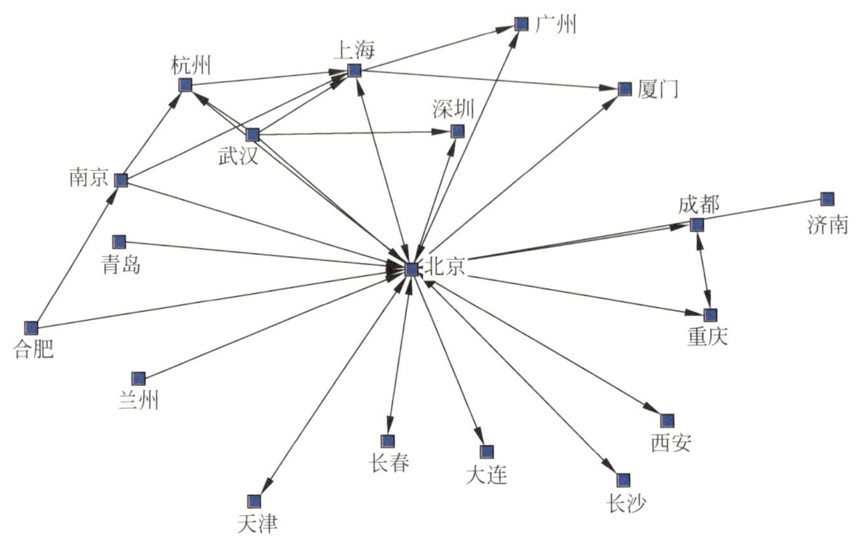

图 10-21　我国中级科研人员流动网络

2010—2013 年，中级科研人员国内流动的基尼系数为 0.79。2014—2017 年，基尼系数上升至 0.86，人才流动向少数城市集中的态势强化。如图 10-22 所示，北京网络核心度上升量大于 0.2，兰州、天津、成都、西安和哈尔滨等城市的网络核心度下降，但下降量小于 0.1，下降幅度有限，其他城市基本保持稳定。

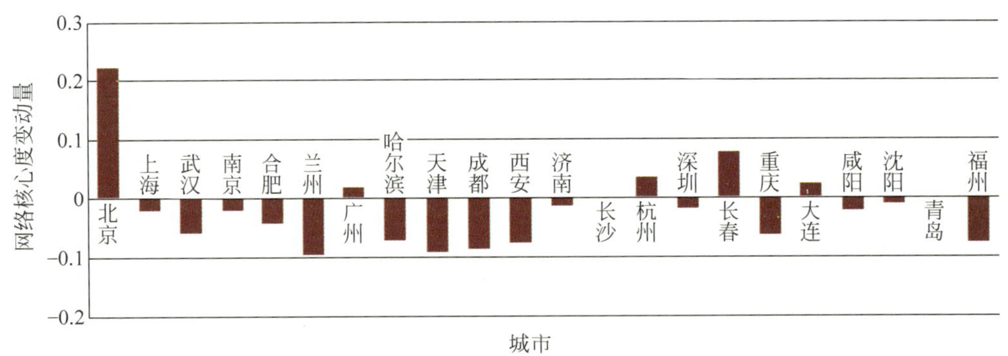

图 10-22　主要城市中级科研人员流动网络核心度变动量

第三节　高级科研人员的流动

高级科研人员是指 H 指数为 16～25 的科研人员。这部分科研人员学术成果丰富，创新能力强，是重要的创新群体。2010—2017 年，在 10 万份研究样本中，高级科研人员发生国际流动 2061 人次，省际流动 8613 人次，城际流动 8605 人次。

一、国际流动形成两极态势，与美国互动显著

2010—2017 年，在 10 万份研究样本中，全球高级科研人员发生跨国流动共有 2061 人

次，范围覆盖 54 个国家。

流动网络呈现两极态势。整体来看，高级科研人员国际流动的基尼系数为 0.85，不均衡性高于中级科研人员流动网络。如图 10-23 所示，美国、中国的网络核心度逾 0.3，是高级科研人员流动网络中的核心枢纽。法国、英国、澳大利亚、德国、瑞士、日本、瑞典、韩国、加拿大和新加坡的网络核心度逾 0.2，是高级科研人员流动网络的次中心。

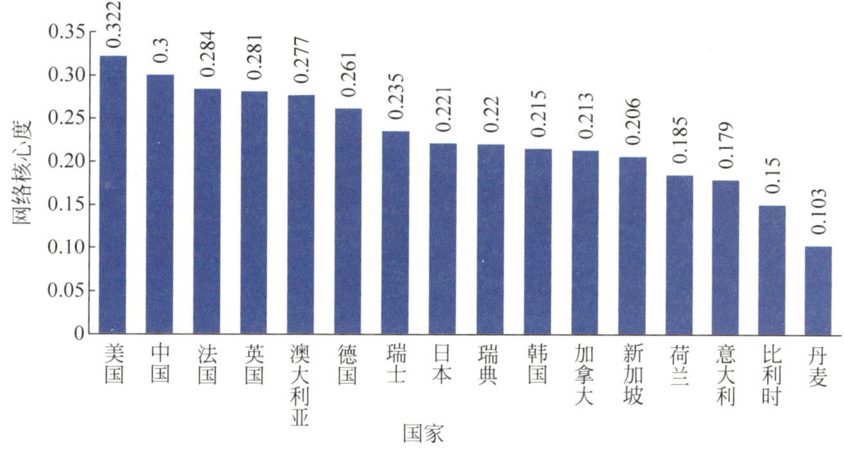

图 10-23 主要国家高级科研人员流动网络核心度

如图 10-24 所示，与初级、中级科研人员流动状况相比，高级科研人员主要活跃于我国和少量发达国家，与发展中国家基本没有大规模流动。从流动结果来看，在 10 万份研究样本中，我国高级科研人员净流入 283 人次，美国净流出 129 人次，净流动方向与初级、中级状况相反。高级科研人员流入我国的形式主要为科研人员受人才引进政策激励，回国就业或创业。

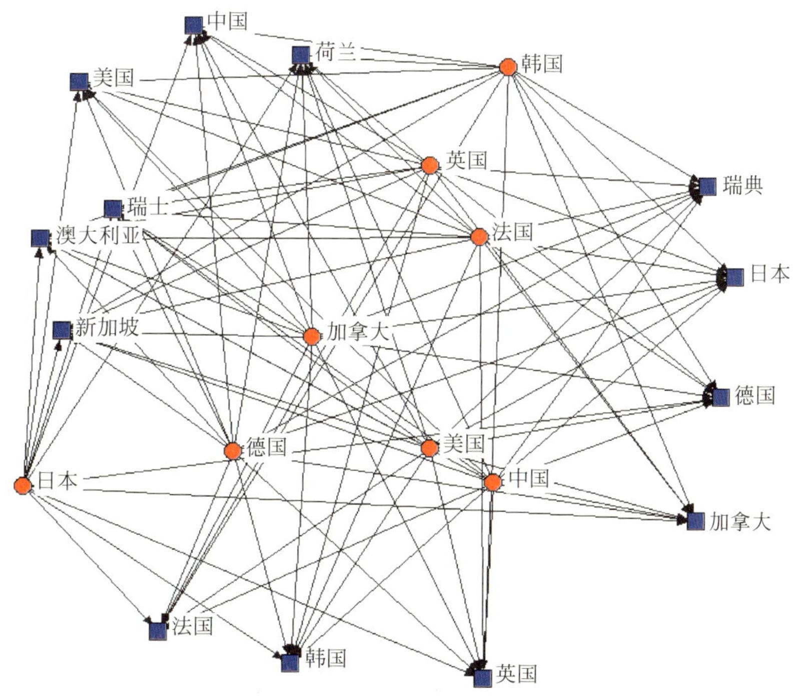

图 10-24 主要国家高级科研人员流动网络

中国、美国的网络核心度增强。2010—2013 年,高级科研人员流动的基尼系数为 0.87;2014—2017 年,基尼系数上升至 0.88,流动集中度增强。从图 10-25 可看出,中国、澳大利亚、美国、新加坡和阿联酋的网络核心度上升,法国、意大利、瑞士、加拿大和韩国的核心度下降,其他国家基本保持稳定。

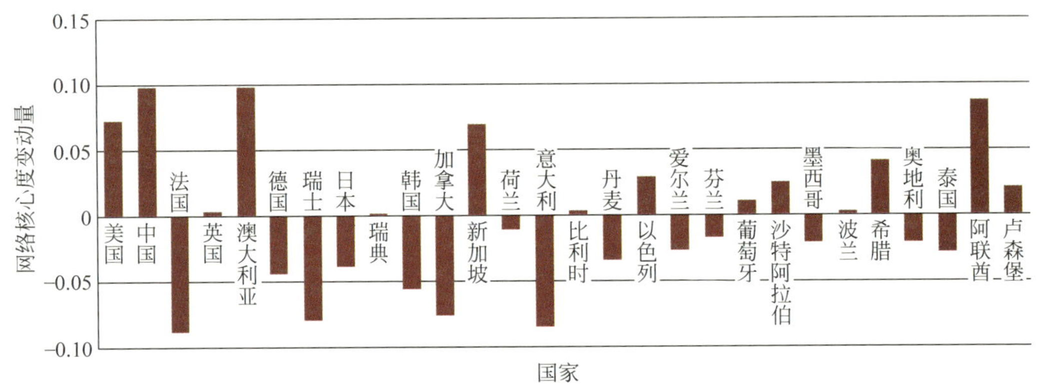

图 10-25　主要国家高级科研人员流动网络核心度变动量

二、省际流动在东部地区频繁,人才外溢凸显

高级科研人员流动范围逐渐向东部省份集中。在 10 万份研究样本中,2010—2017 年高级科研人员累计有 8613 人次在国内发生跨省流动,占跨省流动总量的 24%。整体来看,高级科研人员省际流动的基尼系数为 0.43,不均衡程度略高于初级、中级科研人员流动情况。如图 10-26 所示,北京的网络核心度为 0.32,是人才集聚与输送的核心城市。黑龙江、四川、浙江、广东、陕西、湖北、江苏、上海、山东、甘肃、湖南、青海和江西等省级区域的网络核心度高于或等于 0.2,与多个省级区域发生人才流动。同时,北京流入、流出量分别高达 1391 人次和 1794 人次,是高级科研人员交换规模最大的省级地区,上海、江苏、浙江等省级区域紧随其后。

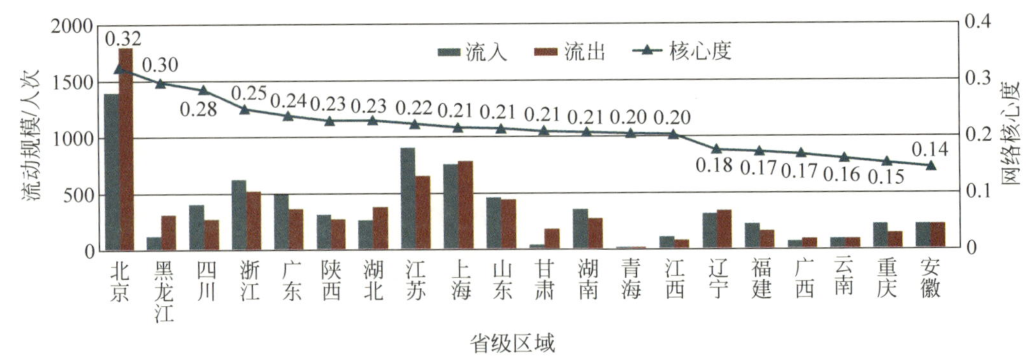

图 10-26　主要省级区域高级科研人员网络核心度与人才流动规模

北京是高级科研人员净流出量最大的地区。从图 10-27 可看出,2010—2017 年,北京净流出量达 403 人次,是最主要的高级科研人员输出地;黑龙江、甘肃、湖北、天津和吉林紧随其后,净流出量分别为 195、143、117、91 和 78 人次。江苏高级科研人员净流入量为 323 人次,居全国首位;广东、河南、湖南和福建净流入量近百,是高级科研人员净流入的第二梯队。

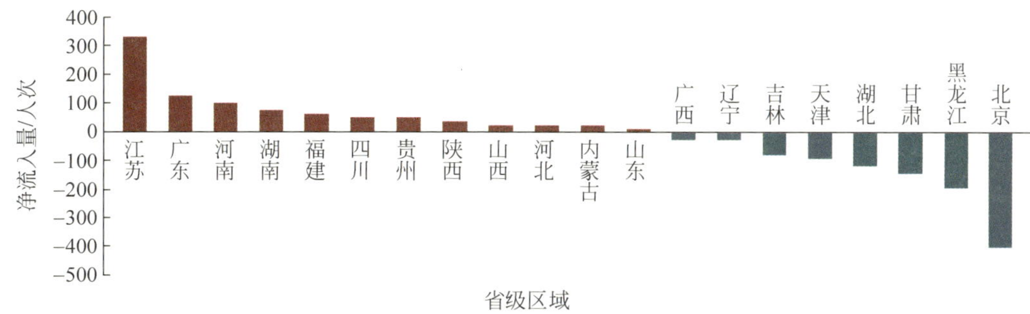

图 10-27 主要省级区域高级科研人员净流入量

2010—2013 年，高级科研人员国内流动的基尼系数为 0.45。2014—2017 年，基尼系数上升至 0.65，不均衡程度大幅上升。如图 10-28 所示，浙江、北京和新疆网络核心度大幅上升，上海、甘肃和黑龙江小幅上升，重庆核心度大幅下降，天津、湖南和山西小幅下降，其他省级区域基本保持稳定。

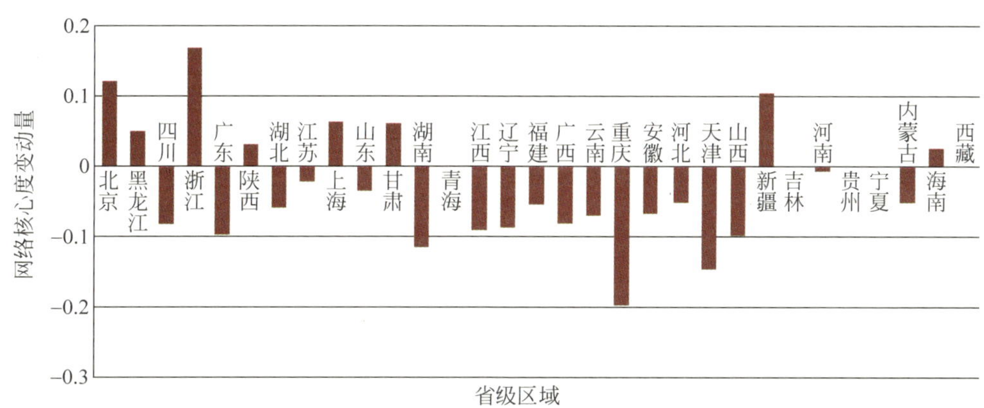

图 10-28 主要省级区域高级科研人员流动网络核心度变动量

北京、上海和江苏三地高级科研人员外溢趋势显著。2014—2017 年，北京、上海和江苏高级科研人员净流出量分别增加 663、221 和 234 人次，均从高级科研人员流入地区转为人才净流出地区，如图 10-29 所示。除北京、上海和江苏三地之外，其余省级区域净流入量均有不同程度增加，其中湖北、山东、辽宁、广东、重庆和四川人才净流入增量均超过 100 人次。

三、城际流动主要集中在北京、上海两个城市

在 10 万份研究样本中，2010—2017 年有 8605 人次高级科研人员在国内发生跨城市流动，占跨城市流动总量的 19%，范围覆盖 64 个城市。

高级科研人员流动以北京为核心，如图 10-30 所示。整体来看，高级科研人员城际流动的基尼系数为 0.84，不均衡程度较高。上海、深圳、重庆、西安、济南、咸阳等表现为人才净流入，北京、南昌和广州等表现为人才净流出。

图 10-31 为我国高级科研人员流动网络。国内高级科研人员流动的主要路径为：由上海（169 人次）、南京（117 人次）和西安（104 人次）流向北京，由北京（169 人次）、杭州（104 人次）流向上海，北京流向杭州（117 人次）、长沙（116 人次）和南京（103 人次）。

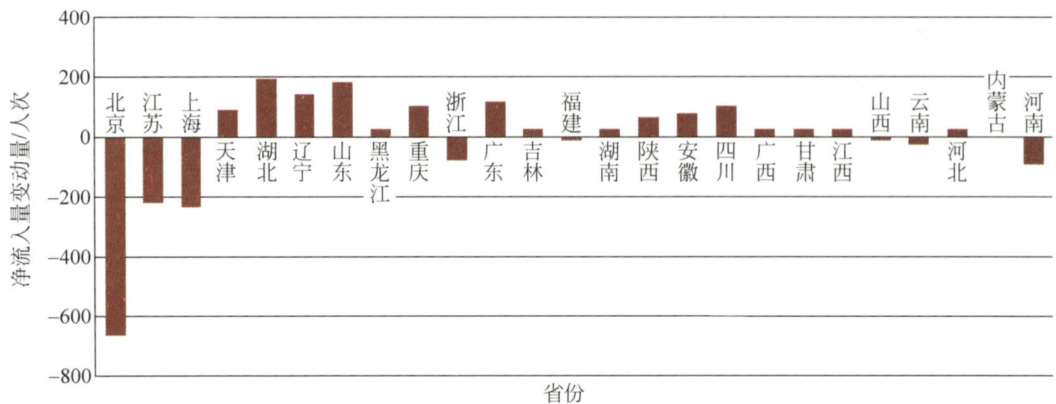

图 10-29　主要省份高级科研人员净流入量变动量

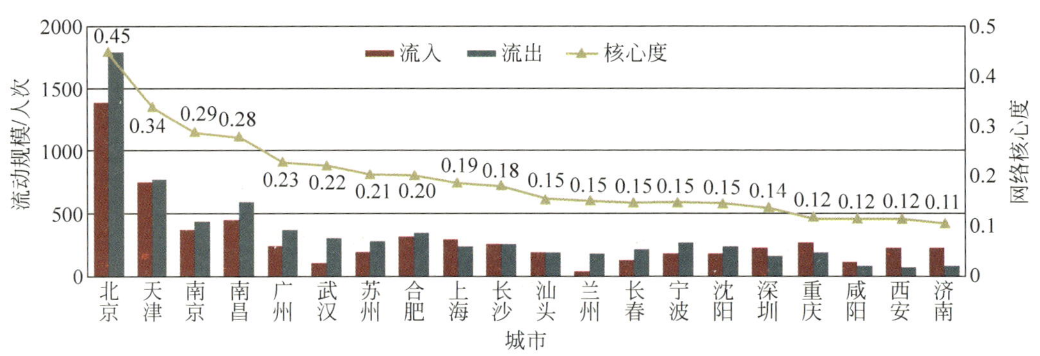

图 10-30　主要城市高级科研人员网络核心度与人才流动规模

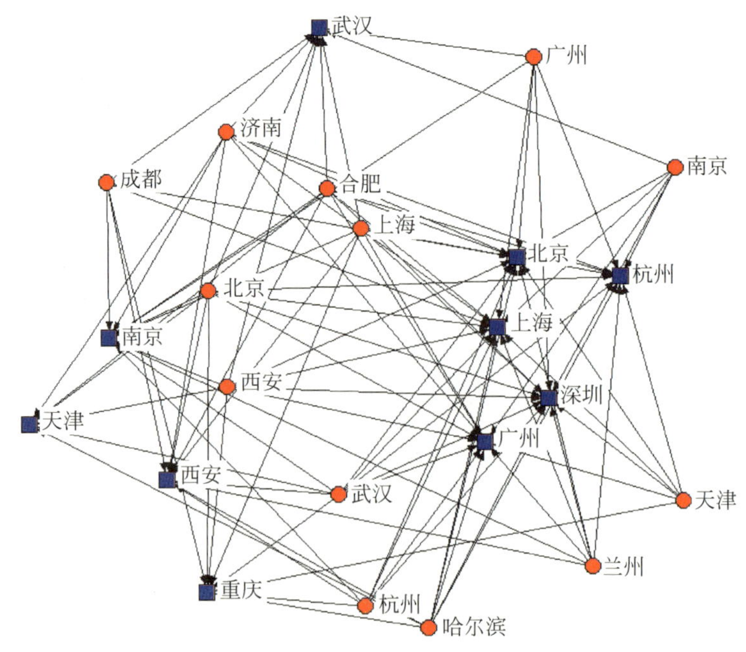

图 10-31　我国高级科研人员流动网络

2010—2013年,高级科研人员国内流动的基尼系数为0.85。2014—2017年,基尼系数上升至0.92,人才流动向少数城市集中的态势强化。如图10-32所示,北京的网络核心度上升量大于0.4,上海、南京和长春核心度上升量逾0.1,沈阳、重庆、长沙、南昌、济南和西安下降幅度逾0.1,其他城市基本保持稳定。

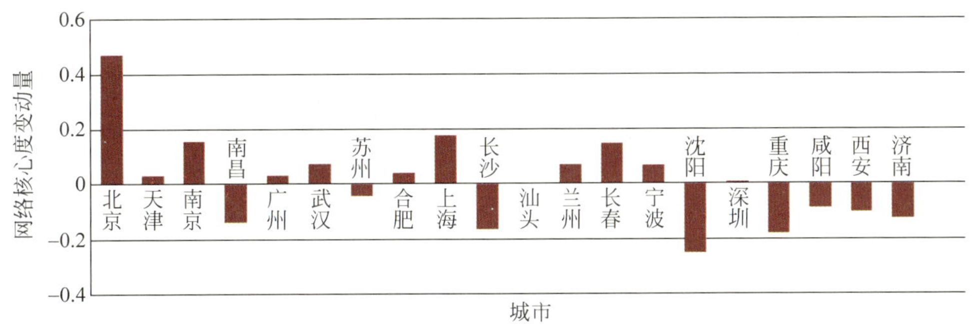

图10-32　主要城市高级科研人员流动网络核心度变动量

高级科研人员城市流动主要受城市资源的影响。高级科研人员具有比较稳定的产出能力和就业能力,是各城市人才引进的主要争夺对象。相对于初级科研人员,高级科研人员对薪资待遇、社会资源、生活质量以及子女就学等方面的要求更高,因而具有优质教育资源、医疗资源和科研资源的"北上广"成为首选,其流动方向与中级科研人员类似,即为北京、上海间人才的相互流动以及武汉、合肥等城市人才向北京、上海集中。

第四节　杰出科研人员的流动

杰出科研人员是指H指数大于25的科研人员,这部分人群整体学术成果丰硕,科研创新能力突出,行业关注度较高,创新资源汲取能力极强。2010—2017年,发生国际流动的杰出科研人员175人次,省际流动468人次,城际流动1586人次。

一、国际回流态势增强

杰出科研人员流动范围与规模最小。在10万份研究样本中,2010—2017年杰出科研人员累计有175人次发生跨国流动,范围覆盖27个国家。

整体来看,杰出科研人员国际流动的基尼系数为0.91,不均衡程度极高。如图10-33所示,美国的网络核心度为0.64,在杰出科研人员流动过程中处于绝对核心地位,英国和中国的网络核心度逾0.3,是杰出科研人员流动网络的次中心。

我国杰出科研人员回流态势增强。如图10-34所示,受存量限制,杰出科研人员整体流动规模有限,主要活跃于美国、中国、法国、韩国、日本、德国和澳大利亚等少数国家。基于10万份研究样本,我国杰出科研人员净流入26人次,美国净流出20人次,净流动方向与高级科研人员一致。整体来看,原本流向日本、法国等发达国家的杰出科研人员逐渐向美国集中,在美国的杰出科研人员向中国回流的态势增强。

2010—2013年,杰出科研人员流动的基尼系数为0.92。2014—2017年,基尼系数上升至0.96,流动集中度增强。如图10-35所示,新加坡、加拿大的网络核心度大幅上升,荷兰、韩国和日本的核心度大幅下降,其他国家基本保持稳定。

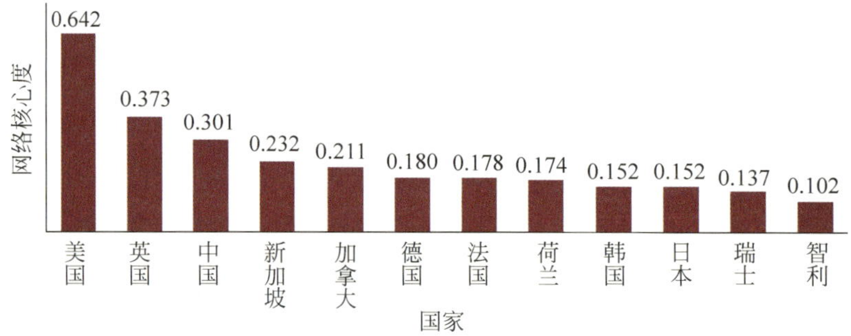

图10-33 主要国家杰出科研人员流动网络核心度

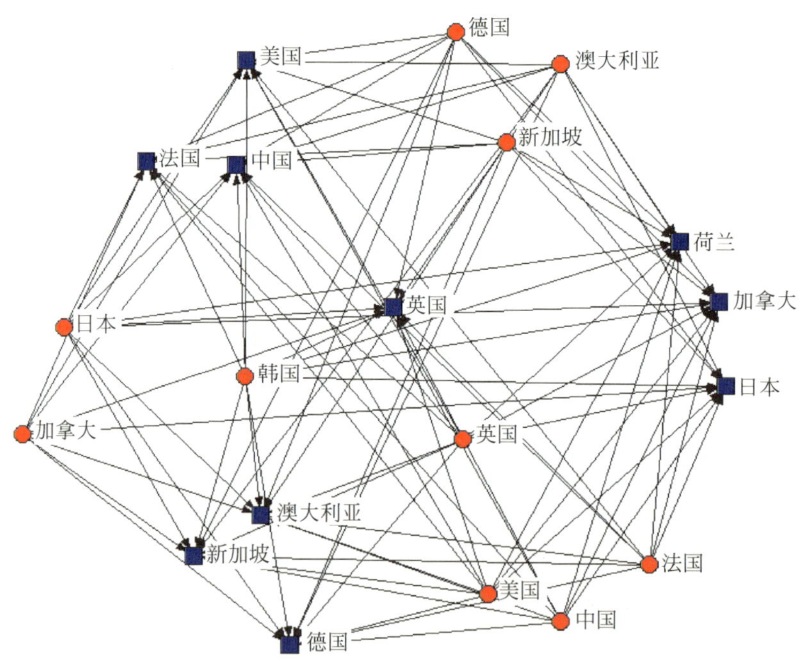

图10-34 主要国家杰出科研人员流动网络

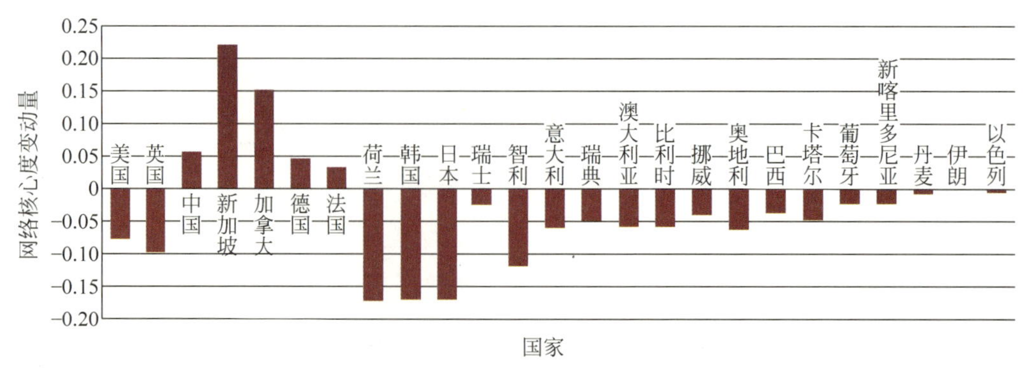

图10-35 主要国家杰出科研人员流动网络核心度变动量

杰出科研人员国际流动主要受发展空间影响。杰出科研人员本身积累大量科研成果、合作资源与国际影响力，这个等级的科研人员直接产出略有下滑，吸引其流入的主要因素为发展空间与价值实现。我国杰出科研人员表现为净流入，主要原因是科研人员在欧美国家发展面临较为明显的“华人天花板”，发展空间受限，而国内科技发展突飞猛进，企业巨头和知名院校以优渥的条件吸引高端人才。

二、省际流动趋于北京的态势加强

杰出科研人员流动不均衡程度显著高于其他层级。在 10 万份研究样本中，2010—2017 年有 468 人次杰出科研人员在国内发生跨省流动，整体来看，杰出科研人员省际流动的基尼系数为 0.51，不均衡程度高于初级、中级和高级科研人员的流动情况。如图 10-36 所示，尽管北京流入流出量分别高达 364 人次和 260 人次，仍是杰出科研人员流动规模最大的地区，但是网络核心度却低于上海(0.5)，排名第二。湖北、浙江、江苏、吉林、广东、陕西和福建等省级区域的网络核心度大于或等于 0.2，与多个省级区域或地区发生杰出科研人员流动。

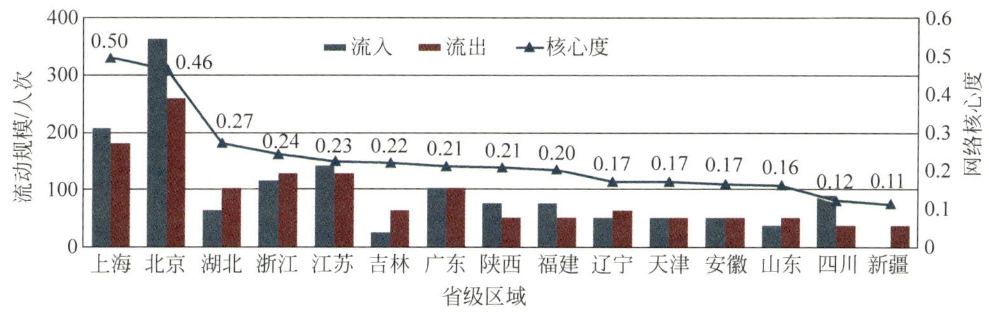

图 10-36　主要省级区域杰出科研人员流动网络核心度与人才流动规模

从图 10-37 可看出，杰出科研人员流动主要集中在北京、上海、广东、江苏和湖北等省级区域，主要流动方向为由湖北、山东流向北京。2010—2017 年，杰出科研人员流动的主要路径为广东(65 人次)、江苏(52 人次)、湖北(52 人次)、吉林(47 人次)和山东(39 人次)流向北京，北京(260 人次)流向江苏以及江苏(442 人次)流向上海。

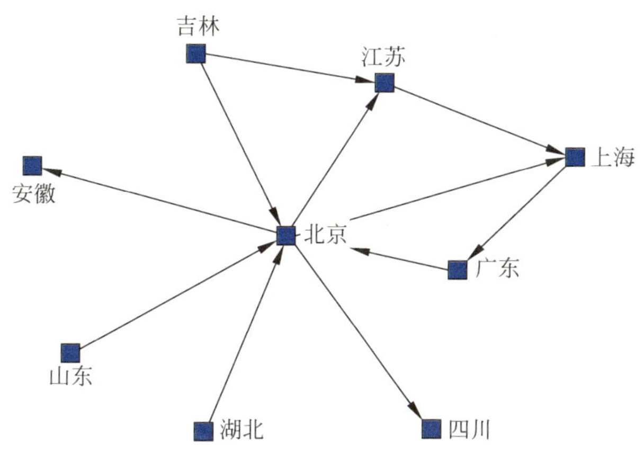

图 10-37　主要省级区域杰出科研人员流动方向

北京是杰出科研人员净流入量最大的地区。在10万份研究样本中,2010—2017年北京杰出科研人员净流入量为104人次,是最主要的杰出科研人员输入地;四川、福建紧随其后,净流入量均大于20;湖北、吉林的杰出科研人员净流出量大于40,是杰出科研人员的主要流出区域,云南、黑龙江、河北、河南等也是科研人员的流出区域。图10-38为主要省级区域杰出科研人员净流入量。

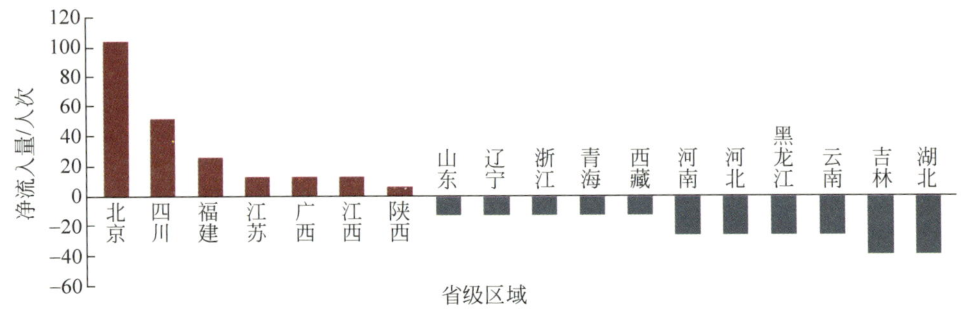

图10-38 主要省级区域杰出科研人员净流入量

2010—2013年,杰出科研人员国内流动的基尼系数为0.64。2014—2017年,基尼系数上升至0.80,不均衡程度大幅上升。具体来看,湖北、青海和辽宁等的核心度大幅上升,北京、吉林、浙江、福建、山东和天津等节点的网络核心度有所下降,如图10-39所示。

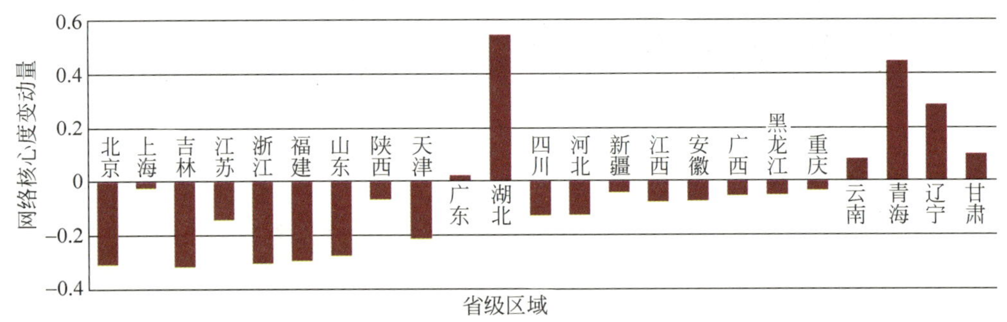

图10-39 主要省级区域杰出科研人员流动网络核心度变动量

如图10-40所示,2014—2017年,吉林、福建、天津和浙江的杰出科研人员净流入量分别增加78、65、52和39人次,安徽、辽宁、四川和上海的杰出科研人员净流出增量逾30人次。

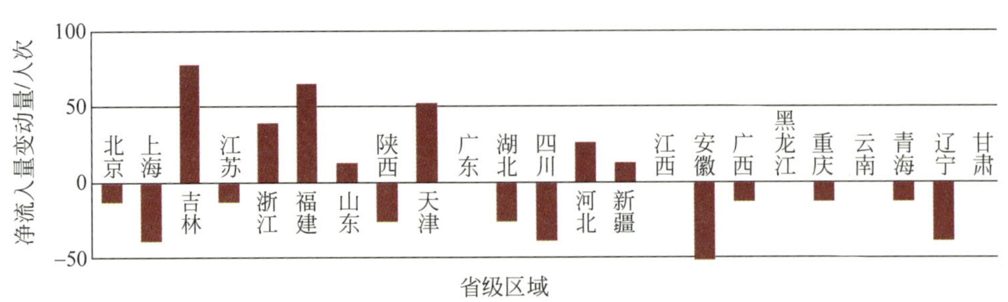

图10-40 主要省级区域杰出科研人员净流入量变动量

杰出科研人员区域流动主要受科研环境影响。杰出科研人员长期稳定地从事科学研究,并在所处学术领域中产生较大影响,其未来发展需要频繁的学术交流作为基础和支撑。北京、上海、广东、江苏和湖北等省市科研基础良好,是杰出科研人员集聚的省级区域,因而区域间人才交流比较频繁,其中北京作为我国文化与科技中心,具备最优渥的科技资源与科研环境,成为对杰出科研人员吸引力最大的省级单位。

三、城际流动范围小,武汉、长春、广州三地人才净流出特征明显

在10万份研究样本中,2010—2017年杰出科研人员累计有1586人次在国内发生跨城市流动,占流动总量的3.2%,范围覆盖37个城市。

杰出科研人员流动以上海和北京为核心。整体来看,杰出科研人员城际流动的基尼系数为0.89,不均衡程度较高。如图10-41所示,上海网络核心度为0.48,流入流出规模分别高达208人次和182人次,累计净流入26人次;北京网络核心度为0.47,流入流出规模分别为364人次和260人次,累计净流入104人次。上海和北京是杰出科研人员集聚与疏散的核心城市。武汉、西安、长春、广州、沈阳和南京的核心度大于或等于0.2,是杰出科研人员流动网络中的次核心,其中武汉、长春和广州表现为较大的净流出,单个城市杰出科研人员净流出逾20人次;西安、沈阳和南京基本均衡。

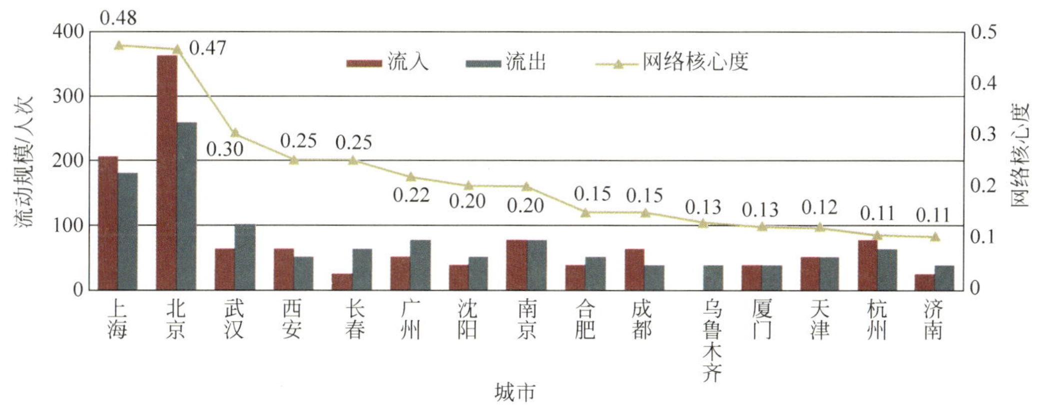

图10-41 主要城市杰出科研人员网络核心度与人才流动规模

大量杰出科研人员在北京、上海和南京三地间流动。从图10-42可知,国内杰出科研人员流动的主要路径为:由广州、武汉、济南流向北京,南京流向上海,以及北京流向南京、成都和上海。

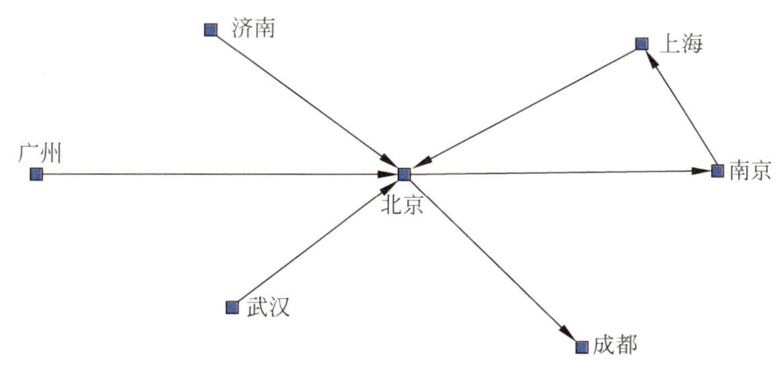

图10-42 主要城市杰出科研人员流动方向

2010—2013年,杰出科研人员国内流动的基尼系数为0.91。2014—2017年,基尼系数上升至0.97,人才流动向少数城市集中的态势强化。如图10-43所示,北京、上海、长春和南京等城市的网络核心度大幅减少,武汉、沈阳得到较大幅度提升,其他城市基本保持稳定。

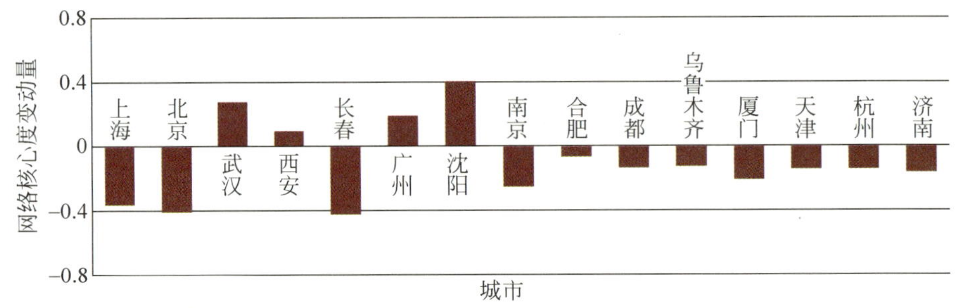

图10-43 主要城市杰出科研人员流动网络核心度变动量

杰出科研人员区域流动可能主要受合作网络的影响。杰出科研人员在相关领域中已积累大量学术成果,并形成了相对稳定的学术合作网络和学术交流渠道,其跨城市流动主要以合作科研单位为目的地,北京、广州、武汉和上海等城市科研基础良好,杰出科研人员集聚且区域间学术合作频繁,是杰出科研人员流动的主要目的地。

本章小结

随着学术层级提升,国际、省际和城际间科研人员的流动不均衡性提升。整体来看,随着科研人员学术层级的提升,其流动的不均衡程度也会相应提升。从国际流动的范围来看,初级、中级、高级和杰出科研人员流动网络的基尼系数分别为0.74、0.78、0.85和0.91;而在省际流动的范围来看,四个层级科研人员流动的基尼系数分别为0.35、0.37、0.43和0.51;城际流动的基尼系数分别为0.73、0.77、0.84和0.89。国际、省际和城际中随着学术层级的提升,科研人员流动的不均衡性在不断提升。

北京是各层级科研人员流动的中心,流入和流出人次都在全国领先。在四个不同学术层级中,北京均是科研人员流动的重要地区,科研人员流入量和流出量居全国首位。北京是初级科研人员流动的核心城市,且近年来中级科研人员不断积聚,同时也是杰出科研人员净流入量最大的地区。

湖北、山东两地是科研人员流入北京的主要区域。在10万份研究样本中,2010—2017年湖北有585人次、山东有533人次初级科研人员流向北京,是初级科研人员流向北京最多的地区。流向北京的中级科研人员中湖北达到494人次、山东325人次;高级科研人员中山东有130人次流向北京;杰出科研人员中湖北也有52人次流向北京。

第十一章

CHAPTER 11

关键领域科研人员的流动

建设世界科技强国要求加强重点领域的科技创新。这些重点领域的科技创新都是以重大技术突破和重大发展需求为基础，代表着未来科技和产业发展新方向，对经济社会全局和长远发展具有重大引领带动作用；都具有知识技术密集、物质资源消耗少、成长潜力大、综合效益好的特点。下面选取人工智能、医药卫生与大健康、高端装备制造、新材料、信息技术五大关键重点领域，具体分析各重点领域科研人员流动状况。

第一节　人工智能领域科研人员的流动

随着科技的进步，人工智能的应用领域从工业生产逐渐渗透到社会生活的各个角落，人工智能已经成为新一代技术革命的先锋。而人工智能技术的竞争，就如同科技竞争史上的核技术、航天技术、信息技术之争一样，是各科技大国之间最关键的技术竞争领域。梳理相关数据，发现近年来我国从事人工智能领域的科研人员流动呈现出以下特点。

一、美国、英国和日本是主要流向地

在 10 万份研究样本中，共有 47 个国家合计 907 人次人工智能领域的科研人员被吸引回到我国。其中美国以 351 人次流入我国位列榜首，占流入总量的 38.70%；其次是英国以 85 人次的流入量排行第二，占流入总量的 9.37%；日本以 77 人次的流入量排行第三，占流入总量的 8.49%；排名前 3 的(TOP3)国家流入量占总数的 56.56%，超过一半。德国和澳大利亚分别以 61、41 人次位列第四和第五。从人工智能科研人员流入我国的排名前 5 的(TOP5)国家来看，越是人工智能领域发展较快的国家，人才的流动量越大。

人工智能领域发展较好的国家有众多科研人员，且人才基数大，流动量较大，如表 11-1 所示。此外，我国对人工智领域发展的重视程度逐年上升，在“十三五”规划和十九大报告中更是明确将发展人工智能列入未来重点发展规划内，无论人工智能的发展环境还是人才待遇，都在向好发展。良好的人工智能研究氛围，吸引了各国人工智能人才。同时，我国又是世界上最大的留学生生源国，据 2015 年海外留学数据统计，我国海外留学生占国际留学生的 25%，而我国留学生的主要去向为美国、澳大利亚、韩国、英国、加拿大、日本、新加坡、

德国、法国和俄罗斯,对比人工智能领域近五年流入我国的人才主要来源国,有 90%保持一致,被吸引回国的人工智能人才与出国留学的生源具有一定的相关性。

表 11-1 2013—2017 年我国人工智能科研人员排名前 5 的来源国

排　名	国　家	流入量/人次	占比/%
1	美国	351	38.70
2	英国	85	9.37
3	日本	77	8.49
4	德国	61	6.73
5	澳大利亚	41	4.52

二、北京、上海、南京和武汉等地吸引全球人工智能科研人员流入

在所研究的 10 万份样本中,在我国国际人工智能科研人员主要流入排名前 10 的城市中,有一线城市 3 个,其中北京和上海是我国国际人工智能科研人员的主要承载城市。从图 11-1 可看出,北京市以 286 人次的流入量位列榜首,占样本总流入量的 27.88%;上海市以 133 人次的流入量排行第二,占样本总流入量的 12.96%。两个城市所集聚的国际人工智能科研人员占全国的 40.84%。

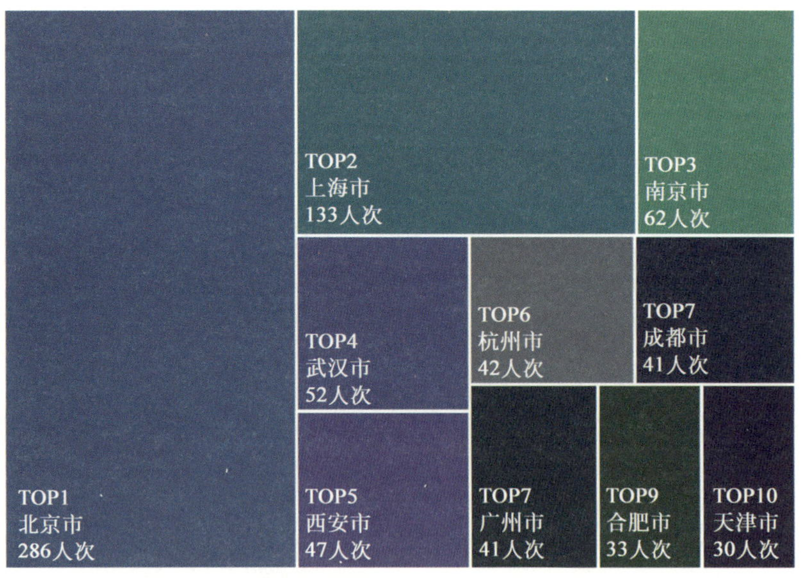

图 11-1 国际人工智能科研人员主要流向城市及数量

除了北京和上海之外,广州排行第七,有 41 人次流入广州,占流入总量的 4.00%。此外,在排名前 10 的城市中,南京、武汉、西安、杭州、成都和天津这 6 个城市 2010—2017 年内共吸纳国际人工智能人才 274 人次,占全国的 26.7%,充分展现了新一线城市的科技创新活力。在排名前 10 的城市中,排行第九的合肥借助中国科学技术大学与合肥工业大学等多个具有较坚实科研能力且重视人工智能领域发展的高校和科研机构,在此期间先吸纳了 33 人次人工智能科研人员。

三、欧美发达国家是我国人工智能科研人员流出的主要目的地

从国际上看，我国从事人工智能研究的科研人员主要考虑赴美国、英国、德国等在人工智能领域科研实力较强的国家工作、学习，如表 11-2 所示。在 10 万份研究样本中，2010—2017 年我国共流出人工智能科研人员 895 人次，分布在 52 个国家，其中有 430 人次流向美国，占总流出人数的 48.04%；英国排名第二，为 69 人次，占我国流出总量的 7.71%；其余排位较前的国家还有德国、加拿大、澳大利亚、荷兰、新加坡、法国和日本，总计流向排名前 5 的国家的共 638 人次。

表 11-2 我国人工智能科研人员流出排名前 5 的国家

排名	流向国家	数量/人次	占比/%
1	美国	430	48.04
2	英国	69	7.71
3	德国	53	5.92
4	加拿大	48	5.36
5	澳大利亚	38	4.25

我国流出的人工智能科研人员数量在各来源城市呈梯队分布。聚焦 56 个来源城市，百级梯队仅有 2 个城市：其一是北京，流出人工智能人才 314 人次，占我国总流出总量的 35.1%；其二是上海，流出 121 人次，占 13.5%；百级梯队的 2 个城市的流出量占流出总量的 48.6%。十级梯队有 16 个城市，共流出 414 人次，占流出总量的 46.3%，平均每个城市流出 25.88 人次，为百级梯队平均流出量的 11.9%。个级梯队共有 38 个城市，共流出 46 人次，占总数的 5.1%，平均每个城市流出 1.2 人次。

造成流出人才梯队量级分化现象的原因有三个：其一，我国各城市人工智能领域发展不均衡，城市人工智能人才储备量存有差异；其二，不同城市人工智能领域的科研力度不一，能在国际上流动的人工智能人才均具备一定科研学术能力，而我国部分城市不具备与北京、上海相一致的人工智能科研支持；其三，沿海城市及经济发展较快的城市，更为开放，人工智能领域的人才流动活跃度较大。

四、国内科研人员流动主要集中在东北和东部地区

人工智能领域的科研人员在“北上广”、东北以及部分东部地区流动较为频繁，西部地区除了成都和重庆外很少有相关数据统计。北京是我国人工智能科研人员流动的核心枢纽。在 10 万份研究样本中，2010—2017 年发生流动的人工智能科研人员有 9680 人次，流动范围覆盖 73 城市，整体基尼系数为 0.81，不均衡程度高，人才交流主要集中在少数城市。从图 11-2 可看出，北京的网络核心度为 0.43，是与其他地区人才交流最密切的城市；哈尔滨的核心度为 0.31，排名全国第二；上海、杭州、武汉和成都等城市紧随其后。

主要流动方向为武汉等地流向北京。在研究样本中，2010—2017 年我国人工智能科研人员流动的主要路径为从武汉（260 人次）、上海（156 人次）、西安（156 人次）、杭州（104 人次）和南京（104 人次）流向北京，从北京（156 人次）、武汉（130 人次）和西安（117 人次）流向上海。图 11-3 为主要城市人工智能科研人员流动网络。

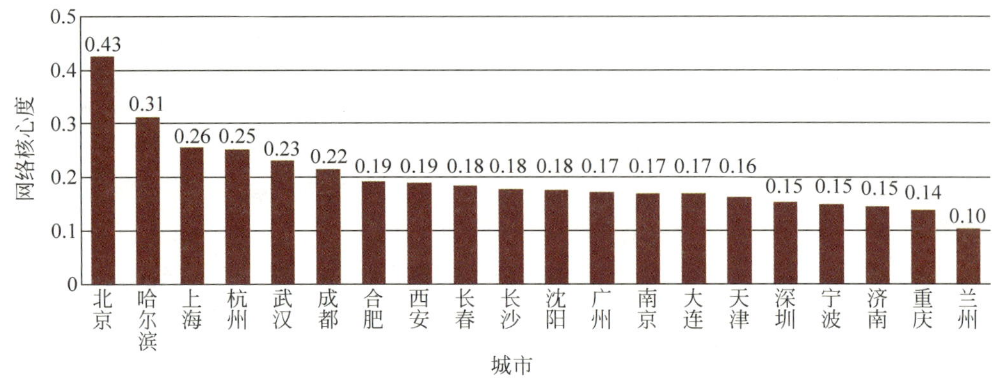

图 11-2 主要城市人工智能制造科研人员流动网络核心度

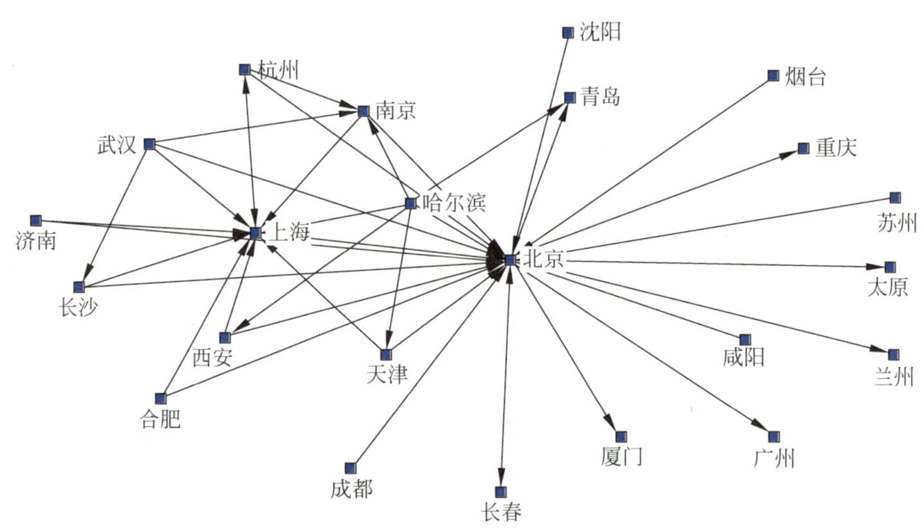

图 11-3 主要城市人工智能科研人员流动网络

五、东北地区和中西部给东部大量输送人工智能人才

东北地区和中西部地区近年来给东部地区提供了大量的人工智能领域科研人员。如图 11-4 所示，北京、上海为主要净流入区域，哈尔滨、武汉是主要净流出区域。在研究样本中，上海、北京人工智能科研人员净流入量分别高达 653 和 613 人次；深圳净流入 173 人次，在全国排名第三。与之相对应，武汉、哈尔滨作为人工智能科研人员流出地，净流出量分别为 400 和 347 人次，向中心城市输送大量人才；成都、杭州、长沙和兰州净流出的数量过百，处于人工智能科研人员输出的第二梯队。

六、初级人工智能人才流动规模较大，并且层级越高流动范围越窄

我国人工智能人才流动以初级科研人员为主，占比达 54.1%；中级、高级科研人员次之，占比分别为 28.7%和 15.4%；杰出科研人员比例为 1.8%。初级科研人员流动主要发

生在北京、武汉、上海、深圳、哈尔滨、西安、南京、成都、长沙和天津等城市；中级科研人员流动范围缩小至北京、武汉、上海、西安和南京等城市；高级科研人员活跃范围为北京、上海和西安；杰出科研人员流动则以北京和上海为中心。

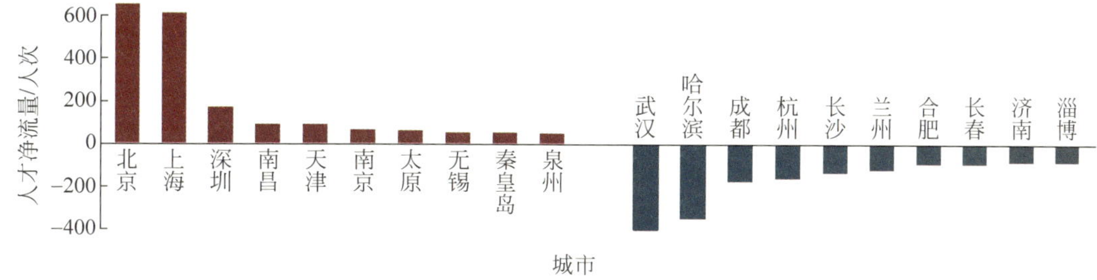

图 11-4 主要城市人工智能科研人员净流量

第二节 医药卫生与大健康领域科研人员的流动

医药卫生与大健康是我们健康生活的保障，依据《国家创新驱动发展战略纲要》《中华人民共和国国民经济和社会发展第十三个五年规划纲要》《“十三五”科技创新规划》和《国家自然科学基金“十三五”规划》等重要文件，为推进健康中国建设，发展先进有效的健康技术，应对重大疾病和人口老龄化挑战，必须对于医药卫生与大健康领域的科技创新予以高度重视。梳理相关数据，发现近年来我国医药卫生与大健康领域的科研人员流动呈现出以下特点。

一、医药卫生与大健康科研人员流动集中在少数城市

在 10 万份研究样本中，2010—2017 年发生跨城市流动的医药卫生与大健康科研人员 11907 人次，流动范围覆盖 73 城市，整体基尼系数为 0.78，不均衡程度较高，人才流动主要集中在少数城市。如图 11-5 所示，北京网络核心度为 0.41，是人才集聚与疏散的核心枢纽；武汉以 0.33 的核心度紧随其后，与多个城市存在人才流动。上海、广州、杭州和南京的核心度均大于或等于 0.2，是人才交流活跃的第二梯队。

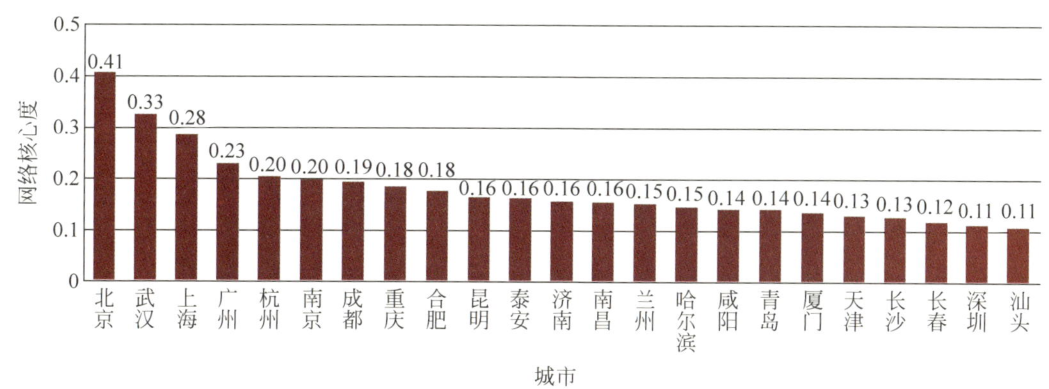

图 11-5 主要城市医药卫生与大健康科研人员流动网络核心度

医药卫生与大健康科研人员在北京、上海和武汉三地间流动活跃。在研究样本中，2010—2017 年我国医药卫生与大健康科研人员流动的主要路径为从武汉(373 人次)、上海(280 人次)、广州(200 人次)、南京(173 人次)和成都(147 人次)流向北京，北京(200 人次)流向广州，以及从北京(280 人次)、武汉(267 人次)和南京(173 人次)流向上海。图 11-6 是主要城市医药卫生与大健康科研人员流动网络。

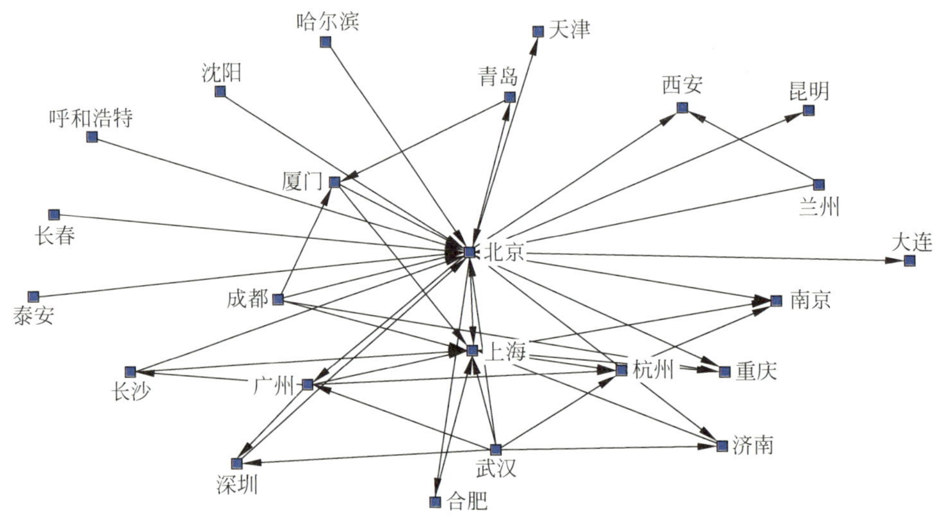

图 11-6　主要城市医药卫生与大健康科研人员流动网络

二、中部和部分西部地区医药卫生与大健康科研人员流失相对较为严重

北京为医药卫生与大健康人才主要净流入区域，武汉是主要净流出区域，如图 11-7 所示。在 10 万份研究样本中，北京净流入量为 960 人次，是医药卫生与大健康领域人才吸引力最强的城市；上海净流入 667 人次仅次于北京位列全国第二；杭州、深圳、苏州和无锡紧随其后，净流入量分别为 320、213、147 和 133 人次。武汉是全国医药卫生与大健康领域科研人员流失最严重的城市，净流出量为 947 人次，是第二名南京净流出量的 2.8 倍；兰州、重庆、泰安、长春、济南、哈尔滨、合肥和成都等城市净流出量过百，是医药卫生与大健康人才的主要输送地。

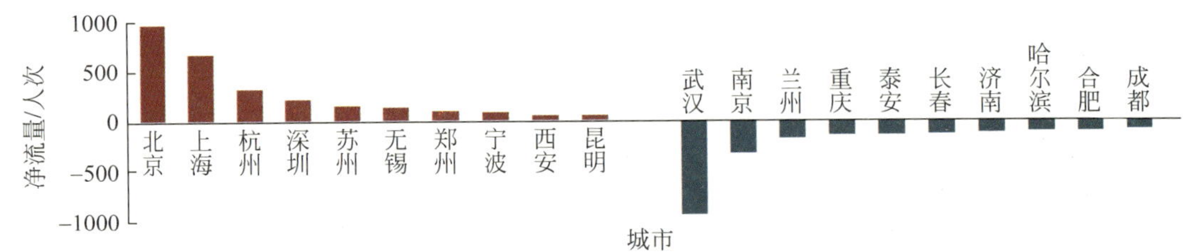

图 11-7　主要城市医药卫生与大健康科研人员净流入量

三、中级医药卫生与大健康科研人员大量流动并且分布范围较广

我国医药卫生与大健康人才流动以中级科研人员为主，占比为 42.2%；初级科研人

员次之，占比为 35.7%；高级科研人员排在第三位，占比为 18.6%；杰出科研人员占比为 3.5%。初级科研人员流动主要发生在北京、南京、武汉、上海和济南等城市；中级科研人员流动范围扩大至北京、上海、武汉、南京、成都、杭州、长沙、重庆和广州；高级科研人员流动范围集中在北京、上海、西安和杭州；杰出科研人员主要在北京、广州和武汉三地流动。

第三节 高端装备制造领域的科研人员流动

高端装备制造领域是为国民经济发展提供技术装备的战略性产业，具有技术含量高、产业带动能力强等特点，是一个国家和地区工业化、现代化水平和竞争力的综合反映。不拥有先进的高端装备制造技术基础，就不可能成为经济大国和经济强国。先进高端装备制造是我国迈向制造强国的重要支撑，也是我国制造业当前的短板。梳理相关数据，发现近年来我国高端装备制造领域的科研人员流动呈现出以下特点。

一、区域性集中特征明显

从研究样本发现，我国高端装备制造的科研人员，主要在该领域科研和产业较好的地区之间流动，2010—2017 年高端装备制造领域科研人员跨城市流动发生 12627 人次，流动范围覆盖 72 个城市，整体基尼系数为 0.81，说明人才流动主要集中在少数城市。如图 11-8 所示，北京的网络核心度为 0.35，是与其他地区交流最密切的城市，可以认为是我国高端装备制造科研人员流动的重要枢纽，上海、哈尔滨、南京、合肥、武汉、杭州、广州、大连、西安和沈阳的核心度紧随其后，各自与多个城市存在高端装备制造领域的人才流动。

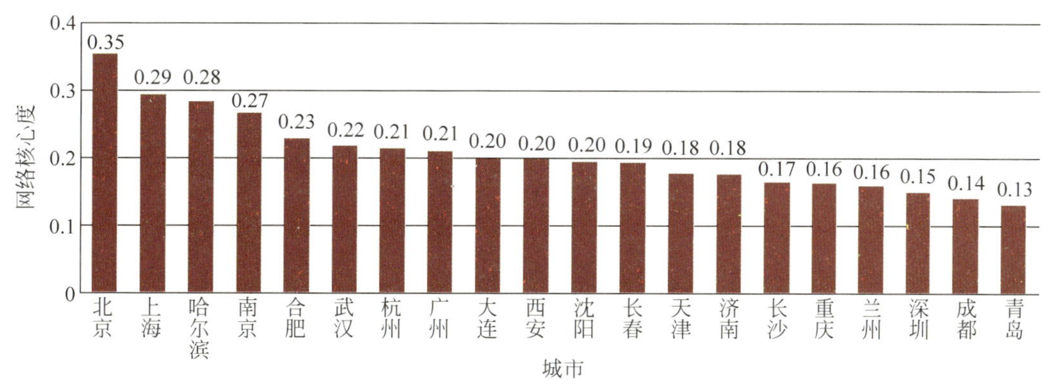

图 11-8 主要城市高端装备制造科研人员流动网络核心度

近年来，科研人员向北京、上海以及珠三角地区流动的现象愈发明显。在研究样本中，2010—2017 年我国高端装备制造科研人员流动的主要路径为从武汉（253 人次）、哈尔滨（200 人次）、上海（160 人次）、成都（107 人次）、杭州（107 人次）、南京（107 人次）、合肥（107 人次）和天津（107 人次）流向北京，从北京（213 人次）、武汉（213 人次）、哈尔滨（200 人次）和南京（200 人次）流向上海，以及北京（133 人次）流向天津。图 11-9 是主要城市高端装备制造科研人员流动网络。

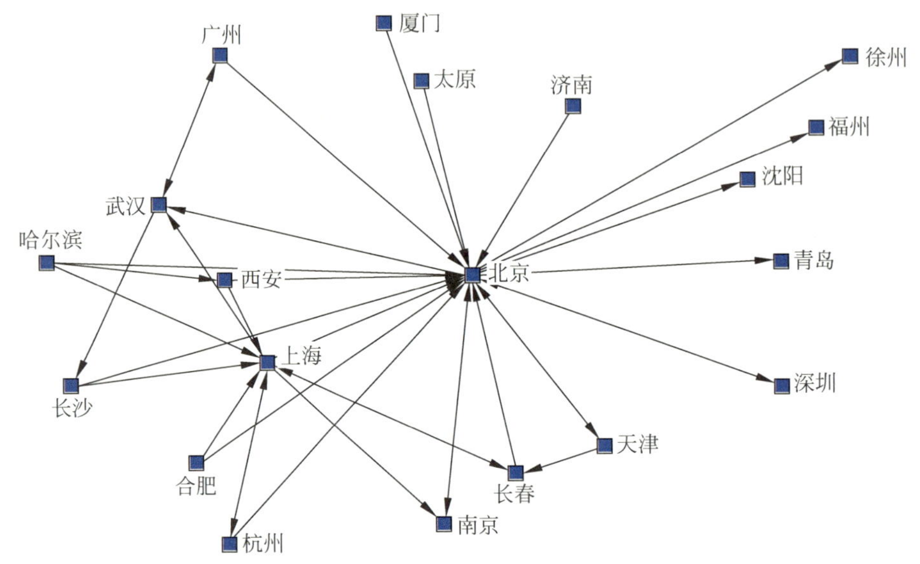

图 11-9　主要城市高端装备制造科研人员流动网络

如图 11-10 所示，上海、北京为主要净流入区域，哈尔滨、武汉是主要净流出区域。上海、北京作为高端装备制造人才流动的主要目的地，吸引了大量人才流入，人才净流入量分别高达 480 和 467 人次；宁波、深圳人才净流入量过百，也是集聚人才的重要区域；与之相对应，哈尔滨、武汉作为人才流动源头，高端装备制造人才的净流出量分别为 560 和 453 人次，是国内最主要的人才输出地；合肥、济南、杭州、南京和兰州等城市的人才净流出量过百，向上海、北京等中心城市输送了大量人才。

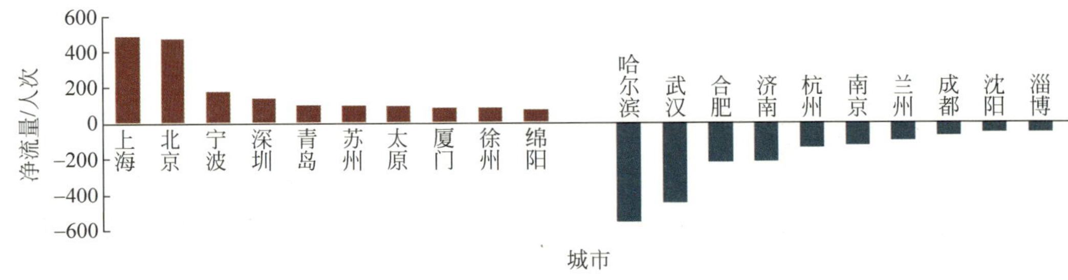

图 11-10　主要城市高端装备制造科研人员净流量

二、高端装备制造业初级和中级科研人员区域分布较为均衡

我国高端装备制造业人才流动以初级和中级科研人员为主，占比分别为 40.7% 和 34.8%；高级科研人员次之，占比为 21%；杰出科研人员占比为 3.5%。初级科研人员流动主要发生在北京、西安、合肥、南京、上海、武汉、长沙和天津等城市，中级科研人员流动范围缩小至北京、上海、西安、重庆和天津等城市，高级科研人员活跃范围为北京、哈尔滨、上海、西安、杭州、南京和武汉，杰出科研人员流动则以北京和上海为中心。

第四节 新材料领域科研人员的流动

材料工业是国民经济的基础产业，新材料是材料工业发展的先导，是重要的战略性新兴产业。新一轮科技革命与产业变革蓄势待发，世界主要国家争相寻找创新的突破口，抢占未来发展先机，新材料领域就是其一。大力推动新材料产业发展，既能补上工业"短板"，增强发展底气，更可通过基础产业创新找寻新动力，对做强"中国制造"意义重大。梳理相关数据，发现近年来我国新材料领域科研人员流动呈现出以下特点。

一、北京、上海等城市的新材料科研人员流动较为活跃

在10万份研究样本中，2010—2017年发生跨城市流动的新材料科研人员为15440人次，流动范围覆盖85个城市，整体基尼系数为0.79，不均衡程度较高，人才交流主要集中在少数城市。如图11-11所示，北京、上海的网络核心度分别为0.34和0.31，是科研人员流动网络的重要枢纽，吸引较多科技人才；哈尔滨、武汉、西安、南京、长春和天津等城市也与其他城市存在不同规模的人才流动，核心度大于或等于0.2，是人才交流活跃的第二梯队。

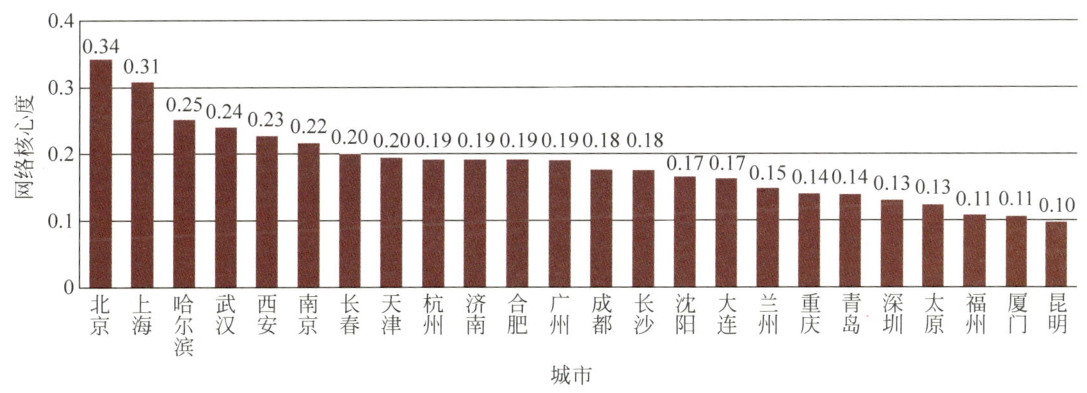

图11-11 主要城市新材料科研人员流动网络核心度

2010—2017年我国新材料科研人员流动的主要路径为上海(293人次)、武汉(267人次)、天津(240人次)、哈尔滨(213人次)、西安(187人次)和济南(187人次)流向北京，北京(253人次)、南京(200人次)和武汉(160人次)流向上海。北京净流入量为880人次，是国内新材料领域人才吸引力最强的城市；上海净流入427人次，仅次于北京位列全国第二。可以认为人才主要流向北京和上海，深圳、苏州、重庆、宁波和青岛净流入量逾百，也是吸纳人才流入的主要城市。图11-12为主要城市新材料科研人员流动网络。

二、武汉、哈尔滨等地新材料人才流失较为严重

同样可以发现，一些具有较强科技创新能力的区域和城市近年来新材料领域科研人员呈现出大量流失的现象。如图11-13所示，武汉和哈尔滨虽然有较强的新材料产业基础，但在该领域人才净流出量均为533人次，是主要净流出区域；济南、天津、兰州、长春、成都、杭州和西安类似，净流出量过百，为国内其他城市输送了大量新材料人才。

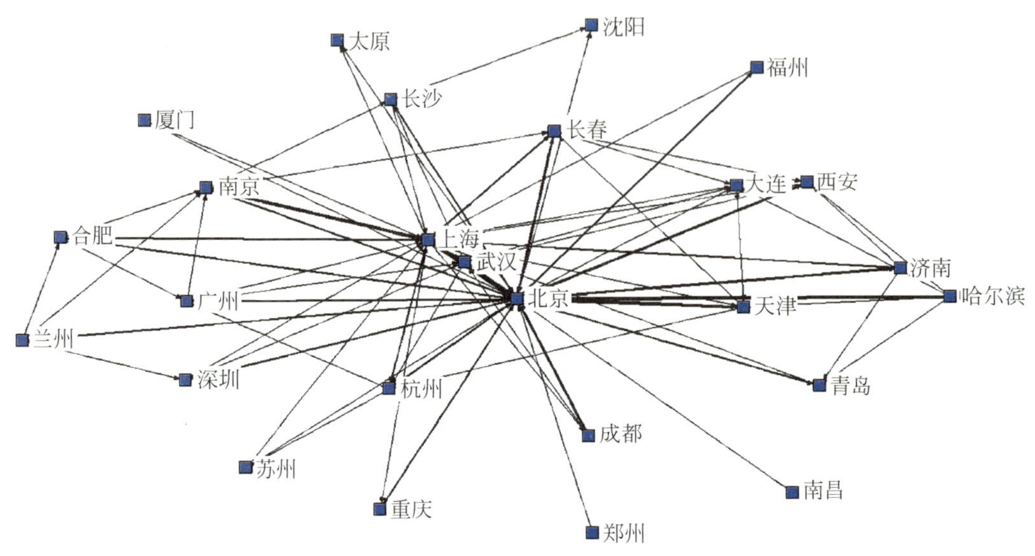

图 11-12　主要城市新材料科研人员流动网络

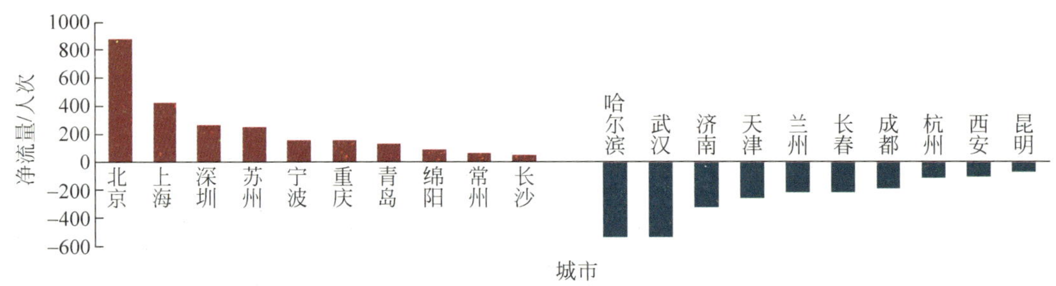

图 11-13　主要城市新材料人才净流量

三、新材料领域中级科研人员流动频次较高

新材料领域中级科研人员流动较为活跃，占比为 37.6%；而相当部分高级科研人员也有流动的经历，占比 29.6%；初级科研人员流动比例相对较少，占比 27.8%；杰出科研人员占比为 5.0%，流动经历最少。从分布地域来看，除了杰出科研人员的流入流出地域分布较集中外，其他层级科研人员流入流出分布相对平均。其中发生初级科研人员流动的城市主要为北京、上海、天津和济南；发生中级科研人员流动的城市主要为北京、上海、武汉、天津和杭州；发生高级科研人员流动的城市主要为北京、成都、青岛、西安、哈尔滨、上海和杭州；发生杰出科研人员流动的城市主要为北京、上海。

第五节　信息技术领域科研人员的流动

信息技术是第三次工业革命的骨架和灵魂，是创新最活跃、带动力最强、渗透性最广的战略性技术。在全球科技创新的大环境下，信息技术已经成为世界各国抢占未来科技和产业发展先机、确立竞争新优势的战略制高点。西方发达国家充分认识到信息技术领域蕴含的重大战略意义，纷纷从国家层面加大投入，汇集企业、研究所和高校等机构的资源，扶持信息技术在工业、服务业、军事和商业等领域的应用。我国也已经充分意识到信息技术对于建设世界科技强国的关键作用，出台了一系列促进信息通信技术发展的政策措施，并在全球5G技术发展中取得有利位置。梳理相关数据，发现近年来我国信息技术领域的科研人员流动呈现出以下特点。

一、北京、哈尔滨等地是信息技术科研人员流动的重要集散地

在10万份研究样本中，2010—2017年信息技术科研人员跨城市流动为10027人次，流动范围覆盖76个城市，整体基尼系数为0.81，不均衡程度高，人才流动主要集中在少数城市。从图11-14可知，北京、哈尔滨是我国信息技术科研人员流动的重要枢纽。北京、哈尔滨的网络核心度分别为0.39和0.32，与多个城市存在单向或双向的人才流动，在网络中处于核心地位；而东部发达城市以及西部科技创新实力较强的城市，诸如上海、合肥、南京、杭州、武汉、西安和长春的网络核心度均大于或等于0.2，在流动网络中处于次中心地位。

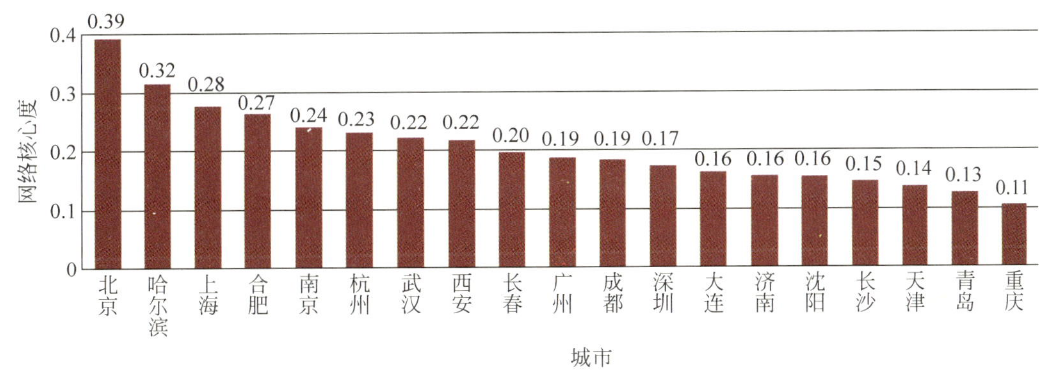

图11-14　主要城市信息技术科研人员流动网络核心度

二、流动主要集中于北京、上海与东中部发达地区

2010—2017年我国信息技术科研人员流动的主要路径为从武汉(200人次)、哈尔滨(187人次)和西安(120人次)流向北京，从武汉(147人次)、北京(133人次)、南京(133人次)和西安(120人次)流向上海，从北京流向南京(133人次)、天津(120人次)和青岛(120人次)，北京与上海、武汉、青岛、南京和天津等地人才流动频繁，信息技术领域科研人员在东中部发达地区之间的流动较为显著，而西部地区流动较为罕见。图11-15为主要城市信息技术科研人员流动网络。

如图11-16所示，从10万份研究样本来看，上海为主要净流入区域，净流入量为627人次，是国内信息技术领域人才吸引力最强的城市；北京净流入493人次，位列全国第二；深圳、天津紧随其后，净流入量分别为213和187人次。哈尔滨是全国信息技术人才流失最严重的城市，净流出量为413人次；武汉、合肥次之，分别净流出387和267人次，人才流失也相对较为严重。

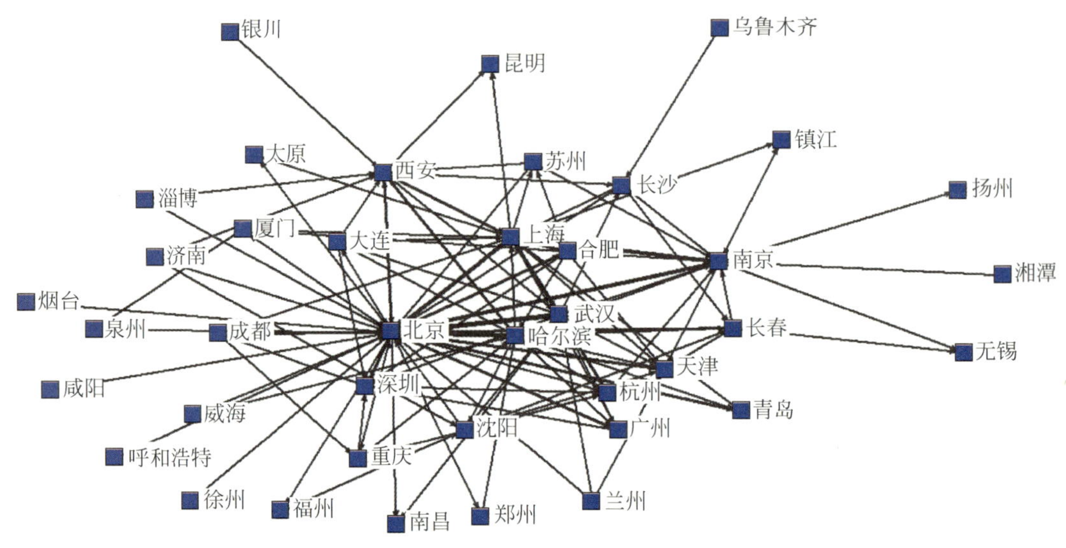

图 11-15　主要城市信息技术科研人员流动网络

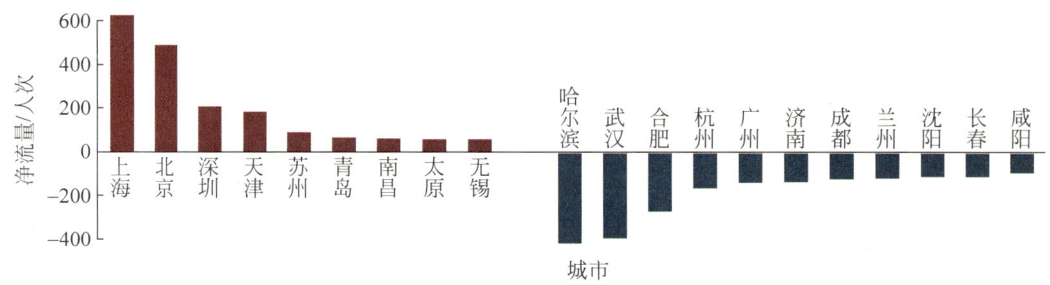

图 11-16　主要城市信息技术人才净流量

三、信息技术领域初级科研人员流动规模和分布更加广泛

通过数据发现,我国信息技术领域科研人员流动以初级科研人员为主,层级越高,流动范围越集中。初级科研人员占比高达 56.8%;中级科研人员其次,占比 29.6%;高级科研人员再次,占比 12.4%;杰出科研人员占比 1.2%。并且还可以发现,初级科研人员流动主要发生在北京、深圳、合肥、青岛、南京、成都、西安、成都、天津、上海、武汉、哈尔滨、广州和长沙等城市;中级科研人员流动范围缩小至北京、南京、长沙、上海、武汉、哈尔滨、西安和合肥;高级科研人员流动范围集中在北京、哈尔滨、西安、上海、深圳和重庆;杰出科研人员主要在北京、武汉、合肥和上海等区域流动。

本章小结

我国人工智能领域科研人员流动范围覆盖 73 个城市,其中北京是核心枢纽,哈尔滨、上海、杭州、武汉、成都等城市紧随其后。北京、上海为主要净流入区域,而哈尔滨、武汉是主要净流出区域。从分层结构来看,我国人工智能科研人员流动以初级为主,占比达 54.1%;

中级、高级次之，占比分别为28.7%和15.4%；杰出科研人员占比为1.8%。其中，初级科研人员流动主要发生在北京、武汉、上海、深圳、哈尔滨、西安、南京、成都、长沙、天津等城市；中级科研人员流动范围缩小至北京、武汉、上海、西安、南京；高级科研人员活跃范围为北京、上海和西安；杰出科研人员流动则以北京和上海为中心。

医药卫生与大健康领域发生跨城市流动的科研人员总量为11907人次，流动范围覆盖超过70个城市。除北京外，武汉、上海、广州、杭州、南京也是人才集聚与疏散的核心城市。北京为主要净流入区域，而武汉是主要净流出区域。从分层结构来看，我国医药卫生与大健康人才流动以中级科研人员为主，占比为42.2%；初级科研人员其次，占比35.7%；高级科研人员再次，占比为18.6%；杰出科研人员最少，占比为3.5%。

高端装备制造领域中，北京是与其他地区交流最密切的城市。上海、北京为主要净流入区域，而哈尔滨、武汉是主要净流出区域。从分层结构来看，我国高端装备制造业人才流动以初级和中级科研人员为主，占比分别为40.7%和34.8%；高级科研人员次之，占比为21%；杰出科研人员占比为3.5%。其中，高级科研人员活跃范围为北京、哈尔滨、上海、西安、杭州、南京和武汉；杰出科研人员流动则以北京和上海为中心。

新材料领域科研人员流动范围覆盖85个城市，其中北京是我国新材料科研人员流动的重要枢纽。北京为主要净流入区域，而武汉和哈尔滨是主要净流出区域。从分层结构来看，我国新材料人才流动以中级科研人员为主，占比为37.6%；高级科研人员其次，占比29.6%；初级科研人员再次，占比27.8%；杰出科研人员占比为5%。其中，发生高级科研人员流动的城市主要为北京、成都、青岛、西安、哈尔滨、上海和杭州；发生杰出科研人员流动的城市主要为北京、上海两个中心城市。

信息技术领域中，北京、上海是我国信息技术科研人员流动的重要枢纽。上海为主要净流入区域，而哈尔滨是主要净流出区域。从分层结构来看，我国信息技术人才流动以初级科研人员为主，占比高达56.8%；中级科研人员其次，占比29.6%；高级科研人员再次，占比12.4%；杰出科研人员占比1.2%。其中，高级科研人员流动范围集中在北京、哈尔滨、西安、上海、深圳和重庆；杰出科研人员主要在北京、武汉、合肥、上海等区域流动。

第十二章

CHAPTER 12

我国科研人员流动特征及趋势

近年来，我国各地人才政策力度不断强化，科研人员的流动特征和趋势也越来越受到社会关注。健全的流动机制和社会保障制度为人才流动提供了便利，而科研人员的合理流动也给区域经济社会创新发展注入了强大活力。关注科研人员流动特征及趋势，有助于合理适配人才政策和创新产业发展布局。

第一节　我国科研人员流动特征

通过对 10 万份科研人员样本按区域、学术层级和领域等维度进行分析，总结具有规律的流动特征如下。

一、国际流动广泛，集中于美国等发达国家

2010—2017 年，我国科研人员累计有 17012 人次发生跨国流动，流动范围覆盖 117 个国家，主要为美国和欧盟、东盟、东亚和金砖国家等我国主要贸易伙伴。受科研基础、发展速度以及国际关系的影响，我国科研人员在国际流动中，集中流向于社会福利好、科研实力雄厚的国家或地区。

整体来看，中美两国科研人员交流最为密切，美国是我国科研人员流入和流出规模最大的国家。单向流动人才数量超过 200 人次的国家主要集中在中国、美国、英国、德国、法国、加拿大、澳大利亚、日本和韩国 9 个国家，其中我国流向美国的科研人员累计达 2500 人次，主要流动形式可能是青少年出国留学、青年科研人员出国访学和国内劳动力出国就业等。

二、我国科研人员回流态势不断增强

2010—2013 年，我国净流出科研人员 1879 人次；2014—2017 年，净流出 513 人次，人才净流失数量减少，出入度比由 2.19 下降到 1.40，人才回流趋势加强。回流人才主要来自美国、澳大利亚等发达国家，可能是受益于近年我国经济社会的飞速发展。

此外，我国研究与实验发展（R & D）经费投入逐年增长。根据《2018 年全国科技经费

投入统计公报》，2018 年全国 R&D 经费投入 19677.9 亿元，比上年增长 11.8%。科研生态愈加良好，为科研人员回流营造了良好的环境氛围。

三、北京、上海与省会城市是人才流动的重要枢纽

自党的十八大以来，各区域人才引进政策不断加大力度，各城市间人才竞争激烈。北京、上海与各省会城市以其独特的社会地位和拥有的经济基础、科研环境等条件，为科研人才的吸纳提供了较好的支撑。北京的网络核心度为 0.52，是人才集聚与疏散的最重要枢纽，上海、湖北、山东、黑龙江、广东、四川、江苏和吉林紧随其后。在 10 万份研究样本中，2010—2017 年累计发生科研人员跨省流动 36030 人次，流动范围覆盖 31 个省级地区，其中单向流动超过 100 人次的省份有 27 个。此外，北京、上海的净流入量分别高达 2145 人次和 1898 人次，是我国科研人员净流入量最高的区域。广东、河南、湖南、浙江、天津和重庆的净流入量逾 200 人次，是吸引科研人员流入的第二阵营。

科研人员在北京、上海与省会城市间的流动互动较为频繁，从人才流入方面来看，2010—2017 年科研人员流入量最高的前五名城市分别是北京（10893 人次）、上海（5466 人次）、南京（2613 人次）、广州（2146 人次）和杭州（2026 人次），排名前 20 的城市除深圳、苏州外皆为直辖市与省会城市。对应的人才输送城市主要为北京（8093 人次）、武汉（3927 人次）、上海（3320 人次）、南京（2613 人次）和广州（2173 人次）等直辖市与省会城市。北京、上海、合肥和杭州等城市科研人员净流入量大幅下降，武汉、天津、广州、济南、成都和深圳等城市净流入量提升。

四、国内区域性流动集中度提升

整体来看，我国科研人员流动区域在集中。与 2010—2013 年相比，2014—2017 年单向流动超过 100 人次的省份由 24 个减至 23 个，基尼系数由 0.57 上升至 0.69，省际科研人员流动的不平等格局加剧。人才环流区域更加集中，北京科研人员净流入量大幅下降。2010—2013 年，北京净流入科研人员 3115 人次，而到 2014—2017 年，北京转为净流出城市，流出 970 人次，成为我国科研人员流出量最大的省级地区。从净流动情况来看，2010—2017 年，我国科研人员主要流入地在北京、上海、广东和江苏等省市间变换。

五、科研人员学术层级越高，流动越不均衡

随着学术层级升高，科研人员数量锐减，人才流动较为活跃的地区也更加集中，科研人员的流动不均衡性不断上升。各领域杰出科研人员均主要在北京与上海之间流动。国际范围内，初级、中级、高级和杰出科研人员流动网络的基尼系数分别为 0.74、0.78、0.85 和 0.91；而在省际流动的范围来看四个级别对应的科研人员流动人次分布基尼系数分别为 0.35、0.37、0.43 和 0.51，城际分别为 0.73、0.77、0.84 和 0.89。

第二节 我国科研人员流动趋势

根据上述对我国科研人员近几年流动特征的分析，结合各区域人才规划与发展政策等因素，对我国科研人员流动趋势做出以下预判。

一、我国科研人员的国际流动频次和强度有望进一步提升

科研人员作为科技人力资源的重要组成部分，是国家科技发展、科研创新的中坚力量，随着人才争夺力度在不同国家间持续加强，人才的交流互动更加频繁。

科研人员流动与我国的国际关系战略布局紧密相关，良性的国际战略关系有利于不断促进我国科研人员与各国人才的交流互动。随着“一带一路”国际合作高峰论坛的顺利举行，我国政府持续高强度推出与“一带一路”沿线国家和地区相互协作促进经济发展、科技创新、人文建设的合作项目，大力推动我国科研人员与周边国家的交流互动，为新时期科研人员国际流动提供了良好渠道和氛围。

二、我国科研人员流动的态势仍将持续加强

党的十九大以来，人才队伍建设一直是政府关注的重点。广开进贤之路、广纳天下英才，实行更加开放的人才政策，形成具有国际竞争力的人才制度，吸纳国际人才资源，特别是吸引我国海外科研人员的回归，能够形成持续有效的人才生态。

未来，人才流动将会更加自由和便捷。随着社会保障制度持续优化和公共服务均等化等建设的不断推进，科研人员流动的支撑条件将不断完善。同时，科研人员流动将是科技创新传播的重要渠道和载体，是知识创新发散的内在要求与动力。高流动性或将成为当代科研人员的重要特征。自《国家中长期人才发展规划纲要（2010—2020年）》颁布，全国各地人才政策纷纷落地，科研人员的流动范围不断扩大。随着时间的推进，各地区与人才相关的工作更为完善，科研人员的流动必定更加持续加强。

三、国内区域性流动集中度有望进一步提升

从我国区域范围看，科研人员基本上呈现出向科技水平高、环境条件好、研究经费足、待遇高、发展机会多的地方流动，“孔雀东南飞”现象明显，即中西部人才向东部流动。东部沿海地区凭借良好的经济基础、有利的区位地缘优势和丰富的高等院校资源吸引了大批人才流入。随着区域发展战略如长三角一体化、粤港澳大湾区等区域发展战略的不断推行，可能激发区域性人才流动更加集中。

本章小结

我国科研人员国际性流动广泛，主要集中于美国等发达国家。中美两国科研人员交流最为密切，美国是中国科研人员流入和流出规模最大的国家。随着国内经济持续向好发展，科研生态愈加良好，为科研人员流动营造了良好的环境氛围。

直辖市与省会城市是科研人员的重要集聚区域，流动较为频繁。随着学术层级升高，人才流动较为活跃的地区也更加集中，科研人员的流动不均衡性不断上升。整体来看，我国科研人员的国际流动频次和强度有望进一步提升，流动态势仍将继续加强。

下篇

国外科技人力资源流动与政策

PART

当今世界，创新要素在全球加速流动，科技人力资源国际流动的活跃度高于历史上任何一个时期。世界各国都已经认识到科技人力资源在经济社会进步中的重要作用，出台了一系列促进科技人力流动的政策措施，在全球吸引高水平科技人力资源以服务本国发展，因此科技人力资源流动范围之大、人数之多、层级之广前所未有。本篇分析了全球科技人力资源流动的整体态势和特点，并系统梳理了美国、欧盟、俄罗斯、英国、加拿大、日本、澳大利亚等国家和经济体的科技人力资源流动状况与相关政策，为我国在吸引、使用、留住科技人才方面提供有益借鉴。

第十三章
CHAPTER 13

全球科技人力资源流动整体态势和突出特点

从某种意义上说，国家间综合国力的竞争，归根结底是人才和人力资源的竞争。科技人力资源，特别是高端、高水平人力资源和领军型人力资源，越来越成为在经济社会发展中至关重要的战略性资源。当今世界，尽管逆全球化出现抬头趋势，但科技经济的全球化仍然代表着不可逆转的历史潮流，创新要素在全球加速流动，科技人力资源国际流动的活跃度高于历史上任何一个时期。客观上，科技创新日新月异，交通技术飞速进步，信息通信技术迅猛发展，多种因素共同作用，为科技人力资源加快在全球各个国家间流动提供了很大便利。同时，主要国家和地区都已经认识到了科技人力资源在经济社会进步中所起到的重要作用，出台了一系列引才用才的政策措施，在全球范围吸引高水平人力资源以服务本国或本地区发展，因此全球科技人力资源的争夺日益激烈。因此，从总体看，科技人力资源在全世界范围内大规模流动，其范围之大、人数之多、层级之广，是前所未有的。

在国家和相关部门的出版资料中，虽然有不少涉及科技人力资源与科技人力资源的流动，但是大部分关注于某一国家与其他国家之间科技人力资源流动，并没有从整体上分析全球科技人力资源流动所呈现出的态势特点，分析方法也以定性方法为主。本章力争通过深入挖掘科技人力资源全球流动相关数据，采用定性定量相结合的方法，力求尽可能全面地反映全球科技人力资源流动的概貌，探讨导致科技人力资源国际流动的原因，发现影响科技人力资源流动的因素。

第一节　全球科技人力资源流动历史回顾

全球科技人力资源流动的形式是多种多样的。一般情况下，本国（地区）科技人力资源存量中的部分人员离开自己所在国家（地区）赴他国学习、工作、生活等，称为科技人力资源的流出；反之，属于他国（地区）的科技人力资源存量中的人员流向某一国家（地区），称为科技人力资源的流入。对于特定国家（地区）来说，“流入”意味着人力资源总量的增加，“流出”意味着人力资源总量的减少。

一、20 世纪初的全球科技人力资源流动不明显

19 世纪末至第一次世界大战前夕，伴随着西方世界的殖民运动、交通工具的不断发展、

美国崛起和现代科技的进步,才有了真正意义上的科技人力资源跨国流动。在这20多年的时间里,科技人力资源流动对于世界的影响并不显著,主要呈现出以下态势和特点:

科技人力资源流动整体规模较小,人员构成以留学生和技术人员为主。在20世纪初这段时间里,科技人力资源流动往往是伴随着国与国之间的劳动力移民而发生的,并且主要局限于技术类工人和部分工程师,真正的科学家流动数量非常稀少。另一个主要的科技人力资源流动来源是发达国家之间流动的留学生,主要是英国、法国、德国等西欧主要国家内部流动,或从其他欧洲国家或美国流动到当时世界科学的中心——英国、法国和德国进行大学或是研究生阶段的学习,并且这部分人员在学业完成后绝大多数都会返回来源国。

科技人力资源跨国流动难度较大,流动范围主要局限在发达国家之间。20世纪初,科技人力资源即使发生流动,如果不考虑留学生,也仅仅发生在欧洲和美国这样的发达国家之间,规模也不大。并且由于交通、通信以及各种繁杂手续的原因,难度也是比较大的。非洲、南美洲和亚洲科技人力资源的流动非常不活跃。

二、"二战"时期科技人力资源流动影响开始显现

从20世纪30年代爆发全球范围的经济大危机到1945年第二次世界大战结束的这段时期,由于经济危机的影响、科技的进步、现代交通运输业的发展、法西斯主义的兴起及第二次世界大战的严重影响,科技人力资源全球流动的态势与20世纪初的流动态势相比,发生了巨大的变化,流动趋于显著,影响极其深远。

科技人力资源流动总量逐渐扩大,质量逐步提高。在这一个时间段内,特别是第一次世界大战之后,资本主义国家得到了空前的发展,并且随着新技术的不断涌现导致交通运输业和通信业得到了极大的发展,各国普遍迫切需要各种类型的科技人力资源,开始认识到科技人力资源的重要作用,科技人力资源流动量开始加大,相比于20世纪初至第一次世界大战之前的时间段有非常明显的增长。同时,高水平科技人力资源和部分科技领军人才流动也开始出现。这段时间各国派遣留学生的数量也开始增大,而且派出国不仅仅局限于欧洲国家和美国,日本等亚洲国家和许多拉美国家也派出了大量留学生赴美国和欧洲学习。

美国对科技人力资源的吸引力开始上升。在这个时间段内,有一个特别的人力资源流动态势已经开始显现,即美国从全球范围内吸引科技人力资源的态势开始显现。由于经济待遇、科研环境、生活环境以及政治等方面的原因,欧洲国家很多科技人力资源已经开始流向美国,很多欧洲国家已经处于科技人力资源净流失状态。各个学科领域的学术中心从欧洲向美国转移,进而促使更多的科技人力资源移民美国,使得美国科技得到了迅速发展。

德国科技人力资源的流失非常严重。纳粹统治给当时德国科学发展带来了重大损失。纳粹党徒把许多科学家,特别是犹太人或被视为政治敌人的科学家赶出大学、科学院和其他科学机构。在流失的科技人力资源中,很多都是世界闻名的杰出科学家,曾为德国科学大增光彩。这其中不乏诺贝尔科学奖获得者,如爱因斯坦、希拉德、博恩、萨克谢尔、施赖丁格、哈贝等。

三、"冷战"期间国际科技人力资源流动加剧

第二次世界大战结束后,随着经济全球化的兴起,跨国人口流动日益活跃,其范围逐渐

覆盖了全球五大洲。在长达半个世纪的波澜壮阔的人口流动中，世界各国特别是发达国家掀起了一场“争夺科技人力资源的没有硝烟的战争”。其中，美国一马当先，采取各项措施积极网罗各国科技人力资源。此后到20世纪末，吸引外来科技人力资源一直是美国移民政策的主要目标之一。虽然欧洲发达国家吸引科技人力资源的政策实施较晚，但到20世纪末期，欧盟国家成为全世界继美国之后另一个科技人力资源聚集最多的地区。在这一段时期，全球科技人力资源流动主要呈现出以下态势和特点。

科技人力资源大量流向西方发达国家，发展中国家科技人力资源大量流失，发达国家之间科技人力资源流动也非常频繁。随着二战的结束以及美苏争霸的世界格局正式形成，科技创新力成为影响国家竞争力的关键，各国都普遍迫切需要大量科技人力资源提高本国的科技创新能力。西方发达国家利用自己强大的经济实力、良好的生活环境、充足的科研资源等优势，制定有针对性的政策措施，在全球范围内吸引了大量科技人力资源。

冷战结束以及苏联解体前后，苏联科技人力资源流失严重，从苏联流失的科技人力资源流动目的地主要是西方发达国家，少量流向发展中国家。苏联各领域科技人力资源外流在苏联解体之前就已经有明显的迹象，并且在政权发生变化的期间又有大量科技人力资源流失到西方国家，科技人力资源流失在剧变后仍然持续了多年，影响非常深远。

20世纪50年代初部分科技人力资源有向中国流动的态势。在这一时间段内，中华人民共和国的成立是一个不容忽视的重大历史事件。这一历史事件或多或少地也对科技人力资源流动的态势造成了一定影响。当时出现的一个现象是，中华人民共和国成立前及成立初期，中国在西方国家学习和工作的留学生和专家学者为中国革命胜利所鼓舞，决心回国参加国家建设。根据中华人民共和国教育部披露的材料，1949年前“36年中总共有21万多大学毕业生”，而中华人民共和国在其建立之初，却能吸引“约有1万多从欧美国家、日本留学归来的学者专家”①。更多的人是在中华人民共和国建立以后，想尽办法回国，为国家发展做贡献。另外，那段时期来华的外国专家主要来自苏联，据档案资料，1949—1960年来华工作的苏联专家总计超过2万人②。

四、20世纪末及21世纪初科技人力资源流动呈现出新态势新特点

进入20世纪90年代后，随着高科技产业的迅猛发展，一些发达国家开始步入发展知识经济的新时期，而发展中国家的科技、经济也有新发展，世界各国对科技人力资源的需求发生变化，因此科技人力资源的流动也出现了新特点，人力资源流动由单向流动为主转变为双向流动，部分人力资源也开始出现由发达国家向发展中国家和地区回流的现象。这段时间内科技人力资源的跨国流动呈现出以下态势。

发达国家争夺的目标转向高层次领军型科技人力资源。到20世纪90年代，美、日等西方一些发达国家，经过半个多世纪的人力资源集聚和本国的培养教育，一般的专业技术人员基本上都能满足本国的需要，有些专业出现人力资源饱和过剩现象。由于发达国家已经站在较高的起点上，发展知识经济急需的是科学家、高级工程师等高科技优秀人力资源。为此，很多国家开始限制国外一般科技人力资源的流入。据统计，经济强国日本在20世纪

① 梁士刚．建国初期科技人员归国热回顾[J]．中国民航学院学报，1989，7(3)：76-82．

② 周尚文．新中国成立初期“留苏潮”述评[J]．毛泽东邓小平理论研究，2012(10)：49-54．

90年代末每千人中就有科学家、工程师4.7人,但日本在那段时间内还千方百计争夺高层次科技人力资源。有资料显示,日本为了抢走美国硅谷1名研究超大规模集成电路的高级专家,不惜动用3000万美元将这位专家及其所在企业全部买下,然而,对一般专业技术人力资源的引进,几乎没有什么热情。当前发达国家真正需要的是具有世界高水平高层次专业人力资源或者说创新能力强的高科技人力资源,它们不断提升人才流入的门槛,这就使发展中国家一般科技人力资源大量外流的趋势在一定程度上开始得到缓解。

发达国家向发展中国家的科技人力资源输出增加。20世纪末,发达国家由于一般科技人力资源出现饱和或过剩,开始向第三世界和自然资源丰富的发展中国家输出科技人力资源。发达国家科技人力资源的输出是伴随着官方发展援助、政府间科技合作计划和项目,以及企业和大学科技合作与交流的增加而出现的。发展中国家科技、经济、社会发展对先进技术产生大量需求,对发达国家的科技人力资源有很大倚重。

科技人力资源回流现象开始出现。部分发展势头良好的新兴经济体随着本国综合国力的逐步增强,相继制定优惠的人力资源回归政策,吸收出国留学人员回归母国。这些举措的影响力很大,使不少客居海外的优秀科技人才开始陆续回到自己的祖国。例如,新加坡、韩国等国家在制定人力资源回归优惠政策后,收效甚大,出现了科技人力资源大量回流的情况。印度从1993年开始出现人力资源回流热。另外,印度连续3年留美学生人数呈下降趋势,印度学生到中国、澳大利亚等国留学的人数增加,学成之后又转向新加坡、印尼等国家工作,谋求发展。这说明发展中国家学生留学西方的热潮有一定程度的降温。

五、全球科技人力资源流动历史特点总结

综上所述,在不同的历史时期,科技人力资源流动的动因不同,流动的态势和特点也存在较大差异。从总体上看,科技人力资源流动具有以下4条历史特点:

科技人力资源往往从经济欠发达的国家流向经济水平较高的国家。一个国家的经济水平是决定这个国家人力资源吸引力及保持力的重要因素。一个国家的经济水平高低,直接影响国民的教育和生活水平以及工作环境和条件。因此,从科技人力资源个体的角度来说,追求较好的生活质量、安全稳定的生活环境、较高的薪酬待遇和理想的科研工作条件是情理之中,这就导致大量科技人力资源从经济欠发达国家流向经济水平较高的国家。由于美、日、英、德等西方发达国家经济发展迅速,吸引了大批发展中国家的科技人力资源,形成二战后科技人力资源国际流动的主流趋势。并且在二战后英国科技人力资源流向美国以及苏联解体前后科技人力资源流失这两大历史事件中,经济因素均起到了极其重要甚至是决定性的作用,影响了科技人力资源流动的方向,导致科技人力资源从经济不景气的国家流向经济繁荣的国家。

科技人力资源的流动规模和方向受政治环境,特别是科技创新政策环境影响很大。科技人力资源往往会流向政治环境平稳安定和有鼓励科技创新政策环境的国家。一个国家的政治环境是否稳定,对于不同背景的科技人才是否尊重,是否实施科学的引才用才政策,对于科技人力资源的流动在某种程度上影响很大。国家如果政治环境不稳定,政府更替频繁或是政治运动不断,必然无法为科技人才提供安定的科研氛围、稳定的科研支持和较好

的生活环境，致使科技人才无法安心从事科研工作，出现奔赴境外寻找安定环境的想法。例如，缺乏稳定的政治环境是导致苏联解体时期科技人力资源外流以及纳粹执政期间德国科技人力资源大量外流的一个相当重要的原因。另外，是否对于不同背景的科技人才一视同仁，营造尊重科学、尊重人才的氛围，对于是否能够吸引和留住科技人力资源也会起到一定的作用。这一点在"二战"之前和之中德国科技人力资源流失体现得尤为明显，正是因为当局对于犹太科学家和持反希特勒观点的科技人才的迫害，才使得大量科技人才逃离德国并流向其他国家。而美国能够吸引并留住大量优秀科技人力资源，也是因为其文化的多元包容性和创新环境的优越性，使得来自不同国家的科技人才都能在美国找到发展空间。

发展中国家在海外学习和工作的科技人力资源有强烈的回归意愿大大促进了科技人力资源的回流。科技人才本身的情感也是影响其流动的一个重要方面。具有强烈的爱国情感和报国之心的科技人才，由于经济、政治因素或是为了更好地追求科学知识以及其他多方面的原因，出国工作、学习一段时间之后，会回到祖国为国家建设服务。比较有代表性的是中国和印度等国曾出现过的科技人才回国的热潮。

科技人力资源的大规模流动通常伴随着全球科技中心的转移。近百年来，全球的科技中心发生重大转移，即从欧洲(特别是德国)转移到了美国。可以发现，科技中心转移的开始往往是某个地区或国家由于战争或革命得到特殊的有利条件，人们的思想得到前所未有的解放，然后出现了大规模的先进科学技术和科技人力资源的引进，充分利用先进地区和国家的科技成果推动这个地区生产力的飞速发展，从而使整个国家经济得到快速发展并积累大量社会财富，能够对科技和教育这一比较长远才能有效益的领域进行大规模的投资，能够为科技人力资源创造一个宽松的政治和科研环境。在这种情况下，政府和社会能重视科教，重视科技人力资源，摆正应用和基础研究的关系，政府的政策和社会的观念推动科技人力资源和生产结合，能够从全球范围吸引大量科技人力资源，特别是高水平、高层次的科技领军人才。这部分科技人力资源的流动又会导致大批其他科技人力资源的流动，进而出现的结果就是人力资源流入国的科技人力资源和创新成果大量涌现，包括出现杰出人才和划时代的重大科学发现。在这些重大科技成果的基础上，大力发展该国所垄断的产业，从中获取巨额利润，进而推动经济文化的全面腾飞，实现了全球科技中心的转移。

科技人力资源流动具有明显的"马太效应"。1968年，美国科学史研究者罗伯特·默顿(Robert K. Merton)提出"马太效应"这个术语。他将"马太效应"归纳为：任何个体、群体或地区，在某一方面(如金钱、名誉、地位等)获得成功和进步，就会产生一种积累优势，就会有更多的机会取得更大的成功和进步①。在全球或一个国家范围内，资本总是流向资本丰富的地方，一个地方资本越丰富，越能聚集资金，而一个贫穷的地方却很难筹集资金。科技人力资源的流动也明显表现出"马太效应"，科技人力资源作为最重要的生产要素，是拥有大量知识和技能的人力资本，因此科技人力资源也具有资本的基本属性。一个国家科技人力资源越丰富，越能吸引并聚集人力资源，人力资源总是能动地向人力资源丰富的地方流动。从科技人力资源流动的历史来看，发达国家能够吸引越来越多的高层次科技人力资

---

① 兹维·博迪，罗伯特·默顿，戴维·克利顿. 金融学[M]. 2版. 北京：中国人民大学出版社，2013.

源,一个很重要的原因就是其本身就是科技人力资源的聚集区和人力资源高地,有良好的科研和创新环境。

第二节 当今全球科技人力资源跨国流动特点

进入21世纪以来,特别是在21世纪的第二个十年,随着经济全球化浪潮的不断深入以及交通设施和信息通信技术的持续进步,世界各国之间的科技经济等各方面交流更加频繁,科技人力资源的流动趋于活跃。当然,国家间科技竞争也愈发激烈,对于科技人力资源的重视程度已经明显高于对传统的物质资本和自然资源的竞争。

全球科技人力资源流动的不平衡性一直非常明显,发达国家对科技人才的吸引力显著高于其他国家。目前,全球科技人力资源流动的整体方向仍然是从发展中国家流向发达国家。根据OECD统计数据,OECD成员国持续地从世界各地(特别是非OECD成员国)吸引着大量高技能移民。OECD成员国的人口只占全球的1/5,但这些成员吸引了全球2/3的高技能移民。截至2010年,美国、英国、加拿大和澳大利亚吸引了约70%前往OECD成员国定居的高技能移民,其中美国吸纳了1140万高技能移民,约占OECD成员国高技能移民总数的41%。1990—2010年,出生在非OECD成员国的移民数量从620万人上升至1760万人,增幅达184%。在2010年前,英国是高技能移民的最大输出国,而在2010年,这一地位被印度(210万人)和菲律宾(150万人)所取代。与此同时,中国的高技术移民流出数量也高达140万人。1990—2010年,阿尔及利亚、俄罗斯、孟加拉国、罗马尼亚、委内瑞拉、乌克兰、巴基斯坦、印度等国高技术人才的流失非常快。高技术人才移民主要是看重发达国家优越的科研环境和创新生态。美国、加拿大、日本、英国和澳大利亚等国及欧盟各国的创新环境、科研条件、基础设施、生活环境等具有显著优势,使得这些国家成为全世界科技人力资源的聚集地。

一、复杂网络全球科技人力资源流动分析

发达国家往往是科技人力资源的净流入国,而且越是发达的国家,流入流出的科技人力资源总量越大。根据2017年OECD通过统计爱思唯尔公司的Scopus检索数据库中在2006—2016年至少发表两篇文章的作者国籍变化情况,可以构建包括全球50个主要国家的科技人力资源国籍流动网络拓扑结构如图13-1所示。

从图13-1中可以看出,美国、英国以及德国等发达国家不仅有大量科技人力资源流入,也有大量科技人力资源流出,并且这些国家之间的科技人力资源流动总量非常大。反之,相当多的发展中国家,例如马来西亚、土耳其以及埃及,流入流出的科技人力资源总量都不多。同样地,部分欧洲发达国家,虽然人均GDP和生活质量都相当高,但是也不存在大量的科技人力资源流出流入。

从定量角度,计算各个节点的出度(标准化后流出边的权值之和)、入度(标准化后流入边的权值之和)以及总度(出度与入度之和)分布如图13-2所示。

从图13-2中可以明显观察到,美国、英国以及德国等国家参与国际流动的科技人力资源总量超过其他国家,而其他多数国家参与国际流动的科技人力资源体量很小。根据计算

图 13-2 所示网络的熵①为 0.18，非常接近 0，说明整个全球科技人力资源网络呈现较为明显的异质性，部分国家或地区在人力资源流动网络中占据明显的主导地位。

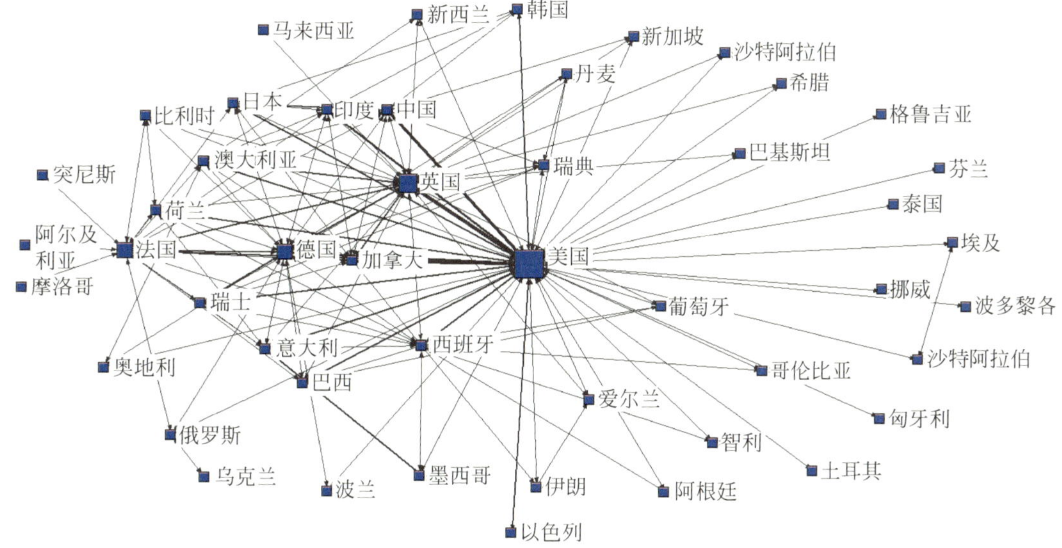

图 13-1 全球主要国家或地区科技人力资源流动网络拓扑

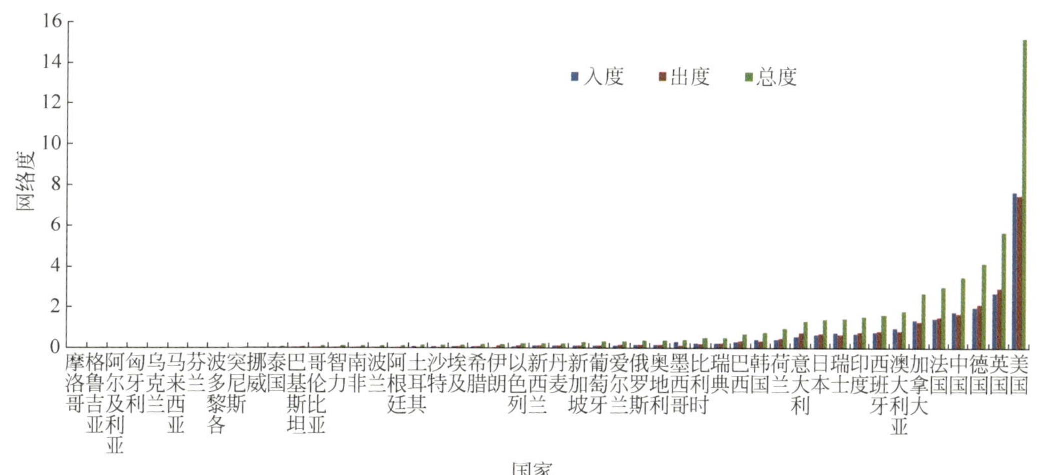

图 13-2 全球主要国家科技人力资源网络度分布

另一方面，分别对选取国家或地区的出度、入度以及总度的概率累计分布进行曲线拟合，结果如图 13-3～图 13-5 所示。

---

① 复杂网络的熵作为工具如下：

$$\varepsilon = \frac{-2\sum_{i=1}^{n}\eta_i(\ln\eta_i) - \ln[4(n-1)]}{2\ln n - \ln[4(n-1)]}$$

式中，$\eta_i = v_i / \sum_{j=1}^{n} v_j$，这里 v_i 是节点 i 的总度。如果 ε 接近 1，则网络是同质的，说明所有节点重要性一样；如果 ε 接近 0，则网络是异质的，说明网络中存在某一个或部分节点的重要性高于其他节点。

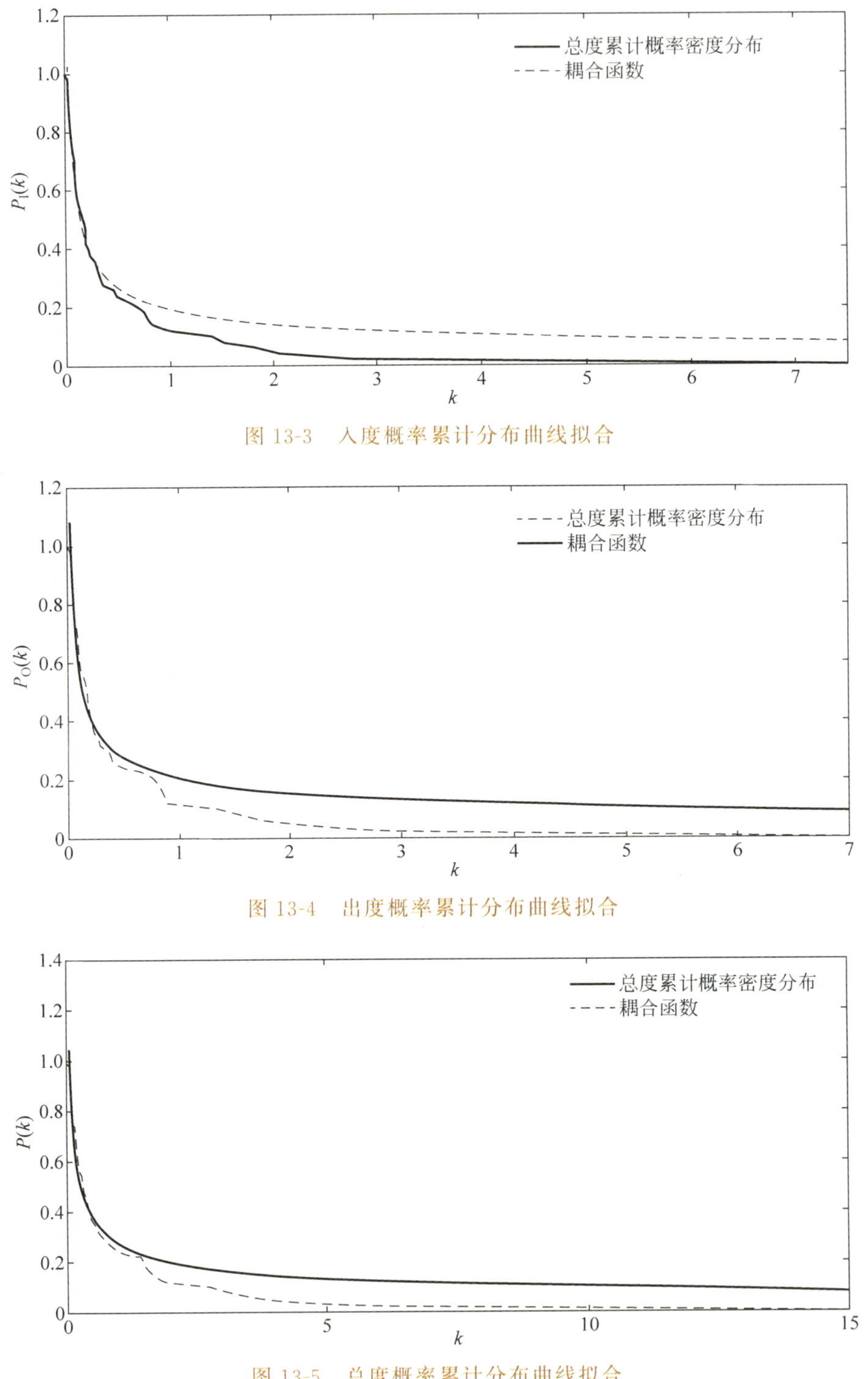

图 13-3　入度概率累计分布曲线拟合

图 13-4　出度概率累计分布曲线拟合

图 13-5　总度概率累计分布曲线拟合

节点的入度累计概率分布拟合曲线为幂律函数 $P_1(k)=0.1934k^{-0.4673}$，相对应的可决系数 $R^2=0.97$，接近 1，可以认可拟合结果。

节点的出度累计概率分布拟合曲线为幂律函数 $P_O(k)=0.2035k^{-0.4213}$，相对应的可决系数 $R^2=0.95$，接近 1，可以认可拟合结果。

节点的总度累计概率分布拟合曲线为幂律函数 $P(k)=0.2690k^{-0.4568}$，相对应的可决系数 $R^2=0.96$，接近 1，可以认可拟合结果。

由于三种节点的度累计概率分布拟合的幂律函数所对应的参数分别为 0.4673，0.4213 以及 0.4568，均远远小于 2，因此可以认为科技人力资源国际流动网络是一种无标度网络，即具有严重的异质性，其各节点之间的连接状况（度数）具有严重的不均匀分布性，与通过计算网络的熵得到的结论一致。

二、美国等发达国家在全球科技人力资源流动体系中占主导地位

目前，美国仍然是全球科技人力资源的制高点，发达国家之间的科技人力资源流动非常频繁，部分新兴经济体也在全球科技人力资源流动中扮演了重要角色。利用复杂网络中评价节点重要性的指标中心性，根据网络中心性指标①的定义，计算节点中心性分布情况如图 13-6 所示。

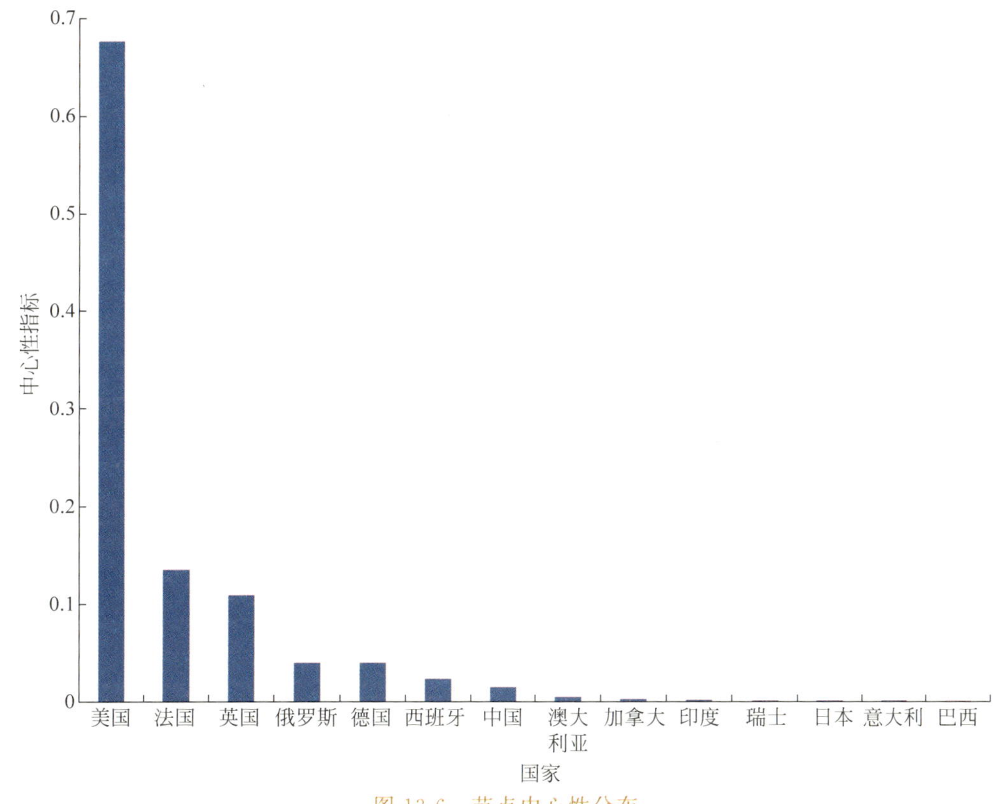

图 13-6 节点中心性分布

---

① 网络节点的中心性定义如下：

$$g_i=\frac{2\sum\limits_{j\neq k\neq i}\frac{\zeta_{jk}(i)}{\zeta_{jk}}}{(n-1)(n-2)}$$

式中，n 是网络中节点的个数，$(n-1)(n-2)/2$ 表示最大可能的节点介数，也就是最大可能经过此节点有向边的条数；$\zeta_{jk}(i)$ 为节点 j 到节点 k 之间经过节点 i 最短有向边的条数；ζ_{jk} 为节点 j 和节点 k 之间的最短有向边的条数。在分析科技领军人才国际流动中，如果发现某一个或某一组国家（节点）的介数中心度明显大于其他国家（节点）的介数中心度，说明在整个网络结构中这些国家（节点）的重要程度要大于其他国家（节点），并且科技领军人才往往选择这些国家作为流动的起点或终点，或者是作为从一个国家流动到其他国家的过渡和中继。

从图 13-6 中可以发现,美国、法国、英国、俄罗斯和德国等发达国家在全球科技人力资源网络中的重要程度远远高于其他国家或地区,说明这些国家不仅本身有大量的科技人力资源流入流出,它们还有可能是其他国家或地区之间科技人力资源流动的中继节点,即从一个国家或地区流出的科技人力资源在中继节点国家学习或深造工作一段时间后再赴其他国家或地区。其他国家或地区因为量级相比于上述国家太小,在图 13-6 中予以省略。

为了进一步分析科技人力资源流动的方向和定量化评价各个国家科技人力资源流入流出的情况,计算图 13-1 所示网络拓扑的入度-出度的相关性①和总度-总度相关性②得到 $\kappa_1=1.29$ 和 $\kappa_2=1.29$,说明科技人力资源的国际流动主要发生在流入流出体量均较大的国家与地区之间,从入度、出度分布情况来看,美国总量最大,流入流出体量也是最大的,因此在人力资源流动网络中位势非常重要。这也从另外一个侧面印证了全球科技人力资源流动不平衡的特点。考虑由于两类相关性系数的值均大于 1,因此这种现象较为显著。

三、部分新兴经济体已经吸引了大量科技人力资源

中国、印度以及巴西等新兴经济体作为发展中国家,正如前文讨论的情况,一直向发达国家输送大量科技人力资源。但是随着这些国家的经济科技实力的飞速发展,进入 21 世纪以来,特别是近十年出现了大量科技人力资源流向这些国家的现象。

从科技人力资源网络入度来看(反映流入科技人力资源占该国科技人力资源的比例),中国位列第 4,印度位列第 9,巴西位列第 15,与之相比,法国位列第 5,澳大利亚位列第 7,比利时位列第 18。因此,在吸引科技人力资源方面,中国、印度和巴西基本与很多发达国家处于同一水平,说明大量科技人力资源已经从全球开始流向这些具有较强发展潜力的国家。

从国家或地区在全球科技人力资源流动网络的重要性中也可以发现,中国在全球主要国家的排名已经位列重要性的第 7 位,印度位列第 10,巴西位列第 14,排名都高于很多发达国家,反映出中国、印度、巴西在全球科技人力资源网络中所起到的作用越来越重要。虽然这些国家每年都有大量科技人力资源流失,但是也有大量科技人力资源流入,并且这些国家通常也是国际科技人力资源流动的中继节点,即大量科技人员赴这些国家工作、学习或

---

① 入度-出度相关性定义为

$$\kappa_1=\frac{M^{-1}\sum_{(j,i)\in E}b_jc_i-\left[M^{-1}\sum_{(j,i)\in E}\frac{1}{2}(b_j+c_i)\right]^2}{M^{-1}\sum_{(j,i)\in E}\frac{1}{2}(b_j^2+c_i^2)-\left[M^{-1}\sum_{(j,i)\in E}\frac{1}{2}(b_j+c_i)\right]^2}$$

式中,M 是网络中存在的有向边的总数;E 是网络拓扑中所有有向边全体集合;b_j 是有向边(j,i)尾部节点的出度;c_i 是有向边(j,i)头部节点的入度。在分析全球科技人力资源流动中,如果发现 κ_1 的值大于零,说明从人力资源流出量大的国家流出的人力资源倾向于流动到人力资源流入量较大的国家。

② 设总度-总度相关性为

$$\kappa_2=\frac{M^{-1}\sum_{(j,i)\in F}u_ju_i-\left[M^{-1}\sum_{(j,i)\in F}\frac{1}{2}(u_j+u_i)\right]^2}{M^{-1}\sum_{(j,i)\in F}\frac{1}{2}(u_j^2+u_i^2)-\left[M^{-1}\sum_{(j,i)\in F}\frac{1}{2}(u_j+u_i)\right]^2}$$

式中,F 是由人力资源流动网络的镜像网络所有的边构成的集合;u_i 是节点 i 的总度,即 $u_i=b_i+c_i$。如果发现 κ_2 的值大于零,说明人力资源流入流出量大的国家之间人力资源流动较为频繁。κ_2 和 κ_1 可以用于估计人力资源流动的大致方向。

深造后转赴其他国家。

在吸引外国留学生方面，据统计，2012—2016 年的 5 年间，中国、印度、巴西以及南非这四个新兴经济体吸收外国留学人员具体情况如图 13-7～图 13-10 所示。

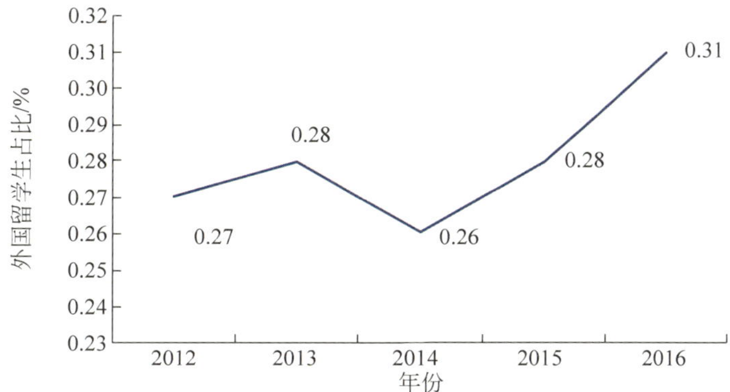

图 13-7　2012—2016 年在中国留学的国际留学生比例

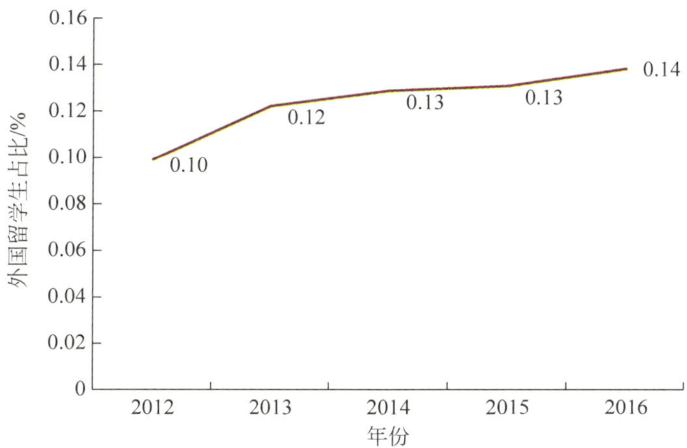

图 13-8　2012—2016 年在印度留学的国际留学生比例

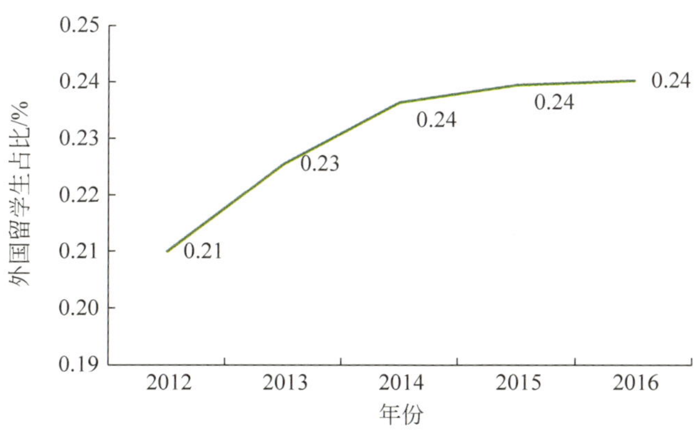

图 13-9　2012—2016 年在巴西留学的国际留学生比例

图 13-10　2012—2016 年在南非留学的国际留学生比例

从上述几个发展势头良好的发展中国家 2012—2016 年吸引外国留学生的情况来看，虽然部分国家在短期内外国留学生占全部学生比例稍有降低，但是整体上全部都呈现上升趋势，考虑这些国家的人口和学生基数均比较大，因此可以认为每年吸引留学生绝对总量上升较为明显。这一现象也说明，新兴经济体对于科技人力资源的吸引力越来越强，它们在全球范围内吸引了相当数量的科技人力资源。

四、全球科技人力资源流动已经呈现出许多新的形式

随着经济全球化和世界多极化的发展，许多科技人力资源国际流动新形式已经出现。不仅是技术移民，参与留学、短期入境(在一定时间内定期从某一个国家赴其他国家开展工作)以及合作研究(通过与其他国家、机构合作间接为他国服务)人数也大量增加。以全球接收国际留学生的 6 大主要目的国为例(表 13-1)，2014 年这 6 个国家接收国际留学生 258.2 万人，相对于 2011 年年均增长率达到 8.10%。其中在美国、英国和中国的国际留学生人数增幅较大，均超过了 8%，美国不仅接收了全球数量最多的留学生，而且年平均增长率超过了 10%，达到了 10.44%；另外，英国和中国的国际留学生人数也大幅增长，年均增幅分别达到了 10.84%和 8.77%；在德国的留学生人数 2014 年达到 30.1 万人，并且年均增幅为 6.38%，增长也较为明显；而赴法国和日本的留学生人数增幅不大，年均增长率仅分别为 2.34%和 0.24%。

表 13-1　全球 6 大留学目的国国际留学生人数及增长情况①

序号	国家	人数/万人			2014 年相对于 2011 年年均增长率/%
		2000 年	2011 年	2014 年	
1	美国	54.8	72.3	97.4	10.44
2	英国	26.0	36.2	49.3	10.84
3	中国	4.5	29.3	37.7	8.77
4	德国	18.7	25.0	30.1	6.38

① 数据来源：王辉耀，苗绿. 中国留学发展报告(2016)[M]. 北京：社会科学文献出版社，2016.

续表

序号	国家	人数/万人			2014 年相对于 2011 年年均增长率/%
		2000 年	2011 年	2014 年	
5	法国	13.7	27.8	29.8	2.34
6	日本	5.6	13.8	13.9	0.24
总人数		123.3	204.4	258.2	8.10

此外，据统计，2001—2010 年，美国集聚的临时迁入的世界高技术工人的数量从 63984 人增长到 454763 人，增长了 7 倍之多，其中亚洲的高技术工人增长最明显，增长了 30 多倍，非洲和南美洲分别增长了 10 倍多和 7 倍多，见表 13-2。

表 13-2 2001、2010 年世界各大洲临时迁入美国的技术工人人数变化①

技术工人原籍所在大洲	人数	
	2001 年	2010 年
亚洲	7310	222117
欧洲	33870	72164
北美洲	13407	112138
非洲	700	7455
大洋洲	3244	3361
南美洲	4625	32936
未知	828	4592
总数	63984	454763

第三节 全球科技人力资源跨国流动影响因素分析

前文分析显示，目前全球科技人力资源的跨国流动呈现出相对复杂的态势，这是多种因素共同作用所导致的结果。一般认为，经济因素是影响科技人力资源流向的重要因素，但是经济并不是唯一主导因素。本节从经济、环境、教育以及创新环境等维度，通过分析文献计量相关数据，考查影响科技人力资源全球流动的各种因素所起的相对作用。

一、历史上科技与经济是影响科技人力资源流动的主要原因

通过回顾近百年不同时间段内科技人才流动的基本态势，可以明确科技人力资源流动是一种基本的社会现象，是由社会、经济、科技发展中各种因素相互作用的结果。并且在每个时间段内不同因素对于科技人才流动的影响也不尽相同。但是，通过梳理发现，近百年来影响和促进科技人才流动的共同原因可以归结为以下几方面。

现代科学技术的高速发展，强化了人才的价值和作用，引发了世界人才的大流动。据联合国教科文组织统计资料，20 世纪 70 年代，占世界人口 2.5%的发达国家，控制了 87.4%的科

① 郑巧英，王辉耀，李正风. 全球科技人才流动形式、发展动态及对我国的启示[J]. 科技进步与对策，2014，31(13)：150-153.

学研究与开发力量；80年代，发达国家每百万人口中拥有2986名从事研究与开发的科技人员，而发展中国家每百万人中只有127名科技人员，仅相当于发达国家的4.3%。究其原因，首先20世纪人类对科学技术的认识有了新的突破。在人类社会早期发展的几个重要时期，如奴隶社会、封建社会和初期的资本主义社会，对科学技术多采取排斥的态度，是不被社会重视的，这种状况直到19世纪后期才有较大改观。到20世纪中期，特别是"二战"结束后，科学技术由军事转向民用。科学技术作为一种巨大的生产力，倍受重视。于是，作为科学技术载体的人才就成了争夺的重点。其次，科学技术对于促进经济增长显示了巨大威力。据统计20世纪初，发达国家科技对国民经济增长速度的贡献率为5%～20%。而到了20世纪末就已超过了60%。科技对经济增长的贡献率越来越大，自然而然，作为科技知识载体的人才也就越来越吃香。近几年还有研究表明，发达国家在经济增长的各要素中，60年代以前，外延因素(劳动力资本)占75%，集约因素(技术、技能、管理)占25%；到70年代以后，集约因素占75%，而外延因素降到25%。两者正好相反[①]。这说明发达国家以消耗资源为代价的经济已开始转向以高新技术为依托的经济。经济发展需要科学技术，科学技术的发展进步需要优秀的人才，尤其发达国家争夺全球的科技人才是势之使然。引发人才在世界范围内大流动，发达国家经济与科技发展的吸引力是不可忽视的。其三，现代科学技术的高度分化和高度综合，促进了大量科技群体、人才集团的形成，从而导致人才流动的加强。科学技术的高度分化，对各个学科领域人才的专业程度要求越来越高；科学技术的高度综合，又要求各学科领域的专业人才要发挥群体智慧和集体协作的力量来完成某些研究、开发甚至生产任务。因而，过去那种依靠人才个体或单一学科领域的力量去完成科研攻关的情况已大不适应当今形势的发展。在这样的情况下，大批科研人才经常从一个团队转到另一个团队，从一个研究领域转到另一个研究领域，无形中加强了人才跨地区、跨国界的大范围流动。其四，随着科学技术的飞速发展，信息化革命的出现，世界各国的产业结构随之发生重大变化，促使人才向高科技产业流动，尤其是发达国家高科技产业对人才更具吸引力。

发达国家经济高速发展对人才产生的高吸纳性，也是引发人才大流动的重要原因。人力资源是经济发展的基础和保证。随着知识经济的发展，完全依赖自然资源投入发展经济的时代已基本过去，人力资源已成为发展经济的第一资源，人力资本的投入在社会生产中至关重要。人力资源是生产力中最为活跃的因素，是经济发展的一种特殊的生产力。经济越是快速发展，越需要大量高素质的门类齐全的人才。经济发展依赖科技进步，而科技进步取决于人力资源的优势及其开发。经济越发展，就越能吸纳人才，又能给人才创造发挥更大作用的机会和提供更优厚的物质生活待遇及良好的工作条件、科研条件、学术环境。据美国国家科学基金会的调查，美国50%以上的高科技公司中来自发展中国家和地区的科学家和工程师占90%，在硅谷工作的高级工程师和科研人员中33%左右的人同样来自发展中国家和地区[②]。由此可见，人才流动必然受经济发展水平的影响，这是市场经济规律的一种具体体现。

发达国家利用高等教育优势吸引留学生。发达国家有着雄厚的经济实力，对教育投资

---

① 钱敏，邵一明. 无形资产及其评估现状分析[J]. 南京理工大学学报(社会科学版). 1999，12(3)：53-56.

② 陈汝. 知识经济时代我国人力资源开发模式的创新初探[J]. 人力资源管理，2017，(3)：12-13.

的力度大，绝大多数世界名牌大学都在发达国家。因此，发达国家凭借高等教育的绝对优势，通过提供奖学金和经济担保等手段吸引外国留学生，以增强它们对人才的占有和储备。以美国为例，美国有3000多所高等院校，高等教育很发达，尤其是培养研究生方面的优势更强。于是便凭借这种优势，采取大量吸收外国留学生的办法，达到引进、截留人才的目的。另有资料表明，1955年，外国留学生在美国注册登记的人数为3.4万人，到1985年就达到35万人，增长了10倍。而到1995年，来自世界200多个国家和地区的在美国2500多所大学注册登记的留学生就达到45万人，而且还有上升趋势。自20世纪80年代以来，有30%的在美留学生主攻科技或工程专业，他们中有半数的人完成学业后留在美国工作。美国仅截留优秀留学生这一项，每年就可以轻易获得12万～14万名优秀人才。此现象在英国、德国、法国、日本及澳大利亚同样存在。

发达国家启动各种有针对性的技术移民政策，争夺科技人才。从20世纪50年代中期开始，美国就把移民引进人才的战略目标对准了世界各国的年轻优秀人才。1990年，美国通过了一项新的移民法案，决定在1992—1994年，将美国每年吸收的移民人数比当时(1990年)增加40%，由50万人增加到70万人，其本意是敞开国门，在全球范围吸引人才。美国还重视技术人才的临时引进和利用，通过一种非移民签证——H-1B签证来吸引和使用来自世界各国的具有专业技能的人才。多年来。尽管美国总体移民政策时松时紧，但美国始终注重吸引世界其他国家的高级科技人才。

发达国家采取提供永久居住权和高薪政策吸引人才。发展中国家和地区由于经济落后，科技人才的工作条件、科研设备以及生活待遇相对较差。而发达国家在经济、科研和生活环境方面优势明显，客观上对国际人才构成了很大的吸引力。发达国家为优秀的国外人才提供永久居住权和入籍渠道。据粗略估算，从1949年到20世纪末的50年时间，美国至少为引自国外的200多万高级人才办理了美国国籍。日本为争夺高级人才不惜重金和血本，对高级人才开出的工资价码连美国人也感到吃惊。日本付给高级研究人员的年薪为25万美元，刚毕业但有发展前途的博士生年薪也达7万美元，这比美国一些著名大学和研究所提供的最高工资还要多20%～30%。正因为发达国家待遇优厚，导致发展中国家和地区优秀人才大量流向发达国家和地区。

二、21世纪以来各种因素综合影响科技人力资源的国际流动

进入21世纪以来，科技人力资源的全球流动呈现出上文所讨论的复杂态势，可以认为是由以下几方面因素共同作用所导致的。

经济因素和生活环境仍然是影响科技人力资源流动的重要因素。一方面，当前发展中国家与发达国家相比经济实力和科技水平仍有比较大的差距，所以发达国家能够为科技人才提供较高的经济收入，保证科技人才及其家人享有较好的生活质量以及子女能够受到良好的教育。另一方面，因为发达国家拥有雄厚的经济实力，也能够为科技人才提供先进的科研仪器和设备以及充足的科研经费。

国家的科研实力和科研环境对于科技人力资源流动的规模和方向影响较为显著。当今世界大部分发达国家同时也是科技水平位居世界前列的国家，大部分顶尖科学家也大都聚集在这些国家。因此，发达国家的科研环境相对较好，科研条件和设施设备先进，并且科

技人才特别是研究前沿方向的科学家能够及时获取最新的信息与研究成果,便于同世界一流的科技人才进行交流,分享最新的科技成果。

所以,以上两条因素能够保证科技人才在发达国家专心从事科研工作,有利于科技人才能够充分发挥自己的聪明才智,实现自己的科研价值。这是大量科技人才选择从发展中国家流动到发达国家的重要原因。

各国政府出台的针对海外科技人才的一些相应的政策也会对全球科技人才的流动产生重要影响。发达国家(特别是美国)出台了众多吸引高水平科技人才的相关政策,成为吸引科技人才流动到这些国家的一个主要原因。但是欧盟部分国家由于采取了较为保守的移民策略以及一些与工作相关的政策保护本国公民的工作机会,从而导致欧盟对科技人才的吸引力度不够,并且科技人才流向欧盟各国的难度也相对较大。值得注意的是,这些政策对欧盟成员国内部之间的人才流动影响并不是十分明显。同时新兴经济体,特别是中国和印度,已经意识到了科技人才对本国发展的重要性,积极制定吸引海外科技人才(特别是本国籍的科技人才和留学生)回国的相关政策,鼓励科技人才以短期访问或合作研究等形式参与科研活动。因此,近年来新兴经济体国家对科技人才的吸引力越来越大,并且也吸引了较多科技人才流向这些国家。

值得一提的是,美国不仅具有世界上最为雄厚的经济实力,拥有世界上最强的科研实力和最优越的科研环境,还制定了有利于科研的相关政策和措施,研发投入总量长期居世界第一,使得科研人员拥有最好的科研条件和丰富的资金来源。因此,美国对全球科技人才具有极大的吸引力,每年接收数以万计的高水平科技人才,是全世界科技人才流动的首选目的地。

新兴经济体采取有力措施在全球吸引科技人力资源。尽管发达国家的整体经济实力要强于发展中国家,但是部分发达国家目前经济发展较慢或处于停滞状态,所以对于科研的投入力度相较以往不够充裕。另外,在某些发达国家还存在着科技人才饱和或过剩的现象,导致大量科技人才没有合适的工作机会。同时,新兴经济体国家的经济发展迅猛,并且由于对于科技人才的需要也十分迫切,加大了对科技事业的投入,提高了科技人才的待遇。例如,中国目前正处在加快转变经济增长方式和建设创新型国家的关键阶段,对海外科技人才有大量需求。为了更好地吸引高层次海外科技人才聚集本区域,很多省份出台了相应的引进海外人才政策的措施,为本地区的科技发展和创新体系招贤纳士,例如江苏省的“创新团队计划”和广东省的“孔雀计划”等。印度虽然历史上科技人才流失的情况非常严重,但是自20世纪90年代以来,印度政府已经意识到科技人才的重要性,开始重视海外科技人才,并推出了一系列吸引海外科技人才的相关政策。印度于2012年开始推出“海外印度人卡”计划,其本质是一种移民签证,旨在鼓励居住在国外、拥有外国国籍的印度裔人士长期来印度居住。同年印度政府的有关部门还推出了“学习印度”计划,目的是为海外印度裔子女提供进入印度高校进修的机会,此外印度政府还为入选者提供基本生活费和差旅费。因此,目前有大量科技人才从世界各国,甚至是发达国家流向这些新兴经济体。

另外,随着资本的全球流动以及发达国家与发展中国家人力成本的差异增大,越来越多的高科技跨国公司将生产基地甚至是研发基地从发达国家移向了发展中国家,随之吸引了大量的科技人才从发达国家流动到了发展中国家。

外流人才价值观念的转变,也促进了科技人力资源回流态势的出现。20世纪70年代以前，部分发展中国家人力资源大量外流，一方面是这些人力资源因本国经济发展滞后，个人生活待遇较低，而想出国谋求相对稳定且有一定保障的物质生活条件；另一方面，这些人力资源因受本国经济发展的制约，缺乏施展才华的用武之地，故而出国寻找良好的科研工作环境寻求事业上的发展，导致去西方留学热。当这些人力资源在发达国家经过几十年的艰辛奋斗，一部分人事业有成，并获得了较为优越的物质生活条件。随着发展中国家和地区经济实力的增强，科研设备和设施越来越先进，而且制定人才回归优惠政策，提高回归人才的政治与物质待遇，为人才工作、科研、生活提供良好环境，吸引了大批外流人力资源回到自己的国家。

科技人才个人因报效国家、生活习惯等原因返回祖国。一部分从一国流出的科技人才，特别是从发展中国家流向发达国家的科技人才和留学生，出于对目前居住国的生活习惯和文化的不适应，或具有强烈的归属感和报国愿望等原因，在国外工作或学习一段时间之后，选择了返回祖国进行科研工作。

本章小结

本章综合应用定性和定量相结合的研究方法分析了全球科技人力资源流动的历史变迁、流动特点、导致流动的原因、流动带来的影响等问题，得出以下研究结论。

通过梳理历史上不同时期科技人力资源国际流动的相关数据和重大历史事件，可以发现，历史上科技人力资源往往从经济欠发达国家流向经济水平较高的国家，呈现出较为明显的“马太效应”；但是对于发展中国家而言，在海外学习和工作的本国籍科技人力资源有强烈的回流意愿，大大促进了科技人力资源的回流；科技人力资源的流动规模和方向受政治环境，特别是科技创新政策环境影响很大；并且科技人力资源的大规模流动通常伴随着全球科技中心的转移。

进入 21 世纪以后，随着信息技术和交通设施的迅猛发展，全球科技人力资源流动越来越不平衡，流动的形式多种多样，美国等发达国家和新兴经济体占据主导位置，发达国家之间的人力资源流动非常频繁，并且越来越多的科技人力资源把诸如中国、印度和巴西作为流动的目的地，科技人力资源环流的态势已经初步形成。

全球科技人力资源流动在进入 21 世纪以来呈现出较为复杂的态势，可以认为是国家的经济实力、生活水平、科研环境和支持科研的力度，各国政府引才用才的政策措施，新兴经济体国家重视海外科技人才，以及科技人才自身的原因等多方面因素共同作用的结果。

第十四章

CHAPTER 14

美国科技人力资源流动与政策

美国是一个多元化的移民国家。移民，尤其是技术移民对于美国的经济社会发展发挥了重要作用。随着经济全球化的不断深入，技术浪潮席卷全球，技术移民的跨国流动日益频繁，流动规模也大幅增加。美国是全球科技人力资源流动的主要目的地，凭借其经济、教育、科技等方面的优势，卓越的创新环境，吸引了世界各国人才。技术移民是美国科技人力资源的重要组成部分，为美国成为世界科技强国发挥了不可或缺的作用。

第一节　美国科技人力资源发展现状与流动趋势

一、美国科技人力资源总量与特征

美国科技人力资源数量的一个重要衡量指标是科学家与工程师的数量。科学家与工程师数量被认为是反映美国科技实力、经济发展水平的重要指标，其总量变化趋势一直是《美国科学与工程指标》跟踪研究的内容。《美国科学与工程指标2018》显示，美国科学与工程劳动力（science and engineering workforce）从科学与工程职业角度划分，总量为670万人，1960—2015年的年均增长率为3%，高于同期劳动力总量2%的增长率[①]。从行业分布来看，这一群体中受雇于商业、教育以及政府部门的比例分别为71%、19%和10%，可见科学与工程劳动力更多集中在创新活动活跃的商业领域。从地域分布上看，他们多集中在大城市。2015年19%的美国科学与工程职位集中在美国20个大城市地区。从年龄分布看，这一群体的平均年龄从1995年的41岁上升到2015年43岁。1993—2015年，达到60岁及以上的科学家与工程师比例快速上升，60～69岁的劳动力比例从1995年的54%上升到2015年的62%，可见，美国科学与工程劳动力的老龄化程度在逐步增加。在性别结构上，女性科技人力资源增长较快，其比例已从1993年的23%上升到2015年的28%。从职业分布与学历层次来看，2015年的数据显示，计算机与数学科学家往往具有很好的教育背景，他们中具有博士学位的比例接近60%，工程师中拥有博士学位的比例接近55%，计算机

① National Science Board. Science and Engineering Indicators 2018[R/OL]. (2018-01-01)[2018-09-20]. https://www.nsf.gov/statistics/2018/nsb20181/.

与数学科学家和工程师中拥有硕士、博士学历者的比例要高于生物、农业、环境科学、物理学、社会科学等领域的硕士、博士比例。

二、美国科技人力资源流动的趋势

美国建国以来，经济日趋繁荣，对劳动力的需求越来越大。美国的外来移民经历了快速增长时期，具有技术专长的工程师、科学家以及受过高等教育的留学生成为美国高素质劳动力的有益补充。1930 年进入美国的外来移民总数已超过 1870 年美国人口 3981.8 万的规模。[①] 美国作为信息技术、互联网产业迅猛发展的领头羊，多年来对计算机及相关学科的劳动力需求旺盛，加上美国在教育、创新环境、科研条件及资源方面的独特优势，使美国成为全球技术移民的热门流入地。世界科技人力资源受到美国吸引，向美国流动的趋势非常明显。

一是流入美国的科学工程技术人员自 20 世纪 60 年代至今一直保持增长态势。根据美国国土安全部的数据，2017 年获得美国合法移民身份的移民人数超过 112 万，其中从事管理、专业技术相关领域工作的移民约占 10%。与 2007 年数据相比，十年间移民总数增长约 70%，从事专业技术领域工作的比例增长超过 54%。根据美国人口普查(1960—2000)以及美国社区调查(2006—2008)的数据，美国科学家中的移民科学家比例从 1960 年的 7.2%，上升到 2006—2008 年的 27.5%(如图 14-1 所示)。根据该数据，外国移民科学家的比例从 20 世纪 60 年代以来一直保持增长，特别是 20 世纪 90 年代以后，增幅更为明显，2015 年美国以外出生的(foreign-born)科学与工程人员占美国科学与工程劳动力总量的 29%，远高于外国出生的人员在整个高等教育劳动力中 17%的比例。[②] 可见，美国科学与工程劳动力较其他行业劳动力而言，对国外移民的依赖性更高。

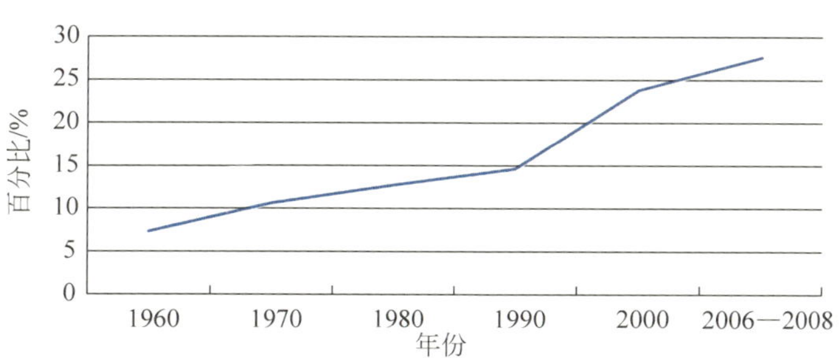

图 14-1 1960 年以来美国科学家中移民科学家所占比例变化情况[③]

二是 H-1B 签证持有者是美国科学与工程劳动力的重要组成部分。除了通过境外申请的永久性移民身份进入美国的科学与工程劳动力，还有相当一部分是参加美国临时科学劳工计划进入美国就业市场的临时签证持有者，他们中以持有 H-1B 签证者居多。根据美国

① Bureau of the Census. Historical Statistics of the United States: Colonial Times to 1970[M]. Washington: Department of Commerce. 1975: 8,105-106.

② National Science Board. Science and Engineering Indicators 2018[R/OL]. (2018-01-01)[2018-09-20]. https://www.nsf.gov/statistics/2018/nsb20181/.

③ 谢宇，亚丽珊德拉 A.齐沃德.美国科学在衰退吗?[M]. 2 版. 北京：社会科学文献出版社. 2018.

国家科学基金会(NSF)披露的数据,持有 H-1B 签证的博士学位获得者在 1996—2016 年的 20 年间多为工程学、数学与计算机科学、物理学与地球科学专业,其中数学与计算机科学专业人员增幅较大。这与 20 世纪 90 年代以来美国信息技术产业迅猛发展对人才的需求和吸引不无关系,同时也可以看出,外来移民对美国重要科技领域的发展做出贡献。根据《美国科学与工程指标 2018》的数据,1991—2015 年,临时签证 H-1B 的签发数量有了大幅提升,从 1991 年的每年大概 5 万人达到 2001 年的 16 万人的高峰,在"9·11"事件后,签发量大幅回落,但每年仍高于 10 万人,并在 2004 年后缓慢回升,在 2007—2008 年经济危机期间,签发总量再次下降,但在 2009 年之后又快速上升,到 2015 年已经接近每年 17 万人。

三是中国和印度是美国科技人力资源的主要输出国,美国科技人力资源学历层次大幅提升。从来源地看,中国与印度是美国技术移民的主要输出国。《美国科学与工程指标 2018》显示(图 14-2),1995—2015 年的 20 年间,在美国取得科学与工程博士学位持临时签证的人员共超过 22 万人,占比前三名分别为中国、印度、韩国,三者比例将近 60%,可见美国科技人力资源流入主要来自亚洲国家。

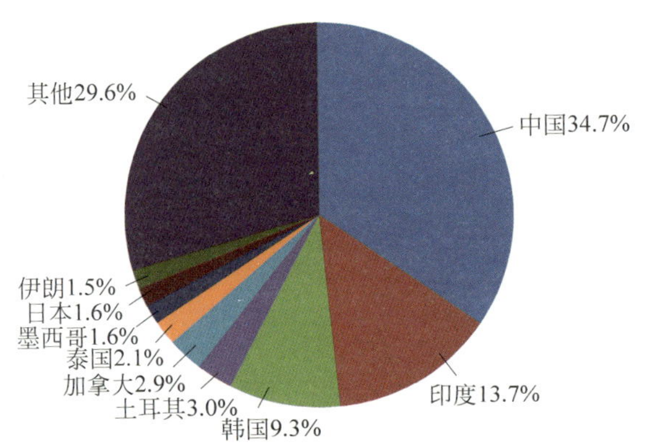

图 14-2 美国科学与工程博士获得临时签证人员来源分布(1995—2015)[①]

进入美国的外国出生的科学与工程人员学历素质不断提升,在一定程度上满足了高技术产业快速发展的需要。根据《美国科学与工程指标 2018》,外国出生的科学家及工程人员的学历层次在 20 世纪 90 年代、21 世纪初以及 2015 年有明显的提升,本科、硕士、博士三个学历层次所占比例每 10 年就会有 5%~10%的提升。流入美国的科学与工程劳动力受教育层次越来越高,大量科技精英被吸引到美国学习和工作。

第二节 美国吸引科技人力资源流入的制度和政策因素

美国科技人力资源中移民科学家与工程劳动力占比不断提升的重要原因在于美国国家战略与政府政策的支撑与互动,因而通过观察其相关立法、科技政策设计、国际合作计划开展以及教育资源塑造可以探究美国在全球范围内吸引科技人力资源的动力所在。

"二战"前经济大萧条使得美国这一世界大熔炉对移民的吸引力一度有所下降,加之在第二次世界大战期间,美国的大部分青壮年奔赴战场,使得美国高校人才培养出现断层。

① Science and Engineering Indicators 2018.

据统计，美军人数从1940年的45.8万增长至1945年的1212.34万，其中18～29岁适龄军人占75%，美国高校在校生人数与美国人口增长呈背道而驰之势。[①] 为了巩固世界霸主地位，吸引世界各国优秀人才为之所用，美国更加重视高技术人才的引进，为此修订了移民法等相关法律，出台有力的政策措施，加强科学教育，增强了对高素质人才的吸引力。

一、移民法是促进技术移民流入的制度保障

"二战"后美国不断完善其移民法，通过消除来源限制、提高专业技术人才比例、对杰出高技术人才不设限额等手段措施，持续吸引科技人才，提升移民素质，缓解美国高技术行业用工压力，确保美国在高技术产业的竞争力。根据相关研究，从20世纪50年代至2000年，美国移民法主要有六次改革与完善，如表14-1所示。总的趋势是技术移民的重要性越来越得到认可。为加大技术移民数量，美国三次修订相关规定。首先是提升技术移民的优先等级，如在1952年的移民法中就将专业技术人员及其配偶子女归入美国移民的第一类人群。该移民法消除了对特定地区，如亚洲的移民限制，丰富移民美国的多元化渠道，抓住时机增强全球技术移民的吸纳能力。其次是不断提高包括技术移民在内的有突出成就的高技能移民的份额，放宽对技术移民的条件要求。第三是另辟蹊径，利用临时签证H-1B手段，充实美国科学与工程劳动力。H-1B签证是美国最主要的工作签证类别，发放给美国公司雇用的外国籍有专业技能的员工。持有H-1B签证者可以在美国工作三年，然后可以再延长三年。事实上，H-1B签证持有者大部分能获得绿卡（永久居留）身份或者成为美国公民，他们作为高技能人才的重要组成部分，为美国社会创造了源源不断的巨大价值。

表14-1 美国移民法吸引全球科技人才要点措施及影响（1952—2000）[①②]

年份	移民法名称	要　点	影　响
1952	外来移民与国籍法	第293条第1条规定，受过高等教育、技术培训、具有专业经验或突出才能的人有资格获得限额移民资格，同时废除了亚洲人不得入籍的禁令。该法案规定每个国家每年至少可以获得100个移民配额	对民族来源和移民数量仍保持限制，专业技术人员及配偶、子女可享受第一类优先权
1957	难民-逃亡者法	凡在1957年以前持非移民签证入境的外交官、商人、教授、访问学者和留学生，若因种族、宗教等受到迫害，或可能受到迫害，可以协同其家属一起申请永久移民资格	取消民族来源制度，强调家庭团聚，降低了专业技术人员及熟练、非熟练劳工的优先权类别和所占限额份额。对于在科学和艺术方面有突出成就的移民给予第三类优先权，占全部限额的10%
1965	外来移民与国籍法	第203条第2项规定，移民签证的10%优先分配给符合条件的专业技术人员，或者凭借其在科学技术和艺术上的特殊才能对美国的经济、文化利益及美国福利事业发展发挥作用的外来移民	移民结构发生变化，专业技术人员、管理人员比例增长

① 梁茂信．美国人才吸引战略与政策史研究[M]．北京：中国社会科学出版社，2015：120.

② 石磊，罗晖．美国科技人才流动态势分析[J]．全球科技经济瞭望，2018.33(05)：47.

续表

年份	移民法名称	要　点	影　响
1990	合法移民法改革法案	确立了有职业移民入境的优先权,降低亲属移民配额,将技术移民配额比例升至32%,在科学、艺术、教育、商业、体育领域中有杰出成就者不受配额限制,修改了1965年移民法中有关劳工就业许可条款	移民法目标从重视亲属团聚转为吸收人才和资本。新移民法对高技术、特殊职业技能移民放宽了限额,由原来的5.4万人增加到14万人
1998	美国竞争力和劳工改进法	在1999年和2000年将H-1B计划的限额从每年6.5万增加到11.5万,到2001年时酌情回归每年6.5万限额的规模	缓解美国高技术人才用工短缺压力
2000	21世纪美国竞争力法案	在2001年、2002年和2003年,将H-1B计划的年度限额增加到19.5万	为美国信息高速公路建设补充了大量高技术人才,成就了H-1B签证的黄金时代

二、科技政策设计有利于高技术人才的流入

美国除了从法律层面为科技人力资源的流入提供保障以外,政府的科技政策和创新战略也为美国营造了优越的创新环境,增强了对高技术人才的吸引力。

美国的研发投入总量居世界前列,虽然各届政府的研发投入重点都有变化,研发投入数额也有调整,但美国科技经济迅速发展对研发的需求旺盛,其研发投入大国的地位多年来未曾改变,优越的科研条件始终是吸引世界各国科研人员的重要因素。例如,20世纪90年代,随着信息技术的迅猛发展,美国迎来新一轮经济快速增长期,刺激了美国对于科学、技术、工程与数学(STEM)人才的需求。虽然美国国会对于一些科技计划减少经费拨款,但时任总统克林顿(1993—2001)仍然坚持科学技术投资的极端重要性,通过平衡预算来保证对科学与技术的投入。他认为:"对技术的投资推动经济增长,可以创造新知识、新就业机会,催生新产业,确保经济和国家安全保持持续稳定,提高生活质量……这是美国经济进步和生活质量所依赖的共同基础。"在平衡政府预算的同时,克林顿政府加大对基础科学投资力度,20世纪90年代联邦科研经费投入下降了9%,但基础研究的投入反而提高了42%,在1993财政年度和1998财政年度之间,政府在基础研究方面的投资由133.6亿美元上升到153亿美元,2000年联邦政府在基础研究方面投入了233亿美元,接近全部研究经费的一半[①]。克林顿政府发布的《科学与国家利益》《改变21世纪的科学与技术——致国会的报告》《技术与国家利益》《技术——经济发展中的原动力》等多份科技政策报告,都阐述了科学技术进步与领先对于促进美国全面繁荣、确保全球领先地位的重要作用。克林顿执政期间支持的"信息高速公路"计划、国家纳米技术计划(NNI)等对于美国保持和巩固科技经济竞争力功不可没。

克林顿之后的乔治·W.布什总统继续加大研发投入,2002年布什政府研发投入总额增加到950亿美元,比上年提高6%,继续大力支持各类科技计划,重点发展信息、生物和纳米

① 王辉.美国科技政策综述[J].全球科技经济瞭望,2003(4):7-10.

技术等。[①] 2006 年 1 月 31 日，布什在《国情咨文》中宣布了通过科技创新促进美国经济发展及提升国家竞争力的“美国竞争力计划”(ACI)。该计划强调高技能人才的重要性，提出要增强美国全球范围吸引和留住最优秀的高技能劳动力的能力，具体措施包括：支持满足经济增长需要的全面的移民制度改革，允许诚实劳动者在尊重法律前提下供养其家庭。[②]

奥巴马执政时期，为化解美国次贷危机，并抓住全球新技术革命的机遇，美国出台一系列促进创新的政策，2009 年、2011 年和 2015 年连续发布三版《美国创新战略》，强调科技创新对于经济发展的促进作用，为美国保持科技领先的绝对优势布局谋篇。2015 年版的创新战略将“扫除移民障碍，推动创新经济发展”作为夯实创新基础的政策工具之一。该战略指出，美国将增强高技术移民人才的流动性，首次发布对移民企业家的详细指南和规则，使创业者可以合法地以美国永久居民身份或临时移民身份在美国创办和发展企业。此外，2014 年总统科学技术政策办公室提交了《充实美国 STEM 劳动力方案》，建议促进高技能移民、本科生以及创业者留在美国。2014 年 11 月，奥巴马总统表示将放宽对美国留学生留美工作的限制，通过“向 STEM 类毕业生提供培训”的方式为 STEM 毕业生提供在美国继续工作 29 个月的机会。2017 年总统科学与技术顾问理事会在提交给总统的《确保美国在半导体领域的长期领先地位》的报告中指出，美国还需要吸引国外有才华的科学家和工程师来美国工作。该报告建议美国政府进一步吸引技术移民，措施包括加快审批并给予被美国大学认可的 STEM 毕业生长期签证；增加 H-1B 签证的数量；允许雇员的配偶和子女获得签证等。

三、重点资助计划与国际合作拓宽科技人力资源流通渠道

美国联邦政府通过实施重大跨部门研发计划、国际合作伙伴关系计划等，积极致力于解决挑战性的技术问题。这些资助计划与项目加速了创新资源的集聚和高效利用，更为重要的是，它们也发展成为聚集高技术人才的平台。

克林顿政府执政时期，重点研发方向包括信息技术、生物技术、清洁能源技术、环境技术、航空安全、气候变化研究、教育研究、纳米技术、传染性疾病、植物基因组、食品安全等领域[③]，其中对信息技术的重点资助，成为美国互联网繁荣的重要推动力，也成为 20 世纪 90 年代吸引大量计算机专业人才涌入美国的直接因素。90 年代以信息技术摇篮著称的硅谷成为世界各国信息技术人才汇集的“聚宝盆”。创业公司数量增加，特别是来自中国与印度的工程师的涌入在 90 年代末出现了明显的增长趋势。根据相关研究（见表 14-2)，中国人与印度人开办的创业公司在硅谷高技术初创企业中所占比例从 80 年代初期 12%左右增至 90 年代末的 29%。

---

① 丁太顺. 克林顿政府科技政策研究[D]. 北京：中共中央党校，2005.

② 汪凌勇. 美国竞争力计划[J]. 科学观察，2006(2)：43-44.

③ 路慧敏. 试论克林顿时期的科技政策[D]. 呼和浩特：内蒙古大学，2010.

表 14-2　中国人与印度人开办的公司在硅谷高技术初创企业中所占比例(1980—1998 年)①

族裔	1980—1984 年		1985—1989 年		1990—1994 年		1995—1998 年	
	数量/个	百分比/%	数量/个	百分比/%	数量/个	百分比/%	数量/个	百分比/%
印度人	47	3	90	4	252	7	385	9
中国人	121	9	347	15	724	19	809	20
白种人	1181	88	1827	81	2787	74	2869	71
总　计	1349	100	2264	100	3763	100	4063	100

小布什执政时期,为回应美国科学界对于物质科学研究投入不足的担忧,政府发布的《美国竞争力计划》特别提到,将物质科学作为重点研发计划,支持美国最富创新的头脑去探索纳米技术、超级计算机和可替代能源。作为实施该计划的保障性措施之一,物质科学与工程领域相关的创新投资得到大幅增加,涉及美国国家科学基金会(NSF)、能源部科学办公室、商务部国家标准技术研究院的研发投入,确立了实现十年内(2006—2016 财年)预算翻番的目标。NSF 是资助物质科学基础研究的主要机构,其资助范围包括纳米技术、先进网络和信息技术、物理、化学、材料科学、数学和工程领域的基础研究。2007 财年 NSF 的经费增加主要用于新增的 500 个研究资助项目和额外的 6400 名研究人员、学生和技术人员。②

奥巴马政府发布的 2015 年版《美国创新战略》列出了九大重点领域,包括精准医疗、脑计划、医疗领域创新、先进汽车、智慧城市、清洁能源技术、教育技术、太空探索和计算机等领域。以清洁能源技术为例,在该重点研发计划下,除美国能源部的资助外,还有来自美国交通部、环境保护局、国家科学基金会等更多资助渠道。仅能源部下设的机动车技术办公室就有 4 亿美元的规模支持上百个替代燃料以及节能机动车技术。在重点研发计划指引下,资金向优先领域倾斜,各联邦机构下设的多元化资助渠道开放性更强。其作用之一,正如种子资金设定的初衷,在于促进受资助人将创新产品和服务推向市场,从而推动小企业取得商业上的成功。美国重点领域的投入促进了创新,有助于美国人开办企业和创造就业机会③。当然,这样的计划也吸引科学家与工程师,特别是海外科学家与工程师以及创业者群体流入美国,获得研发资助和开创企业的机会和便利。

重点研发计划之外,美国着力打造国际科技合作网络。在政府层面,美国与英国、日本、韩国、以色列、中国等国家及欧盟等经济体都签署了双边科技合作协定,建立了科技合作机制。美国还启动了面向发展中国家的科技援助和伙伴关系计划。奥巴马政府曾派出科学特使,积极致力于推动与埃及、印尼等发展中国家的科技合作。此外,美国主导和参与大量国际大科学计划和项目,如国际空间站和人类基因组计划等。通过国际科技合作建立的科学家网络更有利于美国寻找与吸引相应的高技术人才,更有利于巩固美国在世界科技中的核心地位。除政府层面的合作外,美国的私营部门也对高技术人才,特别是外国出生

① Anna Lee Saxenian. Silicon Valley's New Immigrant Entrepreneurs[M]. San Francisco, CA: Public Policy Institute of California, 1999.

② 汪凌勇. 美国竞争力计划[J]. 科学观察, 2006(2): 43-44.

③ NEXUS-NY. Funding the Clean Energy Revolution [EB/OL]. (2018-04-01)[2018-09-23]. https://nexus-ny.org/funding-clean-energy-revolution/.

的科学家与工程师予以高度关注。例如,《麻省理工科技评论》自 1999 年以来每年都在全球范围内评选 35 岁以下最具创新性与影响力的科学家、科研工作者和科技创业者。

四、卓越的高等教育资源吸引国际留学人员

美国拥有世界公认的优质高等教育资源,拥有哈佛、斯坦福、麻省理工等世界顶级名校。作为美国国家创新体系的重要组成部分,高校是知识生产的重要源头,在国家创新与促进经济发展方面发挥着极其重要的作用。从斯坦福大学、加州大学与硅谷的繁荣,到麻省理工学院与哈佛大学对于美国波士顿 128 号公路区域经济发展的贡献,都印证了大学的知识溢出与技术衍生的贡献。相应的,美国高校对科技人力资源的贡献也体现在两方面:其一,美国高等教育为美国的科学技术与创新储备了优质的科技人力资源;其二,高校成为吸引国际留学人员源源不断赴美留学的磁石。

从国际留学生总量来说,美国是国际留学生第一目的国。根据联合国教科文组织的统计数据,2017 年全球共有约 4600 万留学生,以美国为留学目的地的人数最多,约占全球留学生总量的 25%。就全球范围而言,美国是国际留学生的首选地,其占比相当于位居第 2 的英国的 2 倍还多。美国对于国际留学生具有强劲的吸引力,每年有约 1000 万的留学生进入美国,在为美国教育产业带来巨大经济效益的同时,也在一定程度上缓解了美国面临的高技能劳动力短缺问题。

值得注意的是,根据《21 世纪美国竞争力法案》,这些在美的留学生(特别是 STEM 专业学生)毕业后,在美国高技能劳动力不足的情况下,更容易受到雇用。他们一旦受雇于美国雇主,即可由雇主为其申请 H-1B 签证,签证通常可延期 3 年,但最多可以延长至 6 年。合同期满后如果雇主满意还可以代其申请永久性居留美国的资格,如获批准,受雇者即可转为美国永久性移民。这一法律条款为到美国留学的优秀 STEM 毕业生向 STEM 就业者的衔接提供了便利,使高校成为外来科技人力资源的输入地与供给方,为全球科技人力资源向美国流动提供了重要依据和渠道。

第三节　特朗普政府政策对科技人力资源流动的影响

2017 年特朗普政府执政以来,其在科技政策与移民政策方面的举措一直备受争议。总体而言,特朗普政府主张削减基础研究和气候变化、环境等领域的研发预算,对移民采取强硬态度,对中国科技采取遏制和打压措施,自由的学术交流因此受到限制,中美科技人文交流也受到严重影响。

一、主张削减基础科学和若干领域研发预算,科技政策受到诟病

特朗普政府秉承了共和党"保守"的特点,主张减少政府对科技的干预和强调自由竞争,政府在创新战略和科技重点领域的计划/规划方面的引领作用较奥巴马执政时期明显减弱。特朗普政府的 2018 财年联邦预算较 2017 财年有了大幅削减,尤其是环境气候变化相关的研究被极大削弱。特朗普还违背美国政府之前的承诺,退出《巴黎协定》和联合国教科文组织。虽然特朗普政府在 2017 年初的预算蓝图中主张压缩基础科学预算,但这一提议

并未获得国会通过,最终美国国家科学基金会、国家航空航天局(NASA)、国家标准与技术研究院等科研机构的经费预算没有真正削减,而美国国立卫生研究院、能源部科学办公室经费预算反而分别增加了 8.3%、15%。

2018 年底,特朗普政府提出的 2019 财年预算案基本保持了 2018 财年预算蓝图的"基调",即再次呼吁取消众多联邦研究项目,包括美国国家航空航天局的一系列卫星、能源研究工作以及气候和环境科学项目[①]。预算案还提出,环保署预算减少 33.7%,国家科学基金会减少 29.5%[②]。美国媒体大量报道了特朗普政府对于科学研究的主张,科学家对特朗普政府的不满情绪也频见报端。一家名为忧思科学家联盟(The Union of Concerned Scientists,UCS)的机构于 2018 年 8 月针对政府 16 个部门中 61289 名工作人员进行了问卷调查(回收 4211 份,回收率约为 6.9%)。该调查结果显示,科技界对于特朗普科技政策的态度呈现两极分化,但以持质疑态度者居多。一方面,一部分人对特朗普政府治理下的科学决策并未表示出反感与厌恶。如一部分参与受访者认为,"在所有的机构中,科学家们认为,其所在机构大体上在遵循科学诚信原则行事",美国食品和药物管理局(FDA)和美国国家海洋和大气管理局(NOAA)的科学家认为"政治压力明显减少"。另一部分人则质疑特朗普政府的科学决策,如在美国环境保护署(EPA)工作的近 449 名受访者中,有 1/3 的人抱怨该机构的人事任命受到政治因素影响或者白宫官员所谓的"基于科学"决策的影响。美国内政部鱼类与野生动物局(FWS)和国家公园管理局(NPS)2/5 的受访者表示,存在经济利益关系的高级管理人员正在对这些机构的决策施加"不正当"影响[③]。

尽管这一调查的可信度同样存在争议,但无论如何,媒体大量报道的科学界对于特朗普政府的不满,又或是相关调查机构有意或无意的倾向性,都表达了美国科学界对于特朗普政府科技政策的复杂和质疑态度。特朗普一再坚持削减科研预算,无疑会打击美国科学界的信心,特朗普政府与国会关于预算的反复争论,也可能导致美国科学机构、科研和管理人员在一段时间内工作停滞不前。正如 2019 年初美国政府停摆期间,美国部分科研人员被迫无薪工作或者强制休假,一些实验项目无以为继,学术会议无法进行。这不仅对正在进行中的科研项目造成负面影响,还会因为科研资助的不稳定性影响到海外科学家赴美、留美的意愿。在这样的背景下,美国在今后更长的时间内对全球科学与工程人员能否保持稳定的吸引力,无疑增加了不确定性。

二、移民政策全面收紧,引科学界与高科技企业不满

特朗普对移民,特别是对于伊斯兰国家的移民和旅行者采取全面收紧的政策。2017 年

---

① Malakoff, David. First take: Trump's 2019 budget not as disastrous for science as it first appears[EB/OL]. (2018-02-12)[2018-10-02]. https://www.sciencemag.org/news/2018/02/first-take-trump-s-2019-budget-request-not-quite-disastrous-science-it-first-appears.

② Matthews, Dylan. Trump's 2019 budget: what he cuts, how much he cuts, and why it matters[EB/OL]. (2018-02-12)[2018-10-02]. https://www.vox.com/policy-and-politics/2018/2/12/16996832/trump-budget-2019-release-explained.

③ Mervis, Jeffrey. Survey of U.S. government scientists finds range of attitudes toward Trump policies[EB/OL]. (2018-08-14)[2018-10-02]. https://www.sciencemag.org/news/2018/08/survey-us-government-scientists-finds-range-attitudes-toward-trump-policies.

1 月，特朗普颁布行政令——“禁穆令”，禁止一部分伊斯兰国家的旅行者进入美国，这 6 个国家分别为伊朗、利比亚、叙利亚、也门、索马里和乍得。

对此美国科学促进会(American Association for The Advancement of Science，AAAS)呼吁美国总统特朗普在平衡美国国家安全利益的同时，应开拓有利于国际科学人才自由流动的方式、方法。美国科学促进会首席执行官拉什·霍尔特(Rush Holt)发表声明强调，美国有必要向来自世界各地的科学家和学生敞开大门。他认为：“科学的进步依赖于开放、透明和思想的自由流动。由于这些原则，美国一直吸引并受益于国际科学人才……阻止已经通过筛选、审查和批准获得赴美签证的学生和科学家赴美，违背了追求学术和专业兴趣的科学精神。为了科学和经济的繁荣，学生和科学家必须能够自由地与其他国家的同事一起学习和工作。2017 年 1 月 27 日关于签证和移民的白宫行政命令将阻止许多最优秀、最聪明的国际学生、学者和科学家在美国学习和工作，或参加学术和科学会议。这项政策的实施损害了美国吸引国际科学人才和保持科学与经济领导地位的能力。采取平衡的移民政策，保护国家安全利益，提高我们的科学领导地位，符合我们的国家利益。”①

同样表达不满的还有美国的高科技企业。由于针对某几个伊斯兰国家的公民采取“禁穆令”直接造成了美国部分高科技企业的科技人才损失，引发了美国高技术企业的不满。如亚马逊创始人贝佐斯(Jeff Bezos)对特朗普的移民政策表示反对。一方面该公司的政策团队与美国两党的国会领导人取得联系进行游说；另一方面，该公司的法律团队准备支持华盛顿州总检察长对该行政令提起诉讼。贝佐斯认为，美国是一个移民国家，移民的不同背景、想法和观点帮助建立和创造了美国。这是美国独特的竞争优势，不应被削弱。② 尽管遭到反对，2017 年 12 月 4 日，美国最高法院仍旧批准了这项行政令。这一行政令对于美国科学家与工程师的流动，特别是伊斯兰国家科学家与工程师的流动，无疑造成十分消极的影响，长期来看更会有损美国自由民主开放的国家形象，其负面作用或将在更长时间范围内显现。

除了封锁特定国家的旅行禁令外，特朗普政府还对技术移民政策采取了收紧的策略，充分体现“美国优先”。措施之一是要求美国公司雇用高薪技术人员，一般性的技术则不予考虑，技术移民的“门槛”被提高了，其目的在于提升美国的就业率，以获得更多选民支持。2017 年 4 月特朗普签署《买美国货，雇美国人》(*Buy American and Hire American*)的行政命令，要求国务卿、检察长、劳工部长以及国土安全部部长尽快提出 H-1B 改革建议，确保 H-1B 签发给技术最熟练和薪水最高的申请者③。根据美国移民局统计数据，2017 财年 H-1B 批准率不到六成，创 10 年来最低。2018 年 2 月，美国移民局发布新的政策备忘录，提高了 H-1B 工作签证的监管要求，要求雇主与雇员提供更详细的合法雇用关系证据，防止 H-1B 工作签证项目被滥用。2019 年 3 月，美国移民局提出将暂停所有属于 2019 财年配额

---

① AAAS. AAAS CEO Responds to Trump Immigration and Visa Order. [EB/OL]. (2017-01-27)[2018-05-06]. https://www. aaas. org/news/aaas-ceo-responds-trump-immigration-and-visa-order.

② Mac, Ryan. Jeff Bezos Opposes Immigration Order As Amazon Supports Washington AG Suit Against Trump [EB/OL]. (2017-01-30)[2018-11-02] https://www. forbes. com/sites/ryanmac/2017/01/30/amazons-jeff-bezos-issues-strong-statement-opposing-trumps-immigration-order/#39fbbf1361b6 2017.

③ The White House. Presidential Executive Order on Buy American and Hire American[EB/OL]. (2017-04-18)[2018-11-03]. https://www. whitehouse. gov/presidential-actions/presidential-executive-order-buy-american-hire-american/.

内 H-1B 签证申请的加急审理,暂停时间长达 6 个月。特朗普政府还推动制定移民改革法,结束签证随机抽签制度,建立基于申请人综合素质的移民管理系统 [①]。

三、对华态度明显转向,中美科技人文交流面临困难局面

2017 年底以来,中美贸易摩擦不断升级,与此同时,美国发布一系列涉及美国国家安全、国防、核战略以及技术领域的报告,越来越多地将中国定位为"竞争对手""竞争者"。美国《国防战略报告》(*National Defense Strategy*)称,"美国国家安全的首要关切为国家间战略竞争,而非恐怖主义"。[②]

2017 年 8 月美国贸易代表办公室依据其国内法《1974 年贸易法》针对中国商品开展"301 调查"。2018 年 3 月,美国政府根据这一调查结果宣布针对中国 500 亿美元商品征收关税,涉及 1300 多项产品,涵盖航空航天、信息科技、机械工业、通信技术、机器人等高科技产业。

2018 年 9 月,美国总统特朗普签署了《2019 财年国防授权法案》(*The National Defense Authorization Act*,NDAA),《美国外国投资风险评估现代化法案》(*Foreign Investment Risk Review Modernization Act*,FIRRMA)作为其中的一部分也已正式成文。该法案进一步加强了美国国家安全审查机制,尤其是重点关注并区别对待来自中国的投资,中国企业赴美投资将遭遇更多的阻碍和风险。

除企业赴美投资受限,中国学生赴美留学、科学家赴美交流访问等都受到影响,中美科技人文交流也陷入了困境。2018 年 5 月美联社援引美国国务院的消息报道,美国政府从 6 月 11 日开始缩短某些中国公民的签证期限。根据新的政策,美国领事官员可能限制签证的有效期,而不是采取通常做法,按照最长期限发放签证。按照向美国大使馆和领事馆发出的指示,如果中国研究生在某些领域学习,如机器人、航空和高科技制造等,签证时限将限制在 1 年内。[③] 2018 年 5 月美国国会众议院通过一项修正案(NDAA),其内容涉及允许国防部终止向参与中国、伊朗、朝鲜或俄罗斯的人才计划的个人提供资金和其他奖励。

从美国对华态度看,中美关系的竞争性越来越凸显,潜在的对抗性风险加大。有学者认为,美国精英对华政策的新共识从"接触"(engagement),调整为"规锁"(confinement)[④]。中美和则两利,斗则俱伤。科技合作不是零和博弈,科技全球化的潮流不可阻挡。美国政府只有改变目前的做法,加强与包括中国在内的世界各国的科技合作和人员往来,才有可能更多地从合作和人才流动中获益。

---

① 袁永,王子丹. 特朗普政府有关科技创新政策研究[J]. 科学管理研究,2018. 36(4):97-100.

② Department of Defense. National Summary of the 2018 National Defense Strategy of The United States of America: Sharpening the American Military's Competitive Edge[EB/OL]. (2018)[2018-11-02]. https://dod.defense.gov/Portals/1/Documents/pubs/2018-National-Defense-Strategy-Summary.pdf? mod=article_inline.

③ 参考消息. 外媒:美国将缩短中国留学生签证期限中方明确回应[EB/OL]. (2018-05-31)[2018-11-02]. http://www.xinhuanet.com/world/2018-05/31/c_129883844.htm 2018.

④ 张宇燕,冯维江. 从"接触"到"规锁":美国对华战略意图及中美博弈的四种前景[J]. 清华金融评论,2018(7):24-25.

本章小结

美国是世界头号科技强国，其科技、经济领先地位的取得与其高质量的科技人力资源储备关系密切，移民国家的历史传承与美国保持世界领先位置的战略考量使得美国的移民政策、签证政策、科技政策、教育政策等都向海外高技术劳动力不断抛出“橄榄枝”，这些高技术人才也相应地通过留学、国际项目合作、签证政策和移民政策等途径流入美国，为美国补充了大量科技人力资源，为美国的持续繁荣做出了不可磨灭的贡献。2017 年底以来，美国对华立场出现明显改变，中美关系正经历重大考验。习近平主席在出席 2018 年二十国集团领导人第十三次峰会发表讲话时指出：“世界经济时有波折起伏，但各国走向开放、走向融合的大趋势没有改变。”[①]从长远来看，随着经济全球化程度的不断加深，全球高技术劳动力总量不断增长，科技人力资源的跨国流动，特别是主要大国（经济体）间的流动仍是大势所趋。

① 习近平. 习近平在二十国集团领导人第十三次峰会第一阶段会议上的讲话（全文）[EB/OL].（2018-12-01）[2018-12-02]. https://www.fmprc.gov.cn/web/ziliao_674904/zyjh_674906/t1618008.shtml.

第十五章

CHAPTER 15

欧盟科技人力资源流动与政策

欧盟作为世界主要经济体和科技力量，历来重视对科技人力资源的培养和吸引。近代科学革命、几次工业革命都起源于欧洲，肇始于意大利的文艺复兴将欧洲带出了黑暗的中世纪，带来一场科学和艺术的革命；随后法国、英国、德国又先后执科技之牛耳，为人类贡献出了无数科学巨匠，直到“二战”后美国科技兴起之前，欧洲都是毫无争议的世界科学中心。

“二战”后，欧洲国家百废待兴，一批顶尖科学人才流失到了美国，但即使如此，欧洲几百年科技发展的积淀依然还在，不管是诺贝尔科学奖获得者众多所体现出的科学水平，还是先进制造业的技术发展，欧洲依然还是世界的领先者。具体到欧盟来说，科技人力资源受到各国关注，欧盟作为一个整体也十分关注科技人力资源方面的数据。欧盟对科技人力资源数据进行全面系统的统计，并在欧盟统计局（Eurostat，the statistical office of the European Union）网站公布①。

第一节　欧盟科技人力资源发展现状

一、欧盟科技人力资源的总量与结构

根据欧盟统计局数据，2018 年欧盟科技人力资源总量为 1.31 亿人，比 2009 年的 1.05 亿增长了 2600 多万人。欧盟科技人力资源的性别比例一直以女性高于男性为特征。2018 年欧盟男性科技人力资源为 6312 万人，女性则达到 6835 万人。从区域分布来看，德国是欧盟中拥有科技人力资源最多的国家，2018 年为 2356 万人，英国次之，为 2099 万人，法国名列第三，共有 1806 万人。

根据欧盟的研究，受过高等教育且继续从事科技职业的科技人力资源一般集中在大都市及其周围区域，或者在顶尖大学、研究机构、大企业总部所在地或设立了大企业研发机构的聚集区。2017 年，欧盟这些科技人力资源占比最高的 25 个区域中有 15 个是首都城市。其中，伦敦内城（Inner London，英格兰银行和伦敦交易所的所在地）是排名首位的区域，它

① 除特殊说明外，本章数据均来源于欧盟统计局网站，数据获取时间为 2019 年 11 月 26 日。

是世界知名的大都市区，这些科技人力资源占其活跃劳动力的46.2%，尽管与2016年相比，这一比例下降了3.2%，但仍是欧盟最高。紧随其后的地区是挪威奥斯陆的奥克什豪斯（Osloog Akershus，37.8%）、芬兰赫尔辛基的乌斯玛（Helsinki-Uusimaa，36.4%）和瑞典斯德哥尔摩（Stockholm，35.3%）。这个排行榜的前几名地区还包括一些拥有顶级大学的地区和研究中心，如比利时瓦隆-布拉班特地区（Brabant Wallon region in Belgium），荷兰乌得勒支地区（Utrecht in the Netherlands）以及英国伯克郡（Berkshire）、白金汉郡（Buckinghamshire）和牛津郡（Oxfordshire）。

欧盟还特别统计了科学家与工程师群体的数量，即囊括在科学、工程、健康和信息通信技术领域的人员。2018年欧盟科学家和工程师共有约1834万人，其中男性约1048万人，人数超过女性。

二、欧盟科技人力资源工作变动情况

欧盟统计局统计了科技人力资源工作间流动（job-to-job mobile HRST）的数据，即统计在过去一年改变了雇主，但在转换工作之前和之后都满足被雇用的科技人力资源的相关条件的人。需要注意的是，科技人力资源工作间流动不包括最初不工作的人。这一数据反映了欧盟科技人力资源工作变动的情况。

从总体趋势上看，欧盟国家科技人力资源发生工作变动的情况越来越普遍。2008年工作变动人数只有562万人。2017年欧盟发生工作变动的科技人力资源数量达到735万人。

从性别来看，男性与女性科技人力资源工作变动的倾向基本持平。2017年，欧盟共有接近370万女性科技人力资源发生工作变动，这一数据在2008年为271万，随后直到2013年都再未超过2008年的数据，2015年这一数据第一次超过300万，之后这一数据增长迅速。2017年有工作变动的男性科技人力资源为365万。其变化趋势与女性相似，2008年为290万，随后几年数据略有下降，2015年的数据超越了2008年，之后几年增长迅速。

从年龄分布来看，年轻的科技人力资源发生工作变动情况较为频繁。2017年，25～34岁的科技人力资源中有322万人变换了工作（这一数据在2008年为275.4万人，随后几年数据略有下降，直到2015年超过2008年的数据），而45～64岁的科技人力资源只有194万人变换了工作（这一数据2008年为120万人）。根据欧盟统计局的数据，45～64岁的科技人力资源总人数更多，这更加说明欧盟年轻科技人力资源的工作变动频繁。

从不同国家来看，英国和德国是欧盟中科技人力资源工作变动最频繁的国家。2017年，德国科技人力资源中工作变动的人数在成员国中排名第一，共有169.1万人，英国排名第二，有163.0万人。以性别不同来看，2017年英国发生工作变动的男性科技人力资源为86.4万人，德国为83.3万人；发生工作变动的女性科技人力资源英国为76.6万人，德国为85.8万人。从不同年龄科技人力资源来看，英国和德国发生工作变动的科技人力资源数量也稳居前两位，其中25～34岁年龄段，英国排名第一，45～64岁年龄段德国排名第一。

从不同行业来看，2017年从业于制造业的科技人力资源共有81万人发生工作变动（占全部制造业从业人员的7.0%），服务业有598万人（占全部服务业从业人员的7.5%），知识密集型服务业有436万人（占全部知识密集型服务业从业人员的7.2%），低知识密集服务业（less knowledge-intensive services）有163万人（占全部低知识密集服务业从业人员的8.8%）。

第二节　欧盟促进开放创新和科技人力资源流动的计划与政策

一、开放创新战略鼓励企业利用外部思想与技术

开放创新(open innovation)这一概念最早是由美国加州大学伯克利分校哈斯商学院教授亨利·切萨布鲁夫(Henry W. Chesbrough,曾任哈佛大学商学院副教授)于2003年在其著作《开放创新：进行技术创新并从中赢利的新规则》(*Open Innovation: the New Imperative for Creating and Profiting from Technology*)中提出的。根据切萨布鲁夫教授的论述,开放创新“描述了这样一种现象：公司在自身业务运作中越来越重视对企业外部思想和技术的使用,同时也会允许其内部并未加以利用的思想和技术流到企业外部供其他企业使用”[①]。切萨布鲁夫教授对比了朗讯科技公司(Lucent Technologies)和思科公司(Cisco)的两种不同的创新模式——前者投入了大量资源来探索新材料的运用和使用尖端科技制造的产品,而后者选择从外部购买技术[②]。

欧盟接受了开放创新理念,并将其付诸实践。欧盟出版了一系列《开放创新年鉴》(*Open Innovation Yearbook*),并建立了开放创新战略和政策工作组。在2012年之前,欧盟出版了一系列《服务创新年鉴》(*Service Innovation Yearbook*),2012年后开始出版《开放创新2012》。2013年欧盟又提出“开放创新2.0”概念,强调开放创新的颠覆性,同时着重关注开放创新生态系统。欧盟认为,开放创新生态系统可以培育工作机会和持续的增长[③]。最初的创新是封闭式创新(closed innovation),是集中式的内顾型创新(centralized inward-looking innovation);“开放创新1.0”是通过与外部合作、关注企业外部知识来进行的协同合作创新(externally focused, collaborative innovation);而“开放创新2.0”则是建立新的创新网络,实现了以生态系统为中心的跨组织创新(ecosystem centric, cross-organizational innovation)。

这种开放式的创新强调知识在组织(主要是企业)间的流动,打破了之前的知识流动障碍,跨越了企业的边界,极大地推动了知识的贡献、技术的分享,从而也密切了不同企业间的人员交流,推动了科技人力资源在企业间的流动和交融。这是一种有效帮助研究机构科研人员和企业研发人员通过工作变动来追寻个人价值实现的方式。

二、“地平线2020”支持国际科技合作与交流

“地平线2020”(Horizon 2020)是欧盟历史上最大的研究和创新计划,在2014—2020年这七年里,“地平线2020”计划提供接近800亿欧元的研发资金,这其中还不包括可能吸引大量的私人投资。其目的是保证欧洲在全球科技创新领域的领先地位,是欧洲面向2020年的旗舰计划,也是十分有效的财政支持工具。

---

① Chesbrough H, Bogers M. Explicating Open Innovation in Oxford: New Frontiers in Open Innovation[M]. 2014.

② Chesbrough H. The Era of Open Innovation[J] MIT Sloan Management Review, 2003, 44(3): 35-41.

③ European Commission. Open Innovation 2.0 Yearbork 2013[M/OL]. [2019-09-05]http://ec.europa.eu/digital-single-maket/en/news/open-innovation-20-yearbook-2003.

“地平线 2020”被看作驱动经济增长和创造工作机会的有力手段，它得到了欧洲各国领袖和欧洲议会的政治支持。他们都认为科研是对未来的投资，要把科研摆在欧洲发展蓝图的核心位置。

2017 年 10 月 27 日欧盟发布了《“地平线 2020”计划》的 2018—2020 年研发计划，这是该计划自 2014 年实施以来发布的第三期，也是最后一期计划项目。根据本期计划，未来三年欧盟将投入 300 亿欧元用于技术研发，主要领域的投入是：卓越科学 104.6 亿欧元；社会挑战 80.0 亿欧元；工业领先 45.4 亿欧元；欧洲创新委员会领航项目 26.5 亿欧元。在国际合作方面，欧盟拨付了 10 亿欧元的预算以旗舰计划的形式与非欧盟国家开展科技合作。《“地平线 2020”计划》自 2014 年以来已经实施两期，第一期为 2014—2015 年，第二期为 2016—2017 年，共支持了超过 14000 个合作研究项目，这些项目至少有一个欧盟国家参加。一些“地平线 2020”项目在征集申请人时会特别鼓励非欧盟国家合作伙伴参与。

“玛丽・居里计划”是“地平线 2020”中最有影响力和知名度的资助计划之一。这是由欧盟创建的一系列研究资金补贴计划，目的是资助在欧洲区域内的各项科学研究。该计划始于 1996 年，资助处于职业生涯不同阶段的各种研究人员，而且不仅支持欧盟的研究人员，还支持来自世界各地的优秀学者。

“玛丽・居里计划”目前由地平线计划资助，属于“地平线 2020”第一支柱的“卓越科学”部分。通过研究执行机构(Research Executive Agency，REA)此计划已经获得了 60 亿欧元的资金，1996—2017 年，共有超过 10 万人接受了该计划的资助。

通过邀请国际伙伴参与的形式，“地平线 2020”实现了欧盟与非欧盟科技人员的合作、交流与互访，极大地扩展了欧盟科技计划和项目获取智力支持、人力支持的范围。

三、欧洲研究区计划有助于人员流动

欧洲研究区计划(European Research Area)是一个将欧盟的科学资源一体化的科学研究计划。该计划起源于 2000 年，其重点是促进医药、环保等产业和社会经济研究等领域的多国合作。欧洲研究区计划可以被认为是欧洲商品服务共同市场在研究和创新领域的对等计划。其目的在于通过把欧洲各个研究机构联合起来并且鼓励一种更为包容的工作方式，从而提升欧洲研究机构的竞争力，这与北美和日本的一些研究机构正在尝试的做法类似①。

欧洲研究区计划的主要目标就是提升知识工作者的流动性和深化研究机构层面的国际合作。该计划致力于解决阻碍科技人力资源流动、性别平等和研究的障碍，最终提升科研职业的吸引力。欧洲研究区计划认为，向非本国国民、非常住居民提供研究资助并使这些资金可以相对轻松地跨国流动是提升科技人力资源流动性的一种方法。欧盟设计了“资金跟随研究者”(Money Follows Researcher)计划，即如果一个研究人员离开其所在国或研究机构，其研究资金不会被中断。研究表明，这种做法促进了科技人力资源的跨国流动。

研究发现，通过欧洲研究区计划相关活动来公开宣传、发布的研究岗位在 2012—2014

---

① Wikipedia. European Research Area[EB/OL]. [2018-10-20] https://en.wikipedia.org/wiki/European_Research_Area.

年以每年 7.8%的速度递增。一个开放、透明和基于绩效的招聘计划对年轻的科技人力资源更为重要。因此,欧洲研究区计划正在欧盟推广这样的招聘活动。

四、欧盟出台系列政策消除科技人力资源流动障碍

欧盟致力于在欧盟内部消除人员流动的阻碍,建立共同大市场。其中一个重要的政策理念就是“进入劳动市场的平等机会”。在这一大的政策理念下,有六大政策子领域,即技能、教育与终身学习(skills, education and lifelong learning)、灵活和有保障的劳动合同(flexible and secure labour contracts)、对职业转换的保障(secure professional transitions)、对就业的积极支持(active support to employment)、性别平等与工作生活之平衡(gender equality and work-life balance)、均等机会(equal opportunities)。

1. 提升教育与就业相关性,促进机会均等

技术、教育与终身学习主要关注语言、识字率、算数能力和信息通信技术领域的基本能力,这些都是从孩童到成年人所需要的基本学习技巧。为了提升教育水平和教育与就业相关性,教育和培训系统需要更为有效地应对社会需求,提供平等的机会。欧盟报告指出,2014 年,很多欧洲的学生较早地离开了学校,这一比例大约为 11.2%。对于处于不利社会地位的群体来说,这一比例更高。比如,对于居住在欧盟但出生于欧盟之外的年轻人来说,这一比例几乎翻倍,达到了 21%。欧洲技术与工作调查显示,2014 年,45%的欧盟员工所拥有的技术与工作岗位存在错配,5%的人认为他们缺乏完成工作所需的技能,39%的人认为他们掌握的技能除了完成本职工作外还有一些冗余,并未发挥出来。

2014 年,欧盟 27 个成员国设计了全面提升学习效力的战略。该战略认识到,个人可能具有多样性的技术、能力,有的是从正规教育系统内,也有的是从该系统外获取的,而且目前欧盟的职业教育毕业生接受高等教育的人数较少,因此希望通过设计模块化的或者较短期的课程来适应劳动者的需求。

2. 为职业转换提供保障

工作正变得越来越多元化,包括不同种类的工作和雇用形式,职业生涯会被各种因素干扰甚至打断,以及一个人一生中的流动性和职业转换越来越频繁。为了充分利用技术变革和快速变化的劳动力市场,需要采取措施更好地支持职业和工作转换,适应常规化的技术升级。

欧盟 2019 年的研究报告《通往 2020 之路:职业教育与培训政策的有关数据》(*On the way to 2020: data for vocational education and training policies*)显示,根据调查,在 2018 年,欧盟共有 10.7%的失业成年人参加过相关教育与培训,即欧盟组织的终身学习项目,这些项目可以提升他们被雇用的可能性。如何在人们失业初期有目的地迅速介入或者为劳动者转换工作提供保障,仍是大部分欧盟成员国面临的挑战。如何确保原工作的一些福利,如职业养老金、失业补贴等能够有效地转移到下一份工作,尤其是当劳动者变为自我雇用时,同样是一个巨大的挑战。欧盟正在设计政策解决这方面的问题。

职业保障方面的各类政策与科技人力资源流动是息息相关的。同时,科技领域变化速度更快,欧盟通过本节提到的面向所有劳动力的共同政策以及上面提到的一些特别面向科研人员的专项计划鼓励科技人力资源的流动,保障科技人力资源的基本权益。

第三节 欧盟移民政策及英国脱欧的潜在影响

一、欧盟移民政策有利于欧盟内部科技人力资源流动，但对外部移民限制较多

欧盟移民政策包括两个主题内容：对欧盟境内欧盟公民的自由流动管理以及对非欧盟国家公民入境欧盟的管理和控制。欧盟移民政策赋予欧盟公民权进一步的含义和与其相关的权利，同样也对非欧盟国家公民的管理和控制带来巨大的影响[①]。

关于欧盟公民，《马斯特里赫特条约》规定，拥有欧盟成员国国籍的人自然也被认为是欧盟的公民。欧盟公民身份增补了国家公民身份而不是替代它。这种身份由一系列欧盟相关条约中被奉为神圣不可侵犯的基本权利和义务所组成，其中尤其需要强调的就是，不应因为一个人的国籍而受到歧视。这意味着任何一个成为欧盟成员国公民的人会同步被授予欧盟公民身份。尽管这个欧盟公民身份不会与国家公民身份分开，但它具有优先地位(take precedence)并且允许个人在任何一个欧盟成员国拥有相应的权利。比如，一个波兰公民迁移至西班牙并在那里退休，他就可以居住在西班牙并在那里投票[②]。可以认为，欧盟公民在欧盟内部迁移基本没有法律障碍，可以获得所在国国民待遇。

对于非欧盟国家公民，目前主要适用于欧盟执行的“蓝卡”(Blue Card)计划。欧盟的“蓝卡”制度类似于美国的“绿卡”。2007 年欧盟推出“蓝卡”计划，在引进高技术人才方面迈出了重要的一步，同时也推动了欧盟共同移民政策的形成和确立。

按照欧盟的规定，申请“蓝卡”的主要条件包括以下几个方面：

- 必须拥有合格的文凭。
- 起码拥有三年职业经验。
- 拥有不少于一年的工作合同。
- 该工作岗位须是欧盟公民无法补缺的。
- 工资额须是其前往供职的国家法定最低工资的 3 倍。
- 30 岁以下的青年申请者可获优先待遇[③]。

“蓝卡”持有者除了在助学金申请、住房和社会救助方面会受到限制之外，其他方面都可获得与接收国国民的同等待遇。比如，“蓝卡”持有者享有与欧盟成员国公民同等的社保、就业、教育和薪资待遇的权益，同时还给予家庭团聚的权利和为配偶提供工作的待遇。另外，“蓝卡”计划还为申请者提供程序上的保护：在“蓝卡”申请提出 90 天后，成员国主管部门应通过一个完整的申请决定。任何关于驳回或者撤销欧盟“蓝卡”申请的决定都将受到有关成员国法律的挑战[④]。当然，拿到欧盟的“蓝卡”，只是拿到了一个为期 2～4 年的有效工作和居留许可，过期后还需要继续延长[⑤]。可以说，“蓝卡”计划不是一个真正打开大门

---

① 张瀚文. 欧盟移民政策研究[D]. 上海：上海师范大学，2017.

② 法邦网. 欧洲联盟条约(马斯特里赫特条约)[EB/OL]. [2019-11-28]https://code.fabao365.com/law_29461_3.html.

③ 潘兴明. 欧盟“蓝卡”计划评析——兼论中国人才战略对策[J]. 国际展望，2010(3)：68-78.

④ 韩芳，张生太. 欧盟人才引进政策[J]. 人力资源管理，2013(1)：34-34.

⑤ 陆晶. “蓝卡”助欧盟拉拢人才[J]. 人民公安，2011(6)：56-57.

的计划,而是一个具有严格标准的筛选人才的计划。

二、英国脱欧对欧盟的利弊

从政治角度看,短期内,英国脱欧会打击欧盟一直推进的一体化进程,影响欧盟内部的稳定;但长期来看,由于强化了德法核心地位,减少了英国因素对欧盟一体化的阻碍作用(因为英国从进入欧盟就被看作美国影响在欧洲的延伸),反而可能坚定欧陆国家对一体化的信念。但英国脱欧不可避免地会削弱欧盟在世界上的影响力,不管是科学研究实力,还是英国作为联合国安理会常任理事国在国际事务上的影响力,都曾是欧洲在世界上的王牌,欧盟如何应对还未可知。

从经济上看,英国属于欧盟中的富裕国家,脱欧前经济增长率高于欧盟平均水平,脱欧后,失去英国的带动,欧盟经济增长也将受到拖累。欧盟内部一些与英国贸易密切的国家也会受到消极影响。欧盟的整体经济实力也有下降的风险。

在社会层面,英国脱欧作为孤立主义浪潮兴起的标志会引发民族主义、排外主义复苏。欧盟各国的就业与社会福利也会受到影响。

三、加强中欧科技人力资源流动有利双方

欧洲和中国都有庞大的科技人力资源和先进的大科学装置。长期以来,中欧在科技创新、人文交流等方面开展了广泛合作,中欧科技合作水平不断提升,双方共同建立了科研创新联合资助机制,正在实施2018—2020年度中欧科研创新旗舰合作计划,并在农业食品、可持续城镇化、生物技术、民用航空等领域取得积极合作进展。“地平线2020”计划、“玛丽·居里计划”以及科研创新联合资助机制等,为科研人员之间的交流与合作创造了机会,并提供了便利,这些将有助于中欧双方共同推动人类知识前沿的扩展。未来中欧可以共同协商,增强科技人力资源的流动性,进一步深化交流与合作。

本章小结

欧洲作为人类现代文明的摇篮,从文艺复兴开始,其科学与技术的发展水平就一直位居世界前沿。欧盟在科技创新方面具有独特优势,其对科技人力资源的重视也帮助欧洲积累了庞大的人才池。

欧盟通过“地平线2020”等旗舰计划,促进欧盟内部的科技人力资源加速流动,吸引欧盟外部的高水平科技人力资源到欧盟工作和学习。2018年欧盟科技人力资源总量达1.31亿人,比2009年的1.05亿增长了2600多万人。德国、英国、法国是欧盟科技人力资源总量名列前三位的国家。欧盟科技人力资源的性别比例一直以女性高于男性为特征。受过高等教育且继续从事科技职业的科技人力资源一般集中在大都市及其周围区域,或者在顶尖大学、研究机构、大企业总部所在地或设立了大企业研发机构的聚集区。总体来看,欧盟科技人力资源的工作变动的频繁性在逐年加强。男性与女性科技人力资源的工作变动情况并无明显差异,年轻的科技人力资源工作变动的比例更高。

第十六章

CHAPTER 16

俄罗斯科技人力资源流动与政策

科学技术在俄罗斯的国家振兴和发展中一直发挥着关键作用。俄罗斯的改革与振兴，起源于彼得大帝引进西方先进技术和发展俄罗斯科学技术。那时的俄国就开始引进西方科技人才，并派遣年轻人员到欧洲的其他国家去学习技术。近300年来，俄罗斯在很多科学技术领域取得了辉煌成绩。1991年苏联解体，是俄罗斯科技发展的重要转折点。一方面，俄罗斯继承了苏联绝大多数科研设施和科技人力资源，不仅是自然资源大国，亦是科技强国，其雄厚的科技实力使俄罗斯在基础科学、航空航天、核能、生物技术等领域表现突出；另一方面，从计划经济向市场经济的大规模变动极大削弱了苏联较为完备的科技人力资源培养与使用系统，导致俄罗斯科技人力资源严重流失，人才培养体系效率急剧下降。随着近几年俄罗斯经济逐渐步入正轨，其科技实力和科技人力资源得到了较快的恢复，目前仍是科技强国和科技人力资源大国。

第一节　俄罗斯科技人力资源发展现状

俄罗斯科技人力资源规模较大，其总量、分布、流动都有其自身的特点。在俄罗斯，通常用科技人员、研究人员、研发人员等来描述科技活动的主体。俄罗斯作为科技人力资源大国，科研院所的研究和研发人员、中高等专业技术人员、高等学校和各类高级专业技术教育学校的毕业生等都属于俄罗斯科技人力资源的范畴。

一、俄罗斯研发人员总量下降趋势得到遏制

研发人员是在岗科技人力资源的主要组成部分，是科技活动中最核心的部分。研发人员作为俄罗斯科技人力资源的主体，近年来，呈现稳定发展态势。根据俄罗斯联邦统计局的统计口径，研发人员包括研究人员、技术人员、辅助人员和其他人员。2000年，俄罗斯研发人员总量为887729人；2010年骤减为736540人，降幅达17.0%；2016年，俄罗斯研发人员总量为722291人，比2010年下降2%左右；2010—2016年研发人员总量保持基本稳定，下降趋势得到遏制(见图16-1)。

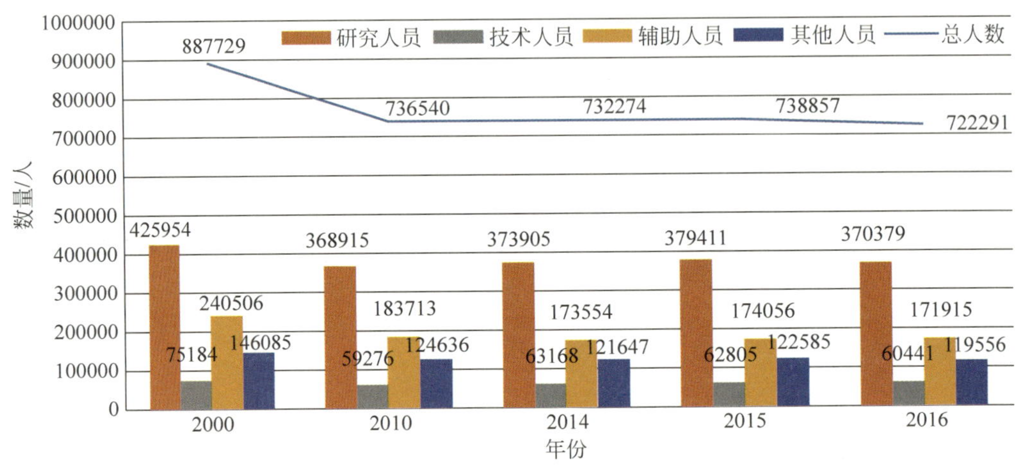

图 16-1 俄罗斯研发人员的数量①

教育为科技人力资源队伍的持续壮大提供稳定支撑。根据俄罗斯联邦统计局统计数据,2016 年俄罗斯的博士毕业人数为 1346 人,较 2000 年增加 7.6%,2000—2016 年每年培养的博士毕业生人数保持稳定;2016 年硕士毕业生人数为 25992 人,其中,2000—2010 年硕士毕业生人数呈现上涨趋势,但 2010—2016 年出现逐渐下降并稳定的趋势(见图 16-2)。

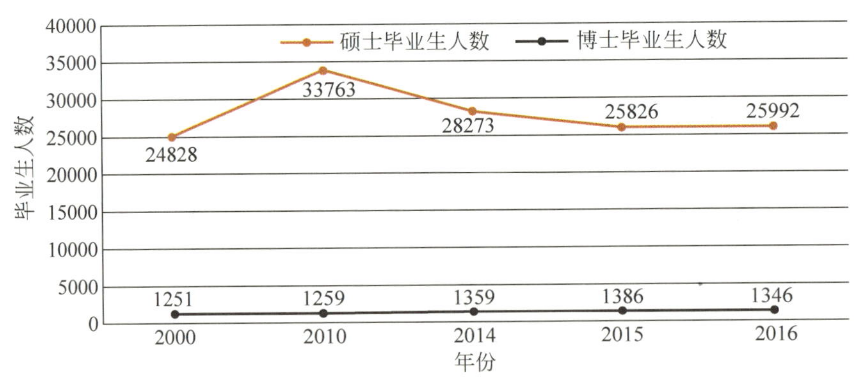

图 16-2 俄罗斯研究生毕业生人数①

二、研发人员以企业和国家机构分布为主

研发人员是科技人力资源的核心力量。俄罗斯的科技人力资源主要分布在国家机构、企业、高等院校以及非营利机构等。其中,国家机构和企业是科技人力资源的主要聚集地,占研发人员总数的 90%以上,而高校和非营利性机构占比较少。

① 数据来源:俄罗斯联邦统计局,www.gks.ru.

从俄罗斯研发人员的分布情况看，研发人员主要分布在国家机构和企业之中，且研发人员的分布日趋多元化。具体地讲，企业研发人员人数从 2000 年的 590646 人下降到 2016 年的 388385 人，所占比例从 66.5%下降到 53.8%，尤其是 2000—2010 年下降趋势明显；国家机构的研发人员从 2000 年的 255850 人上升至 2016 年的 269056 人；高等院校研发人员从 2000 年的 40787 人上升至 2016 年的 63046 人(见图 16-3)。

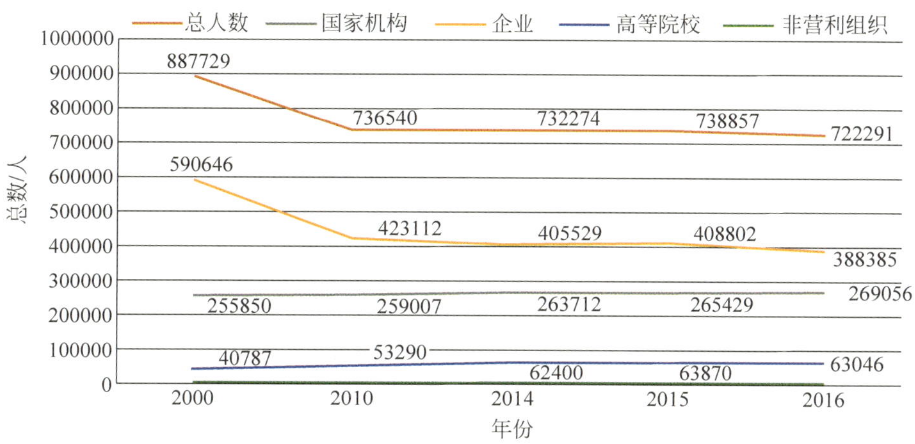

图 16-3 俄罗斯研发人员的部门分布情况①

三、研究人员集中在科技领域，下降趋势明显

研究人员是研发人员的主要组成部分。从科学领域分布来看，根据俄罗斯联邦统计局 2000—2016 年数据，俄罗斯研究人员主要集中在自然科学和技术领域。2016 年，从事自然科学和技术领域工作的人数占研究人员总数的 84.0%；科学博士从事自然科学和技术领域工作的人数占科学博士总人数的 61.0%；科学副博士②从事自然科学和技术领域工作的人数占科学副博士总人数的 67.0%。

从增速上看，从事自然科学和技术领域的研究人员数量呈现明显下降趋势。从研究人员数量来看，2016 年自然科学、技术和农业领域的研究人员的数量比 2000 年分别减少 13.9%、18.2%和 23.1%；而医学、社会科学和人文领域的研究人员数量较 2000 年分别增加了 3.8%、49.2%和 54.5%。从科学博士人员数量来看，2000—2016 年，不论是整体上还是每一个学科的科学博士人数都有所增加，但增长速度有所不同，社会科学和人文学科等增速要明显快于自然科学和技术等学科。从科学副博士人员数量来看，2000—2016 年，除了社会科学和人文学科的人数有所增加外，其他学科均有所减少，见表 16-1。

① 数据来源：俄罗斯联邦统计局，www.gks.ru.

② 副博士学位(俄制)，苏联、现在的俄罗斯和乌克兰等流行俄式学制的欧亚国家的一种颁授给研究生的学位，级别比硕士学位高，低于俄式学制的全博士学位。在取得副博士学位后，研究生才能够修读全博士。

表 16-1 俄罗斯各学科领域研究人员分布情况[①]

类别	年份	总人数	科学领域分布人数					
			自然科学	技术	医学	农业	社会科学	人文
研究人员	2000	425954	99834	274955	15539	14390	13259	7977
	2010	368915	89375	224641	16516	12734	14347	11302
	2014	373905	88370	226682	15714	11869	18705	12565
	2015	379411	86722	231809	15819	11296	20874	12891
	2016	370379	85979	225038	16137	11066	19831	12328
科学博士	2000	21949	10297	4480	3217	1153	1175	1627
	2010	26789	12251	4620	4045	1542	2057	2274
	2014	27969	12312	4874	3907	1570	2875	2431
	2015	28046	12233	4928	3899	1551	2951	2484
	2016	27430	12083	4648	3768	1487	2990	2454
科学副博士	2000	83962	36326	28206	6853	5078	4090	3409
	2010	78325	33664	21260	7475	5004	5861	5061
	2014	81629	33943	21248	6961	4763	8775	5939
	2015	83487	33725	21861	6808	4592	10357	6144
	2016	80958	33087	21153	6755	4483	9611	5869

四、研究人员以青年为主，老龄化程度趋于下降

研究人员的年龄分布能够反映科技人力资源的老龄化程度。从年龄分布上看，2016 年 43.3%的俄罗斯研究人员年龄在 39 岁以下，其中，29 岁及以下和 30～39 岁的研究人员分别占总研究人员的 19.3%和 24.0%。2010—2016 年，研究人员呈现明显的年轻化趋势，其中，2016 年 30～39 岁研究人员的数量较 2010 年上涨近 50%，50～59 岁研究人员数量较 2010 年下降 26.2%。从科学博士的分布上看，2016 年 66.8%的科学博士集中在 60～69 岁和 70 岁及以上年龄段，与 2010 年相比，科学博士呈现老龄化趋势，其增长主要表现在 60 岁以上的人数大幅增加；从科学副博士的分布上看，2016 年科学副博士主要分布在 30～39 岁，人数较 2010 年上涨 39.2%，表现出明显年轻化趋势，50～59 岁的人数较 2010 年下降 22.8%，见表 16-2。

表 16-2 研究人员年龄分布[①]

类别	年份	总人数	年龄/岁					
			29 及以下	30～39	40～49	50～59	60～69	70 及以上
研究人员	2010	368915	71194	59910	54113	88362	60997	34339
	2014	373905	75715	78756	49373	72992	63866	33203
	2015	379411	76813	85972	50171	69552	63943	32960
	2016	370379	71492	88782	50193	65196	60915	33801

① 数据来源：俄罗斯联邦统计局，www.gks.ru.

续表

类别	年份	总人数	年龄/岁					
			29 及以下	30～39	40～49	50～59	60～69	70 及以上
科学博士	2010	26789	52	632	2394	7211	7743	8757
	2014	27969	13	718	2558	6537	9041	9102
	2015	28046	11	730	2606	6286	9280	9133
	2016	27430	13	629	2547	5927	8991	9323
科学副博士	2010	78325	4354	15229	12157	18805	16001	11779
	2014	81629	4660	19839	13608	16259	16238	11025
	2015	83487	4408	21207	14703	15727	16420	11022
	2016	80958	3864	21204	14899	14506	15443	11042

第二节　俄罗斯科技人力资源流动现状

与其他劳动力相比，科技人力资源的流动性更大，越是发达的国家，对科技人力资源的吸引力就越强。本节主要采用俄罗斯联邦统计局提供的在俄罗斯享有务工资格的外国公民和俄罗斯公民出国务工人员中的专家数据，反映俄罗斯科技人力资源流动的特点。

一、移民流入数是流出数的 2 倍

移民情况是一个国家对本国及国外居民的吸引力直接表现，也是体现综合国力的重要指标。根据俄罗斯联邦统计局数据，2016 年俄罗斯总体移民流入数 575158 人，是移民流出数 313210 人的近 2 倍。2000—2010 年，移民流入和流出数量出现大幅下降，降幅分别为 46.7% 和 77.0%；而 2010—2014 年出现显著上升，涨幅分别为 208.3% 和 824.7%；2014—2016 年，移民流入数量和流出数量趋于平稳，见图 16-4。

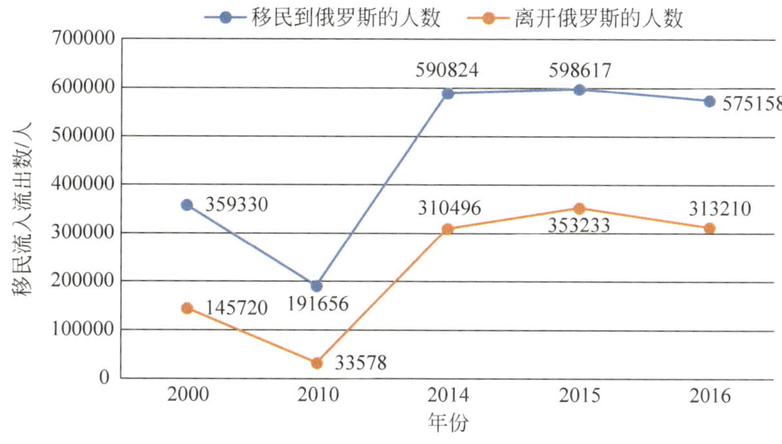

图 16-4　移民的流入和流出情况①

① 数据来源：俄罗斯联邦统计局，www.gks.ru.

二、出境科技人力资源逐年上涨

在俄罗斯,人口减少已成为令人担忧的社会问题。据俄罗斯人口专家预测,未来数年,俄罗斯人口还将继续减少,在人口构成中,年轻人占比愈来愈小,老年人占比日益增大。由此可见,在俄罗斯的社会和经济发展中,劳动力已成为严重匮乏的资源。

从俄罗斯公民出境务工的情况看,根据俄罗斯联邦统计局数据,2016 年,俄罗斯出境务工公民中专家人数为 21026 人,占总出境务工人数的 35.0%,较 2005 年(27.5%)上涨了 7.5 个百分点,其中,技术和科技领域的专家人数为 16277 人,占总专家人数的 77.41%,较 2005 年上涨了 18.4 个百分点,如图 16-5 所示。

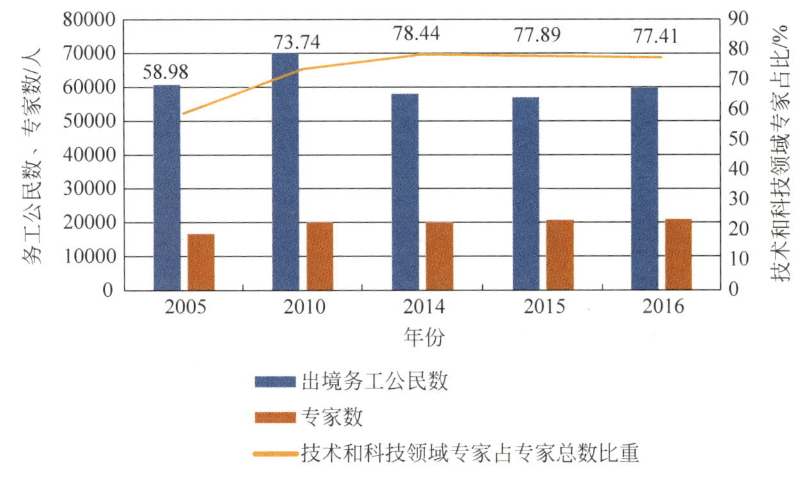

图 16-5 俄罗斯出境务工公民中技术和科技领域专家占比[①]

根据俄罗斯联邦统计局数据,从教育水平来看,2016 年达到高等教育水平的俄罗斯出境务工公民占出境务工公民总数的 50.4%,较 2005 年上涨了 16.1 个百分点;达到中等职业教育水平的俄罗斯出境务工公民数 2005—2016 年基本稳定在 38%左右;而达到普通中等教育水平的俄罗斯出境务工公民数由 2005 年的 26%下降到 2016 年的 10.1%;未达到普通中等教育水平的俄罗斯出境务工公民的占比一直处于较低水平(见图 16-6)。

三、入境科技人力资源以亚欧国家为主

从在俄罗斯享有务工资格的外国公民的情况看,根据俄联邦统计局数据,在俄罗斯享有务工资格的外国公民中,按其从事职业划分,包括自然科学和工程科学领域的专家,各类组织、企业、部门的管理人员,物理和工程活动领域的中等水平专家,经济管理和社会活动领域的中等水平工作者,个人服务领域以及公民和财产保障领域的工作者,产品销售和展示者,农林牧渔业产品工作者等。2016 年,在俄罗斯享有务工资格的外国公民人数为 143874 人,其中,从事自然科学和工程科学领域的专家有 10812 人,占在俄罗斯享有务工资格的外国公民总人数的 7.5%。从事自然科学和工程科学领域的专家主要来自中国、土耳

① 数据来源:俄罗斯联邦统计局,www.gks.ru.

其、韩国、越南等国家，其中，来自中国的专家占自然科学和工程科学领域专家的30.0%，来自土耳其的专家占比为11.5%，来自韩国的专家占比为10.4%，来自越南的专家占比为8.9%。还有一些专家来自欧洲和独联体国家，见表16-3。

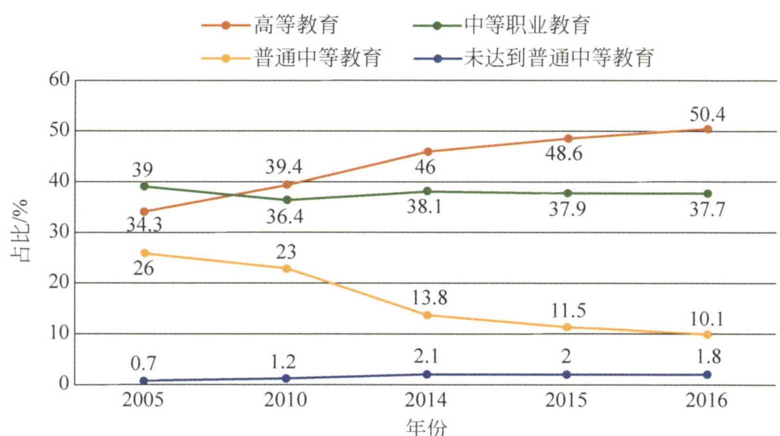

图16-6　俄罗斯出境务工公民的教育水平分布情况[①]

表16-3　2016年在俄罗斯享有务工资格的外国公民数及自然科学和工程科学领域的各国专家人数[①]

国　　家	外国公民人数	自然科学和工程科学领域的专家人数
总人数	143874[②]	10812[②]
来自独联体：	25023	386
阿塞拜疆	1955	32
亚美尼亚	1466	19
哈萨克斯坦	198	11
吉尔吉斯斯坦	1146	4
摩尔多瓦	900	19
塔吉克斯坦	8321	40
乌兹别克斯坦	7835	42
乌克兰	2702	174
来自欧洲：	8399[③]	1078[③]
英国	789	92
德国	1254	119
意大利	893	190
拉脱维亚	316	30
立陶宛	342	33
波兰	541	42
芬兰	278	21
法国	1306	141

① 数据来源：俄罗斯联邦统计局，www.gks.ru.

② 数据分项只是一部分数据，不等于总数。

③ 以下所列欧洲国家只是一些主要国家，并未包括所有欧洲国家。

续表

国　　家	外国公民人数	自然科学和工程科学领域的专家人数
来自较远国家：	110227①	9339①
越南	12545	965
中国	40487	3241
韩国	29088	1125
美国	963	109
土耳其	9918	1247

根据俄罗斯联邦统计局数据，在俄罗斯享有务工资格的高等外国专家中，多数来自中国、越南等亚洲国家，如图16-7所示。2016年，来自欧洲各国的高等外国专家占专家总数的19.7%，比2014年的29.5%下降了近10个百分点；而来自于中国的高等专家占比为23.9%，较2014年的20.5%上涨了3.4个百分点；来自越南的高等专家占专家总数的12.2%，较2014年有所下降，见图16-7。

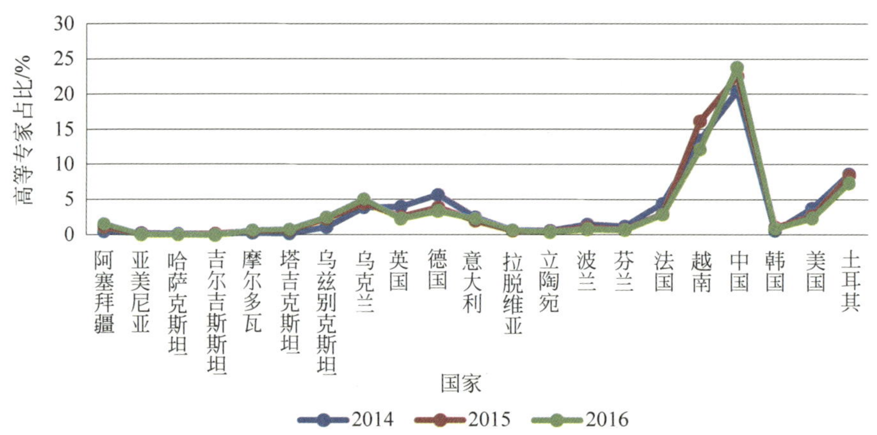

图16-7　在俄罗斯享有务工资格的各国高等外国专家占比②

第三节　国家战略和政策是主导俄罗斯科技人力资源发展的关键

自1991年苏联解体后，俄罗斯科技人力资源的发展度过了一段长达十几年的困难时期。经过数次国家战略改革，尤其是2004年普京二次当选总统后，俄罗斯科技人力资源的发展才逐渐稳定下来。

1999—2017年，俄罗斯经济增长率经历了三次大幅下滑：1999—2007年年均增长率为7.1%，2010—2014年为4.3%，2014—2017年降至0.7%。俄罗斯GDP的世界排名也从2011年的第6位下滑至2017年的第15位。俄罗斯的经济和社会发展面临着前所未有的

① 以下所列来自较远的国家只是一些主要国家，并未包括所有较远国家。

② 数据来源：俄罗斯联邦统计局，www.gks.ru.

挑战。

根据2018年诺贝尔经济学奖得主罗默的内生经济增长理论，内生的技术进步是保证经济持续增长的决定性因素。因此，完善科技创新发展战略与政策，建立俄罗斯科技人力资源培养体系，提高俄罗斯的科技创新水平，使其更好地促进俄罗斯经济和社会发展，成为俄罗斯政府多年来工作的重中之重。

一、以国家战略为引领，俄罗斯积极为科技人才成长成才打造良好环境

为摆脱俄罗斯科技领域长达十几年的低迷期，改变科研经费不足、科技人力资源和科研机构数量锐减、国家创新体系发展不平衡的状况，俄罗斯出台了一系列科技创新发展相关战略，这里重点介绍《俄罗斯至2015年及以后科技和创新发展战略》和《俄罗斯2020年前创新发展战略》。

2006年2月，俄罗斯出台了《俄罗斯至2015年及以后科技和创新发展战略》①，为俄罗斯未来10年科技和创新发展指明方向，促进科技人力资源队伍的发展壮大，其目标和任务如表16-4所示。该战略的实施，旨在解决俄罗斯面临的主要系统性问题，即俄罗斯科研领域的结构和发展速度，没有完全适应保障国家安全和不断增长的生产经营领域的高新技术需求，同时，由于国家创新体系发展不平衡导致俄罗斯世界先进水平的科研成果在国内得不到应用，俄罗斯生产领域创新能力缺乏等问题。

俄罗斯通过该战略与一系列计划和行动的相互协调与配合，对科技体制进行了调整和重组，通过提高科研经费的投入，增强俄罗斯科技领域对年轻人才的吸引力，提高个人和企业的创新积极性，初步建立起国家创新体系，为俄罗斯的科技创新营造了较好的环境，推动了俄罗斯科技竞争力的恢复、发展和提高。

表16-4 《俄罗斯至2015年及以后科技和创新发展战略》的目标和任务②

目标与任务	主要内容
主要目标	形成均衡的研发门类和有效的国家创新体系，保障经济的技术现代化，以先进技术为基础提高俄罗斯经济的竞争力，将俄罗斯的科技潜力转变为经济可持续增长的主要动力
主要任务	1）形成有竞争力的科研开发力量，并为其扩大发展创造条件； 2）建立有效的国家创新体系； 3）建立科研成果的利用和保护制度； 4）在技术创新基础上实现经济现代化
预期结果	1）建立均衡的、可持续发展的、结构合理的科研开发体系，保障知识的扩大再生产及提高其在世界上的突出竞争力； 2）依托世界创新体系形成有效的国家创新体系，在主要指标上与发达国家看齐，以保障俄罗斯科研开发领域与生产经营领域间的相互促进关系； 3）俄罗斯经济的技术现代化，在先进技术的基础上提高经济竞争力

① 俄罗斯联邦教育与科学部. 俄罗斯至2015年及以后科技和创新发展战略[EB/OL].（2006-02-15）[2018-09-24]. http://kf.osu.ru/dept/nauch/osnov_doc/strategiya_razvit.pdf

② 龚惠平. 俄罗斯科学技术概况[M]. 北京：科学出版社，2011.

续表

目标与任务	主 要 内 容
主要指标	1）将国内研发投入占 GDP 的比重，2010 年达 2%，2015 年达 2.5%；同时，预算外研发经费在国内研发总投入中占比，2010 年达 60%，2015 年达 70%； 2）增强俄罗斯科技吸引力，增加科技领域年轻人才的数量，2016 年 39 岁以下科技人力资源的数量占研发人员总数的 36%； 3）提高申请专利的积极性和科研成果的资本化； 4）创新型小企业数量稳定发展，2011 年前每年增加 85 个，2016 年前每年增加 120 个。同时，企业员工中技术人员的比例每年增加不少于 10%； 5）提高创新积极性，2011 年从事技术创新的企业比例不低于 15%，2016 年不低于 20%，同时企业研发投入每年增长不少于 10%； 6）创新产品在工业生产总额中的比重 2011 年达 15%，2016 年达 18%，在工业产品出口额中的比例分别为 12%和 15%
主要计划和行动	1）落实《俄罗斯 2007—2012 年科技发展重点研究与开发专项计划》《2008—2010 年纳米工业基础设施发展专项计划》《2007—2011 年国家技术基础专项计划》《2008—2015 年电子元器件和电子工业专项计划》《世界大洋专项计划》等联邦专项计划； 2）制订和实施《2007—2012 年俄罗斯科学技术联邦专项计划》《两用技术转化联邦专项计划》《世界级基础研究优先发展部门计划》《2007—2009 年高校基础研究计划》《2006—2008 年发展高校科技潜力部门计划》以及航空技术、宇航技术、IT 技术、光电子技术、高效能源及节能技术、高新技术材料研制和生产等行业联邦专项计划； 3）落实俄罗斯基础研究基金会、俄罗斯人文科学基金会、科技型小企业发展基金会和俄罗斯技术发展基金会等各类科技基金会对科研活动的支持
财政支持	在战略框架内，今后几年为科研活动提供 4.05 万亿卢布的财政支持，其中，2.69 万亿卢布来自联邦财政拨款，0.26 万亿卢布来自地方财政拨款，1.11 万亿卢布来自预算外资金

2011 年 12 月，俄政府批准《俄罗斯 2020 年前创新发展战略》。该战略提出俄罗斯在 2011—2013 年的主要任务是提高并激励企业创新意识，自 2014 年开始进行大规模军备重组和对工业进行现代化，形成国家创新体系，提供财政激励，吸引创新领域的科学家、企业家、专业人士等人才流入，并对公共部门进行现代化建设，建立“电子政府”，应用现代技术，以及将大多数公共服务转换为电子形式。这不但有利于降低政府的运行成本，同时也可以增加政府公务的透明度，有利于预防腐败，为科技创新提供好的发展环境。

俄罗斯科技发展战略规划与各项专项计划的实施，构成了俄罗斯创新战略和进行优势领域选择的基础，为科技创新发展提供方向指引。俄罗斯的科技人才逐步出现回流，同时也培养大批的科技人才，科研队伍的老龄化状况获得一定的改善。

二、以科技政策为抓手，持续提升科技领域对优秀人才的吸引力

俄罗斯国家战略是国家科技发展和科技人力资源发展的方向指引。从 1992 年开始，俄罗斯颁布了大量法律法规，尤其是颁布了一大批总统令和政府令，这些有助于俄罗斯科技发展战略的实施，也有助于挖掘国家的科技潜力以及协调科技领域的各种关系。这些政策和法规对俄罗斯的科技创新和科技人力资源的发展起到了非常重要的作用。

俄罗斯科技发展的相关政策从总体上反映了俄罗斯社会转型的特点和需求，其内容广泛，涵盖了人才发展规划、科技发展重点、人才培养、科技成果转换以及激励机制等多个方面。作为推动俄罗斯科技发展战略的主导者，俄罗斯政府依靠国家拨款，采取的是以政府为主导的科技创新体制。在形成这一体制的过程中，俄罗斯科技发展政策并不稳定，前后经历了危机期、调整期、缓解期和完善期四个时期的转变过程。

危机期(1992—1996年)，没有触及科技体制的根本要害。苏联解体初期，中央计划色彩的科技体制全面崩溃，这对当时整个科技发展的影响是巨大的。俄罗斯政府为力求科技发展的稳定，相继出台了一系列政策法律。例如，1996年出台的《联邦科学和国家科学技术政策法》(以下简称《科技政策法》)，这在俄罗斯科技政策中处于总纲领的地位，也是苏联解体后的第一部关于科技政策的联邦法律。除此之外，还颁布了《俄罗斯联邦保护和发展科技潜力紧急措施》《国家支持科学发展和技术开发》《关于国家支持高等教育和基础研究一体化》等一系列总统令和法规。虽然这些条文都具有强制性，但由于既没有触及俄罗斯科技体制的根本要害，也没有得到政府财政的实际支持，因而并没有发挥应有的作用。

调整期(1996—1999年)，科技人力资源下降趋势得到遏制。为应对危机期，俄罗斯政府对科技创新政策进行适时调整。采取了一些探索性举措。例如，1998年俄罗斯政府颁布《1998—2000年俄罗斯科学改革观》第453号俄罗斯联邦政府规定，重申科学是复兴俄罗斯的最重要资源，明确提出了科技体制改革的任务。之后，相继出台了《1998—2000年俄罗斯联邦创新政策构想》《1998—2000年俄罗斯联邦创新政策概要和实施计划》《国家创新活动和创新政策法》《2002—2006年国家创新政策基本原则》《2010年前及未来俄罗斯联邦科技发展基本政策》等多项法规。至此，危机期自由放任的市场化科技体制开始向国家依法调控的科技体制转变。尽管科技潜力继续下降的趋势还未完全缓解，但从事科研的人员数量已有明显提升。然而，1998年经济危机使得俄罗斯财政趋紧，科研经费投入力度不足，再度导致科技人员流失。

缓解期(1999—2002年)，科技人力资源和科研机构数量回升。1999年，普京首次上任俄罗斯总统，至2002年，俄罗斯的科技发展处于相对平稳时期。这一时期，一系列提倡科技体制改革，围绕科技发展的相关政策也相继出台。2000年初，普京颁布条令，规定每年2月8日为俄罗斯"科学日"，之后又出台了《2001—2005年国家创新政策》《俄罗斯联邦至2010年及长期发展科学技术政策原则》《科技优先发展方向2002—2006年研发规划》等一系列政策。这些针对科教一体化、科技成果转换和人才激励的举措取得了一定的效果，俄罗斯从事科研的人数有所增加，科研机构数量也大幅上升。

完善期(2002年以后)，科技人力资源数量保持稳定。自2002年起，俄罗斯科技创新体系开始进入逐步完善期。2003年2月，俄罗斯政府提出"调整经济结构，从资源型产品经济向高科技型产品经济转换"的国家发展目标。同时，2004年重新修订《科学技术法》。2005年，俄政府又批准了《俄罗斯联邦2010年前发展国家创新体系政策基本方向》(第2473号文件)、《俄罗斯联邦组建高新技术园计划》《2015年前俄罗斯联邦科技和创新发展战略》《创新俄罗斯2020》等一系列鼓励技术创新的政策法规，这为科技创新提供了良好的政治保障，使得国家创新体系初具规模。

2012年12月，俄罗斯政府通过《2013—2020年国家科技发展计划》，其主要目标是提高俄罗斯的科技竞争力，利用科技支持俄罗斯的现代化建设。该计划分为三个阶段实施：

2013年、2014—2017年和2018—2020年。该计划支持的重点方向是充分利用俄罗斯积累的基础研究优势,创造条件支持实用技术研发。俄罗斯科学院、其他国家级科学院、高校及国家科学中心在基础研究中发挥主导作用。该计划提出要吸引高校积极参与该计划,吸引有天赋的青年科学家从事科研工作。

俄罗斯各个时期相关科技政策见表16-5。

表16-5　俄罗斯各时期科技政策

阶　段	年份	总　统	代表性文件
危机期	1992—1996	叶利钦	《俄罗斯联邦保护和发展科技潜力紧急措施》第426号俄罗斯联邦总统令、《联邦科学和国家科学技术政策法》《俄罗斯科学发展学说》第884号总统令等
调整期	1996—1999	叶利钦	《1998—2000年俄罗斯科学改革观》第453号俄罗斯联邦政府规定、《1998—2000年俄罗斯联邦创新政策构想》《国家创新活动和创新政策法》《2010年前及未来俄罗斯联邦科技发展基本政策》等
缓解期	1999—2002	普京	《2002—2006年俄罗斯科学与高等教育一体化联邦专项纲要》《2001—2005年国家创新政策》《俄罗斯联邦2010年以前及更长期科技发展政策原则》等
完善期	2002以后	普京	《俄罗斯科学和高等教育一体化规划》《俄罗斯联邦2010年前发展国家创新体系政策基本方向》《2015年前俄罗斯联邦科技和创新发展战略》《创新俄罗斯2020》《2013—2020年国家科技发展计划》等

三、稳定科研支持力度,遏制人才外流不利态势

经过苏联解体后的数次改革,尤其是2004年普京二次当选总统后进行的政府改革之后,目前俄罗斯科技体制已逐渐稳定下来,研发经费和科研机构数量也基本稳定下来。2016年,科研机构、设计所和设计勘测机构的数量较2000年有所下降,尤其是科研机构,降幅达37.7%,而实验工厂、高等职业学校和企业的科研部和设计部的数量较2000年有所上升。俄罗斯2000—2016年研发机构数量见表16-6;俄罗斯2000—2016年研发经费来源见表16-7。

表16-6　俄罗斯2000—2016年研发机构数量[①]

机构类别	年　份				
	2000	**2010**	**2014**	**2015**	**2016**
科研机构/个	2686	1840	1689	1708	1673
设计所/个	318	362	317	322	304
设计勘测机构/个	85	36	32	29	26
实验工厂/座	33	47	53	61	62

① 数据来源:俄罗斯联邦统计局,www.gks.ru.

续表

机构类别	年份				
	2000	2010	2014	2015	2016
高等职业学校/所	390	517	702	1040	979
企业的科研部和设计部/个	284	238	275	371	363
其他科研机构/个	303	452	536	644	625
总数	4099	3492	3604	4175	4032

表 16-7 俄罗斯 2000—2016 年研发经费来源[①]

<table>
<tr><th colspan="2" rowspan="2">支出</th><th colspan="10">年份</th></tr>
<tr><th colspan="2">2000</th><th colspan="2">2010</th><th colspan="2">2014</th><th colspan="2">2015</th><th colspan="2">2016</th></tr>
<tr><td rowspan="2">联邦预算支出</td><td>基础研究支出/百万卢布</td><td>8.2</td><td rowspan="2">17.4</td><td>82.2</td><td rowspan="2">237.7</td><td>121.6</td><td rowspan="2">437.3</td><td>120.2</td><td rowspan="2">439.4</td><td>105.2</td><td rowspan="2">402.7</td></tr>
<tr><td>应用研究支出/百万卢布</td><td>9.2</td><td>155.5</td><td>315.7</td><td>319.2</td><td>297.5</td></tr>
<tr><td rowspan="2">应用研究支出</td><td>占联邦总支出比重/%</td><td colspan="2">1.69</td><td colspan="2">2.35</td><td colspan="2">2.95</td><td colspan="2">2.81</td><td colspan="2">2.45</td></tr>
<tr><td>占国内 GDP 比重/%</td><td colspan="2">0.24</td><td colspan="2">0.51</td><td colspan="2">0.55</td><td colspan="2">0.53</td><td colspan="2">0.47</td></tr>
</table>

本章小结

自苏联解体之后，俄罗斯通过一系列国家科技创新战略及其配套政策、法令、计划等的实施，努力改变科技人力资源大量流失、科研机构数量下降和科研经费不足的状况。

俄罗斯是科技人力资源大国，但也受到科技人力资源流失的困扰，政府的科技创新政策在很大程度上遏制了人才流失态势。俄罗斯研发人员主要分布在企业和国家机构，其研究人员主要集中在自然科学和技术领域。同时，俄罗斯近几年出境科技人力资源数量在逐年上涨，而入境的国外科技人力资源多来自于中国、越南等国家。

在经济全球化的大背景下，俄罗斯希望提高其国际经济竞争力，并主张依靠科技创新推动经济现代化，科技人力资源的培养和吸引也被列入重要日程。但是，从总体上看，俄罗斯的科技创新环境还有待进一步优化，其对国际人才的吸引力比美国、西欧等国还相去甚远。

① 数据来源：俄罗斯联邦统计局，www.gks.ru.

第十七章

CHAPTER 17

英国科技人力资源流动与政策

21 世纪以来，全球科技创新进入密集活跃期，人才、知识、技术、资本等科技创新资源的全球流动速度、范围和规模达到空前水平，国家间科技合作与交流日趋频繁，深刻影响着世界各国科学技术事业以及经济社会发展。科技人力资源是继土地、劳动、资本之后最宝贵的战略性资源，在经济全球化背景下国际流动日益积极和频繁。英国作为全球主要创新型国家，是当前世界科技人力资源流动大潮中的重要参与者。

第一节　英国科技人力资源发展现状及流动趋势

一、英国科技人力资源的发展概况

英国历来高度重视科技人力资源的培养与引进，诞生过牛顿、法拉第、达尔文、霍金等多位享誉世界的科学大家，是全球高层次科技人力资源的重要聚集地。欧盟统计局数据显示，英国科技人力资源数量近年来持续增长，2008—2018 年年均增长 3.5%，高于欧盟 28 国平均水平(2.2%)。截至 2018 年，英国 15～74 岁科技人力资源数量达到 2099 万人(见表 17-1)，占总人口的比例达 43.5 %，高于欧盟 28 国平均水平(34.6%)，为英国科技事业以及经济社会发展奠定了重要的人力资源基础。

从结构上看，英国科技人力资源中女性数量略高于男性，2018 年男性和女性科技人力资源占比分别为 48.8%和 51.2%。在年龄方面，英国科技人力资源以青壮年为主，其中 45～64 岁科技人力资源数量最多，占比为 38.3%；其次为 25～34 岁和 35～44 岁两个年龄段，占比分别为 24.2%和 23.3%。相比之下，年龄相对较小(15～24 岁)和年龄相对较大(65～74 岁)的科技人力资源数量较少，两个年龄段合计占比不足 15%。

表 17-1　2018 年英国科技人力资源总量及年龄结构[①]　　万人

年龄	25～34 岁	35～44 岁	45～64 岁	15～24 及 65～74 岁	15～74 岁合计
总量	508.8	490.0	803.4	296.9	2099.1
男	248.2	234.3	387.7	150.0	1020.2
女	260.6	255.7	415.7	146.9	1078.9

① 数据来源：欧盟统计局.

二、英国科技人力资源流动的主要特征

英国持续增加对国外科技人力资源的吸引力度,支持鼓励本国研发人员积极投身于与欧盟以及其他国家的国际科研合作,不断提升英国作为全球创新参与者和受益者的能力。但受国内移民政策收紧、脱欧及国际竞争加剧、保护主义和"逆全球化"抬头等因素影响,英国科技人力资源国际流动也存在着诸多不确定性。总体而言,现阶段英国科技人力资源国际流动呈现出如下特征。

1. 英国吸引国外科技人力资源不断涌入

英国是传统科技强国,具备雄厚的科技创新实力、世界一流的科研条件以及良好的科技创新氛围,吸引着全球范围的科研人员。根据英国皇家学会(The Royal Society)公布的数据,2014—2015 年,英国大学机构中非英籍研究人员占比约 28%,博士研究生中非英籍人员占比更是高达 50%,国外科研人员在英国创新体系中发挥着重要作用。2017 年互联网人才求职网站 Hired 发布的全球科技行业薪酬报告显示,英国有 27%的科技人才来自海外,为英国科技事业以及社会经济发展提供了智力支撑。同时,众多证据表明,流入英国的科技人力资源主要来自欧盟成员国。2016 年《英国脱欧对英国高等教育体系影响调查》数据显示,英国大学中 16%的教研人员来自其他欧盟国家,接近所有非英籍研究人员的一半;英国 23%的生物学、数学和物理学教授是其他欧盟国家公民。因此,脱欧对英国科学研究,特别是基础研究影响较大。

与此同时,英国凭借本国高等教育悠久的历史与良好的口碑,成为全球最受国际学生欢迎的留学国家之一,国际留学生的不断涌入成为英国科技人力资源储备的中坚力量。留学生是科技人力资源储备的重要来源,英国通过吸引并留住大量国际学生来英国学习科学、技术、工程、数学等科技相关专业,为未来英国科技人力资源队伍成长壮大积蓄了力量。根据 OECD 的《教育概览》(*Education at a Glance*)报告,2011—2016 年,英国高等教育学生中国际留学生占比始终高于 17%,位居全球前列。2013 年之后更是超过澳大利亚,成为全球主要国家中高等教育国际留学生占比最高的国家。图 17-1 所示为 2011—2016 年世界主要国家高等教育国际留学生占比。

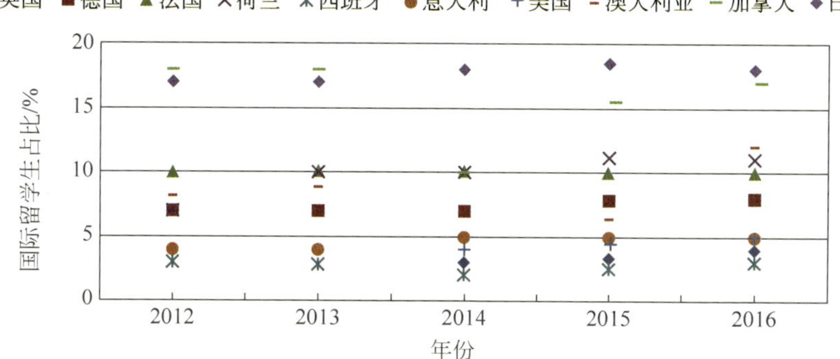

图 17-1 2011—2016 年世界主要国家高等教育国际留学生占比①

① 数据来源:2014—2018 年历年《教育概览》(*Education at a Glance*)报告.

2. 英国科技人力资源面临发达国家与新兴经济体的双重竞争

当今世界日趋激烈的经济竞争和综合国力较量归根结底是人才的竞争，尤其是高科技人才的竞争。世界主要国家不断加大科技人力资源的培育与引进力度，英国也由此面临着来自其他发达国家与新兴经济体对科技人力资源的双重竞争，科技人力资源流失较为严重。

一方面，发达国家间人才竞争日趋激烈，大量高层次科技人力资源离开英国流向以美国为代表的其他发达经济体。受充足的科研经费、优越的科研环境以及优厚的薪资福利等条件吸引，部分高层次科研人员离开英国流向美国和澳大利亚等以英语为主的世界其他发达国家，英国本土培养的博士毕业生受聘于海外高水平大学担任正式教职的情况也日益增多。美国国家政策基金会(National Foundation for American Policy，NFAP)的统计资料显示，2000—2016 年美国在化学、医学和物理学领域的 78 位诺贝尔奖获得者中有 31 位是移民，而其中 7 名来自英国，接近诺贝尔奖获得者总数的 1/10。这表明，从英国流向美国的高层次科技人力资源为美国科技创新发展做出了贡献。

另一方面，新兴经济体迅速崛起，引发在英国的海外人才和留学人员的持续回流。随着以中国为代表的新兴经济体的迅速崛起，国内环境不断优化，收入显著提高，创新体系逐步完善，国际化程度不断加深，再加上制定实施的一系列极具竞争力的人才引进政策，新兴经济体内海外人才和留学人员回流趋势明显，同时对其他国家(地区)的科技人力资源也产生了较强吸引力。同时，英国政府收紧移民政策也减少了新兴经济体流向英国的科技人力资源。根据英国高等教育统计局数据，在英接受高等教育的中国留学生增速自 2010—2011 学年开始放缓，2015—2016 学年已降至 1.87%。

在发达国家与新兴经济体的双重争夺下，英国面临较为严峻的科技人力资源流失现状。相关数据显示(见图 17-2)，1996—2015 年，英国研究人员的流出率高达 13.3%，在美国、德国、法国、日本等世界主要发达经济体中位列第一；净流出率为 3.7%，也高于主要发达国家。

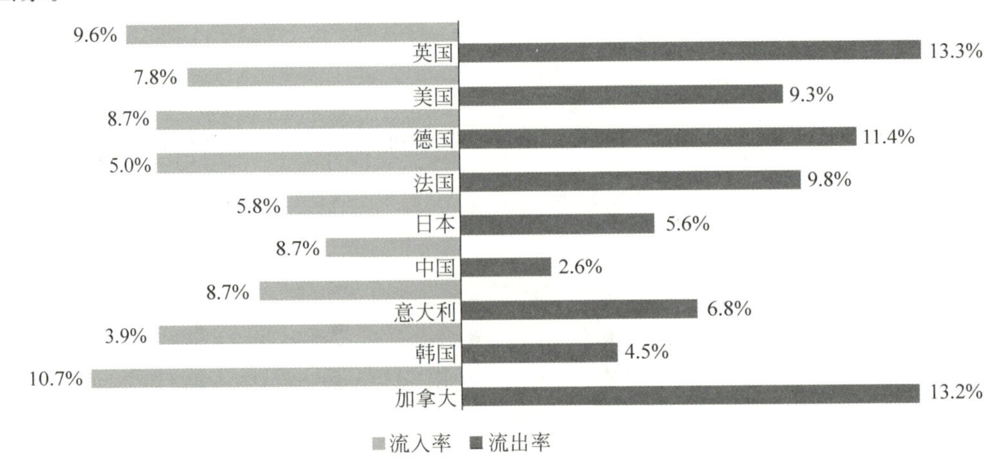

图 17-2 1996—2015 年世界主要国家研究人员国际流动情况比较[①]

① 数据来源：《英国研究基础的国际比较 2016》(*International Comparative Performance of the UK Research Base* 2016).

3. 英国科技人员与主要发达国家合作交流频繁

英国政府高度重视国际科技合作,积极鼓励本国研究人员投身于与欧盟以及其他各国的国际科技合作。《英国研究基础的国际比较 2016》(*International Comparative Performance of the UK Research Base* 2016)对2011—2015年英国与世界其他国家合著论文的情况进行了分析,数据显示:在数量方面,2015年英国一半以上的出版物为国际合作产物(至少有一位作者为非英籍人员),比重居于美国、德国、法国、中国等世界主要国家中的第二位。在质量方面,相比于英国国内或同一体制内合著的文章,英国与其他国家合著的论文的域加权引用影响力度(field-weighted citation impact)更高,如国际合著论文的加权引用影响力度比英国国内合著论文高47%,比相同体制内合著论文高59%。在全球被引用率前1%的出版物中,国际合著文章的数量占比相比于同一体制内或国内合著的文章同样高出许多。正如英国商业、创新与技能部(Department for Business, Innovation and Skills)部长文斯凯布尔在其《科学、开放性与国际化》的讲话中指出:"促进科技人员的国际流动将提升他们的研究能力与水平,与国外科研机构长期合作的英国科学家的研究绩效比其他人要高出75%"①。

图17-3展示了2011—2015年英国与主要国家论文合作情况,结果显示:从合作数量来看,欧美等发达国家是英国主要的科研合作对象。美国是与英国科学交流最多的国家,论文合作总数(110261)是排名第二位德国(57951)的近乎2倍,但与全球第一大合作伙伴(中国和美国,154064篇)相比尚有明显差距;欧盟是与英国合作交流最多的地区,德国、荷兰、法国、意大利等欧盟主要国家与英国合作撰写的论文数量仅次于美国。从合作影响力来看,相比于中国等新兴经济体,英国与欧美等传统发达国家间的科研合作在全球范围更具影响力。与英国合作论文影响力最高的分别为荷兰(3.14)、法国(3.01)、意大利(2.87)、澳大利亚(2.86)、

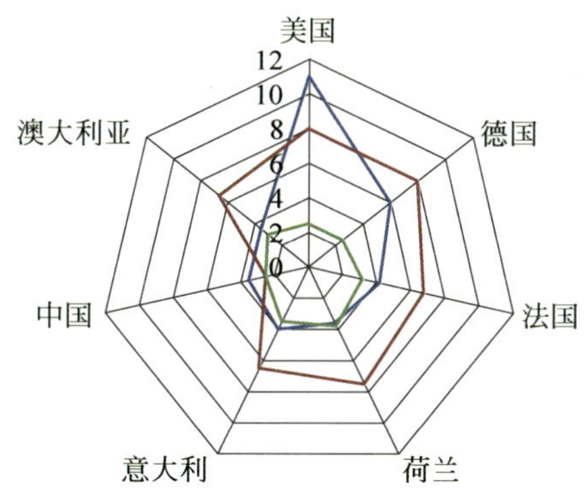

图17-3 2011—2015年英国与主要国家论文合作情况②

指标说明:合作论文影响力采用域加权引用影响力度衡量;合作强度采用Salton指数衡量。Salton指数是表征科学合作倾向性的主要科学计量学指标,Salton指数越大,说明合作强度越强。

① 胡智慧,裴瑞敏,张秋菊,等.世界主要国家与组织科技人才开发政策与资助体系分析(上)[J].科技政策与发展战略,2014(3):14-32.

② 数据来源:《英国研究基础的国际比较2016》(*International Comparative Performance of the UK Research Base* 2016).

德国(2.80)、美国(2.75)、中国(2.15)。从合作强度来看,英国与德国、美国、荷兰等主要论文合作国家的合作强度均高于0.6,而与中国的合作强度仅为0.027。这表明相对于以中国为代表的新兴经济体国家,英国更倾向于与欧美等发达国家开展科技合作。

第二节　以卓越的高等教育吸引国际科技人力资源

一、英国政府不断打造高等教育国际化品牌

留学生是国际科技人力资源储备的中坚力量。世界发达国家往往通过卓越的高等教育吸引国外优秀留学生,并在其期满获得学位后以就业或移民制度来留住高端人才为本国服务[①]。英国政府高度重视高等教育国际化,不断加强政策监管指导,完善质量保障机制,以提升英国高等教育对国际学生的吸引力。梅杰政府时期,英国高等教育质量委员会颁布了《高等教育境外合作办学实施准则》,强调境外办学的教学水平和教育质量,以保证英国高等教育的国际声誉。布莱尔政府时期,英国成立了高等教育质量保障署,切实保障高等教育(包括跨国高等教育)质量,并提出"首相行动计划"和高等教育品牌战略。2009年,英国政府发布《绿皮书》,对于高等教育国际化问题,主要强调加强英国与世界大学之间的联系,以及吸引更多的外国优秀学生、教师和管理者。2013年英国出台了《国际教育:全球增长与繁荣》(*International Education: Global Growth and Prosperity*)战略报告,提出要利用英国素质教育的声誉,吸引更多国际学生到英国学习,并计划到2018年实现英国国际学生人数增长15%～20%,即在5年内增加9万名国际学生。2016年英国文化委员会(British Council)发布《高等教育国际化开放程度报告》,根据国际学生学者流动的开放性、国内和跨境教育的质量保证和海外资质的认证,以及公平进入与持续性等多项指标排名得出,英国是国际高等教育最为开放的国家。

二、领先的高等教育吸引国际留学生不断涌入

英国高等教育以历史悠久、品质一流而著称于世,吸引了大批国际留学生纷至沓来。英国卓越的高等教育主要体现为:一是拥有全球知名的顶尖高等学府。英国拥有包括牛津大学、剑桥大学等世界一流大学在内的168个高等教育机构,200多个没有学位授予权的教育机构,以及将近600多家提供高等教育课程的私立教育机构[②]。根据QS全球教育集团发布的《2019QS世界大学排名》,英国牛津大学、剑桥大学、帝国理工学院、伦敦大学学院共四所高校跻身全球十强名校行列,数量仅次于美国,位列欧洲第一位,彰显出英国在世界教育体系中的优势地位。二是拥有高品质的高等教育质量。除了拥有世界知名的国际顶尖大学,英国高校雄厚的师资力量和教学实力在全世界也是赫赫有名。以牛津大学为例,在其教师队伍中,有83位皇家学会会员,125位英国科学院院士,培养出了60余位诺贝尔奖得主,27位英国首相,以及数十位世界各国的皇室成员和政治领袖。三是具备开展最尖端科研和创新工作的平台和条件。英国大学拥有世界顶尖的研究组织以及科学和工程研究中

① 乌云其其格.发达国家高科技人才培养、使用与引进政策述要[J].中国科技论坛,2007(10):122-127.

② 桑锦龙.当前英国高等教育改革的若干趋势及启示[J].北京教育(高教),2017(1):82-86.

心，在文科、理科，基础科学和应用科学研究中都取得了举世瞩目的成就，具有广泛而先进的专业以及科研设备，为从事科研和创新工作提供了良好的平台和条件。

全球知名的顶尖高等学府、高品质的高等教学质量、优厚的科研平台和条件，以及高度重视高等教育国际化的政策等优势，使得英国成为国际留学生竞相前往的目的地。相关数据显示（见表 17-2），2016 年英国接收的国际留学生数量（43.2 万人）排在全球第二位，仅次于美国（97.1 万人）。其中，在英国接受高等教育的海外留学生数占英国高校学生总数的 18%，位居世界主要国家之首。与此同时，在英国攻读学士学位和博士学位的海外留学生人数的占比也在世界主要国家中位居第一，仅攻读硕士学位的占比（36%）排在澳大利亚之后，体现了英国高等教育悠久的历史与良好的口碑对全球国际学生的吸引。

表 17-2 2016 年世界主要国家国际留学生情况①

国　家	数量/万人	不同高等教育程度国际留学生占比/%②			
		高等教育总体	学士学位	硕士学位	博士学位
英国	43.2	18	14	36	43
德国	24.5	8	5	13	9
法国	24.5	10	7	13	40
荷兰	9.0	11	9	17	40
西班牙	5.3	3	1	8	15
意大利	9.3	5	5	5	14
美国	97.1	5	4	10	40
澳大利亚	33.6	17	14	46	34
加拿大	18.9	12	10	18	32
日本	14.3	4	2	7	18

第三节 以资助计划和人才签证吸引科技人力资源

一、人才资助计划聚集全球优秀人才

为吸引聚集全球优秀科技人力资源，推动国际科技交流合作，助推本国科技创新事业以及经济社会发展，英国先后设立实施了一系列人才资助计划，包括：牛顿国际人才计划（The Newton International Fellowships Scheme）、全球创新计划（Global Innovation Initiative）、Wolfson 研究价值奖（The Royal Society Wolfson Research Merit Award）等，以及最具代表性的旗舰资助项目志奋领奖学金（Chevening Scholarships）、英联邦发展中国家联邦奖学金（Commonwealth Scholarships）、英国大学联邦共同奖学金（Commonwealth Shared Scholarship Scheme at UK Universities）等政府奖学金，以及针对不同国家和地区的 Aga Khan 基金会奖学金、Tullow 集团奖学金、Luys 奖学金等非政府组织奖学金等。表 17-3 对英国重点人才资助计划进行了介绍和说明。

---

① 数据来源：《教育概览 2018》（*Education at a Glance* 2018）。

② 以英国为例，以下四个比例分别表示英国高等教育在校生中国际留学生占比、攻读学士学位在校生中国际留学生占比、攻读硕士学位在校生中国际留学生占比、攻读博士学位在校生中国际留学生占比。

表 17-3　英国重点人才资助计划①

项目	志奋领奖学金	牛顿国际人才计划	全球创新计划	Wolfson 研究价值奖
设立时间	1983 年	2008 年	2013 年	2000 年
设立目的	培养全球领袖的国际奖励计划。 为来自世界各地的未来领袖、有影响力的人士、决策者提供，让他们在专业和学术上得到发展，建立广泛的联系，体验英国文化，并与英国建立持久的积极关系	打造世界顶尖研究人才池，建立长期的国际合作关系	① 加强目标国家之间学生、研究人员、教师和高等教育管理者等全球流动； ② 在目标国家培养一批具有国际经验、视野和知识，能够应对全球挑战并适应世界各地工作的国际人才； ③ 鼓励目标国家高校之间开展多边科研合作； ④ 加强高校和企业间的联系，以构建全球流动的人才池和交流创新发现的跨国基地	给予大学额外支持，使它们能够吸引、聘用具有突出成就和潜力的著名科学家来到英国从事研究
面向国家	全球范围	全球范围	英国、美国、巴西、中国、印度和印度尼西亚等	不限国籍
资助对象	处于事业中期，有潜力成为其工作领域领导人	处于职业生涯早期并希望在英国从事研究工作的，来自世界各地的优秀博士后研究人员	关注科学、技术、工程和数学(STEM)相关领域全球性问题的大学联盟，促进前沿问题研究的跨国合作，加强机构间的国际伙伴关系	具有突出成就和潜力的国外著名科学家
重点资助领域	外交、国防、科技、公共政策、环境、法律、能源与气候变化、经济、媒体、贸易和社会发展等领域	物理科学、自然科学、社会科学和人文学科。此外，还涵盖针对中国、印度、巴西、墨西哥、南非和土耳其等国的临床和病人导向研究	能源、气候变化、环境、城市发展、农业、粮食安全、水、全球健康	除临床医学外生命和物理科学的各个领域
资助情况	提供的奖学金包括学费及生活费。学年的学费最高额度为 12000 英镑。同时提供一次国际往返机票及其他相关费用	提供两年在英国研究机构工作的机会。每年提供 24000 英镑生活补助、8000 英镑研究经费，以及一次性安家费 2000 英镑。在该奖学金结束后的 5 年内每年最多 6000 美元的后续资助		本奖项提供连续 5 年，每年 1 万～3 万英镑的资金支持，此后获奖者必须在所属大学永久任职。截至 2010 年，超过 200 名研究者获得此项资助。2011 年，政府加大了此奖项的授予力度

① 数据来源：志奋领奖学金：https://www.chevening.org/；
牛顿国际人才计划：http://www.newtonfellowships.org/the-fellowships/；
全球创新计划：https://www.iie.org/en/Programs/Global-Innovation-Initiative/About；
Wolfson 研究价值奖：望俊成，邢晓昭，鲁文婷. 英国吸引和培养国际优秀科技人才的举措和特点[J]. 科学管理研究，2013(19)：28-32.

二、"杰出人才签证"引进全球卓越智力

移民政策是发达国家吸引国际人才，特别是发展中国家人才流向本国的重要措施。英国采用多样且富有针对性的签证制度，根据申请人年龄、教育程度、申请课程长度以及从事工种而采取不同的签证政策，以保证最大范围地吸引本国所缺乏的高技能人才[①]。借鉴澳大利亚的计分体制，英国政府实施5级计分签证制度，即Tier 1、Tier 2、Tier 3、Tier 4、Tier 5。其中，第一级杰出人才签证（Tier 1 Exceptional Talent Visa）旨在吸引科学、人文、工程以及艺术领域的国际杰出人才来英国发展。2018年6月英国政府公布的移民法修改案进一步增加杰出人才签证的名额，由过去每年1000名增加至2000名，以持续吸引对英国社会和经济有卓越贡献的全球优质人才来英国发展。

第四节 移民政策收紧及英国脱欧的影响

一、移民政策收紧的同时注重高端人才引进

由于全球政治局势动荡和难民危机、保护主义和逆全球化势力抬头以及国内经济放缓等诸多因素，英国自2010年起逐步收紧移民政策。2011年4月取消了Tier 1高技术工人类签证；2012年4月取消了针对毕业两年内本科及以上学历国际留学生的PSW（Post Study Work）签证；2014年起持续提升企业家签证难度，2014年11月将投资移民的申请门槛从100万英镑调高至200万英镑；特蕾莎梅担任英国首相后，继续秉持其在移民问题上的强硬态度，实施了一系列限制外来移民、限制外国留学生在英工作的收紧措施，多次强调要减少英国每年净移民人数，将英国移民数量保持在一个"可持续发展的水平"。英国移民政策的全面收紧，使得申请并获得英国永久居留权变得困难，一定程度上阻碍了非英籍研发人员前往或继续留在英国，对英国的引智体系提出了挑战。

对于海外留学生这一庞大群体，英国政府出台实施了包括减少国际学生学习类签证签发数量、缩短国际学生签证期限、严格控制海外学生工作时间等一系列收紧措施，通过限制海外学生数量来实现减少国内移民数量的目标。英国移民署数据显示，2015年3月—2016年3月，英国签发国际学生学习类签证20.6万份，与2014—2015财政年（21.6万份）相比降低了近5个百分点。英国国家统计署数据表明，截至2015年底，英国签发海外学生学习类长期签证的数量下降了4%，在英国接受长期学习（1年以上）的非欧盟成员国学生数量较同期减少了16%，包括美国、印度、马来西亚等在内的几个英国海外学生主要生源国家或地区，申请学习类长期签证的数量也均有下滑。

但要指出的是，英国在不断收紧移民政策的同时，不断扩大全球卓越人才的引进数量和引进范围，如2018年6月英国政府公布的移民法修改案中，不仅在Tier 1杰出人才签证中新增了对于时尚、设计领域的移民申请认可，还增加了签证名额，表明英国收紧一般移民数量和扩充杰出移民数量"双管齐下"，用以甄选和引进全世界领先人才来促进本国科学技术以及经济社会发展。

---

① 望俊成，邢晓昭，鲁文婷．英国吸引和培养国际优秀科技人才的举措和特点[J]．科学管理研究，2013(19)：28-32.

二、英国脱欧对英国科技人力资源流动的主要影响

欧盟成员国是英国最主要的科技人力资源流入地和流出地，也是目前英国科研人员对外开展国际科研合作交流最为频繁的地区。英国脱欧之后，英国在欧盟研发框架中的地位将由成员国变为"第三国"，这种身份的转变对于英国科技人力资源的跨国流动以及对外科技交流合作等产生重要影响。有利的方面在于，英国脱欧之后将摆脱欧盟束缚，在人才引进和国际科技合作中获得更多自主权。然而，英国脱欧对英国科技人力资源流动的负面效应却更为突出，表现在如下方面。

一是欧盟科研资助大幅削弱将导致科技人力资源流向科研条件更为优渥的地区。英国是排在德国之后的世界第二大科研资金接收国，约 1/4 的国家公共研究基金来自于欧盟。如 2016 年英国皇家学会发布的《英国的科研与欧盟》系列报告显示，2007—2013 年，英国的研究、发展与创新项目共获得欧盟 88 亿欧元补助，获资助总数仅次于德国。英国脱欧之后，欧盟这一重要科研资金来源将被切断，大量在英科研人员将可能由于缺少充足科研经费而选择离开英国，前往能够提供更加优渥科研条件的美国、德国和法国等，同时对国外科研人员和留学生赴英工作学习的吸引力也会因此下降。

二是身份受限将阻碍英国科技人力资源开展对外交流合作。欧盟成员国是英国开展国际科研交流合作最频繁的地区，英国过去取得的各项科技成就很大程度上受益于通过参加大量只对欧盟成员国开放的科研项目，从而与欧盟成员国间建立起良好的跨国合作关系。英国皇家学会统计数据显示，在过去数年中，英国在欧盟研发框架计划下的投入资金数、参与人员数、参加项目数等多项指标均位居前列。脱欧之后，英国将无法借助欧盟框架下的合作机制与欧盟成员国间继续开展深层次、宽领域的科技合作，无法参与只对欧盟成员国开放的科研项目，对英国与欧盟各国之间的科研人员自由流动以及学术合作交流产生消极影响。

三是失去欧盟成员国优惠待遇将降低科技人力资源留英意愿。英国脱欧之后，在英的欧盟其他国籍科研人员以及在其他欧盟国家的英籍科研人员，都将无法再享有在工作、生活、定居、医疗等方面的欧盟成员国间的优惠待遇，而因此带来的诸多不便将会削弱欧盟成员国科研人员前往或继续留在英国的意愿。与此同时，考虑英国学位在欧盟的认可程度、就业方便程度等问题，大量国际留学生也将可能放弃英国而转投他国完成学业，而意在英国工作的国际高校毕业生，特别是欧盟成员国毕业生的数量也将可能下降。

2016 年，包括英国皇家学会、英国皇家工程院、英国医学科学院、英国社会科学院、爱丁堡皇家学会、爱尔兰皇家科学院、威尔士学会在内的英国七家顶尖科研机构发表联合声明，指出"英国与其他欧盟国家间的科研人才流动是保持英国科研优势的'关键'"，对欧盟劳动力自由流动原则中与英国有关法律条文的任何改变都将可能对英国科学界乃至未来科技发展产生不利影响。

本章小结

全球化时代，国家间经济联系日益紧密，科技人力资源国际流动日趋频繁，英国作为全球主要创新型国家和科技创新力量，是当前世界科技人力资源流动大潮中的重要参与者。

一方面,英国凭借雄厚的科技创新基础、卓越的高等教育、宽领域的人才资助计划等,吸引和聚集了大量国外杰出科研人员前往英国从事科学研究,以及优秀的国际学生赴英接受高等教育,有力支持了本国科技人力资源队伍建设和国家科技创新发展。另一方面,由于近年来英国不断收紧移民政策,以及脱欧可能导致失去欧盟巨额科研资助、欧盟成员国优惠待遇以及参与欧盟科研项目的机会等,导致非英籍研发人员以及海外留学生前往或继续留在英国的意愿降低,部分英籍科技人力资源也可能因此流失他国。考虑当前复杂多变的国内外形势,在科技人力资源流动大背景下,英国欲继续保持本国科技人力资源领先优势以及全球科技强国地位,恐将面临一定挑战。

第十八章

CHAPTER 18

加拿大科技人力资源流动与政策

加拿大是最发达的七个工业国家(G7)之一,在社会进步指数和年劳动率增长方面,均排在G7前列,这得益于加拿大在人才、知识和创新方面所做的努力。据2017年世界经济论坛发布的《全球竞争力报告2017—2018》(*The Global Competitiveness Report 2017—2018*)[①],加拿大的全球竞争力位列第14,在劳动力市场效率方面名列第七,人才高效使用率方面排名第三。但同时,加拿大也面临着人才流失、劳动力不足的挑战,加拿大政府积极制定国家科技战略和人才开发、引进、使用政策,吸引国外科技人力资源,服务本国发展建设。

第一节 科技人力资源发展现状及流动趋势

加拿大科技资源丰富,高等教育发达,科技人力资源储备较为充足,并呈现出较高的国际化水平,是世界上科技人力资源规模较大的国家之一。

一、科技人力资源储备较为充足,规模持续增长

根据加拿大统计局统计口径,从事研究和开发的人员包括研究人员、相关技术人员和其他执行支撑任务的辅助人员,可以在较大程度上反映科技人力资源规模情况。近年来加拿大研发人员数量保持相对平稳,2015年研发人员总量达251960人,为近年来最高,较上一年度增长2.4%,比2012年增长20730人(见图18-1)。2005年加拿大研究人员约为13.7万人,到2015年研究人员数量已增长到162960人,比10年前增长了近20%。但受经济下滑影响,2016年加拿大的研发人员中研究人员、相关技术人员和其他执行支撑任务的辅助人员数量均有所下降[②]。

---

① Klaus Schwab,World Economic Forum. The Global Competitiveness Report 2017—2018[R/OL]. (2017-09-26)[2018-11-28]. http://www3. weforum. org/docs/GCR2017—2018/05FullReport/TheGlobalCompetitivenessReport2017—2018. pdf.

② Statistics Canada. Table 27-10-0023-01 Personnel engaged in research and development,by geography[EB/OL]. [2019-11-01]. https://www150. statcan. gc. ca/t1/tbl1/en/tv. action? pid=2710002301&pickMembers%5B0%5D=1. 1&pickMembers%5B1%5D=3. 2.

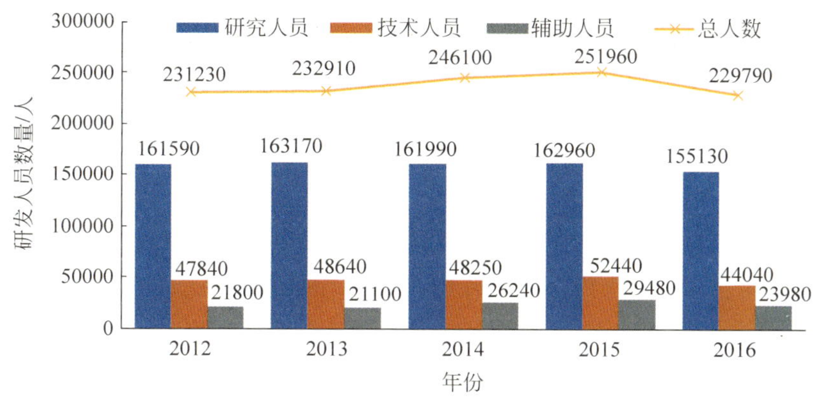

图 18-1 加拿大研发人员数量变化情况[①]

注：2014—2016 年研发人员总人数大于研究人员、技术人员、辅助人员三者之和，原数据如此。

高等教育毕业生是科技人力资源的主要来源，特别是硕士和博士毕业生，一定程度上反映了科技人力资源储备情况。近年来，加拿大毕业的硕士生和博士生数量明显增加。根据《加拿大研究生会第 42 次统计报告(2016)》，每年获硕士学位的毕业生数量在 2003 年激增，以后每年均以较高速度增长。2013 年获得硕士学位的毕业生数量达到 46698 人，是 1992 年的 2.4 倍。每年获博士学位的毕业生数量虽然明显少于硕士毕业生数量，但在 1992—2013 年仍有较大比例的提升，数量从 3135 人上升至 7095 人，增加了 1.26 倍(见图 18-2)。总体而言，不断增长的加拿大高等教育毕业生数量，为其科技人力资源储量提供了有力保障。

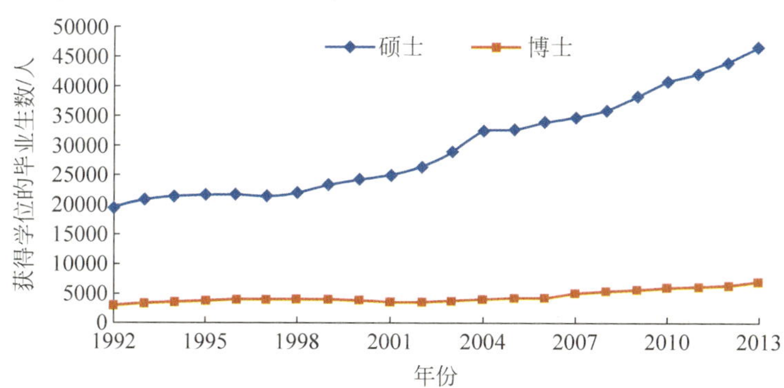

图 18-2 1992—2013 年每年获得硕士、博士学位的毕业生数量[②]

加拿大受过高等教育的成年人中，25～34 岁的比例从 2000 年的 48%上升到 2017 年的 61%。至 2017 年，加拿大拥有的受过高等教育的成年人比例高于除韩国(70%)外其他所有的 OECD 成员，而 OECD 成员拥有受过高等教育的成年人的平均比例为 44%，充分显示出了加拿大丰富的科技人力资源储备[③]。

① 数据来源：加拿大统计局.

② 数据来源：42nd Statistical Report Canadian Association for Graduate Studies.

③ OECD. Education at a Glance 2018：OECD Indicators[EB/OL].(2018-12-26)[2019-03-06]. https://doi.org/10.1787/eag-2018-en.

二、研究人员密集程度较高,研发人员主要分布在企业

加拿大研究人员较为密集。2018 年 OECD 发布的《主要科学与工程指标》数据显示:2016 年,加拿大每千名劳动人口中的研究人员数量为 8.41,同期 OECD 成员均值为 8.29,韩国是每千名劳动人口中的研究人员数量(13.77)最多的成员国,中国为 2.18。①

从加拿大研发人员的分布情况来看,企业中的研发人员数量最多,其次是高等教育部门,两者研发人员总量一直保持在全国研发人员的 90%以上,相比较之下,私立非营利组织研发人员的数量最少。2015 年企业研发人员较 2012 年增加 22910 人,增幅为 16.4%,但 2016 年减少至 141290 人,较 2015 年减少 13.0%。高等教育部门、私立非营利组织中的研发人员数量基本稳定。政府部门的研发人员从 2012 年的 19070 人下降到 2016 年的 14300 人,下降了 25.0%,如图 18-3 所示。

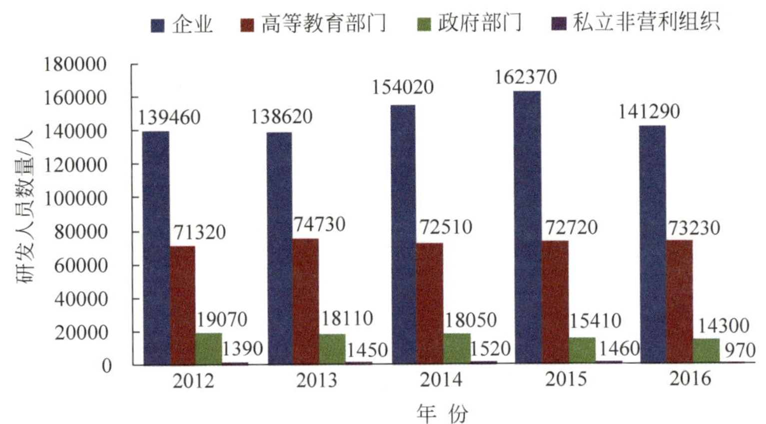

图 18-3 加拿大各部门研发人员数量变化情况②

注:1. 政府部门研发人员数为联邦政府与地方政府研发人员数之和。

2. 2012 年企业、高等教育部门、政府部门、私立非营利组织研发人员数之和为 231240,与图 18-1 中 2012 年研发人员总数不同,原数据如此。

三、人才国际短期流动率较高

加拿大人才流动渠道畅通,人才市场较为活跃。《英国研究基础的国际比较 2016》(*International Comparative Performance of the UK Research Base* 2016)研究表明,加拿大研究人员的国际流动性较强。1996—2015 年,加拿大研究人员的短期流动率为 48.50%,高于大多数国家,如美国为 35.50%,中国为 15.20%。在此期间,加拿大研究人员的流出率为 13.20%,流入率为 10.70%,净流出率为 2.50%,见表 18-1。

---

① OECD. Stat. Main Science and Technology Indicators. [EB/OL]. (2019-01)[2019-04-08]. https://stats.oecd.org/Index.aspx? DataSetCode=MSTI_PUB.

② 数据来源:加拿大统计局.

表 18-1 1996—2015 年主要国家研究人员的国际流动率[①] %

序号	国家	短期流动率	流出率	流入率	净流出率
1	英国	49.30	13.30	9.60	3.70
2	加拿大	48.50	13.20	10.70	2.50
3	中国	15.20	2.60	3.90	−1.30
4	法国	46.10	9.80	8.70	1.10
5	德国	43.50	11.40	8.70	2.70
6	意大利	36.60	6.80	5.80	1.00
7	日本	27.30	5.60	5.00	0.60
8	韩国	25.70	4.50	8.70	−4.20
9	美国	35.50	9.30	7.80	1.50

第二节 以国家战略培养专业科技人才

加拿大作为传统发达国家，不断通过实施国家战略来布局和影响科技发展重点和方向。近年来，加拿大实施国家人工智能战略、数字经济战略等国家战略，在推动加拿大国家经济增长和社会发展的同时，催生了新的人才需求，引领了科技人才的需求方向、数量和质量，也促进了人才的区域间、产业间、国家间流动。

一、实施国家人工智能战略以培养和留住优秀人才

加拿大是世界上首个发布国家人工智能战略的国家[②]。2017 年，加拿大发布《泛加拿大人工智能战略》(*Pan-Canadian Artificial Intelligence Strategy*)。这一战略包含四个目标：一是增加 AI 研究者、毕业生数量；二是创建三个卓越的科学团体；三是培养理解 AI 经济、道德、政策和法律含义的思想领袖；四是支持专注于 AI 的国家研究团体。加拿大高等研究院(Canada Institute for Advanced Research，CIFAR)牵头实施该战略，并与政府及三个新兴 AI 机构，即埃德蒙顿的阿尔伯塔机器智能研究院(Alberta Machine Intelligence Institute，AMII)、多伦多的 Vector 人工智能研究院(Vector Institute)及蒙特利尔的机器学习实验室(Montreal Institute for Learning Algorithms，MILA)展开密切合作。加拿大联邦政府计划拨款 1.25 亿加元专门用于实施该战略[③]，支持 AI 研究及人才培养。

留住和吸引人才是该战略的重要目标。加拿大多名人工智能科学家表示，留住人才的关键是要建立世界一流的人工智能研究所。目前，加拿大人工智能领域的人才外流现象严重，加拿大培养的很多人才前往美国或其他发达国家。多伦多大学计算机系教授理查德·泽梅尔坦言，世界一些著名公司(如谷歌、脸书、苹果等)人工智能研究的领军人物，绝大多数是多伦多大学计算机系机器学习实验室培养的博士生和博士后。《泛加拿

① 数据来源：《英国研究基础的国际比较 2016》(*International Comparative Performance of the UK Research Base* 2016).

② Tim Dutton，机器之心编译. 人工智能军备竞赛：一文尽览全球主要国家 AI 战略[EB/OL].(2018-07-08)[2018-09-03]. http://baijiahao.baidu.com/s? id=1605362882764383636&wfr=spider&for=pc.

③ 吴云. 把出色的人才留在加拿大[N]. 人民日报，2017-07-31(22).

大人工智能战略》及国家AI计划的主旨在于打造加拿大作为AI研究和培训领导者的国际形象，以防止人工智能人才流失。“把出色的人才留在加拿大”已成为加拿大人工智能界的共识。

二、以数字经济战略强化人才数字化技能

加拿大数字技术和创新委员会在2010年的报告中指出，加拿大的数字经济存在投入少、人才缺乏、创新氛围不够等问题。[①] 为提升加拿大创新能力，推动加拿大成为数字经济全球领导者[②]，2010年，加拿大联邦政府实施全国数字经济战略，主要包括五部分：创新使用数字技术；建立国际一流的数字基础设施；推动通信产业不断增长；数字媒体，即打造加拿大数字内容优势；研发未来数字技术。数字经济战略通过实施加拿大临时外国劳工计划吸引外来技术工人，并由加拿大信息和通信技术行业委员会与文化人力资源委员会制定实施优先技术项目，以满足信息和通信产业的劳动力需求。同时，政府不断增加培训学习投入，提供各种培训学习机会，提高各行业、各领域工作者的数字技术应用能力，以缩小社会阶层在网络应用技能上的差别，增强加拿大人的数字化技能。

2011年6月，加拿大政府在新财政预算案中明确提出，将加快实施数字经济战略，重点是促进中小企业应用信息通信技术，培养数字经济领域未来的人才，通过加拿大数字媒体基金加快发展加拿大数字内容产业，主要举措为加快应用信息通信技术和加大数字技术人才培养力度等，并通过推动中小企业应用信息通信技术来帮助其加快发展。同时，加拿大政府加强高校和产业界的合作，以帮助中小企业有效解决技术问题和挑战，为其提供领先技术和人才，推动领先技术人才在产业间流动。例如，加拿大政府增加资金支持加拿大国家研究理事会实施的“工业研究援助计划”(the Industrial Research Assistance Program)，促进中小企业通过与高校开展合作项目应用关键信息通信技术。此外，预算案还提出5年内投入5350万加元，加大研究支持力度，新增10名数字经济战略相关领域的加拿大优秀首席研究席位。2011年预算案提出加拿大人力资源和技能发展部将在3年内投入6000万加元，大幅增加与数字经济相关的科学、技术、工程和数学等重点学科的招生人数。[①]

2014年，加拿大政府发布《数字加拿大150》(*Digital Canada* 150)战略规划，并在2015年推出《数字加拿大150(2.0版)》(*Digital Canada* 150 *version* 2.0)。这两份规划提出了加拿大的数字化进程，明确了2017年(即加拿大建国150周年)需要达到的数字化目标，需完成包括网络普及、网络保护、数字经济、数字政府及数字文化等“五大支柱”。其中包括投资4000万加元，用于支持高需求领域内至少3000个实习岗位，以及每年1500万个中小企业的实习岗位等人才培养和吸引方面的内容。[②]

① 陈勇. 加拿大数字经济的现状和未来发展战略[J]. 全球科技经济瞭望，2011，26(10)：20-23.

② 范东升，周弯，刘洁. 力保数字化发展前沿地位，创新列为枫叶之国核心价值——加拿大互联网发展和治理研究报告[J]. 汕头大学学报(人文社会科学版)，2016(8)：152-156.

三、推进开放政府战略行动计划挖掘大数据人才需求

2011年3月，加拿大政府提出"开放政府战略"，内容主要包括：一是开放信息；二是公民参与；三是专业整合；四是关于开放和问责的新技术。[①] 2011年秋季，加拿大政府提出"开放政府行动计划"(Canada's Action Plan on Open Government)，旨在实现政府部门公共信息与数据的开放共享和公民参与。2014年，加拿大政府提出"开放政府行动计划2.0"，承诺扩大开放政府活动，除了开创性的开放数据外，还包括一系列关于信息公开和公开对话举措的倡议[②]。

实际上，自加拿大政府提出"开放政府战略"后，数据开放就得以持续推进。2014年，加拿大联邦政府发布了针对G8《开放数据宪章》的行动计划，开放数据成为加拿大发展经济、提升国家竞争力、建设开放政府的重点之一[②]。2015年，加拿大政府基于开放政府框架进行了一系列改革，确定了加拿大在开放数据中的前沿地位[③]。

加拿大开放政府战略行动计划，主要在于数据开放和数据开放平台的建设，这必然带来对数据安全及数据挖掘相关专业人才的需求，对于大数据领域人才的吸引力显而易见。

第三节 以全球技能战略及技术移民政策引进高端人才

加拿大的工人是世界上受教育程度最高和技术最高的工人群体之一，生产的商品和提供的服务受到全世界的青睐。为保证加拿大的国际竞争力，近年来，加拿大通过实施全球技能战略(Canada's Global Skills Strategy)和调整技术移民政策，吸引高技能和专业人才。

一、全球技能战略引进高技能人才

2017年3月9日，科学和经济发展部部长Navdeep Bains以及就业劳动力发展和劳动部部长Patty Hajdu宣布，从2017年6月12日起，实施加拿大全球技能战略[④]，主要包括加拿大"全球人才计划"(Global Talent Stream)和"全球技能签证计划"(Global Skills Visa Program)，旨在吸引全球高素质人才，刺激加拿大企业创新和发展，创造就业机会，推动经济增长。加拿大"全球人才计划"是一个为期两年的试点计划，于2017年6月正式启动，目的是增加企业获得高技能外籍人才的机会。根据"全球人才计划"，申请加入该计划的企业需满足两项要求：一是处于快速发展期的公司，能够证明需要从国外招聘特殊专业人才，并已被指定合作伙伴推荐进入加拿大"全球人才计划"；二是公司希望聘用符合全球人才职业

---

① 孔欣欣."开放政府战略"下的加拿大电子公文管理体系[J].全球科技经济瞭望，2013，28(8)：18-23.

② 周文泓.加拿大联邦政府开放数据分析及其对我国的启示[J].图书情报知识，2015(2)：106-114.

③ 周文泓，夏俊英.加拿大政府开放数据的特点研究及启示[J].情报理论与实践，2017，41(4)：150-154，138.

④ Government of Canada. Ministers Bains and Hajdu announce Canada's Global Skills Strategy[EB/OL].(2017-03-09)[2018-11-21]. https://www.canada.ca/en/innovation-science-economic-development/news/2017/03/ministers_bains_andhajduannouncecanadasglobalskillsstrategy.html.

名录的高技能人才,并且证明对于该职位有很高需求。[①] 加入“全球人才计划”的企业可使用新版简化的人才引进流程。该流程以客户为中心,指导和帮助加入计划的企业完成申请引进高技能人才程序,制订劳动力市场福利计划,可使高技能人才在最短 10 个工作日内获得工作签证以及加拿大入境签证。“全球人才计划”为企业提供了一个更快速、可靠的高技能人才引进平台,为外籍高技能人才到加拿大工作提供了便利条件。2018 年全球人才职业名录新增了 3 个与 STEM(科学、技术、工程、数学)有关的全新职位——工程经理、建筑和科学经理、数学家和统计师。[①] 截至 2018 年 4 月 30 日,加拿大移民局共收到来自该计划 1500 名申请人以及 1600 个职位的申请。参与该计划的企业,先后制订了 500 份劳动力市场福利计划,其中包括承诺为加拿大创造超过 27000 个就业机会,并投入超过 4100 万美元用于职工技能培训。

加拿大“全球技能签证计划”大大缩短了外籍高技能人才申请工作签证的时间,主要有三方面措施:一是高技能人才两周可获得工作许可证或临时居民签证;二是创建专用服务通道;三是放宽对低风险行业有效期 30 天以内的“极短期工作签证”和“短期的学术交流签证”的要求。[②] 自实施“全球技能签证计划”以来,越来越多的高技能人才赴加拿大工作。调查显示,2017 年,53%的多伦多科技企业对外籍高技能人才申请人数呈快速增长趋势,外籍高技能人才申请比例较 2016 年增加了 50%～100%,少数企业甚至高达 300%。另有 35%的多伦多科技企业表示将会根据加拿大“全球技能战略”的要求吸纳有专业技能的外籍人才。“全球技能签证计划”使得加拿大科技企业在全球范围内更具竞争力,更具包容性和多样性。[③]

加拿大全球技能战略为加拿大企业引进人才提供了便利条件。无论是引进专业人才对加拿大本地的员工进行培训,还是直接雇佣高技能的人才,都将进一步帮助加拿大创新型企业获得所需的高技能人才。就业劳动力发展和劳动部部长 Patty Hajdu 表示:“我们政府的全球技能战略使得雇主更快、更便捷地引进高技能顶尖人才,为中产阶级创造更多就业机会,带动加拿大经济增长。”

二、通过技术移民政策改革充实科技人力资源

加拿大技术移民是加拿大科技人力资源的重要组成部分,其技术移民政策可追溯至 1967 年,主要是以技术水平和受教育水平作为移民条件的积分制移民。[④] 根据加拿大议会的移民年度报告,加拿大移民分为经济类移民、家庭类移民、难民移民和其他。其中技术移

---

① Government of Canada. Program Requirements for the Global Talent Stream [EB/OL]. (2018-11-02)[2018-11-21]. https://www.canada.ca/en/employment-social-development/services/foreign-workers/global-talent/requirements.html#h14.

② Government of Canada. Ministers Bains and Hajdu Announce Canada's Global Skills Strategy[EB/OL]. (2017-03-09)[2018-11-21]. https://www.canada.ca/en/innovation-science-economic-development/news/2017/03/ministers_bains_andhajduannouncecanadasglobalskillsstrategy.html.

③ 新浪网. 自加拿大实施“全球人才签证计划”后 在该国工作的科技人才越来越多[EB/OL]. (2018-04-06)[2018-11-21]. http://k.sina.com.cn/article_6192937794_17120bb4202000df3l.html? cre=tianyi&mod=pcpager_china&loc=16&r=9&doct=0&rfunc=100&tj=none&tr=9.

④ 仲伟合,唐小松. 加拿大发展报告(2015) [M]. 北京:社会科学文献出版社,2015:153-169.

民是经济类移民的主要部分，也是移民群体中科技水平较高的一类。加拿大通过技术移民政策改革吸引科技人才，因此技术移民政策也在一定程度上反映了科技人力资源流动的政策环境。目前加拿大技术移民的方式主要有联邦技术移民、省提名计划移民、魁北克技术移民等。

2008 年，全球经济危机不断蔓延，技术移民申请材料大量积压，加拿大移民局开始收紧联邦技术移民，设立紧缺职位列表，收紧每个职业的年度审批额度，减少审批总额。2012 年曾一度暂停联邦技术移民项目。直到 2014 年，联邦技术移民政策才相对放宽，紧缺职位列表职业个数由 24 个增加至 50 个，总审批额度由 5000 个增加至 25000 个（见表 18-2）。与联邦技术移民政策相比，省提名计划技术移民政策更加灵活。省提名计划是各省份根据本省经济发展情况和对人才的需求情况，与联邦移民局协商制订的各省移民计划，各省单独设立紧缺职位列表，引进本省短缺的技术人才。例如，卑诗省欲吸引软件工程及设计师等 32 种技术人才[①]；阿尔伯塔省会优先考虑工程师类职业；萨斯喀彻温省的移民提名计划旨在吸引统计师、精算师等高技能人才；纽芬兰省和新斯科舍省欲吸引熟练的技术工人等。

表 18-2　加拿大联邦技术移民审批变化概况（2008—2014 年）[②]　　个

年份	紧缺职位列表职业数	每个职业年度审批额度	总额度	备　注
2008	38	1000	70000	
2009	38	1000	70000	
2010	29	1000	20000	
2011	29	500	10000	
2012	—	—	—	暂停
2013	24	500	5000	
2014	50	1000	25000	

2015 年，加拿大移民局开始改革对移民的管理，实施移民快速通道（express entry），联邦技术移民、联邦技工移民、经验类移民及部分省提名计划移民等四类移民可通过该通道申请移民[③]。移民候选人在满足加拿大职业分类列表或技工列表及语言要求后，通过快速通道进入候选池，加拿大移民管理部门通过移民评分系统，按照候选人分数由高到低发出邀请，收到邀请的候选人提交正式的签证申请。移民快速通道的实施提高了移民管理的选择和应用灵活性，加快了对劳动力市场和区域需求的响应速度及应用程序的处理效率。2017 年，通过快速通道共邀请 86022 名移民候选人，较上一年增加了 154.6%（见表 18-3）。其中，联邦技术移民候选人为 41364 人，约占候选人总数的一半。

① 春艳. 加拿大卑诗省计划欲吸引 32 种技术移民[J]. 侨园，2017(9)：45-45.

② 数据来源：https://www.canada.ca/en/immigration-refugees-citizenship/corporate/mandate/policies-operational-instructions-agreements/ministerial-instructions.html.

③ Government of Canada. Express Entry Year-End Report 2015[EB/OL]（2017-03-15）[2018-11-21]. https://www.canada.ca/en/immigration-refugees-citizenship/corporate/publications-manuals/express-entry-year-end-report-2015.html.

表 18-3 经济类移民通过移民快速通道邀请的候选人数量(2015—2017)[①] 人

年份	总数	省提名计划移民	联邦技术移民	联邦技工移民	经验类移民
2015	31063	4105	13214	2510	11228
2016	33782	8798	8332	1550	15102
2017	86022	8732	41364	906	35020

魁北克技术移民(Quebec Skilled Workers)是加拿大技术移民来源的重要渠道。魁北克政府一直实行自治移民制度,自 1991 年与联邦政府签订移民协议以来,积极制定移民政策,引进各类技术人才,以缓解魁省新生人口下降、劳动力缺乏给经济发展带来的压力。与联邦技术移民相比,魁北克技术移民职业类别要求相对宽松,移民打分体系相对灵活,因此对技术人才吸引力更大。加拿大移民报告显示:2016 年魁北克技术移民的数量为 25857 人,接近联邦技术移民政策吸引移民数量的一半。[②] 2018 年魁北克政府给技术类移民分配的"魁北克甄选证书"名额最多,为 26000～29000 个。[③]

此外,2017 年,加拿大联邦政府与东部四省联合推出了大西洋四省移民试点计划(Atlantic Immigration Pilot),旨在为有意于工作和定居在大西洋四省的技术工人及国际留学生提供更便捷的移民通道,主要包括大西洋高技能计划、大西洋中等技能计划和大西洋国际毕业生计划 3 个项目。该项目于 2017 年 3 月正式开放,首批试点 3 年,第一年接受 2000 个申请名额。[④] 这些名额根据当地企业的需要和新移民咨询的专业进行分配。

2016 年加拿大移民总数为 296346 人,其中经济类移民 155994 人,占总数的 52.6%。经济类移民中,技术移民所占的比例超过一半(见表 18-4)。其中联邦技术移民 59999 人,魁北克技术移民 25857 人,省提名计划 46170 人(其中部分为技术移民),在这 3 项包含技术移民的移民计划中移民人数较上一年均有所增加。

作为加拿大引进科技人才的主要渠道,技术移民为加拿大的发展做出了重要贡献,但也存在一些问题。据调查,相当一部分技术移民在加拿大不能从事与其职业技能相匹配的工作[⑤],这影响了技术移民人才效能的充分发挥,加拿大应深入分析本国劳动力短缺原因,不断调整技术移民政策,在吸引高技能人才的同时,为其提供更加平等的就业机会和更加通畅的就业通道。

① 数据来源:Express Entry Year-and Report 2015;Express Entry Year-and Report 2016;Express Entry Year-and Report 2017.

② Government of Canada. Annual Report to Parliament on Immigration 2017[R]. Minister of Immgration, Refugees and Citizenship. 2017.

③ 移开家园. 必看,2018 年魁北克政府移民新政策[EB/OL]. (2018-02-08)[2018-11-21]. http://news.yiminjiayuan.com/content-2459.html.

④ Government of Canada. Ministerial Instructions 24 (MI24): Atlantic Immigration Pilot[EB/OL]. (2017-03-06)[2018-11-21] https://www.canada.ca/en/immigration-refugees-citizenship/corporate/mandate/policies-operational-instructions-agreements/ministerial-instructions.html#mi24.

⑤ ALIA DHARSSI Skilled immigrants wasting their talents in Canada[EB/OL]. (2016-09-19)[2018-11-21]. https://calgaryherald.com/news/national/skilled-immigrants-wasting-their-talents-in-canada.

表 18-4 2016 年加拿大移民类别及数量[①] 人

移民类别		移民数量
经济类移民	联邦技术移民	59999
	联邦照顾者移民	18467
	联邦商业类移民	867
	省提名计划移民	46170
	魁北克技术移民	25857
	魁北克商业移民	4634
	小计	155994
家庭类移民		78004
难民类移民		58435
其他		3913
总计		296346

第四节 实施国际教育战略吸引留学生

随着知识经济的快速发展,知识成为关键的生产要素,加拿大政府意识到高等教育是培养具有国际竞争力人才的重要途径。在 20 世纪 80 年代末,特别是在 90 年代,作为高等教育国际化起步较早的国家之一,加拿大政府不断增加高等教育中的学生交流计划和海外学习计划。1990 年加拿大教育署在《没有国界和边界的教育》报告中,就要求国内各大学把国际化作为组织目标之一,并制定相关政策来推进和保证国际化进程。[②] 为满足自身对国际化人才的需求,加拿大政府开拓劳动力市场国际人才通道,挖掘吸引国际生源的潜力,从而获得由国际教育带来的经济利益,出台了全国性的国际教育战略报告《加拿大国际教育战略:利用知识优势,推动创新与繁荣》(*Canada's International Education Strategy: Harnessing Our Knowledge Advantage to Drive Innovation and Prosperity*)(以下简称《国际教育战略》),并通过一系列措施促进人才国际化,开拓劳动力市场人才通道,推动人才流动[③]。加拿大高等教育国际化水平的不断提高,吸引了大批国际留学生。截至 2017 年底,加拿大国际学生人数达 494525 人[④]。

一、实施国际教育战略缓解高技能、高素质劳动力短缺

加拿大技能型劳动力和高素质熟练劳动力短缺问题较为严重。作为全球创新和研发中心之一,加拿大拥有顶尖的科研伙伴、高端的科研设施,以及世界领先的就业型高技能化市场。然而,作为一个地广人稀的移民国家,技能型劳动力短缺问题在加拿大长期存在,影

① 数据来源:《2017 加拿大移民报告》(*2017Annual Report to Parliament on Immigration*).

② 闫楠楠. 加拿大高等教育国际化办学的经验及启示[J]. 重庆第二师范学院学报,2016,29(1):144-147.

③ 索长清,姚伟. 加拿大国际教育战略的出台背景、行动框架及其现实困境[J]. 外国教育研究,2014,41(6):42-49.

④ Canada Bureau for International Education. Canada's Performance and Potential in International Education, International Students in Canada 2018[EB/OL]. [2018-11-15]. https://cbie.ca/wp-content/uploads/2018/04/Infographic-inbound-EN.pdf.

响该国社会经济的发展。同时,随着加拿大人口老龄化的加剧,特别是在以新兴技术为驱动的专业技术行业中,高素质熟练劳动力严重缺乏。大量研究表明,未来10年,加拿大将面临高素质熟练劳动力的严重短缺,管理、技术、贸易等领域都将出现人才缺口。目前,在某些领域,研究人员和科学家数量已严重不足。①

《国际教育战略》作为加拿大《全球市场行动计划(一)》的关键部分,旨在通过加拿大教育品牌的国际推广,吸引更多国际学生和海外人才,产生更多由留学带来的消费,从而促进加拿大整体经济内循环的良性发展,并缓解加拿大劳动力市场中明显的高技能、高素质劳动者短缺问题。

《国际教育战略》的规划与实施,体现了加拿大政府对这一战略的重视。①2012年8月发布的综合性报告《国际教育:加拿大未来繁荣的一个关键驱动》是国际教育发展规划书,②共提出5个核心主题及14点建议。5个核心主题分别为成功的目标、政策协调、可持续的质量保障、发展加拿大国内教育,以及投资、基础设施和相关支持。①根据2013年加拿大"经济行动计划",加拿大政府每年将拨款500万加元用以支持《国际教育战略》的实施。

为保证战略顺利实施,加拿大政府成立了专门的"国际教育与研究委员会"(Council on International Education and Research,CIER)。委员会代表由联邦政府核心部门的领导构成,包括国际贸易部、公民与移民部、工业部的副部长等,由他们督促国际教育政策在全国的实施,并通过发布年度报告的形式来接受全国民众的问责。②

2014年1月,加拿大政府发布文件《国际教育战略》,进一步清晰地阐明了加拿大未来一段时期的国际教育发展战略,即吸引更多海外学生赴加拿大留学,同时鼓励更多加拿大学生积极寻求海外学习经历,同时加强加拿大和外国教育机构之间的教育与科研联系。③

二、国际学生增长快、数量多

根据《国际教育战略》描绘的发展蓝图,到2022年,在保证加拿大本地学生利益的前提下,海外留学生的人数要在2011年的基础上翻一番,超过45万人,而这一目标已在2017年底提前完成。根据加拿大国际教育局(CBIE)每年定期发布的《加拿大国际教育——业绩与展望》报告,截至2017年12月31日,加拿大国际学生数量为494525人(见图18-4),比2008年增加了168%,比2016年增加了20%。其中,来自中国的留学生比例最高(28%),印度位列第二(25%)。2016年,加拿大共吸引了18.9万名高等教育国际留学生,占所有国际留学生的12%,约为OECD平均水平(6%)的两倍。相比较而言,仅有3%的加拿大本国学生出国留学,这一比例稍微高于OECD成员的平均值2%。与其他OECD成员类似,不同教育阶段的国际留学生数量所占比例随着教育阶段水平的提高而增加。在加拿大,拥有学士、硕士、博士学位的国际留学生比例分别为10%、18%和32%,均高于OECD成员的平均值4%、12%和26%。加拿大高等教育国际留学生来自中国的人数最多,所占比例

① 伍燕林,李盛兵. 加拿大高等教育国际化新战略探析[J]. 世界教育信息,2015(16):60-65.

② 索长清,姚伟. 加拿大国际教育战略的出台背景、行动框架及其现实困境[J]. 外国教育研究,2014,41(6):42-49.

③ 李晓述. 加拿大国际教育战略介评[J]. 科教导刊,2017(8):5-6.

为 32%[①]。

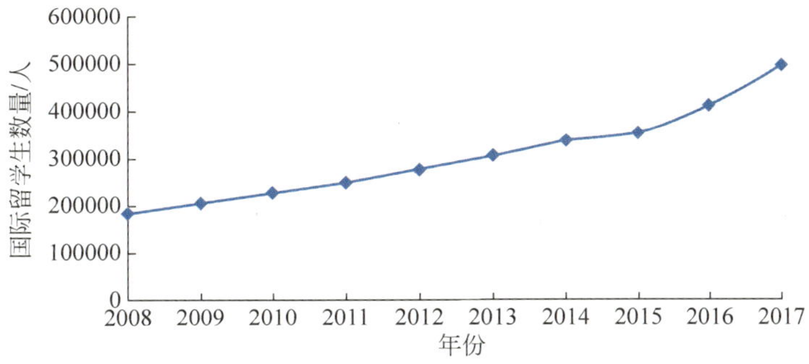

图 18-4 2008—2017 年加拿大国际留学生数量[②]

国际学生与海外研究人员除了有助于加拿大缓解技能型劳动力短缺，还能为加拿大创造新的工作机会，并有助于缓解《詹金斯报告（2011 年）》（*The Jenkins Report*（2011））中提到的"技术差距"这一大隐患。据加拿大移民局统计，加拿大增长的劳动力人口构成中，有 75%来自移民，并预测在未来 10 年中，移民有望占劳动力净增长人口的 100%。[③] 因此，招收国际学生在国际教育战略中占有举足轻重的地位，吸引优秀的国际学生和科研人员定居加拿大是解决加拿大劳动力紧缺问题的关键之举。

本章小结

加拿大科技人力资源数量增长快、储备丰厚，尤其是研究人员密集，研发人员主要分布在企业。同时，加拿大拥有超过六成受过高等教育的成年人。加拿大本国人才市场活跃，科技人力资源短期流动率较高。

近年来，加拿大通过实施国家战略挖掘对科技人才的新需求，促进人才区域间、产业间、国家间流动。例如，实施国家人工智能战略培养和吸引 AI 人才；开展数字经济战略强化人才数字化技能，提高数字产业的人才吸引力；推进开放政府战略行动计划实现数据开放共享，挖掘专业人才需求。同时，加拿大通过实施全球技能战略、国际教育战略，并调整技术移民政策，吸引技术移民和国际留学生，着力缓解技能型劳动力和高素质熟练劳动力短缺问题。

① OECD. Education at a Glance 2018：OECD Indicators[EB/OL].（2018-12-26）[2019-03-06]. https//doi. org/10. 1787/eag-2018-en.

② 数据来源：Canada's Performance and Potential in International Education 2016；Canada's Performance and Potential in International Education 2018.

③ 伍燕林，李盛兵. 加拿大高等教育国际化新战略探析[J]. 世界教育信息，2015(16)：60-65.

第十九章

CHAPTER 19

日本科技人力资源流动与政策

高质量的科技人力资源是日本成为世界科技大国的重要原因。目前日本国内尚缺直接的统计指标反映科技人力资源的总量和结构。根据已有研究，可使用全时当量研发人员、研究人员、科研机构的博士人才等指标近似反映日本科技人力资源的大体情况[①]。近10年来，通过科技创新政策的持续推动，日本科技人力资源发展平稳。截至2017年，日本的全时当量研发人员达66.6万人，仅次于中国和美国。研发人员总量多年来在小幅波动范围内保持稳定，女性人数占比则保持持续增长趋势。其中，73.4%的研发人员集中在企业，高校和公立科研机构分别有20.7%和4.5%[②]。日本研究人员总量91.8万人，其中女性研究人员数量为14.4万人，占总数的15.7%。2017年日本拥有科学技术相关从业者106万余人，与2016年度基本持平。其中，企业58.7万人，占55.3%；非营利组织1.3万人，占1.3%；公共研究机构6.2万人，占5.8%；高校39.9万人，占37.6%[③]。

日本的科技人力资源流动具有以下特点。一是日本高层次人才流动集中在同类型机构间的流动。以2012年毕业1.5年和3.5年后两个时间节点上的数据对比为例，科研机构的博士学历人才流动群体中有89.4%流向其他科研机构，有3%流向民间企业，有7.7%流向其他机构；民间企业的博士学历人才流动群体中有79.9%流向其他民间企业，有7.8%流向科研机构，有12.3%流向其他机构；其他机构的博士学历人才流动群体中有59.3%流向其他机构，有22.8%流向科研机构，有17.9%流向民间企业[④]。二是日本的人才跨专业流动较为频繁。2018年文部科学省发布的报告显示，日本2015年获得博士学位的人才中，在学习期间分别有51.7%的理学博士、52.6%的工学博士、45.8%的农学博士、48.8%的医学博士进行了跨专业流动[⑤]。

---

① 杨丽娟. 我国科技人力资源现状与问题研究[D]. 合肥：合肥工业大学，2007.

② 文部科学省科学術・学術政策研究所. 科学技術指標 2018[R/OL]. (2018-08)[2018-11-05]. NISTEP RESEARCH MATERIAL. No. 274, 2018: 74-76. http://www.nistep.go.jp/wp/wp-content/uploads/NISTEP-RM274-FullJ.pdf.

③ 総務省統計局. 第六十八回 日本統計年鑑[R/OL]. (2019)[2018-11-05]. http://www.stat.go.jp/data/nenkan/index1.html.

④ 文部科学省科学技術・学術政策研究所. 博士人材追跡調査(第2次報告書)[R]. 2018: 53.

⑤ 文部科学省科学技術・学術政策研究所. 博士人材追跡調査(第2次報告書)[R]. 2018: 概-4.

忽视对人力资源的投资会导致国家竞争力在飞速发展的时代中显著减弱[①]。日本过去虽然重视本土人才的国际化,但并不重视外国人才移民入籍以及招收留学生。为了促进人才的流动,进入21世纪后日本积极调整移民和留学政策。本章对日本近年来的科技人力资源流动相关政策及实施效果进行梳理和分析。

第一节 科技基本计划促进科技人力资源良性循环

当前,随着信息和通信技术的迅速发展,社会和经济结构正经历深刻变化,世界迎来了"大变革时代"。在有效应对能源短缺、老龄化社会、自然灾害、安全保障等越发复杂的全球性挑战方面,科学技术创新,特别是科技人力资源的作用日益凸显。回顾过去20年,日本政府研发投资、研究人员数量和科技论文发表数量均有所增加,研发环境显著改善,国际竞争力大幅提升,特别是在发光二极管(LED)、诱导多功能干细胞等前沿科技领域取得突破性研究成果,日本获得诺贝尔科学奖的科学家人数已排名世界第二。但另一方面,近几年,日本推进科技创新的基础实力却有所弱化,具体表现为:日本科技论文质与量的国际排名均有所下降;国际研究网络建设迟缓;青年研究人员难以充分发挥其才能;产学研合作仍未达到理想效果;跨部门人才流动性持续低下;大学和公共研究机构的运行和人事体制改革进展缓慢;政府研发投资增长停滞。为了应对危机,日本在科技基本计划中特别强调科技人力资源的作用。

一、提高科技人力资源流动性是人才政策的总基调

日本内阁会议于2016年1月22日审议通过了《第五期科学技术基本计划(2016—2020)》(以下简称《第五期科学技术基本计划》)。该计划是日本政府自1995年颁布《科学技术基本法》、1996年发布《第一期科学技术基本计划》以来启动实施的第五个国家科技振兴综合计划,也是日本最高科技创新政策咨询机构——综合科学技术创新会议(CSTI)在2014年5月重组之后制订的首个基本计划[②],为后来5年日本的科学技术发展奠定了总基调。

在大变革时代,一个国家要实现可持续发展,必须具备能够灵活有效应对各种变化和新问题的基础实力。因此,日本不仅要培养和留住具有专业知识且不拘泥于常规思维的人才,还要不断夯实产生卓越知识的基础[③]。在此背景下,《第五期科学技术基本计划》强调提高科技人力资源的流动性,促进更多的女性和外国研究人员进入日本各研究领域,促进人才跨越专业、组织、部门、国界等阻碍,以构筑良好的人才循环网络,推动国际环境下的知识融合和研究成果转换[④]。

一直以来,日本科研人员长期受终身雇佣思想和自我意识影响,流动性、开放性和国际

---

① Jim Yong Kim. The Human Capital Gap: Getting Governments to Invest in People[R]. World Bank Group, 97 Foreign Aff. 92 (2018).

② 王玲. 日本发布《第五期科学技术基本计划》欲打造"超智能社会"[N]. 光明日报, 2016-05-08(08).

③ 乌云其其格. 未来5年日本加强人才开发的政策方针[J]. 中国科技人才, 2017, 8: 74-81.

④ 乌云其其格. 日本科技人才开发的现状与主要政策措施解析[J]. 全球科技经济瞭望, 2017, 32(08): 7-15.

性明显不足,导致在科技人力资源领域存在两大明显问题。一是科研人员绝对数量的减少。目前日本已经步入老龄化社会,人口总数逐年下降,随着战后婴儿潮出生并成长起来的一代科研人员大都到了退休的年纪,年轻一代科研人员的数量缺口将越来越大。此外,科研人员的社会地位不高,日本政治家中理工科出身的人比例很低,导致很多高中学生在考大学的时候放弃理工科,更愿意选择法律、经济等文科专业,这也在一定程度上加重了目前科研人员青黄不接的局面。从每100万人口中具有硕士或博士学位的人数来看,全球主要国家中只有日本在不断减少。二是一些高科技领域面临严重的人才缺口。特别是过去很长一段时间,日本科研走的是重应用研究、轻基础研究的路子,这导致日本创新性科研成果比例很低,在科研发展方向上一直被动跟随欧美,也难以在世界经济发展中处于主导地位。这一问题已经引起了日本各界的高度重视,接连制定了一系列政策推动基础研究,鼓励创新型科研成果的产生。但人才培养需要时间,高科技人才更不是一朝一夕就能产生出来的,必须借助"外力"方能渡过难关。

为扭转这种局面,《第五期科学技术基本计划》提出开放创新,鼓励大学和公共研究机构推行交叉任职、实习派遣等制度,对跨部门流动经历给予积极评价,在全社会形成人才的良性循环,通过真正联合企业、大学、公立研究机构和强化催生风险型企业等举措,打破人才、知识和资金之间的壁垒促进人才流动,形成人才、知识、资金集结的"场域"。《第五期科学技术基本计划》的目标是,到2020年,企业、高校、研究机构之间的研究人员流动量增加20%,特别是大学向企业或公共研究机构的研究人员流动数量增加一倍;大学和国立研发法人机构从企业获得的共同研究资金增加50%①。

二、促进科技人力资源流动是日本激发创新活力的一大举措

在《第五期科学技术基本计划》期间,日本政府将从根本上强化支撑科技创新的人才力量,培养和引进创造新知识和新价值的高端人才以及加快创新创造的多样化人才,同时,营造良好的环境,使每个人都能充分发挥才能和热情。为了最大限度地提升日本创新创造的可能性,日本政府计划在激发具有不同知识、视野和创意的多样化人才活力的同时,努力提高人才的流动性。日本政府提出,不但需要具备战略上抢先行动(前瞻性和战略性)、切实应对各种变化(多样性和灵活性)的能力,而且需要在国际化的、开放的创新体系中展开竞争与协调,构建最大限度发挥各创新主体能力的体制框架。基于上述考虑,日本将立足于国际视野,大力推行四大政策措施。一是以制造业为核心创造新价值和新服务,二是积极应对经济和社会发展面临的挑战,三是强化科技创新的基础实力,四是构建人才、知识和资金的良性循环体系。

第二节　科技重点计划加速科技人力资源流动

日本于20世纪中后期开始产业升级,它不像美国拥有众多世界排名前50的大学。因此,仅依靠本土人才和回流的日裔人才,已不足以支撑日本在世界重要经济大国的位置上

---

① 薛亮. 日本第五期科学技术基本计划解读[EB/OL]. [2017-05-23][2018-11-05]. http://www.istis.sh.cn/list/list.aspx? id=10534.

继续前进。日本如果期望追赶美国成为世界经济的中心，唯一的办法只能是吸引外来顶尖人才[①]。吸引卓越的外国研究人员对加强国际研究网络建设、确立多样化的思想和视角、创造知识和价值非常重要。而加强日本研究人员的对外交流与合作，则有助于其活跃于国际舞台，获取来自世界的最新知识，提升日本的国际竞争力，也有助于确立日本在国际研究网络中的地位和声誉。

一、注重引进外国优秀科技人力资源

日本重视吸引海外人才的历史由来已久，在明治时期就有“求知识于世界以振皇基”的政纲。在20世纪经济腾飞之初，日本政府就制定了《国立、公立大学任用外籍教员的特别措施法》《研究交流促进法》《外国科技人员招聘制度》等制度，通过制度来保障吸引外国人才。

20世纪60年代，日本就建立了“外国研究人员奖励制度”，现为“外国特别研究员计划”，通过改善外国研究人员在日生活条件，帮助解决随行儿童教育及配偶就业问题，完善大学和公共研究机构的英语研究环境，推行高级人才积分制度，积极引导大量外国优秀研究人员在日本工作。此外，日本采取了短期和长期聘用相结合的人才策略，对外国学者和专家的引进倾向于签订短期合同，以降低成本配合不断更新的人才政策，也为高层次人才提供了灵活的签证时间，方便其在日本从事研究工作。

为了能够吸引来世界一流的科研人员，日本政府近年来大力增加科研开发经费，开放国家实验室主任的职位，供海外学者竞争上岗。为了保证专家的工作环境，日本还提倡在科研部门推行以英语为工作语言的制度。对于外国科学家，日本通过设立国际合作奖励基金进行补助和奖励，其目的就是最大限度地获取这些科学家的知识、经验和富有创造性的成果。

目前，日本已经重新审视自身的留学政策，更加重视留学政策对于吸引国际人才的重要性。日本为了聚集大量顶级人才，于20世纪末建立了国际化的高等教育基地。政府选择了一部分大学和研究机构为重点，在政策和人、财、物方面都给予了很大的支持，使其成为“教育研究基地”，吸引大批国内学子和国外研究人员。2008年1月，日本前首相福田康夫在施政方针演说中提出了“接收三十万外国留学生计划”，并打算让五成以上外国留学生能留在日本就职。根据这一计划，日本政府的教育再生恳谈会于2008年5月26日公布第一次审议报告，提出选出约30所大学作为接收、培养留学生的“重点大学”。这些重点大学的留学生人数要占学生总数的两成以上，全部课程中有三成课程使用英语教学，在留学生比较多的学部录用的外籍教员要占教员总数三成。同时，还要在日本国内创造一切有利条件，让在日本毕业的外国留学生可以有五成以上能够在日本就职。截至2017年，日本大学及日语学校等在籍外国留学生人数为26.7万人，较2016年增加11.6%，创历史新高。从生源国家及地区来看，日本的外国留学生主要来自中国大陆，达10.7万人，居首位，其后依次为越南6.2万人，尼泊尔2.2万人[②]。

---

① 王辉耀. 国家战略——人才改变世界[M]. 北京：人民出版社，2010.

② 朱梦颖. 在日外籍留学生人数创新高 中国留学生数量居首[EB/OL].[2017-12-28][2018-05-20]. http://world.huanqiu.com/exclusive/2017-12/11481537.html.

二、扶持政策有利于青年人才成长

早在实施《第二期科学技术基本计划》(2001—2005 年)时，日本政府就提出，增加面向青年研究人员的竞争性研究资金，营造青年研究人员可以独立开展研究的环境。

由于博士毕业生在未获稳定职位之前，需寻找有限任期的博士后研究员职位，从而常流转于各机构间，处于不稳定的就业环境；而获稳定职位的也可能因为事务处理负担过重，无法有效展现研究成果。此外，大学、独立行政法人、企业之间的人才流动率过低，也使得研究人员无法专注于本身的研究活动以产出优异研究成果，阻碍其充分发挥自我能力并成长。因此，2014 年 11 月，日本科技振兴机构(Japan Science and Technology Agency，JST)推出了“科技人才培育补助计划”，宗旨是促进国内外研究机构及企业合作，提升年轻研究人员及科研管理人才在组织间的流动性，同时保障稳定就业环境，培育适应海外研究机构及企业等各种工作环境的研究者及优秀科研管理人才的示范模式，包括为保障研究人员自主研究活动的“新世代研究者培育计划”及提升科研管理人才专业职能的“科研管理人才培育计划”两类[①]。计划期限原则上为 5 年，但产出优异成果经审查及评鉴后可适当延长一定期限(如 3 年)。计划以单一组织(如学校)为申请机构，补助经费以每年 1～3 亿日元为上限，2015 年以后随政府预算编列情形而调整。

其中，“新世代研究者培育计划”的支持对象为取得博士资格后 10 年以内，或具同等程度的研究经历，年龄为未满 40 岁；临床研修的医学领域则为 43 岁以内；期待研究人员的 60%以上的时间投入于研究活动，并根据机构特性可调整为 70%～80%。经费支持主要应用于建立有助于提升研究人员职场竞争力的机制，如规划与国内外研究机构或企业合作；有助于职业生涯发展的教育研修、国际会议的论文发表，及国际共同研究的实施或长期研究实习。在聘用方面应以年薪制等不妨碍组织间流动性的雇用形态。“科研管理人才培育计划”则以提升科研管理人才的专业职能及职场竞争力为主。

日本学生在选择到国外学习方面显得较为保守。为了改变这一局面，日本各个高校开始提供灵活多样的留学项目，致力于扩充留学种类和缩减留学经费。日本去海外留学的人数自 2005 年以后呈现逐年减少的倾向。日本文部科学省调查结果显示，2015 年，在海外大学接受正规教育的日本留学生较上年减少 236 人，仅为 54676 人。主要的留学地区分别为美国和中国[②]。造成日本年轻人大多不愿出国留学，而只愿待在国内的“内向倾向”的主要原因有：一是留学经济压力较大；二是留学与找工作的活动日程冲突；三是对自身外语能力不足的不安；四是教育工作者对留学持有的固定观念，即认为留学是精英的事情[③]。

三、产学研合作打通人才流动通道

日本政府通过加强产学研合作和调动风险投资企业的积极性，消除人才、知识和资金

① 董正玫. 日本人才培育与引进政策[EB/OL]. (2015-01-23)[2018-05-20]. https://itriexpress.blogspot.sg/2015/01/blog-post_77.html.

② 朱梦颖. 在日外籍留学生人数创新高 中国留学生数量居首[EB/OL]. (2017-12-28)[2018-11-13]. http://world.huanqiu.com/exclusive/2017-12/11481537.html.

③ 小林明. 为什么日本的年轻人不立志海外留学?[EB/OL]. (2018-08-09)[2019-04-01]. https://www.nippon.com/cn/currents/d00390.

之间存在的障碍，实现人才良性循环，积极构建创造新价值的创新体系。具体包括：强化推进开放创新的体制框架，例如完善企业、大学和公共研究机构的推进体制，着力推动“交叉任职制度”，促进科技人才流动，形成人才、知识和资金的集聚效应，目标是2020年前，实现企业、大学和公共研究机构的跨部门研究人员流动数量增加20%，特别是大学向企业和公共研究机构的研究人员流动数量增加一倍。与此同时，大学和国立研发法人机构从企业获得的共同研究资金增加50%；大力发展敢于挑战新事业的中小企业和风险投资企业，例如培养企业家，在创业和企业成长各个阶段提供适当的支持，增加发行新股，鼓励企业并购；灵活利用国际知识产权和标准化战略；重新审视和调整创新创造相关制度，例如重新审视新产品和新服务相关制度，改革信息通信技术相关知识产权制度；构建有利于“地方创造”的创新体系，搞活地方企业，充分发挥地方特色和优势；把握全球需求先机，战略性推进国际共同研究与交流，拓展创新创造机会，推进社会包容性的可持续创新。

四、构筑国际合作网络加速人才流动

对于日本来说，构筑和强化国际研究网络，是一个紧要的问题[①]。在构筑国际研究网络的过程中，不仅有助于打破日本研究人员局限在国内发展的局面，促进其活跃于国际舞台，获得来自世界的知识，维持和提升日本的国际竞争力，还有助于确立日本在国际研究网络中的地位和声誉。此外，日本政府已将“加强国际人才流动，提高日本科技国际影响力”纳入其科技外交战略，全力打造国际研究网络，培养具有国际视野、活跃于国际舞台的研究人才，帮助日本获得更多世界先进技术，提升日本的国际影响力。日本政府向奔赴海外开展世界级研究活动的研究人员提供更多资助，推动大学和公共研究机构与海外顶尖研究机构建立合作网络，参与国际共同研究项目，加快建立海外派遣研究人员以及具有留日经历的外国研究人员之间的人脉网络。

政府采取的具体措施包括：通过日本学术振兴会(Japan Society for the Promotion of Science，JSPS)实施的“核心到核心计划”(Core to Core Program)，旨在创建世界一流的顶级研究中心，与世界各地的其他核心研究机构长期合作，推进前沿领域研究，以及提供亚非地区普遍存在问题的解决方案，也致力于培养下一代开创性的年轻研究人员；通过海外特别研究员计划和青年研究者海外挑战项目向国际机构和海外的大学等研究机构派遣研究人员和优秀的博士后期课程学生[②]。同时，通过“加速人才循环的战略性国际研究网络推进计划”促进本国大学和研究机构与海外顶尖机构进行合作研究，向对方机构派遣青年研究人员并吸引对方的研究人员来日交流，以构筑研究人员网络[③]。另外，在海外开展世界级研究活动的研究人员回国以后，能否在独立的环境下开展研究至关重要。政府在大学和公共研究机构，推行方便海外派遣中的研究人员参与公募和被采用的雇用机制，引进积极评价海外经历的评价方式。

---

① 乌云其其格. 未来5年日本加强人才开发的政策方针[J]. 中国科技人才，2017，8：74-81.

② 日本学術振興会. 諸外国の優秀な研究者の招へい[EB/OL]. (2018-07-20)[2018-11-20]. http://www.jsps.go.jp/j-inv_researchers/index.html.

③ 日本学術振興会. 頭脳循環を加速する戦略的国際研究ネットワーク推進プログラム[EB/OL]. (2018-11-02)[2018-11-20]. http://www.jsps.go.jp/j-zunoujunkan3/backnumber.html.

与此同时,吸引卓越的外国研究人员并激发其活力,对于进一步加强国际研究网络建设,以及基于多样化的思想和视角创造知识和价值都非常重要。早在2003年,日本就设立了“世界顶级研究基地计划”,资助本国学术机构与学术领先国家的研究机构和大学等开展双边或多边合作,达到吸引人才、培养人才,提高前沿领域研究水平的目的。这一计划已使日本与美国、英国、法国等10多个国家的大学和国立研究机构建立了合作关系。

第三节　移民相关政策缓解人口老龄化趋势

长期以来,日本是一个自身很国际化,但却并不欢迎国际移民的国家。在岛国意识影响下,日本一直都奉行严格而保守的移民政策。经济大衰退后,1990—2000年,在日本的25岁或以上高等教育移民总数甚至减少了1000人。2015年,日本成为全球“年龄最大的”国家,全日本有超过一半的人口年龄超过46岁。人口呈规模式缩减的日本,在2017年开始向外籍劳工打开大门,截至2017年10月,约有128万外国人在日本工作,同比增加了18%[①]。

一、降低高端人才永久居留权申请门槛

2016年11月,日本政府公布了《日本再兴战略2016》草案,制定了到2020年实现名义GDP达600万亿日元的发展战略目标。其中,作为外国人才的有效利用方案,提出了要加快创设“日本版高端外国人才绿卡”制度,将申请定居许可需要在日本居留10年的时间要求大幅缩短等举措。日本宣布将出台世界上最低门槛的永久居留资格申请制度,拟将拥有专业知识的高级人才、外国经营者和技术人员在日本获得永久居留权的最短滞留时间要求由5年缩短至1年[②]。在此之前,被认定的外国“高端人才”若想获得日本永久居留权,至少需要滞留日本5年,草案出台后将这一期限缩短至3年,且只要满足一定条件,滞留1年就能获批申请。日本的永久居留权申请一举从“世界最难”变成“世界最快”[③]。

2018年初,日本政府成立了一个跨部门小组,专门研究“专业技术领域外国人才”获取日本居留资格事宜,希望更多有一技之长的外国人以工作为目的赴日,解决日本面临的日益严重的劳动力不足问题[④]。

二、逐渐放宽技术移民政策

日本政府曾推出措施,希望充分发挥女性和老年人的作用,通过让他们更多地参与社会劳动。来解决劳动力不足问题。虽然日本整个社会全力以赴,但2012—2017年的5年间,这项措施的效果并不如预期,劳动力仅增加了306万人,与社会需求相比依然存在巨大缺口。在这一背景下,日本政府意识到吸引更多外国人来日工作已迫在眉睫。据日本厚生

---

① 居外资讯.日本进一步放宽移民政策[EB/OL].(2018-10-09)[2019-01-17].https://www.jiemian.com/article/2523903.html.

② 王玲.屡屡折桂诺贝尔奖 日本科研为什么强[N].光明日报,2017-2-15(14).

③ 商周.COM.從“世界最難申請”到“世界最快”!日本大搶外國人才,住滿1年就能拿永久居留權[EB/OL].(2017-05-10)[2018-07-31].https://www.businessweekly.com.tw/article.aspx? id=19687&type=Blog.

④ 刘军国.日本拟引进更多外国人才[N].人民日报,2018-02-27(22).

劳动省统计，截至2017年10月底，在日外国劳动者人数为127.9万人，与2007年有效统计以来相比，增加了近80万人，创历史最高纪录。其中，约26万人为有打工资格的留学生，约25.8万人为技能实习生，两者之和超过四成。有日本媒体称，外国技能实习生支撑着日本的制造业，留学生打工则“顶起了日本餐饮业的半边天”。尽管两者弥补了日本劳动力的不足，但他们赴日、留日都不以工作为目的。

同时，由于移民和留学制度的严格和保守，日本并没有吸收多少移民作为劳动力的补充。不过，近10年来，日本的移民还是有了一定程度的增加。表面上看，日本与中国、韩国有历史纠葛，但实际上生活在日本的外国人主要是中国人和韩国人。过去十几年日本的最大外国人群体是朝鲜族人（包括韩国与朝鲜），目前则是中国人。由于中国留学生大量留下，韩国人才近年来大量回流，华人已经成为日本最大的外国人群体，总人数大约为60.7万人。

日本于2018年对其签证规定进行了重新评估，逐个考查各行各业所需的最低技能水平，以寻求引入更多的外籍技术劳工，解决该国日益严重的劳动力短缺问题。2013年以来的5年，强劲的经济复苏势头和人口日益老龄化提升了日本人力资源需求，日本的外籍劳工数量大幅增加。2017年6月数据显示，日本经季节调整后的失业率从5月的3.1%降至2.8%，而空缺岗位与求职人数之比为1.59∶1，为20世纪70年代初以来的最高水平。根据日本法务省的数据，2012年，日本有68.2万外籍劳工，到2017年，这个数字达到了127.9万，几乎翻了一番。这些人中有一半以上是因为日本签证制度的漏洞而进入日本的，但还远远不能为人力短缺行业提供稳定的劳动力来源。在这样的情况下，日本公司一直在游说政府发放更多的工作签证①。由于巨大的语言和文化障碍，以及很难获得永久居民或公民身份，日本一直难以吸引到高技能外籍劳工。日本之前就一直在东南亚国家招聘青年劳动力，现在，日本计划推出放开签证的政策就是要在制度上形成保障，以解决劳动力短缺问题。这些劳工已经在其他国家接受了培训，具有丰富的工作经验，及时引进他们可以在其年富力强时为日本社会经济发展做出贡献。

三、移民便利措施减缓劳动力紧缺

为了解决日益加深的劳动力短缺问题，日本对外籍劳动力保持进一步开放，为外籍劳工来日工作提供更多便利。为了解决建筑、农业、护理和其他劳动密集型行业劳动力短缺问题，日本在2019年制定一种五年工作许可证，不再对申请人的就业行业做限制。

日本政府还在2019年调整外来劳工日语资格测试内容，该测试包含听力和阅读，以后会增加写作和口语测试。测试的内容将从以前的偏学术转向偏重工作场所的实用日语表达，侧重测试申请人在日本的日常生活以及商业环境中的理解和日语使用能力，例如拨打电话和安排工作会议。该测试是评估在日本求职的外籍人士的主要考核标准之一。

日本政府在2019年的预算当中预留了约1亿日元来扶持本国中小企业吸纳外籍劳工的工作。同时，日本政府还计划在全日本，尤其外籍就业人士较多的城市开设30多个外籍劳动力协助中心，帮助小型企业吸纳更多的外籍劳动力。此外，政府还将在日本不同地区

---

① 中国贸易报. 日本拟放宽移民政策 注重技能人才竞争[N]. 2018-3-6.

举办研讨会,并提供咨询服务,以提高日本雇主的外籍劳动力雇佣法律知识。

另一方面,日本还放宽商务高管签证要求以吸引外籍企业家。2018年8月《日经亚洲评论报》报道指出,日本将很快放宽对企业高管人员签证的资格要求,寻求吸引更多有才华的企业家。此前,阻碍外籍人士申请日本商务高管签证的障碍主要在于日本的非共享办公室租金昂贵,或需要日本担保人。现在要求申请人必须在日本有一个线下办公场所,即使申请者租赁的是共享办公室亦可。租用共享办公空间一方面降低运营成本,同时外籍企业家还能与其他商业机构多些交流机会与场所。不过,日本商务高管签证申请者的公司须经营至少3年,并在共享办公空间有注册记录。此外,还需要得到日本对外贸易组织的支持;申请该签证的外籍人士创立企业需要拥有至少500万日元,并雇用2名全职员工。

本章小结

日本国土狭小,资源匮乏,能够发展成世界经济大国,高质量的科技人力资源功不可没。日本很早就提出了"科技立国"的口号,并一直将人才战略置于整体科技战略中的重要地位,借助外力推动自身发展更是日本制定科技人力资源政策的主要原则。日本吸收和借鉴其他发达国家在人才政策方面的成功经验,大量引进并留住海外科技人才,鼓励优秀留学生在日定居、就业,成功聚集了大量的国际优秀人才。上至五年一期的科学技术基本计划,下至针对外国人才、青年人才、产学研人才的人才流动专门计划,都旨在积极吸引海外人才以提升日本研究机构和企业的国际竞争力,以及提高日本国民知识的整体水平。特别是针对留学生群体,日本制定了吸纳国际人才的长期方针:不断提高留学生数量,从在日国际留学生和派出留学生两方面制定政策,培养和吸引更多的人才为日本服务。另外,在移民方面,为应对日趋严重的劳动力短缺问题,从高端人才到技术移民,再到劳工,日本也在逐渐放宽人才引进要求,逐步放宽工作签证限制,并借助跨国公司的引智能力在全球大量吸收优秀科技人才。预计未来日本政府将进一步强化吸引和留住卓越外国研究人员和留学生的措施,提高和改善世界级研究人员的待遇,完善和充实留住外国博士后人才等优秀青年研究人员和留学生的奖学金制度等资助政策,加强与新兴国家、发展中国家在科学技术和教育领域的合作交流。

第二十章

CHAPTER 20

澳大利亚科技人力资源流动与政策

澳大利亚作为南半球最为发达的国家，经济发展举世瞩目，科技发展也不逊于其他发达国家，跻身于创新国家行列，成果丰硕。在各国都追求通过创新来引领经济增长的浪潮中，澳大利亚也积极制定了系列政策，利用全球创新资源推动本国创新发展。本章主要介绍澳大利亚科技人力资源流动的整体概况、有关政策对科技人力资源流动的促进以及目前澳大利亚移民政策的特点。

第一节 澳大利亚科技人力资源流动概述

澳大利亚虽然地广人稀，但一直跻身于发达国家行列，创新成果丰硕，经济始终保持良好发展，是与其科技人力资源的贡献密不可分的。长期以来，澳大利亚高度重视人才的培养和引进，科技人力资源数量持续增加，国际流动通畅。留学生已成为澳大利亚科技人力资源流动的一大亮点，是澳大利亚科技人力资源的重要组成部分。

一、科技人力资源总量稳定增长

澳大利亚科技人力资源数量不断增加。以 R&D 人员为例，2004 年，澳大利亚 R&D 人员总量为 11.9 万人，R&D 科学家与工程师为 8.2 万人，其中每万劳动力中 R&D 人员为 123.1 人，每万劳动力中 R&D 科学家与工程师为 84.3 人[①]；2010 年，澳大利亚 R&D 人员总量为 14.8 万人，R&D 研究人员为 10.0 万人，其中每万劳动力中 R&D 人员为 132.2 人，每万劳动力中 R&D 研究人员为 89.8 人[②]。不难看出，2004—2010 年，澳大利亚 R&D 人员数量总体在增加，6 年间增长了 24.4%。

---

① 科技部. 中国科学技术发展报告(2006)[M]. 北京：科学技术文献出版社，2008.

② 韩梦晨. 我国科技人力资源发展状况分析[EB/OL]. (2019-04-02)[2019-04-23]. http://www.chinahightech.com/html/chuangye/kjfw/2019/0402/519479.html.

二、科技人力资源的国际流动活跃

澳大利亚科技人力资源保持稳定增长与国际人才的引进紧密相连。多项统计数据显示,澳大利亚是一个典型的移民国家,奉行多元文化,大约1/4的居民出生在澳大利亚以外[①]。《联合国2018世界移民报告》显示,澳大利亚的移民数量持续增加,2015年接收海外移民最多的国家排名中,澳大利亚位列第9,属于多进少出的区域[②]。澳大利亚不断调整技术移民政策来吸引并接纳国外优秀人才,对科技人才的吸引力要大于欧洲各国[③]。《全球科学》(*GlobSci*)调查报告对4个领域(生物学、化学、地球与环境科学、材料学)内16个国家17000名研究人员的流动状况进行了研究,截至2011年,澳大利亚研究人员中有45%来自国外,超过了美国(38%),仅次于瑞士(57%)和加拿大(47%);在博士后、助理教授、副教授和教授的调查中发现,澳大利亚的助理教授、副教授和教授中有44%来自海外,位列瑞士(52%)之后,博士后中有57%来自海外,仅次于瑞士(74%)、加拿大(66%)和美国(61%)[④]。根据澳大利亚创新和科学理事会在2018年1月发布的《澳大利亚2030——创新促进繁荣》报告,移民对于弥补快速发展的高技能领域(如ICT专业人员)的本地短缺尤为重要,2015—2016年,信息通信技术工作者流入澳大利亚人数为20700人,占整个信息通信技术劳动力的3%[⑤]。该报告也指出,初创企业特别是技术领域的企业,往往需要移民才能获得人才。2016年,澳大利亚初创企业员工有16%是持有签证的外来人员。

三、留学生是科技人力资源的重要组成部分

来澳留学深造的海外人才是澳大利亚科技人力资源的重要组成部分。澳大利亚凭借优质的教育资源和先进的教育制度,吸引了大量留学生和学者赴澳学习和深造。例如,澳大利亚政府专门拨款资助各有关高校实施研究生培训计划,海外研究生奖学金计划、科学研究教授计划、研究生教育贷款计划等多个项目,促使赴澳留学的学生数量稳步增长。澳大利亚移民局数据显示,1997—2007年,赴澳学生签证数量增长了近3倍,2012年共有515853名海外学生持学生签证赴澳大利亚留学,超过同年英国的留学生数量,成为仅次于美国的全球第二大留学目的国[⑥]。据OECD统计分析,2013年最具有吸引力的高等教育留学目的国中,澳大利亚排名第三,约占全球市场份额的6.2%[⑦]。根据澳大利亚联邦教育部2016年6月公布的数据,2014—2015年17岁以上的澳大利亚国际中学留学生毕业后,有

---

① 刘帆. 澳大利亚人才战略的借鉴意义[J]. 人民论坛,2012(26):246-247.

② 国际移民组织,全球化智库. 世界移民报告2018[R]. 国际移民组织驻华联络处,2018.

③ 王寅秋. 全球科技人才跨国流动新态势[EB/OL].(2017-03-27)[2019-04-23]. http://rencai.people.com.cn/n1/2017/0327/c244806-29170943.html.

④ 理查德·范·诺登. 科研人才流动大调查[J]. 厦门科技,2012(6):8-12.

⑤ Innovation,Science Council. Australia 2030:prosperity through Innovation[R]. Australian Government,Canberra,2017.

⑥ AEI. Monthly time series of stock,flow and year to data of students enrolments-all sectors[M]. Canberra:Australian Government-Australian Education International,2013.

⑦ 居外. 澳洲成全球第三大留学目的地 留学生人数暴增![EB/OL].(2016-03-01)[2019-03-22]. http://www.sohu.com/a/61237838_223824.

53%的国际学生选择继续在澳大利亚留学深造，其中30%进入大学，9%进入职业教育与培训学院，7%进入英语强化课程院校，7%进入非学历课程院校[①]。这部分留学生凭借在澳大利亚多年学习的优势，适应性更强，留在澳大利亚进行工作、学习的概率更大。还有数据显示，到澳大利亚攻读理工科博士课程的国际学生占比为4.6%，位列全球第4[②]，进一步凸显了澳大利亚对高端人才的吸引力。

第二节 重点计划及教育战略促进澳大利亚科技人力资源流动

澳大利亚为了抓住全球创新的机会和平台，站在技术制高点，制定了一系列创新政策。这些政策之间相互配套和支持，每个政策都提出了系列计划和项目。这些计划和项目的推动多需要科技人力资源的流动方可实施，政策内容中也明确提到了科技人力资源流动的重要性。此外，澳大利亚在国际教育战略的制定中，也明确提出了推动国际学生、教师和科研人员国际流动的目标，并提到这些措施同国际创新战略相匹配。可以看出，这些创新政策和教育战略的实施，对澳大利亚科技人力资源的国内和国际流动都产生了较大的正向影响。

一、《国家创新与科学议程》推动科技人力资源国内和国际流动

《国家创新与科学议程》是促使澳大利亚向创新创业经济转型的综合性计划，于2015年提出。该议程提出了一揽子计划，优先发展文化和资本、协作、人才和技能、政府示范4个领域，是政产学研用协同创新的典范。该议程的执行，对澳大利亚科技人力资源的国内和国际流动给予了积极的支持和推动。在一揽子计划中，政产学研用之间的协作被定为优先发展领域之一。该计划指出，要鼓励世界一流的研究者、高校和企业合作，推动产业创新和发展，政府资助将更多地分配给大学和产业方面，将更多的中小企业和科研人员联系起来，扩大和重新启动科研联结项目，同时加强与世界主要经济体的联系，以提高澳大利亚的科研能力、商业化和企业绩效。在人才和技能领域，澳大利亚政府将改进签证政策，为使高质量的STEM和ICT研究生成为澳大利亚的永久居民创造更多条件。以上这些措施将会对澳大利亚国内政产学研用之间科技人力资源流动予以引导和推进，促进各国间科技人力资源的流动和共享，并吸引更多高质量海外科技人力资源移民到澳大利亚。

二、《全球创新战略》促进科技人力资源国际流动

为了能够更充分地利用全球创新要素推动本国创新经济的发展，澳大利亚于2016年10月颁布了《全球创新战略》。该战略是《国家创新与科学议程》的24项计划措施之一，也是实现创新与科学驱动国家发展的关键内容之一，旨在推动澳大利亚产业、科学和研究的国际合作，打造世界级创新网络。该战略包含4个计划项目，分别为：全球合作基金，支持中小企业与国际研究人员合作；全球创新联动基金，支持研究团队与国际伙伴合作研发项

① 澳大利亚国际教育协会. 2017澳大利亚中小学留学年度报告[R]. 2017.

② 马名杰. 全球创新格局变化趋势及其影响[N]. 中国经济时报，2016-08-04.

目;桥头堡计划,短期支持即将进入市场的初创企业;地区合作计划,支持亚太地区的多边研发合作。这4个计划通过项目资助形式为企业之间、企业和研究机构,以及研究机构之间的合作提供了窗口和平台,进而为这些机构之间的人员流动提供了机会和渠道,促进了科技人力资源的国际流动。即以国际合作项目作为平台和载体,科技人力资源作为具体的实施者,在项目的带动下进行区域间短期和长期流动。例如,桥头堡计划支持初创企业人员在世界知名创客空间开展为期90天的实习,为其提供向世界优秀初创企业学习的机会,帮助他们加速设计并开发出适合自己企业的商业模式,该计划促进了科技人力资源的短期流动,与亚太地区开展多边研发合作计划则更容易吸引亚太地区发展中国家高端人才的流入。因此可以说,吸引全球人才流入澳大利亚也是《全球创新战略》的宗旨之一。《全球创新战略》的实施对于吸引国际科技人力资源的短期、长期来澳,并加速人才流动都极为有益。

三、国际教育战略引导科技人力资源国际流动

为了继续保持澳大利亚在国际教育事业中的领先地位,澳大利亚联邦政府于2016年启动了三项国际教育战略,其中最为主要的是《澳大利亚国际教育战略2025》。该战略包括三大支柱九大目标,旨在确保澳大利亚国际教育部门更具适应性、创新性及全球参与活力,进一步增强澳大利亚国际教育系统的实力。提出通过巩固已有卓越资源吸引国际留学生,同时建立合作伙伴关系,包括巩固国内合作伙伴关系、加强国外合作伙伴关系、提高学生国际流动性等具体目标。这些举措对科技人力资源的流动产生了积极影响。首先是通过优质教育资源吸引国际留学生,促进学生的国际流动。国际教育战略通过建设一流的国际教育体系,创造最佳的学生留学体验,提供切实有效的国际教育质量保障体系和准则,确保澳大利亚国际教育的优越性,吸引世界各国的留学生到澳大利亚进行学习、深造甚至工作。其次,通过建立合作伙伴关系,促进学生、教师及科研人员流动。国际教育战略通过加强商业和产业在国际教育中的参与,促进产业和学术科研的紧密联系,引导教师和科研人员的国际流动。通过加强政府间以及机构间的合作伙伴关系,以联合教育与培训、学分转移、资格认定、交换等方式推动国际学生、教师和科研人员的国际流动。

第三节 高端技术人才成为澳大利亚移民政策关注点

移民在澳大利亚历史上以及塑造今天的澳大利亚中都发挥着举足轻重的作用。因此历届政府都十分重视移民政策的发展。伴随国际局势变化及澳大利亚经济社会发展,澳大利亚政府始终保持移民规则的灵活性,通过调整移民政策持续促进澳大利亚企业获得所需人力资源,以满足不断变化的市场需求。通过梳理近些年澳大利亚的移民政策,发现其政策以技术移民为主导,但移民数量趋于收紧,高端技术人才成为政府青睐的对象。

一、移民政策更为偏向于技术移民

从20世纪90年代开始,澳大利亚的移民政策开始主要偏向于技术移民,并根据劳动力市场需求状况,多次修改技术移民优先职业清单,不断提高技术移民申请门槛,鼓励高层次技术移民。2008年金融危机后,澳大利亚政府在继续敞开技术移民大门的同时,开始控制

技术移民的数量及质量，技术移民主要朝着“总体平稳、要求更严、迈向高端”的趋势继续扩展，技术移民在澳大利亚总体移民中已占据最核心位置，而人道主义移民和家庭团聚类移民所占比例则越来越少。据统计，在2013年澳大利亚的移民中，除不符合移民要求的群体[①]，人数最多的是以教育为目的的移民群体，如留学、短期访学以及在各类学校学习语言课程或接受技能培训等约占27.5%；其次是永久性技术移民，约占13.7%；第三类是短期技术移民，约为13.42%；最后两类是家庭团聚类移民（6.39%）和人道主义移民（2.16%）[②]。同时，在技术移民中，高技术移民比重越来越大。根据澳大利亚移民局公布的《移民到达（2007—2009）》[*Settler Arrivals*（2007—2009）]的调查结果显示，高技术移民在2007—2009年的比例平均高达71%，其中计算机工程师、高级经理、机械工程师以及土木工程师等高层次技术移民在澳大利亚从事职业人数的排名位居前十位[③]。

二、移民政策趋于收紧

伴随移民申请量的不断提高，澳大利亚出现了移民申请量增加同国家可接纳移民数量有限的矛盾局面，于是澳大利亚政府在2018年对移民政策做出了部分调整，在缩减了移民配额的同时，还要求新移民不能直接移民悉尼和墨尔本。该政策效果在2017—2018年移民局数据中有更直观的呈现：2018年比2017年削减了移民配额30000人，削减的部分主要是技术移民和家庭团聚类移民，创下了澳大利亚移民10年来较低的审批数量[④]。澳大利亚移民数量受到严格限制，而申请量却在不断增加，这就为澳大利亚政府选择更为优秀的人才提供了空间，可以通过提高移民门槛，选择更能为国家经济发展做出贡献的移民。这在澳大利亚的具体移民政策中也可看出，例如澳大利亚政府在2018年12月宣布，将技术移民签证申请的门槛从60分提高到65分，所有独立技术移民的签证申请人都在受影响之列。

三、移民政策越来越注重高端人才的引进

虽然澳大利亚移民政策在不断收紧，朝着审批程序更为严格的方向发展，但是澳大利亚政府对全球的高端技术型人才和新型人才还是比较青睐的。为了吸引这些人才，其移民条件相对宽松，这也是澳大利亚移民政策的走向和趋势。该趋势在2018年的最新移民政策中得到了充分体现。2018年，澳大利亚移民局颁布了一类新的签证计划——“全球人才计划”，允许年营收额超过400万澳元的稳固企业担保“拥有高技能及经验”的人才赴澳，从事年薪超过180000澳元的工作；也允许与STEM相关的创业公司（比如数字、生化技术型农业公司）担保专业技术人员赴澳工作。这个新签证没有任何职业清单，旨在吸引全球范围内的稀缺高科技人才，让更多新型技能人才进入澳大利亚劳动市场。

---

① “不符合移民要求的群体”主要包括境外旅游者、短期访问者、持假期工作签证者等，约占36.8%。

② Economic Analysis Unit, Strategic Policy Evaluation and Research Branch, Department of Immigration and Border Protection. Australia's Migration Trends 2012-13[R]. Department of Immigration and Border Protection , 2014.

③ DIAC: Settler Arrivals: selected characteristics by eligibility category. 2007—2009.

④ Cjy. 2018澳洲移民政策收紧如何应对？[EB/OL].(2018-11-22)[2019-04-23]. http://www.welltrend.com.cn/article/gjzx-cjy-20181122-58992.html.

本章小结

澳大利亚作为高收入的发达国家,科技人力资源总量持续稳定增长,科技人力资源流动具有国际性。留学生是澳大利亚外来科技人力资源的重要组成部分,这也是澳大利亚人力资源流动的一大特征。澳大利亚作为创新型国家,通过制定《国家创新和科学议程》和《全球创新战略》等系列创新政策为国家创新营造有利的政策环境,积极整合国际创新要素促进本国创新。这些政策注重科技人力资源的国内和国际流动,有助于促进创新要素的流动和创新产出。澳大利亚的国际教育一直处于国际领先地位,该国制定的未来国际教育战略注重巩固和发展卓越教育,推动了学生、教师和科研人员的国际流动。澳大利亚的移民政策以技术移民为主导,但移民政策趋于收紧,并且越来越倾向于高端技术移民和顶尖人才的引进。

第二十一章

CHAPTER 21

世界主要国家促进科技人力资源流动的措施与经验

当前，世界正经历前所未有之大变局。全球经济社会发展所需的各种资源越发频繁地跨越地理边界在“扁平的世界”流动，主导全球经济的货物流和资金流同时也伴随着势不可当的人才流和知识流。世界新一轮科技革命和产业变革为所有国家都提供了机遇，对所有国家也都是一次巨大的挑战。科技人力资源流动的规模大幅增长，成为影响全球科技、政治、经济的一个重要因素，受到世界各国的高度关注。

第一节　世界主要国家促进科技人力资源流动的措施

综观21世纪第二个十年，特别是近几年来各国为了更好地促进科技人力资源流动，分别制定了基于自身特点的政策措施，虽然各有不同，但是主要措施基本包括以下几方面：

一是提供优渥的科研和生活条件。世界主要国家无一不将高额的薪水、良好的社会福利、税收优惠和补贴等手段作为促进科技人才全球流动的最有效手段。同时也设立各种基金和计划，给予科技人才高额研究经费，提供具有国际竞争力的科研环境和平台。例如，2015年版《美国创新战略》提出要重点支持精准医疗、脑计划、医疗领域创新、先进汽车、智慧城市、清洁能源技术、教育技术、太空探索和计算机等诸多领域。而且美国在很多重点领域设立了跨部门研究计划，为研发提供多元资助渠道。欧盟为了更好地推进科技创新，推出了“地平线2020计划”，根据该计划，欧盟在2018—2020年提供的科研经费高达300亿欧元。个人待遇方面，一般政府部门不进行干涉，主要是使用人才的公司、学校等根据人才能力贡献确定报酬。美国很多高技术公司除了给予高薪外，还视科技人才工作的重要程度额外配给股票期权。

二是构建完善的出入境管理机制。各国政府针对高水平科技人才，都尽量简化签证程序，扩大签证发放数量，尽量放宽希望移入本国的海外高水平科技人才的政策限制，允许外国科技人才通过多种方式来本国短期停留、长期居留或永久移民。同时，大部分发达国家都有允许在本国获得博士学位人员续签签证的政策。例如美国从20世纪50年代至2000年，主要对移民法进行了6次改革与完善，提升技术移民的优先等级，放宽对某些特定地域技术移民的限制，丰富移民美国的多元化渠道，抓住时机增强对全球技术移民的吸纳能力。美国不断提高包括技术移民在内的有突出成就的高素质移民的份额，放松技术移民条件。美国还利用临时签证 H-1B 手段，充实美国科学与工程劳动力。加拿大则全面实施“全球技能签证计划”，全球网罗有专业技能的外籍人才，采取的具体措施包括缩短外籍高技能人才申请工作签证的时间，创建专用服务通道，放宽对低风险行业 30 天以内的“极短期工作签证”和“短期的学术交流签证”的要求等。

三是各种政策和相关部门统筹协调配合。纵观发达国家的整个移民政策体系，可以发现基本上都是移民法为主，对科技人才出入境从理念、制度、机构、职能以及操作程序方面作了详细的规定，对于从人员资格的确定条件到审批中的认定标准和程序等都有明确的界定，这些法规内容都面向公众公开。既有利于实现管理部门的规范化、提高管理者水平，又有利于公众办理有关手续，也充分体现了法律规定中的公众知情权。从管理部门角度，发达国家管理海外科技人才出入境一般以移民管理部门为核心，涉及移民、外交、劳工、安全等多个部门，各部门相互配合。例如，美国在成立国土安全部以前，主要有移民局、劳工部和国务院涉及高技术移民的问题。加拿大有移民部、人力资源部和皇家骑警。加拿大移民部和人力资源部的主要职能与美国移民局、劳工部类似，不同之处在于，加拿大签证的发放工作由移民部负责，入境后的监管由皇家骑警负责。不过，加拿大整个管理机制也是以移民部门为核心的。澳大利亚涉及海外科技人力资源出入境工作的部门有移民部、社会保障部、劳工部、教育科学培训部等多个政府部门，其中起主导作用的还是移民部①。

四是探索多样化的人才引进和使用方式。采用多种方式引进人才，在发达国家较为普遍，主要包括交流访问、短期或长期合作研究、讲座授课等形式。通过跨国公司直接聘用人才是目前较为行之有效的渠道，而且越来越成为科技人力资源在国际人才市场流动的一个重要途径。跨国公司大规模地向海外扩展生产与科研业务，在海外建立生产基地和研发中心，大力推行人才本土化战略，有效提高了“引才”的效率，降低了“猎才”的成本，主要方式有人才本土化、设立海外研发机构、育才计划、公司并购等。

五是强调“市场为主”的导向。发达国家主要根据市场需求决定放宽哪些重点领域的科技人才出入境限制。给予重点领域的海外科技人才“国民待遇”，在管理上与本国居民没有任何区别，政府一般不给予特殊照顾。例如在澳大利亚，国家对海外科技人才的需求几乎完全由市场决定。政府仅从总体上把握技术移民的数量和优先顺序，规定申请移民的办法和程序，而数量和优先顺序也是根据用人单位、行业协会提供的需求而汇总出来的。外国科技人才入境后，政府不提供特殊的优惠政策，也没有专门的机构负责相应的管理工作，所有在澳人员均依据法律工作和生活，享受何种待遇，如工资水平，由雇主和雇员协商决定，所有人员必须照章纳税。

六是鼓励人才开展国内国际流动。发达国家不仅欢迎大批外国优秀人才来本国工作，同时也鼓励除敏感领域和重点人才外的其他人才开展各种各样的国内流动和国际流动。在政策层面打破政府、公司、高校、科研院所之间的障碍，给予人才和用人单位充分的双向选择自由，让高层次人才始终能够接触到国际一流的研究人员、研究成果、研究设施、研究理念，为其激发灵感并开展创新活动提供基础条件。例如，欧盟为了促进内部的科技人力

① 鄢圣文. 国外人才引进政策的主要做法与经验借鉴[J]. 中国证券期货，2012(9)：246-247.

资源流动，消除人员内部流动的障碍，建立共同大市场，奉行的一个重要政策理念就是“进入劳动市场的平等机会”，包括技术、教育与终身学习，灵活与安全的劳动合同，安全的职业转换，积极支持就业，性别平等与工作生活之平衡均等机会。日本政府通过加强产学研合作和调动风险投资企业的积极性，消除人才、知识、资金之间存在的障碍，实现良性循环，积极构建有利于发掘人才潜力和创造新价值的创新体系，具体措施包括：强化推进开放创新的体制框架，例如完善企业、大学和公共研究机构的管理体制，促进科技人力资源流动，形成人才、知识和资金的集聚效应。日本提出的目标是2020年前，实现企业、大学和公共研究机构的跨部门研究人员流动数量增加20%，特别是大学向企业和公共研究机构的研究人员流动数量增加一倍。

七是拥有专业的科技人才出入境服务机构。以美国为代表的发达国家都有成熟的服务科技人才出入境的组织机构，能够有针对性地开展人性化中介服务，有效促进科技人力资源的跨国流动。这些中介机构一般包括两类，一类是政府认定的各类行业协会，在为政府机构提供专业化服务方面发挥重要作用，每年3月美国各行业协会负责向移民部提供所需外国科技人才的条件、数量，作为移民管理确定年度技术移民优先职业、配额和评分标准调整的主要依据。另一类是职业介绍机构，也就是猎头公司。这些职业介绍机构除了能为技术移民介绍工作之外，也是移民管理部门调查国内人才供求情况，了解对外国人才需求的重要渠道。例如，美国国际高级专家组织、俄罗斯专家国际合作联合会、以色列高级专家组织、芬兰-中国发展与交流中心、加中专家联盟、新西兰华人科学家协会等机构都有开展人才中介的职能。

第二节　促进科技人力资源流动的经验借鉴

总结归纳世界主要国家促进科技人力资源流动的经验措施，对于我国改进完善相关制度有借鉴意义。

一是在宏观层面有针对性地进行顶层设计。发达国家在制定鼓励科技人才跨国流动相关政策时明确自身的定位是以引导为主，充分强调市场机制的作用，政府只负责政策制定而不负责具体的人才引进工作，仅在政策失灵或是没有顾及的地方发挥“第三方作用”。同时，政策的制定往往委托智库或有关研究机构进行，这在一定程度上有利于体现政策的客观中立性。

二是在中观层面突出政策精准性和协调性。发达国家针对科技人才引进的政策其实并不多，主要是移民相关法律中的有关规定，但基本上都是以法律的形式颁布并根据国家需要动态调整，对于需要的科技人才入境签证政策往往更加宽松。政策的执行主体都是政府机构，权威性和执行力度都能够最大程度得到保障。另外，政策发布之前，各国政府往往都会邀请相关单位开展各种形式的研讨论证，有利于保证政策的协调性，防止不同部门之间产生利益冲突。

三是在微观层面充分强调用人单位的自主性。各国政府都允许在选择人才时用人单位发挥主导作用，因为用人单位才知道具体需要哪些人才，如何用好人才。并且人才只有在合适的微观环境中才能够充分发挥自身的作用。政府的作用在于营造有利的宏观环境和创新生态。用人单位能够给予科技人才最合适的微观环境是关键。

本章小结

本章总结了世界主要国家促进科技人力资源流动的措施,归纳了经验做法,得出了以下研究结论。

目前世界主要国家,特别是美国、英国、日本等发达国家,都已经充分认识到科技人才是提升国际竞争力的核心要素,大都通过提供优厚的生活科研条件、打造完善的科技人才出入境管理机制、开展多种多样的“柔性引才”、成立专业化人才组织和人才中介服务机构等措施,在全球范围内促进科技人力资源流动,效果非常显著。

通过梳理世界主要国家促进科技人力资源流动的政策措施,可以总结一些可借鉴的经验。如有针对性地进行政策体系的顶层谋划,加强各职能部门之间统筹;在政策制定方面突出精准性,根据用人和产业发展需要设置相关政策,并以法律条文的形式加以固定,保证政策的权威性;尊重用人单位的自主权,从微观层面保证科技人才能够充分发挥自身的聪明才智。